Cadernos de Lógica e Computação

Volume 3

Uma Versão Mais Curta de Teoria dos Modelos

Volume 1
Fundamentos de Lógica e Teoria da Computação. Segunda Edição
Amílcar Sernadas e Cristina Sernadas

Volume 2
Introdução ao Cálculo Lambda
Chris Hankin. Traduzido por João Rasga

Volume 3
Uma Versão Mais Curta de Teoria dos Modelos
Wilfrid Hodges. Traduzido por Ruy J. G. B. de Queiroz

Coordenadores da Série Cadernos de Lógica e Computação
Amílcar Sernadas e Cristina Sernadas   {acs,css}@math.ist.utl.p

Uma Versão Mais Curta de Teoria dos Modelos

Wilfrid Hodges

Traduzido por

Ruy J. G. B. de Queiroz

Revisão técnica
Eudes Naziazeno Galvão

do original
A Shorter Model Theory. Cambridge University Press, 1997

ISBN 978-1-84890-095-0

College Publications
Scientific Director: Dov Gabbay
Managing Director: Jane Spurr

http://www.collegepublications.co.uk

Cover designed by Laraine Welch
Printed by Lightning Source, Milton Keynes, UK

Índice

Introdução

Mais curta que o quê?

Mais curta que um outro livro que uma vez escrevi, chamado *Teoria dos modelos* e publicado em 1993 pela Cambridge University Press. Era longo (772 páginas), por isso a Cambridge University Press me pediu uma versão mais curta para ser publicada em capa mole como um livro texto. Esta é a versão mais curta.

E o que é teoria dos modelos?

Teoria dos modelos é sobre a classificação de estruturas matemáticas, funções e conjuntos por meio de fórmulas lógicas. Pode-se classificar estruturas de acordo com quais sentenças lógicas são verdadeiras nelas; na verdade o termo 'modelo' vem do uso 'a estrutura A é um modelo da sentença ϕ', significando que ϕ é verdadeira em A. Modelo-teóricos buscam maneiras de construir modelos de sentenças dadas; e por isso uma grande parte da teoria dos modelos é diretamente sobre construções e apenas indiretamente sobre classificação. Este livro descreve algumas construções muito bonitas, incluindo ultraprodutos, modelos de Ehrenfeucht–Mostowski e modelos existencialmente fechados.

Em 1973 C. C. Chang e Jerry Keisler caracterizaram teoria dos modelos como

álgebra universal mais lógica

Eles queriam dizer que álgebra universal estaria para estruturas assim como lógica estaria para fórmulas lógicas. Isto é bonito, mas pode sugerir que modelo-teóricos e algebristas universais têm interesses bem próximos, o que é discutível. A caracterização também deixa de fora o fato de que quem trabalha em teoria dos modelos estuda os conjuntos definíveis em uma única estrutura por uma fórmula lógica. Neste aspecto, os modelo-teóricos estão muito mais próximos a geômetras algébricos, que estudam os conjuntos de pontos definíveis por equações sobre um corpo. Um *slogan* mais atualizado poderia ser o que diz que teoria dos modelos é

v

geometria algébrica menos corpos

De fato alguns dos sucessos mais impressionantes da teoria dos modelos têm sido teoremas sobre a existência de soluções de equações sobre corpos. Exemplos disso são os trabalhos de Ax, Kochen e Ershov sobre a conjectura de Artin em 1965, e a prova da conjectura de Mordell–Lang para corpos de funções por Hrushovski em 1993. Ambos os exemplos estão além do escopo deste livro.

Quais os itens do livro mais longo você mais se arrepende de ter deixado de fora?
Provavelmente a construção de Hrushovski para extrair um grupo de uma configuração de Zil'ber em um conjunto fortemente minimal. A construção é difícil e empolgante, mas, ainda assim, razoavelmente elementar. É também um gostinho das coisas importantes em teoria geométrica da estabilidade. Isto me dá um pretexto para corrigir o descuido mais embaraçoso cometido no livro mais longo (apontado por Byunghan Kim): Lema 4.7.11(c) está claramente errado, mas não há problema em continuar sem o lema.

As três outras omissões são produtos diretos (juntamente com sentenças de Horn e o teorema de Feferman–Vaught); construções de muitos modelos não-isomorfos; e um apêndice que faz um apanhado da teoria dos modelos de módulos, grupos abelianos, grupos, corpos e ordenações lineares.

Você adicionou alguma coisa?
Sim. Existe um novo capítulo demonstrando o teorema de Morley e desenvolvendo o ferramental necessário para a demonstração. Ele substitui um capítulo que dava uma boa quantidade de informação sobre categoricidade (por exemplo uma teoria completa incontavelmente categórica finitamente axiomatizada), mas poucas demonstrações. Esse novo capítulo foi escrito de olho nos cursos de pós-graduação introdutórios em teoria dos modelos.

Também adicionei a cada capítulo um conjunto de leituras sugeridas. Tais leituras variam desde embasamento filosófico ou histórico até exemplos de trabalhos nas fronteiras atuais do assunto. Elas substituem as quase quarenta páginas de referências bibliográficas do livro mais longo; os leitores que desejarem informações detalhadas sobre as fontes dos resultados podem encontrá-las ali, porém não aqui.

Havia coisas no livro mais longo que você ficou particularmente satisfeito de ter sido capaz de melhorar aqui?
Felizmente não; há umas poucas mudanças de conteúdo. Mas acolho a oportunidade de agradecer–além das pessoas que agradeci no volume mais longo–vários colegas que generosamente me enviaram correções para o livro mais longo, notavelmente Matthias Clasen, Ed Hamada, Don Monk, Philipp Rothmaler e Gabriel Sabbagh. Uma lista de correções está disponível em:
`ftp.maths.qmul.ac.uk/pub/preprints/hodges/mtcorrig.tex`

Nota sobre notação

Tomo por base a teoria de conjuntos de Zermelo–Fraenkel, ZFC. Em particular sempre tomo como hipótese o axioma da escolha (exceto onde o axioma propriamente dito está sob discussão). Nunca assumo a hipótese do contínuo, existência de inacessíveis incontáveis, etc., sem ser honesto sobre isso.

A notação $x \subseteq y$ significa que x é um subconjunto de y; $x \subset y$ significa que x é um subconjunto próprio de y. Escrevo $\mathrm{dom}(f)$, $\mathrm{im}(f)$ para designar o domínio e a imagem de uma função f. 'Maior que' significa maior que, nunca 'maior ou igual a'. $\wp(x)$ é o conjunto potência de x.

Ordinais são os ordinais de von Neumann, i.e. os predecessores de um ordinal α são exatamente os elementos de α. Uso os símbolos α, β, γ, δ, i, j, etc. para ordinais; δ é usualmente um ordinal limite. Um cardinal κ é o menor ordinal de cardinalidade κ, e os cardinais infinitos são listados como ω_0, ω_1 etc. Uso os símbolos κ, λ, μ, ν para cardinais; eles não são tomados como infinitos por hipótese a menos que o contexto claramente o requeira (embora eu tenha provavelmente me descuidado desse ponto uma ou duas vezes). Números naturais m, n etc. são a mesma coisa que cardinais finitos.

'Contável' significa de cardinalidade ω. Um cardinal infinito λ é um cardinal **regular** se ele não pode ser escrito como a soma de menos que λ cardinais que são todos menores que λ; do contrário ele é **singular**. Todo cardinal sucessor infinito κ^+ é regular. O menor cardinal singular é $\omega_\omega = \sum_{n<\omega} \omega_n$. A **cofinalidade** $\mathrm{cf}(\alpha)$ de um ordinal α é o menor ordinal β tal que α tem um subconjunto cofinal de tipo-ordem β; pode ser mostrado que esse ordinal β é finito ou regular. Se α e β são ordinais, $\alpha\beta$ é o ordinal produto consistindo de β cópias de α ligadas de ponta a ponta. Se κ e λ são cardinais, $\kappa\lambda$ é o cardinal produto. O contexto deve sempre demonstrar quais destes produtos é o pretendido.

Sequências são bem-ordenadas (exceto as sequências de indiscerníveis do Capítulo 9, e está explícito lá o que está acontecendo). Uso a notação $\bar{x}$, $\bar{a}$, etc. para sequências $(x_0, x_1, \ldots)$, $(a_0, a_1, \ldots)$ etc., porém informalmente: o n-ésimo termo de uma sequência $\bar{x}$ pode ser x_n ou $x(n)$ ou algo diferente, dependendo do contexto, e algumas sequências começam em x_1. Sequências de comprimento finito são chamadas de **uplas**. Os termos de uma sequência são às vezes chamados de **itens**, para evitar a ambiguidade do termo 'termo'. A sequência é dita **não-repetitiva** se nenhum item ocorre nela duas ou mais vezes. Se $\bar{a}$ é uma sequência $(a_0, a_1, \ldots)$ e f é uma função, então $f\bar{a}$ é $(fa_0, fa_1, \ldots)$. O comprimento de uma sequência σ é escrito $\text{lh}(\sigma)$. Se σ é uma sequência de comprimento m e $n \leq m$, então $\sigma|n$ é o segmento inicial consistindo dos primeiros n termos de σ. O conjunto de sequências de comprimento γ cujos itens provêm todos do conjunto X é escrito $^{\gamma}X$. Logo, $^{n}2$ é o conjunto de n-uplas ordenadas de 0's e 1's; $^{<\gamma}X$ é $\bigcup_{\alpha < \gamma} {}^{\alpha}X$. Escrevo η, ξ, θ etc. para designar ordenações lineares; η^* é a ordenação η vista de trás para a frente.

Não distingo sistematicamente entre uplas e cadeias. Se $\bar{a}$ e $\bar{b}$ são cadeias, $\bar{a}^{\wedge}\bar{b}$ é a cadeia concatenada consistindo de $\bar{a}$ seguido de $\bar{b}$; mas frequentemente, em nome da simplicidade, escrevo $\bar{a}\bar{b}$. Existe um conflito entre a notação usual de teoria dos modelos e a notação usual em teoria dos grupos: em teoria dos modelos xy é a cadeia consistindo de x seguido de y, mas em grupos é x vezes y. É preciso conviver com isto; mas onde há ambiguidade tenho usado $x^{\wedge}y$ para a cadeia concatenada e $x \cdot y$ para o produto de grupos.

A notação da teoria dos modelos é definida à medida que e quando precisamos. Os itens mais básicos aparecem no Capítulo 1 e nas primeiras cinco seções do Capítulo 2.

'Eu' significa eu, 'nós' significa nós.

Capítulo 1

Nomeando as partes

Every person had in the beginning one only proper name, except the savages of
Mount Atlas in Barbary, which were reported to be both nameless and dreamless.
William Camdem

Neste primeiro capítulo vamos encontrar o principal assunto de estudo da teoria dos
modelos: estruturas.

Todo matemático manipula estruturas de algum tipo – seja módulos, grupos, anéis,
corpos, reticulados, ordenações parciais, álgebras de Banach, ou qualquer que seja.
Este capítulo definirá as noções básicas como 'elemento', 'homomorfismo', 'subestrutura', e as definições não são feitas para trazer qualquer surpresa. A noção de
um 'diagrama' (de Robinson) de uma estrutura pode parecer um pouco estranha à
primeira vista, mas na verdade nada mais é do que uma generalização da tabela de
multiplicação de um grupo.

De qualquer forma existe algo que o leitor pode achar incômodo. Teóricos de modelos estão sempre falando sobre símbolos, nomes e rótulos. Um praticante da teoria
dos grupos expressará um grupo abeliano com a mesma satisfação seja multiplicati-
vamente ou aditivamente, qualquer que seja o mais conveniente para o problema em
questão. Não é o caso do praticante da teoria dos modelos: para ele ou ela o grupo
com '·' é uma estrutura e o grupo com '+' é uma estrutura diferente. Modifique o
nome e você modificará a estrutura.

Isto pode parecer pedante. Teoria dos modelos tem sua origem em lógica matemática, e não posso negar que alguns lógicos destacados têm sido pedantes quando
se trata de símbolos. Entretanto existem várias boas razões para que teóricos de modelos assumam a perspectiva que normalmente assumem. Por agora, permita-me mencionar duas delas.

1

Em primeiro lugar, estaremos frequentemente querendo comparar duas estruturas e estudar homomorfismos de uma para a outra. O que é um homomorfismo? No caso particular de grupos, um homomorfismo de um grupo G para um grupo H é uma função que associa multiplicação em G com multiplicação em H. Existe uma maneira óbvia de generalizar esta noção para estruturas arbitrárias: um homomorfismo de uma estrutura A para uma estrutura B é uma função que associa cada operação de A *à operação com o mesmo nome em B*.

Em segundo lugar, frequentemente vamos querer construir uma estrutura com certas propriedades. Uma das máximas da teoria dos modelos é a seguinte: *primeiro dê nome aos elementos de sua estrutura, e só então decida como eles devem se comportar*. Se os nomes são bem escolhidos, eles servirão tanto como um apoio para a construção, quanto como matéria prima.

Aha – diz o praticante da teoria dos grupos – vejo que você não está realmente falando sobre símbolos *escritos* de forma alguma. Para os objetivos que você descreveu, você precisa apenas de ter rótulos formais para algumas partes da estrutura. Deve ser um tanto irrelevante que tipos de coisas os seus rótulos são; você pode até querer dispor de uma quantidade incontável deles.

Correto. Na realidade vamos seguir o exemplo de A. I. Mal'tsev e não impor quaisquer restrições sobre o que pode servir como um nome. Por exemplo, qualquer ordinal pode ser um nome, e qualquer objeto matemático pode servir como um nome para si próprio. Os itens chamados 'símbolos' nesse livro não precisam ser símbolos escritos. Eles nem sequer precisam ser símbolos sonhados.

1.1 Estruturas

Vamos começar com uma definição de 'estrutura'. Teria sido possível dar a partida no assunto com uma definição mais ágil – digamos deixando fora as cláusulas (1.2) e (1.4) abaixo. Porém um algo mais de generalidade nesse estágio nos economizará infindáveis complicações mais tarde.

Uma **estrutura** A é um objeto com os quatro seguintes ingredientes.

(1.1) Um conjunto chamado de **domínio** de A, escrito dom(A) ou dom A (algumas pessoas o chamam de **universo** ou **portador** de A). Os elementos de dom(A) são chamados de **elementos** da estrutura A. A **cardinalidade** de A, em símbolos $|A|$, é definida como sendo a cardinalidade $|$dom $A|$ de dom(A).

(1.2) Um conjunto de elementos de A chamados de **elementos constantes**, cada um dos quais é nomeado por uma ou mais **constantes**. Se c é uma constante, escrevemos c^A para designar o elemento constante nomeado por c.

(1.3) Para cada inteiro positivo n, um conjunto de relações n-árias sobre dom(A) (i.e. subconjuntos de (dom $A)^n$), cada uma das quais é nomeada por um ou mais **símbolos de relação** n-ária. Se R é um símbolo de relação, escrevemos R^A para designar a relação nomeada por R.

(1.4) Para cada inteiro positivo n, um conjunto de operações n-árias sobre dom(A) (i.e. funções de (dom $A)^n$ para dom(A)), cada uma das quais é nomeada por um ou mais **símbolos de função** n-ária. Se F é um símbolo de função, escrevemos F^A para designar a função nomeada por F.

Exceto onde dissermos o contrário, quaisquer dos conjuntos (1.1)–(1.4) podem ser vazios. Como mencionado no capítulo de introdução, os 'símbolos' de constante, relação e função podem ser quaisquer objetos matemáticos, não necessariamente símbolos escritos; mas em nome da paz de espírito normalmente se supõe que, por exemplo, um símbolo de relação 3-ária não aparece também como um símbolo de função 3-ária ou um símbolo de relação 2-ária. Usaremos letras maiúsculas A, B, C, . . . para estruturas.

Sequências de elementos de uma estrutura são escritas $\bar{a}$, $\bar{b}$ etc. Uma **upla em** A (ou **de** A) é uma sequência finita de elementos de A; é uma n-upla se tem comprimento n. Usualmente deixamos para o contexto a determinação do comprimento de uma sequência ou upla.

Isto conclui a definição de 'estrutura'.

Exemplo 1: *Grafos*. Um **grafo** consiste de um conjunto V (o conjunto de **vértices**) e um conjunto E (o conjunto de **arestas**), onde cada aresta é um conjunto de dois vértices distintos. Diz-se que uma aresta (v, w) **liga** os dois vértices v e w. Podemos fazer uma figura representando um grafo finito usando pontos para os vértices e a ligação de dois vértices v, w sendo realizada por uma linha quando (v, w) é uma aresta:

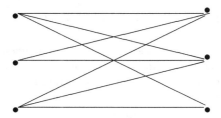

Uma maneira natural de fazer de um grafo G uma estrutura é a seguinte. Os elementos de G são os vértices. Existe uma relação binária R^G; o par ordenado (v, w) pertence à relação R^G se e somente se existe uma aresta ligando v a w.

Exemplo 2: *Ordenações lineares*. Suponha que $\leqslant$ ordene um conjunto X. Então podemos fazer de $(X, \leqslant)$ uma estrutura A como segue. O domínio de A é o conjunto X. Existe um símbolo de relação binária R, e sua interpretação R^A é a ordenação $\leqslant$. (Na prática escreveríamos o símbolo de relação como $\leqslant$ ao invés de R.)

Exemplo 3: _Grupos_. Podemos pensar num grupo como uma estrutura G com uma constante 1 nomeando a identidade 1^G, um símbolo de função $\cdot$ nomeando a operação produto do grupo $\cdot^G$, e um símbolo de função unária $^{-1}$ nomeando a operação de tomar o inverso $^{(-1)^G}$. Um outro grupo H terá os mesmos símbolos $1, \cdot, {}^{-1}$; então 1^H é o elemento identidade de H, $\cdot^H$ é a operação produto de H, e assim por diante.

Exemplo 4: _Espaços vetoriais_. Existem várias maneiras de fazer de um espaço vetorial uma estrutura, mas aqui vai a mais conveniente. Suponha que V seja um espaço vetorial sobre um corpo de escalares K. Tome o domínio de V como sendo o conjunto de vetores de V. Existe um elemento constante 0^V, a origem do espaço vetorial. Existe uma operação binária, $+^V$, que é a adição de vetores. Existe uma operação 1-ária $-^V$ para o inverso aditivo; e para todo escalar k existe uma operação 1-ária k^V para representar a multiplicação de um vetor por k. Dessa forma cada escalar serve como um símbolo de função 1-ária. (Na verdade o símbolo '$-$' é redundante, porque $-^V$ é a mesma operação que $(-1)^V$.)

Quando falarmos de espaços vetoriais mais adiante, assumiremos que eles são estruturas dessa forma (a menos que algo seja dito em contrário). O mesmo vale para módulos, substituindo o corpo K por um anel.

Duas perguntas vêm à mente. Primeiro, esses exemplos não são um pouco arbitrários? Por exemplo, por que atribuímos à estrutura de grupo um símbolo para o inverso multiplicativo $^{-1}$, mas não demos um símbolo para o comutador $[\,,\,]$? Por que introduzimos na estrutura de ordenação linear um símbolo para a ordenação $\leqslant$, mas nenhum para a ordenação estrita correspondente $<$?

A resposta é sim; essas escolhas foram arbitrárias. Mas algumas escolhas são mais sensatas que outras. Voltaremos a este ponto na próxima seção.

Em segundo lugar, o que é _exatamente_ uma estrutura? Nossa definição não disse nada sobre a forma pela qual os ingredientes (1.1)–(1.4) são empacotados em uma única entidade.

Verdadeiro novamente. Mas esta foi um descuido deliberado – os arranjos para o empacotamento não terão importância para nós. Alguns autores definem A como sendo um par ordenado $\langle \mathrm{dom}(A), f \rangle$ onde f é uma função associando a cada símbolo S um item S^A correspondente. O importante é saber o que os símbolos e os ingredientes são, e isso pode ser indicado de qualquer forma razoável.

Por exemplo um praticante da teoria dos modelos pode se referir à estrutura

$$\langle \mathbb{R}, +, -, \cdot, 0, 1, \leqslant \rangle.$$

Com um pouco de bom senso o leitor pode adivinhar que isso se refere à estrutura cujo domínio é o conjunto dos números reais, com constantes 0 e 1 nomeando os números 0 e 1, um símbolo de relação 2-ária $\leqslant$ nomeando a relação $\leqslant$, símbolos de função 2-ária $+$ e $\cdot$ nomeando adição e multiplicação respectivamente, e um símbolo de função 1-ária nomeando a troca de sinal.

Assinaturas

A **assinatura** de uma estrutura A é especificada fornecendo-se

(1.5) o conjunto de constantes de A, e para cada $n > 0$, o conjunto de símbolos de relação n-ária e o conjunto de símbolos de função n-ária de A.

Assumiremos que a assinatura de uma estrutura pode ser lida de forma única a partir da estrutura.

O símbolo L será usado para representar assinaturas. Mais adiante ele também servirá para linguagens – pense na assinatura de A como uma espécie de linguagem rudimentar para falar sobre A. Se A tem assinatura L, dizemos que A é uma L-**estrutura**.

Uma assinatura L sem símbolos de constante ou símbolos de função é chamada de uma **assinatura relacional**, e uma L-estrutura é chamada de **estrutura relacional**. Uma assinatura sem símbolos de relação às vezes é chamada de **assinatura algébrica**.

Exercícios para a seção 1.1

1. Segundo Tomaz de Aquino, Deus é uma estrutura G com três elementos '*pater*', '*filius*' e '*spiritus sanctus*', em uma assinatura consistindo de uma relação binária assimétrica ('*relatio opposita*') R, lida como '*relatio originis*'. Tomaz de Aquino assevera também que os três elementos podem ser identificados univocamente em termos de R^G. Deduza – como o fez Tomaz de Aquino – que se os pares (*pater*, *filius*) e (*pater*, *spiritus sanctus*) estão em R^G, então exatamente um dos pares (*filius*, *spiritus sanctus*) ou (*spiritus sanctus*, *filius*) pertence a R^G.

2. Seja X um conjunto e L uma assinatura; escreva $\kappa(X, L)$ para designar o número de L-estruturas distintas que têm domínio X. Mostre que se X é um conjunto finito então $\kappa(X, L)$ é ou finito ou no mínimo 2^ω.

1.2 Homomorfismos e subestruturas

A seguinte definição tem o propósito de abranger, de uma só vez, praticamente todas as coisas que podem ser chamadas de 'homomorfismos' em qualquer ramo de álgebra.

Seja L uma assinatura e sejam A e B L-estruturas. Por um **homomorfismo** f de A para B, em símbolos $f : A \to B$, queremos dizer uma função f de dom(A) para dom(B) com as três seguintes propriedades.

(2.1) Para cada constante c de L, $f(c^A) = c^B$.

(2.2) Para cada $n > 0$ e cada símbolo de relação n-ária R de L e n-upla $\bar{a}$ de A, se $\bar{a} \in R^A$ então $f\bar{a} \in R^B$.

(2.3) Para cada $n > 0$ e cada símbolo de função n-ária F de L e n-upla $\bar{a}$ de A, $f(F^A(\bar{a})) = F^B(f\bar{a})$.

(Se $\bar{a}$ é $(a_0, \ldots, a_{n-1})$ então $f\bar{a}$ significa $(fa_0, \ldots, fa_{n-1})$; cf. Nota sobre notação.) Por uma **imersão** de A em B queremos dizer um homomorfismo $f : A \to B$ que é injetivo e satisfaz à seguinte versão mais forte de (2.2).

(2.4) Para cada $n > 0$, cada símbolo de relação n-ária R de L e cada n-upla $\bar{a}$ de A,
$$\bar{a} \in R^A \Leftrightarrow f\bar{a} \in R^B.$$

Um **isomorfismo** é uma imersão sobrejetora. Homomorfismos $f : A \to A$ são chamados de **endomorfismos** de A. Isomorfismos $f : A \to A$ são chamados de **automorfismos** de A.

Por exemplo, se G e H são grupos e $f : G \to H$ é um homomorfismo, então (2.1) diz que $f(1^G) = 1^H$, e (2.3) diz que, para todos os elementos a, b de G, $f(a \cdot^G b) = f(a) \cdot^H f(b)$ e $f(a^{(-1)^G}) = f(a)^{(-1)^H}$. Isso é exatamente o que diz a definição usual de homomorfismo entre grupos. Cláusula (2.2) não adiciona nada neste caso já que não existem símbolos de relação na assinatura. Pela mesma razão (2.4) é vácua para grupos. Assim um homomorfismo entre grupos é uma imersão se e somente se ele é um homomorfismo injetivo.

Algumas vezes escrevemos 1_A para designar a função identidade sobre $\mathrm{dom}(A)$. Claramente trata-se de um homomorfismo de A em A, na realidade um automorfismo de A. Dizemos que A é **isomorfa** a B, em símbolos $A \cong B$, se existe um isomorfismo de A para B.

Os seguintes fatos são quase todos consequências imediatas das definições.

Teorema 1.2.1.   *Seja L uma assinatura.*

(a) *Se A, B, C são L-estruturas e $f : A \to B$ e $g : B \to C$ são homomorfismos, então a função composta gf é um homomorfismo de A para C. Se, ainda mais, f e g são ambas imersões então gf também o é.*

(b) *Se A e B são L-estruturas e $f : A \to B$ é um homomorfismo então $1_B f = f = f1_A$.*

(c) *Sejam A, B, C L-estruturas. Então 1_A é um isomorfismo. Se $f : A \to B$ é um isomorfismo então a função inversa $f^{-1} : \mathrm{dom}(B) \to \mathrm{dom}(A)$ existe e é um isomorfismo de B para A. Se $f : A \to B$ e $g : B \to C$ são isomorfismos então gf também o é.*

(d) *A relação $\cong$ é uma relação de equivalência sobre a classe de L-estruturas.*

(e) *Se A, B são L-estruturas, $f : A \to B$ é um homomorfismo e existem homomorfismos $g : B \to A$ e $h : B \to A$ tal que $gf = 1_A$ e $fh = 1_B$, então f é um isomorfismo e $g = h = f^{-1}$.*

Demonstração.   (e) $g = g1_B = gfh = 1_A h = h$. Já que $gf = 1_A$, f é uma imersão. Dado que $fh = 1_B$, f é sobrejetora.   □

Subestruturas

Se A e B são L-estruturas com $\mathrm{dom}(A) \subseteq \mathrm{dom}(B)$ e a função inclusão $i : \mathrm{dom}(A) \to \mathrm{dom}(B)$ for uma imersão, então dizemos que B é uma **extensão** de A, ou que A é uma **subestrutura** de B, em símbolos $A \subseteq B$. Note que se i é a função inclusão de $\mathrm{dom}(A)$ para $\mathrm{dom}(B)$, então a condição (2.1) acima diz que $c^A = c^B$ para cada constante c, condição (2.2) diz que $R^A = R^B \cap (\mathrm{dom}\,A)^n$ para cada símbolo de relação R, e finalmente condição (2.3) diz que $F^A = F^B|(\mathrm{dom}\,A)^n$ (a restrição de F^B a $(\mathrm{dom}\,A)^n$) para cada símbolo de função n-ária F.

Quando é que um conjunto de elementos de uma estrutura formam o domínio de uma subestrutura? O próximo lema nos dá um critério.

Lema 1.2.2. *Seja B uma L-estrutura e X um subconjunto de $\mathrm{dom}(B)$. Então as seguintes condições são equivalentes:*

(a) *$X = \mathrm{dom}(A)$ para algum $A \subseteq B$.*

(b) *Para toda constante c de L, $c^B \in X$; e para todo $n > 0$, todo símbolo de função n-ária F de L e toda n-upla $\bar{a}$ de elementos de X, $F^B(\bar{a}) \in X$.*

Se (a) *e* (b) *se verificam, então A é univocamente determinada.*

Demonstração. Suponha que (a) se verifique. Então para toda constante c de L, $c^B = c^A$ pela condição (2.1); mas $c^A \in \mathrm{dom}(A) = X$, logo $c^B \in X$. Igualmente, para cada símbolo de função n-ária F de L e cada n-upla $\bar{a}$ de elementos de X, $\bar{a}$ é uma n-upla em A e por isso $F^B(\bar{a}) = F^A(\bar{a}) \in \mathrm{dom}(A) = X$. Isto demonstra (b).

Reciprocamente, se (b) se verifica, então podemos definir A colocando $\mathrm{dom}(A) = X$, $c^A = c^B$ para cada constante c de L, $F^A = F^B|X^n$ para cada símbolo de função n-ária F de L, e $R^A = R^B \cap X^n$ para cada símbolo de relação n-ária R de L. Então $A \subseteq B$; além do mais esta é a única definição possível de A, dado que $A \subseteq B$ e $\mathrm{dom}(A) = X$. $\qquad\square$

Seja B uma L-estrutura e Y um conjunto de elementos de B. Então segue-se facilmente do Lema 1.2.2 que existe uma única subestutura A de B cujo domínio inclui Y; chamamos A de **subestrutura de B gerada por Y**, ou a **envoltória** de Y em B, em símbolos $A = \langle Y \rangle_B$. Chamamos Y de um **conjunto de geradores** para A. Uma estrutura B é dita **finitamente gerada** se B é da forma $\langle Y \rangle_B$ para algum conjunto finito Y de elementos.

Quando o contexto permite, escrevemos simplesmente $\langle Y \rangle$ ao invés de $\langle Y \rangle_B$. Às vezes é conveniente listar os geradores Y como uma sequência $\bar{a}$; então escrevemos $\langle \bar{a} \rangle_B$ para designar $\langle Y \rangle_B$.

Para muitos propósitos necessitaremos de saber a cardinalidade da estrutura $\langle Y \rangle_B$. Isto pode ser estimado como se segue. Definimos a **cardinalidade** de L, em símbolos

$|L|$, como sendo o menor cardinal infinito maior ou igual ao número de símbolos em L.
(Na verdade veremos no Exercício 2.1.7 abaixo que $|L|$ é igual ao número de fórmulas
de primeira ordem de L, a menos de escolha de variáveis; esta é uma razão pela qual
$|L|$ é tomada como sendo infinita mesmo quando L contém apenas um número finito
de símbolos.

Advertência.   Ocasionalmente é importante saber que uma assinatura L contém apenas um número finito de símbolos. Neste caso dizemos que L é **finita**, apesar da
definição que acabamos de dar para $|L|$. Veja Exercício 6.

Teorema 1.2.3.   *Seja B uma L-estrutura e Y um conjunto de elementos de B. Então*
$|\langle Y \rangle_B| \leqslant |Y| + |L|.$

Demonstração.   Vamos construir $\langle Y \rangle_B$ explicitamente, portanto demonstrar sua
existência e unicidade ao mesmo tempo. Definimos um conjunto $Y_m \subseteq \text{dom}(B)$
para cada $m < \omega$, por indução sobre m:

$$Y_0 = \quad Y \cup \{c^B : c \text{ uma constante de } L\},$$
$$Y_{m+1} = \quad Y_m \cup \{F^B(\bar{a}) : \text{ para algum } n > 0, \ F \text{ é um símbolo de}$$
$$\text{função } n\text{-ária } L \text{ e } \bar{a} \text{ é uma } n\text{-upla de elementos de } Y_m\}.$$

Finalmente definimos $X = \bigcup_{m < \omega} Y_m$. Claramente X satisfaz a condição (b) do
Lema 1.2.2, logo pelo mesmo lema existe uma única subestrutura A de B com $X =$
$\text{dom}(A)$. Se A' é uma subestrutura qualquer de B com $Y \subseteq \text{dom}(A')$, então por
indução sobre m vemos que cada Y_m está incluído em $\text{dom}(A')$ (pela implicação
(a)$\Rightarrow$(b) no Lema 1.2.2), e por isso $X \subseteq \text{dom}(A')$. Por conseguinte A é a menor (e
única) subestrutura de B cujo domínio inclui Y, abreviadamente $A = \langle Y \rangle_B$.

Agora vamos estimar a cardinalidade de A. Faça $\kappa = |Y| + |L|$. Claramente
$|Y_0| \leqslant \kappa$. Para cada n fixo, se Z é um subconjunto de $\text{dom}(B)$ de cardinalidade $\leqslant \kappa$,
então o conjunto

$$\{F^B(\bar{a}) : F \text{ é um símbolo de função } n\text{-ária } L \text{ e } \bar{a} \in Z^n\}$$

tem cardinalidade no máximo $\kappa \cdot \kappa^n = \kappa$, já que κ é infinito. Por conseguinte se
$|Y_m| \leqslant \kappa$, então $|Y_{m+1}| \leqslant \kappa + \kappa = \kappa$. Logo por indução sobre m, cada $|Y_m| \leqslant \kappa$, e
portanto $|X| \leqslant \omega \cdot \kappa = \kappa$. Como $|\langle Y \rangle_B| = |X|$ por definição, isto prova o teorema.
$\square$

Escolha de assinatura

Como dissemos anteriormente, um mesmo objeto matemático pode ser interpretado
como uma estrutura de diversas maneiras. A mesma função ou relação pode ser nomeada por diferentes símbolos: por exemplo o elemento identidade em um grupo pode

ser chamado e ou 1. Nós também temos alguma escolha até mesmo sobre quais elementos, funções ou relações devem ser nomeados. Um grupo certamente deveria ter um nome como $\cdot$ para a operação de produto; dever-se-ia também ter nomes como $^{-1}$ e 1 para o inverso e a identidade? Que tal $[\ ,\ ]$ para o comutador, $[a, b] = a^{-1}b^{-1}ab$?

Um princípio geral saudável é aquele que diz que, quando as coisas são iguais, *assinaturas devem ser escolhidas de tal forma que as noções de homomorfismo e subestrutura concordem com as noções usuais para os ramos relevantes da matemática.*

Por exemplo no caso de grupos, se a única operação nomeada é o produto $\cdot$, então as subestruturas de um grupo serão seus subsemigrupos, fechados sob $\cdot$ mas não necessariamente contendo inversos ou identidade. Se nomeamos $\cdot$ e a identidade 1, então as subestruturas serão os submonóides. Para assegurar que subestrutura coincide com subgrupo, precisamos também de introduzir um símbolo para $^{-1}$. Dado que os símbolos para $\cdot$ e $^{-1}$ são incluídos, obteríamos exatamente as mesmas subestruturas e homomorfismos se também incluíssemos um símbolo para o comutador; a maior parte dos teóricos de modelos usam a lâmina de Ockham e o deixam de fora.

Portanto para algumas classes de objetos existe uma escolha natural de assinatura. Para grupos a escolha natural é nomear $\cdot$, 1 (ou e) e $^{-1}$; chamamos esta de **assinatura de grupos**. Sempre assumiremos (a menos que algo seja dito em contrário) que anéis têm um 1. Portanto a escolha natural de assinatura para anéis é nomear $+, -, \cdot, 0$ e 1; chamamos esta de **assinatura de anéis**. A **assinatura de ordenações parciais** tem apenas o símbolo $\leqslant$. A **assinatura de reticulados** tem apenas $\wedge$ e $\vee$.

E se quiséssemos adicionar novos símbolos, por exemplo nomear um determinado elemento? As próximas definições tratam dessa situação.

Redução e expansão

Suponha que L^- e L^+ sejam assinaturas, e L^- seja um subconjunto de L^+. Então se A é uma L^+-estrutura, podemos tornar A uma L^--estrutura simplesmente esquecendo os símbolos de L^+ que não estão em L^-. (Não removemos qualquer elemento de A, embora alguns elementos constantes em A podem deixar de ser elementos constantes na nova estrutura.) A L^--estrutura resultante é chamada de L^--**reduto** de A ou o **reduto de** A **para** L^-, em símbolos $A|L^-$. Se $f : A \to B$ é um homomorfismo de L^+-estruturas, então a mesma função f é também um homomorfismo $f : A|L^- \to B|L^-$ de L^--estruturas.

Quando A é uma L^+-estrutura e C é o seu L^--reduto, dizemos que A é uma **expansão** de C para L^+. Em geral C pode ter muitas expansões distintas para L^+ diferentes. Há uma notação útil embora imprecisa para expansões. Suponha que os símbolos que estão em L^+ mas não estão em L^- sejam as constantes c, d e um símbolo de função F; então c^A, d^A são respectivamente elementos a, b de A, e F^A é alguma operação f sobre $\text{dom}(A)$. Escrevemos:

$$(2.5) \qquad A = (C, a, b, f)$$

para expressar que A é uma expansão de C obtida pela adição de símbolos para nomear a, b e f. A notação é imprecisa porque ela não diz quais símbolos são usados
para nomear a, b e f respectivamente; mas frequentemente a escolha de símbolos é
irrelevante ou óbvia a partir do contexto.

Exercícios para a seção 1.2

1. Verifique todas as partes do Teorema 1.2.1.

2. Seja L uma assinatura e **K** uma classe de L-estruturas. Suponha que A e B estejam em **K**,
e que, para toda estrutura C em **K**, existem homomorfismos únicos $f : A \to C$ e $g : B \to C$.
Mostre que existe um único isomorfismo de A para B.

3. Sejam A, B L-estruturas, X um subconjunto de $\mathrm{dom}(A)$ e $f : \langle X \rangle_A \to B$ e $g : \langle X \rangle_A \to B$
homomorfismos. Mostre que se $f|X = g|X$ então $f = g$.

4. Demonstre a seguinte afirmação, na qual todas as estruturas são supostas L-estruturas para
alguma assinatura fixa L.
   (a) Todo homomorfismo $f : A \to C$ pode ser fatorado como $f = hg$ para algum homomorfismo sobrejetor $g : A \to B$ e extensão $h : B \to C$:

(2.6)

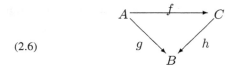

A única estrutura B é chamada de **imagem** *de g, im g para abreviar. Generalizando, dizemos que uma L-estrutura B é uma* **imagem homomórfica** *de A se existe um homomorfismo
sobrejetor $g : A \to B$.*
   (b) Toda imersão $f : A \to C$ pode ser fatorada como $f = hg$ onde g é uma extensão e h é
um isomorfismo. *Trata-se de uma pequena parte da teoria de conjuntos que frequentemente é
varrida para baixo do tapete. Ela diz que quando tivermos uma imersão de A em C, podemos
assumir que A é uma subestrutura de C. A imersão dos racionais nos reais é um exemplo
familiar.*

5. Sejam A e B L-estruturas com A uma subestrutura de B. Uma **retração** de B para A é
um homomorfismo $f : B \to A$ tal que $f(a) = a$ para todo elemento a de A. Mostre que (a)
se $f : B \to A$ é uma retração, então $f^2 = f$, (b) se B é uma L-estrutura qualquer e f é um
endomorfismo de B tal que $f^2 = f$, então f é uma retração de B para uma subestrutura A de B.

6. Seja L uma assinatura finita sem símbolos de função. (a) Mostre que toda L-estrutura finitamente gerada é finita. (b) Mostre que, para cada $n < \omega$, existe, a menos de isomorfismo,
apenas um número finito de L-assinaturas de cardinalidade n.

7. Mostre que podemos definir a assinatura de corpos de tal forma que subestrutura = sub-corpo, e homomorfismo = imersão de corpos, desde que façamos $0^{-1} = 0$. *A maioria dos matemáticos parecem resistir a isso, daí o costume normal é dar a corpos a mesma assinatura que se dá a anéis.*

8. Muitos teóricos de modelos requerem que o domínio de qualquer estrutura seja não-vazio. Como isso afetaria o Lema 1.2.2 e a definição de $\langle Y \rangle_B$?

9. Dê um exemplo de uma estrutura de cardinalidade ω_2 que tenha uma subestrutura de cardinalidade ω mas nenhuma subestrutura de cardinalidade ω_1.

1.3 Termos e fórmulas atômicas

No Capítulo 2 vamos introduzir um número de linguagens formais para falar de L-estruturas. Todas essas linguagens serão construídas a partir de fórmulas atômicas de L, que agora devemos definir.

Cada fórmula atômica será uma cadeia de símbolos incluindo os símbolos de L. Como os símbolos em L podem ser quaisquer tipos de objeto e não necessariamente expressões escritas, a idéia de uma 'cadeia de símbolos' tem que ser tomada com uma pitada de codificação em teoria dos conjuntos.

Termos

Toda linguagem tem um estoque de **variáveis**. São símbolos escritos v, x, y, z, t, x_0, x_1, etc., e um dos seus propósitos é servir como rótulos temporários para elementos de uma estrutura. Qualquer símbolo pode ser usado como uma variável, desde que ele ainda não tenha sido usado para algo diferente. A escolha de variáveis nunca é importante, e para os propósitos teóricos muitos teóricos de modelos as restringem às expressões do tipo v_0, v_1, v_2, ... com números naturais ou ordinais como índices.

Os **termos** da assinatura L são cadeias de símbolos definidos como se segue (onde assume-se que os símbolos '(', ')' e ',' não ocorrem em qualquer outra parte de L – daqui por diante observações como esta não serão mais levantadas).

(3.1) Toda variável é um termo de L.

(3.2) Toda constante de L é um termo de L.

(3.3) Se $n > 0$, F é um símbolo de função n-ária de L e $t_1, \ldots, t_n$ são termos de L então a expressão $F(t_1, \ldots, t_n)$ é um termo de L.

(3.4) Nada mais é um termo de L.

Um termo é dito **fechado** (cientistas da computação dizem **básico**) se nenhuma variável ocorre nele. A **complexidade** de um termo é o número de símbolos ocorrendo nele, contando cada ocorrência separadamente. (O que é importante é que se t ocorre como parte de s, então s tem complexidade maior que a de t.)

Se introduzimos um termo t como $t(\bar{x})$, isto sempre significará que $\bar{x}$ é uma sequência $(x_0, x_1, \ldots)$, possivelmente infinita, de variáveis distintas, e toda variável que ocorre em t está entre as variáveis em $\bar{x}$. Mais adiante no mesmo contexto poderemos escrever $t(\bar{s})$, onde $\bar{s}$ é uma sequência de termos $(s_0, s_1, \ldots)$; daí, $t(\bar{s})$ denota o termo obtido a partir de t colocando-se s_0 no lugar de x_0, s_1 no lugar de x_1, etc., ao longo do termo t. (Por exemplo, se $t(x, y)$ é o termo $y + x$, então $t(0, 2y)$ é o termo $2y + 0$ e $(t(t(x, y), y)$ é o termo $y + (y + x)$.)

Para fazer com que variáveis e termos representem elementos de uma estrutura, usamos a seguinte convenção. Seja $t(\bar{x})$ um termo de L, onde $\bar{x} = (x_0, x_1, \ldots)$. Seja A uma L-estrutura e $\bar{a} = (a_0, a_1, \ldots)$ uma sequência de elementos de A; assumimos que $\bar{a}$ é pelo menos tão longa quanto $\bar{x}$. Então $t^A(\bar{a})$ (ou $t^A[\bar{a}]$ quando precisarmos de uma notação mais diferenciada) é definido como sendo o elemento de A que é nomeado por t quando x_0 é interpretado como um nome de a_0, e x_1 como um nome de a_1, e assim por diante. Mais precisamente, usando indução sobre a complexidade de t,

(3.5) se t é a variável x_i, então $t^A[\bar{a}]$ é a_i,

(3.6) se t é uma constante c então $t^A[\bar{a}]$ é o elemento c^A,

(3.7) se t é da forma $F(s_1, \ldots, s_n)$ onde cada s_i é um termo $s_i(\bar{x})$, então $t^A[\bar{a}]$ é o elemento $F^A[s_1{}^A[\bar{a}], \ldots, s_n{}^A[\bar{a}])$.

(Cf. (1.2), (1.4) acima.) Se t é um termo fechado então $\bar{a}$ não tem qualquer efeito, e aí escrevemos simplesmente t^A para designar $t^A[\bar{a}]$.

Fórmulas atômicas

As **fórmulas atômicas** de L são as cadeias de símbolos dadas por (3.8) e (3.9) abaixo.

(3.8) Se s e t são termos de L, então a cadeia $s = t$ é uma fórmula atômica de L.

(3.9) Se $n > 0$, R é um símbolo de relação n-ária de L e $t_1, \ldots, t_n$ são termos de L então a expressão $R(t_1, \ldots, t_n)$ é uma fórmula atômica de L.

(Note que o símbolo '$=$' não é suposto ser um símbolo de relação na assinatura.) Uma **sentença atômica** de L é uma fórmula atômica na qual não ocorrem variáveis.

Tal qual no caso dos termos, se introduzimos uma fórmula atômica ϕ como $\phi(\bar{x})$, então $\phi(\bar{s})$ denota a fórmula atômica obtida a partir de ϕ colocando-se termos da sequência $\bar{s}$ no lugar de todas as ocorrências das variáveis correspondentes de $\bar{x}$.

Se as variáveis $\bar{x}$ em uma fórmula atômica $\phi(\bar{x})$ são interpretadas como nomes de elementos $\bar{a}$ em uma estrutura A, então ϕ faz um enunciado sobre A. O enunciado pode ser verdadeiro ou falso. Se for verdadeiro, dizemos que ϕ é **verdadeiro de** $\bar{a}$ **em** A, ou que $\bar{a}$ **satisfaz** ϕ **em** A, em símbolos

$$A \vDash \phi[\bar{a}] \qquad \text{ou equivalentemente} \qquad A \vDash \phi(\bar{a}).$$

Podemos dar uma definição formal a esta relação $\vDash$. Seja $\phi(\bar{x})$ uma fórmula atômica de L com $\bar{x} = (x_0, x_1, \ldots)$. Seja A uma L-estrutura e $\bar{a}$ uma sequência $(a_0, a_1, \ldots)$ de elementos de A; vamos assumir que $\bar{a}$ é pelo menos tão longa quanto $\bar{x}$. Então

(3.10) se ϕ é a fórmula $s = t$ onde $s(\bar{x})$, $t(\bar{x})$ são termos, então $A \vDash \phi[\bar{a}]$ sse $s^A[\bar{a}] = t^A[\bar{a}]$,

(3.11) se ϕ é a fórmula $R(s_1, \ldots, s_n)$ onde $s_1(\bar{x})$, $\ldots$, $s_n(\bar{x})$ são termos, então $A \vDash \phi[\bar{a}]$ sse a n-upla ordenada $(s_1{}^A[\bar{a}], \ldots, s_n{}^A[\bar{a}])$ pertence a R^A.

(Cf. (1.3) acima.) Quando ϕ é uma sentença atômica, podemos omitir a sequência $\bar{a}$ e escrever simplesmente $A \vDash \phi$ no lugar de $A \vDash \phi[\bar{a}]$.

Dizemos que A é um **modelo** de ϕ, ou que ϕ é **verdadeiro em** A, se $A \vDash \phi$. Quando T é um conjunto de sentenças atômicas, dizemos que A é um **modelo** de T (em símbolos, $A \vDash T$) se A é um modelo de toda sentença atômica em T.

Teorema 1.3.1. *Sejam A e B L-estruturas e f uma função de* dom(A) *para* dom(B).

(a) *Se f é um homomorfismo então, para todo termo $t(\bar{x})$ de L e upla $\bar{a}$ de A,* $f(t^A[\bar{a}]) = t^B[f\bar{a}]$.

(b) *f é um homomorfismo se e somente se para toda fórmula atômica $\phi(\bar{x})$ de L e upla $\bar{a}$ de A,*

(3.12) $$A \vDash \phi[\bar{a}] \implies B \vDash \phi[f\bar{a}].$$

(c) *f é uma imersão se e somente se para toda fórmula atômica $\phi(\bar{x})$ de L e upla $\bar{a}$ de A,*

(3.13) $$A \vDash \phi[\bar{a}] \iff B \vDash \phi[f\bar{a}].$$

Demonstração. (a) pode ser facilmente demonstrado por indução sobre a complexidade de t, usando (3.5)–(3.7).

(b) Suponha inicialmente que f seja um homomorfismo. Como um exemplo típico, suponha que $\phi(\bar{x})$ seja $R(s, t)$, onde $s(\bar{x})$ e $t(\bar{x})$ são termos. Assuma $A \vDash \phi[\bar{a}]$. Então por (3.11) nós temos

(3.14) $$(s^A[\bar{a}], t^A[\bar{a}]) \in R^A.$$

Então pela parte (a) e pelo fato de que f é um homomorfismo (ver (2.2) acima),

(3.15) $(s^B[f\bar{a}], t^B[f\bar{a}]) = (f(s^A[\bar{a}]), f(t^A[\bar{a}])) \in R^B.$

Logo $B \vDash \phi[f\bar{a}]$ por (3.11) novamente. Essencialmente a mesma demonstração funciona para toda fórmula atômica ϕ.

Para a recíproca, novamente tomamos um exemplo típico. Assuma que (3.12) se verifica para toda sentença atômica ϕ e sequências $\bar{a}$. Suponha que $(a_0, a_1) \in R^A$. Então escrevendo $\bar{a}$ no lugar de (a_0, a_1), nós temos $A \vDash R(x_0, x_1)[\bar{a}]$. Então (3.12) implica que $B \vDash R(x_0, x_1)[f\bar{a}]$, que devido a (3.11) implica que $(fa_0, fa_1) \in R^B$ como requerido. Por conseguinte, f é um homomorfismo.

(c) é demonstrado como (b), mas usando (2.4) no lugar de (2.2).   □

Uma variante do Teorema 1.3.1(c) é frequentemente útil. Por uma **fórmula atômica negada** de L queremos dizer uma cadeia $\neg\phi$ onde ϕ é uma fórmula atômica de L. Lemos o símbolo $\neg$ como 'não' e definimos

(3.16)   '$A \vDash \neg\phi[\bar{a}]$' se verifica   sse   '$A \vDash \phi[\bar{a}]$' não se verifica.

onde A é uma L-estrutura qualquer, ϕ é uma fórmula atômica e $\bar{a}$ é uma sequência de A. Um **literal** é uma fórmula atômica ou uma fórmula atômica negada; ele é um **literal fechado** se não contém variáveis.

Corolário 1.3.2. *Sejam A e B L-estruturas e f uma função de $\mathrm{dom}(A)$ para $\mathrm{dom}(B)$. Então f é uma imersão se e somente se para todo literal $\phi(\bar{x})$ de L, e sequência $\bar{a}$ de A,*

(3.17) $A \vDash \phi[\bar{a}] \;\Rightarrow\; B \vDash \phi[f\bar{a}].$

Demonstração.   Imediata de (c) do teorema e (3.16).   □

A álgebra de termos

O oráculo délfico dizia 'Conhece-te a ti mesmo'. Termos podem fazer isso – eles podem descrever a si próprios. Seja L uma assinatura qualquer e X um conjunto de variáveis. Definimos a **álgebra de termos de L com base X** como sendo a seguinte L-estrutura A. O domínio de A é o conjunto de todos os termos de L cujas variáveis estão em X. Colocamos

(3.18) $c^A = c$ para cada constante c de L,

(3.19) $F^A(\bar{t}) = F(\bar{t})$ para cada símbolo de função n-ária F de L e n-upla $\bar{t}$ de elementos de $\mathrm{dom}(A)$,

(3.20) R^A é vazia   para cada símbolo de relação R de L.

A álgebra de termos de L com base X é também conhecida como a **L-estrutura absolutamente livre com base X**.

Exercícios para a seção 1.3

1. Seja B uma L-estrutura e Y um conjunto de elementos de B. Mostre que $\langle Y \rangle_B$ consiste daqueles elementos de B que têm a forma $t^B[\bar{b}]$ para algum termo $t(\bar{x})$ de L e alguma upla $\bar{b}$ de elementos de Y. [Use a construção de $\langle Y \rangle_B$ definida na demonstração do Teorema 1.2.3.]

2. (a) Se $t(x, y, z)$ é $F(G(x, z), x)$, que são $t(z, y, x)$, $t(x, z, z)$, $t(F(x, x), G(x, x), x)$, $t(t(a, b, c), b, c)$?
(b) Seja A a estrutura $\langle \mathbb{N}, +, \cdot, 0, 1 \rangle$ onde $\mathbb{N}$ é o conjunto de números naturais $0, 1, \ldots$. Seja $\phi(x, y, z, u)$ a fórmula atômica $x + z = y \cdot u$ e seja $t(x, y)$ o termo $y \cdot y$. Quais das seguintes relações se verificam? $A \vDash \phi(0, 1, 2, 3)$; $A \vDash \phi[1, 5, t^A[4, 2], 1]$; $A \vDash \phi[9, 1, 16, 25]$; $A \vDash \phi[56, t^A[9, t^A[0, 3]], t^A[5, 7], 1]$. [Respostas: $F(G(z, x), z)$, $F(G(x, z), x)$, $F(G(F(x, x), x)$, $F(x, x))$, $F(G(F(G(a, c), a), c), F(G(a, c), a))$; não, sim, sim, não.]

3. Seja A uma L-estrutura, $\bar{a} = (a_0, a_1, \ldots)$ uma sequência de elementos de A e $\bar{s} = (s_0, s_1, \ldots)$ uma sequência de termos fechados de L tal que, para cada i, $s_i^A = a_i$. Mostre que (a) para cada termo $t(\bar{x})$ de L, $t(\bar{s})^A = t^A[\bar{a}]$, (b) para cada fórmula atômica $\phi(\bar{x})$ de L, $A \vDash \phi(\bar{s}) \Leftrightarrow A \vDash \phi[\bar{a}]$.

4. Sejam A e B L-estruturas, $\bar{a}$ uma sequência de elementos que geram A e f uma função de dom(A) para dom(B). Mostre que f é um homomorfismo se e somente se para toda fórmula atômica $\phi(\bar{x})$ de L, $A \vDash \phi[\bar{a}]$ implica $B \vDash \phi[f\bar{a}]$.

5. (Lema da leitura única). Seja L uma assinatura e t um termo de L. Mostre que t pode ser construído de uma única forma. [Em outras palavras, (a) se t é uma constante então t também não é da forma $F(\bar{s})$, (b) se t é $F(s_0, \ldots, s_{m-1})$ e $G(r_0, \ldots, r_{n-1})$ então $F = G$, $m = n$ e para cada $i < n$, $s_i = r_i$. Para cada ocorrência σ de um símbolo em t, defina $^{\#}(\sigma)$ como sendo o número de ocorrências de '(' à esquerda de σ, menos o número de ocorrências de ')' à esquerda de σ; use $^{\#}(\sigma)$ para identificar as vírgulas relacionadas com F em t.]

6. Seja A a álgebra de termos de L com base X. Mostre que, para cada termo $t(\bar{x})$ de L e cada upla $\bar{s}$ de elementos de dom(A), $t^A[\bar{s}] = t(\bar{s})$.

7. Sejam A a álgebra de termos de assinatura L com base X, e B uma L-estrutura qualquer. Mostre que, para cada função $f : X \to$ dom(B), existe um único homomorfismo $g : A \to B$ que concorda com f em X. Mostre também que se $t(\bar{x})$ é um termo qualquer em dom(A) então $t^B[f\bar{x}] = g(t)$.

1.4 Parâmetros e diagramas

As convenções para interpretar variáveis são algumas das mais partes mais aborrecidas da teoria dos modelos. Podemos evitá-las, a um certo preço. Ao invés de interpretar uma variável como um nome de um elemento b, podemos adicionar uma nova constante para b à assinatura. O preço que pagamos é que a linguagem muda toda vez que um outro elemento é nomeado. Quando constantes são adicionadas à assinatura, as novas constantes e os elementos que elas nomeiam são chamados de **parâmetros**.

Suponha por exemplo que A seja uma L-estrutura, $\bar{a}$ é uma sequência de elementos de A, e desejamos nomear os elementos em $\bar{a}$. Então escolhemos uma sequência $\bar{c}$ de novos símbolos de constante distintos, do mesmo comprimento que $\bar{a}$, e formamos a assinatura $L(\bar{c})$ pela adição das constantes $\bar{c}$ a L. Na notação de (2.5), $(A, \bar{a})$ é uma $L(\bar{c})$-estrutura, e cada elemento a_i é $c_i^{(A,\bar{a})}$.

Igualmente, se B é uma outra L-estrutura e $\bar{b}$ é uma sequência de elementos de B de mesmo comprimento que $\bar{c}$, então existe uma $L(\bar{c})$-estrutura $(B, \bar{b})$ na qual estas mesmas constantes c_i nomeiam os elementos de $\bar{b}$. O próximo lema é sobre esta situação. Vem direto das definições, é frequentemente utilizado de forma silenciosa.

Lema 1.4.1. *Sejam A, B L-estruturas e suponha que $(A, \bar{a})$, $(B, \bar{b})$ sejam $L(\bar{c})$-estruturas. Então um homomorfismo $f : (A, \bar{a}) \rightarrow (B, \bar{b})$ é a mesma coisa que um homomorfismo $f : A \rightarrow B$ tal que $f\bar{a} = \bar{b}$. Igualmente, uma imersão $f : (A, \bar{a}) \rightarrow (B, \bar{b})$ é a mesma coisa que uma imersão $f : A \rightarrow B$ tal que $f\bar{a} = \bar{b}$.*

$\square$

Na situação acima, se $t(\bar{x})$ é um termo de L então $t^A[\bar{a}]$ e $t(\bar{c})^{(A,\bar{a})}$ são o mesmo elemento; e se $\phi(\bar{x})$ é uma fórmula atômica então $A \vDash \phi[\bar{a}] \Leftrightarrow (A, \bar{a}) \vDash \phi(\bar{c})$. Estas duas notações – o colchete e a notação de parâmetro – servem o mesmo propósito, e é um peso sobre a paciência de qualquer um manter as duas separadas. O seguinte meio-termo funciona bem na prática. Usamos elementos a_i como *constantes nomeando a si próprias*. A assinatura expandida é então $L(\bar{a})$, e escrevemos $t^A(\bar{a})$ e $A \vDash \phi(\bar{a})$ com a consciência leve. Deve-se tomar cuidado quando $\bar{a}$ contém repetições, ou quando duas $L(\bar{c})$-estruturas separadas estão sob discussão. Por garantia, mantenho a notação com os colchetes durante as próximas seções.

Seja $\bar{a}$ uma sequência de elementos de A. Dizemos que $\bar{a}$ **gera** A, em símbolos $A = \langle \bar{a} \rangle_A$, se A é gerada pelo conjunto de todos os elementos em $\bar{a}$. Suponha que A seja uma L-estrutura, $(A, \bar{a})$ é uma $L(\bar{c})$-estrutura e $\bar{a}$ gera A. Então (cf. Exercício 1 adiante) todo elemento de A é da forma $t^{(A,\bar{a})}$ para algum termo fechado t de $L(\bar{c})$; logo todo elemento de A tem um nome em $L(\bar{c})$. O conjunto de todos os literais fechados de $L(\bar{c})$ que são verdadeiros em $(A, \bar{a})$ é chamado de **diagrama** (de Robinson) de A, em símbolos diag(A). O conjunto de todas as sentenças atômicas de $L(\bar{c})$ que são verdadeiras em $(A, \bar{a})$ é chamado de **diagrama positivo** de A, em símbolos diag$^+(A)$.

Note que diag(A) e diag$^+(A)$ não são univocamente determinados, porque em geral existem muitas maneiras de escolher $\bar{a}$ e $\bar{c}$ tal que $\bar{a}$ gera A. Mas isso nunca tem grande importância. Existe sempre ao menos uma escolha possível de $\bar{a}$ e $\bar{c}$: simplesmente liste todos os elementos de A sem repetição.

Diagramas e diagramas positivos devem ser pensados como uma generalização das tabelas de multiplicação de grupos. Se conhecemos diag(A) ou diag$^+(A)$, conhecemos A a menos de isomorfismo. O nome 'diagrama' é devido a Abraham Robinson, que foi o primeiro praticante da teoria dos modelos a usar diagramas sistematicamente. É um nome um pouco infeliz, porque nos convida a fazer uma confusão com diagramas no sentido de figuras com flechas, como em teoria das categorias. Na verdade o próximo resultado, que deveremos usar várias vezes, é sobre diagramas em ambos os sentidos.

Lema 1.4.2 (*Lema do diagrama*). *Sejam A e B L-estruturas, $\bar{c}$ uma sequência de constantes, e $(A, \bar{a})$ e $(B, \bar{b})$ $L(\bar{c})$-estruturas. Então* (a) *e* (b) *são equivalentes.*
(a) *Para toda sentença atômica ϕ de $L(\bar{c})$, se $(A, \bar{a}) \vDash \phi$ então $(B, \bar{b}) \vDash \phi$.*
(b) *Existe um homomorfismo $f : \langle \bar{a} \rangle_A \to B$ tal que $f\bar{a} = \bar{b}$.*
O homomorfismo f em (b) *é único se ele existe; é uma imersão se e somente se*
(c) *para toda sentença atômica ϕ de $L(\bar{c})$, $(A, \bar{a}) \vDash \phi \Leftrightarrow (B, \bar{b}) \vDash \phi$.*

Demonstração. Assuma (a). Dado que a função inclusão imerge $\langle \bar{a} \rangle_A$ em A, o Teorema 1.3.1(c) diz que em (a) podemos substituir A por $\langle \bar{a} \rangle_A$. Logo, sem perda de generalidade, podemos supor que $A = \langle \bar{a} \rangle_A$. Pelo Lema 1.4.1, para demonstrar (b) basta encontrar um homomorfismo $f : (A, \bar{a}) \to (B, \bar{b})$. Definimos f como se segue. Como $\bar{a}$ gera A, cada elemento de A é da forma $t^{(A, \bar{a})}$ para algum termo fechado t de $L(\bar{c})$. Faça

(4.1) $$f(t^{(A, \bar{a})}) = t^{(B, \bar{b})}.$$

A definição é segura, já que $s^{(A, \bar{a})} = t^{(A, \bar{a})}$ implica que $(A, \bar{a}) \vDash s = t$, logo $(B, \bar{b}) \vDash s = t$ por (a) e por isso $s^{(B, \bar{b})} = t^{(B, \bar{b})}$. Então f é um homomorfismo por (a) e pelo Teorema 1.3.1(b), o que demonstra (b). Já que qualquer homomorfismo f de $(A, \bar{a})$ para $(B, \bar{b})$ deve satisfazer (4.1), f é único em (b). A recíproca (b)$\Rightarrow$(a) segue imediatamente do Teorema 1.3.1(b).

O argumento para imersões e (c) é semelhante, usando Teorema 1.3.1(c). $\square$

O Lema 1.4.2 não menciona diagramas de Robinson diretamente, por isso deixe-me tornar a conexão explícita. Suponha que $\bar{a}$ gere A. Então a implicação (a)$\Rightarrow$(b) no lema diz que A pode ser mapeado homomorficamente para um reduto de B sempre que $B \vDash \text{diag}^+(A)$. Da mesma forma a última parte do lema diz que se $B \vDash \text{diag}(A)$ então A pode ser imerso em um reduto de B.

Exercícios para a seção 1.4

1. Seja B uma L-estrutura. Se $\bar{b}$ é uma sequência de elementos de B e $\bar{c}$ são parâmetros tais que $(B, \bar{b})$ é uma $L(\bar{c})$-estrutura, demonstre que $\langle \bar{b} \rangle_B$ consiste daqueles elementos de B que têm a forma $t^{(B, \bar{b})}$ para algum termo fechado t de $L(\bar{c})$.

2. Sejam A, B L-estruturas e $\bar{a}$ uma sequência de elementos de A. Seja g uma função dos

elementos de $\bar{a}$ para dom(B) tal que, para toda sentença atômica ϕ de $L(\bar{a})$, $(A, \bar{a}) \vDash \phi$ implica $(B, g\bar{a}) \vDash \phi$. Mostre que g tem uma única extensão para um homomorfismo $g' : \langle\bar{a}\rangle_A \to B$. (Na prática toma-se frequentemente g e g' como idênticos.)

3. Sejam $(A, \bar{a})$ e $(B, \bar{b})$ $L(\bar{c})$-estruturas que satisfazem exatamente às mesmas sentenças atômicas de $L(\bar{c})$. Suponha também que as L-estruturas A e B sejam geradas por $\bar{a}$, $\bar{b}$ respectivamente. Mostre que existe um homomorfismo $f : A \to B$ tal que $f\bar{a} = \bar{b}$.

1.5   Modelos canônicos

Na seção anterior vimos como se pode traduzir qualquer estrutura em um conjunto de sentenças atômicas. Acontece que existe um bom caminho de volta: podemos converter qualquer conjunto de sentenças atômicas em uma estrutura.

Seja L uma assinatura, A uma L-estrutura e T o conjunto de todas as sentenças atômicas de L que são verdadeiras em A. Então T tem as duas seguintes propriedades:

(5.1)   Para todo termo fechado t de L, a sentença atômica $t = t$
              pertence a T.

(5.2)   Se $\phi(x)$ é uma fórmula atômica de L e a equação $s = t$ pertence a
              T, então $\phi(s) \in T$ se e somente se $\phi(t) \in T$.

Qualquer conjunto T de sentenças atômicas que satisfaça (5.1) e (5.2) será chamado de $=$-**fechado** (em L).

Lema 1.5.1. *Seja T um conjunto $=$-fechado de sentenças atômicas de L. Então existe uma L-estrutura A tal que*
(a) *T é o conjunto de todas as sentenças atômicas de L que são verdadeiras em A,*
(b) *todo elemento de A é da forma t^A para algum termo fechado t de L.*

Demonstração.   Seja X o conjunto de todas os termos fechados de L. Definimos a relação $\sim$ sobre X da seguinte forma
(5.3) $s \sim t$ sse $s = t \in T$.
Afirmamos que $\sim$ é uma relação de equivalência. (i) Por (5.1), $\sim$ é reflexiva. (ii) Suponha que $s \sim t$; então $s = t \in T$. Mas se $\phi(x)$ é a fórmula $x = s$, então $\phi(s)$ é $s = s$ que pertence a T por (5.1); logo por (5.2), T também contém $\phi(t)$, que é $t = s$. Por conseguinte $t \sim s$. (iii) Suponha que $s \sim t$ e $t \sim r$. Então seja $\phi(x)$ a fórmula $s = x$. Por hipótese ambas $\phi(t)$ e $t = r$ estão em T, logo por (5.2) T também contém $\phi(r)$, que é $s = r$. Por conseguinte $s \sim r$. Isto prova a afirmação.

Para cada termo fechado t seja $t^\sim$ a classe de equivalência de t sob $\sim$, e seja Y o conjunto de todas as classes de equivalência $t^\sim$ com $t \in X$. Definiremos uma L-estrutura A com dom(A) $= Y$.

Primeiramente, para cada constante c de L colocamos $c^A = c^\sim$. Depois, se $0 < n < \omega$ e F é um símbolo de função n-ária de L, definimos F^A por

(5.4) $$F^A(s_0{}^\sim, \ldots, s_{n-1}{}^\sim) = (F(s_0, \ldots, s_{n-1}))^\sim.$$

É preciso verificar se (5.4) é uma definição segura. Suponha que $s_i \sim t_i$ para cada $i < n$. Então através de n aplicações de (5.2) à sentença $F(s_0, \ldots, s_{n-1}) = F(s_0, \ldots, s_{n-1})$, que pertence a T por (5.1), chegamos à conclusão que a equação $F(s_0, \ldots, s_{n-1}) = F(t_0, \ldots, t_{n-1})$ pertence a T. Por conseguinte $F(s_0, \ldots, s_{n-1})^\sim = F(t_0, \ldots, t_{n-1})^\sim$. Isto demonstra que a definição (5.4) é segura.

Finalmente definimos a relação R^A, onde R é um símbolo de relação n-ária qualquer de L, por

(5.5) $$(s_0{}^\sim, \ldots, s_{n-1}{}^\sim) \in R^A \quad \text{sse} \quad R(s_0, \ldots, s_{n-1}) \in T.$$

(5.5) é justificada da mesma maneira que (5.4), e ela completa a descrição da L-estrutura A.

Agora é fácil provar por indução sobre a complexidade de t, usando (3.6) e (3.7) da seção 1.3, que, para todo termo fechado t de L,

(5.6) $$t^A = t^\sim.$$

Logo inferimos que se s e t são termos fechados quaisquer de L então

(5.7) $$A \vDash s = t \quad \Leftrightarrow \quad s^A = t^A \quad \Leftrightarrow \quad s^\sim = t^\sim \quad \Leftrightarrow \quad s = t \in T.$$

Juntamente com um argumento semelhante para sentenças atômicas da forma $R(t_0, \ldots, t_{n-1})$, usando (3.11) da seção 1.3, isto demonstra que T é o conjunto de todas as sentenças atômicas de L que são verdadeiras em A. Também por (5.6) todo elemento de A é da forma t^A para algum termo fechado t de L. $\square$

Agora se T é um conjunto qualquer de sentenças atômicas de L, existe pelo menos um conjunto U de sentenças atômicas de L que contém T e é $=$-fechado em L. Chamamos U de $=$-**fecho** de T em L. Qualquer L-estrutura que é um modelo de U tem que ser também um modelo de T já que $T \subseteq U$.

Teorema 1.5.2. *Para qualquer assinatura L, se T é um conjunto de sentenças atômicas de L então existe uma L-estrutura A tal que*
(a) *$A \vDash T$,*
(b) *todo elemento de A é da forma t^A para algum termo fechado t de L,*
(c) *se B é uma L-estrutura e $B \vDash T$ então existe um único homomorfismo $f : A \to B$.*

Demonstração. Aplique o lema ao $=$-fecho U de T para obter a L-estrutura A. Então (a) e (b) são óbvios. Agora $A = \langle \varnothing \rangle_A$ por (b). Logo (c) seguirá do lema do diagrama (Lema 1.4.2) se pudermos mostrar que toda sentença atômica que é verdadeira em A é verdadeira em todos os modelos B de T. Pela escolha de A, toda sentença verdadeira em A pertence a U. O conjunto de todas as sentenças atômicas que são verdadeiras em um modelo B de T é um conjunto $=$-fechado contendo T, logo ele deve conter o $=$-fecho de T, que é U.   □

Pela cláusula (c), o modelo A de T no Teorema 1.5.2 é único a menos de isomorfismo. (Veja Exercício 1.2.2) Chamamos esse modelo de **modelo canônico** de T. Note que ele será a L-estrutura vazia se e somente se L não tem símbolos de constante.

Algumas vezes – por exemplo em programação em lógica – não se inclui equações como fórmulas atômicas. Nessa situação o modelo canônico é ainda mais fácil de construir, porque não existe a necessidade de fatorar uma relação de equivalência. Por isso obtemos o que ficou conhecido como o **universo de Herbrand** de um conjunto de sentenças atômicas.

Aqui vai um exemplo no extremo oposto, onde todas as sentenças atômicas são equações.

Exemplo 1: *Adicionando raízes de polinômios a um corpo*. Seja F um corpo e $p(X)$ um polinômio irredutível sobre F no indeterminado X. Podemos considerar $F[X]$ como uma estrutura na assinatura de anéis com constantes adicionadas para X e todos os elementos de F. Seja T o conjunto de todas as equações que são verdadeiras em $F[X]$. (Por exemplo se a é $b \cdot (c + d)$ em $F[X]$, então T contém a equação '$a = b \cdot (c+d)$'. Além disso anéis satisfazem a lei $1 \cdot x = x$, logo T contém a equação $1 \cdot t = t$ para todo termo fechado t.) Então T é um conjunto de sentenças atômicas, e a equação '$p(X) = 0$' é uma outra sentença atômica. Seja C o modelo canônico do conjunto $T \cup \{p(X) = 0\}$. Então C é uma imagem homomórfica de $F[X]$, porque ele é um modelo de T e todo elemento é nomeado por um termo fechado. Em particular C é um anel; além do mais '$p(X) = 0$' se verifica em C, e por isso todo elemento do ideal I em $F[X]$ gerado por $p(X)$ vai a 0 em C. Seja θ uma raiz qualquer de p; então a extensão de corpo $F[\theta]$ é um modelo de $T \cup \{p(X) = 0\}$ também, com X lido como sendo um nome para θ. Pelo Teorema 1.5.2(c), $F[\theta]$ é uma imagem homomórfica de C. Como $F[\theta] = F[X]/I$, segue-se que C é isomorfa a $F[\theta]$.

Exercícios para a seção 1.5

1. Mostre que a propriedade de ser $=$-fechado não é alterada se modificarmos 'se e somente se' em (5.2) por 'se ... então'.

2. Seja T um conjunto de literais fechados de uma assinatura L. Mostre que (a) é equivalente a (b).
(a) Alguma L-estrutura é um modelo de T.
(b) Se $\neg \phi$ é uma sentença atômica negada em T, então ϕ não pertence ao $=$-fecho do conjunto de sentenças atômicas em T.

3. Seja T um conjunto finito de literais fechados de uma assinatura L. Mostre que o item (a) do Exercício 2 é equivalente a (c) Alguma L-estrutura finita é um modelo de T.
[Suponha que $A \vDash T$. Seja X o conjunto de todos os termos fechados que ocorrem como partes das sentenças em T, incluindo aqueles que ocorrem dentro de outros termos. Escolha um $a_0 \in \text{dom}(A)$. Defina uma estrutura A' com domínio $\{t^A : t \in X\} \cup \{a_0\}$ tal que $A' \vDash T$.]

Leitura adicional

Leitores que sentirem necessidade de uma base mais sólida em lógica elementar se darão conta de que existem diversos textos excelentes disponíveis. Para nomear dois:

Cori, R. e Lascar, D., *Logique Mathématique, cours et exercices*. Paris Masson 1994 (dois volumes).

Ebbinghaus, H. D., Flum, J. & Thomas, W. *Mathematical logic*. New York: Springer-Verlag, 1984.

Dois artigos interessantes sobre a base histórica e filosófica de teoria dos modelos são os seguintes:

Demopoulos, W. Frege, Hilbert, and the conceptual structure of model theory. *History and Philosophy of Logic*, **15** (1994), 211–225.

Hintikka, J. On the development of the model-theoretical tradition in logical theory. *Synthese*, **77** (1988), 1–16.

Capítulo 2

Classificando estruturas

I must get into this stone world now.
Ratchel, striae, relationships of tesserae,
Inumerable shades of grey ...
I try them with the old Norn words – hraun
Duss, rønis, queedaruns, kollyarum ...

Hugh MacDiarmid, On a raised beach

Agora que temos estruturas bem à nossa frente, a necessidade mais premente é começar a classificá-las e classificar suas características. Classificar é uma espécie de definir. A maior parte das classificações matemáticas é feita por axiomas ou pela definição de equações – em breve, por fórmulas. Este capítulo poderia ter sido intitulado 'A teoria elementar da classificação matemática por fórmulas'.

Observe três maneiras pelas quais os matemáticos usam fórmulas. Primeiro, um matemático escreve a equação '$y = 4x^2$'. Ao escrever esta equação nomeia-se um conjunto de pontos no plano, i.e. um conjunto de pares ordenados de números reais. Como diria um praticante da teoria dos modelos, a equação *define uma relação 2-ária sobre os reais*. Estudamos este tipo de definição na seção 2.1.

Ou, em segundo lugar, um matemático escreve as leis

(*)   Para todos x, y e z, $x \leqslant y$ e $y \leqslant z$ implica $x \leqslant z$;
          para todos x e y, exatamente um destes se verifica: $x \leqslant y$, ou
          $y \leqslant x$, ou $x = y$.

Ao fazer isto *nomeia-se uma classe de relações*, a saber aquelas relações $\leqslant$ para as quais (*) é verdadeira. A seção 2.2 lista mais alguns exemplos deste tipo de nomeação. Tais exemplos cobrem a maioria dos ramos de álgebra.

23

Terceiro, um matemático define um **homomorfismo** de um grupo G para um grupo H como sendo uma função de G para H tal que $x = y \cdot z$ implica $f(x) = f(y) \cdot f(z)$. Aqui a equação $x = y \cdot z$ *define uma classe de funções.* Veja seção 2.5 para mais exemplos.

Muitos dos fundadores da teoria dos modelos quiseram entender como a linguagem funciona em matemática, e como ela deveria fazê-lo. (Pode-se mencionar Frege, Padoa, Russell, Gödel e Tarski entre outros.) Mas um ramo bem sucedido da matemática necessita mais que apenas um desejo de corrigir e catalogar as coisas. É necessário um programa de problemas que sejam interessantes e não tão difíceis de resolver. O primeiro programa sistemático da teoria dos modelos ficou conhecido como 'eliminação de quantificadores'. Seu propósito era encontrar, em qualquer situação matemática concreta, o conjunto mais simples de fórmulas que daria todas as classificações de que se precisa. Thoralf Skolem pôs esse programa em andamento em 1919. Um subproduto recente do programa é o estudo de unificação em ciência da computação.

2.1   Subconjuntos definíveis

Começamos com uma única estrutura A. Quais são os conjuntos interessantes de elementos de A? Generalizando, quais são as relações interessantes sobre os elementos de A?

Exemplo 1: *Curvas algébricas*.   Considere o corpo $\mathbb{R}$ dos reais como uma estrutura. Uma curva algébrica no plano real é um conjunto de pares ordenados de elementos de $\mathbb{R}$ dado pela equação $p(x, y) = 0$, onde p é um polinômio com coeficientes em $\mathbb{R}$. A parábola $y = x^2$ é talvez o exemplo mais citado; esta equação pode ser escrita sem nomear qualquer elemento de $\mathbb{R}$ como parâmetro.

Exemplo 2: *Conjuntos recursivos de números naturais*.   Para isto usamos a estrutura $\mathbb{N} = (\omega, 0, 1, +, \cdot, <)$ de números naturais. Qualquer subconjunto recursivo X de ω pode ser definido, por exemplo, por um algoritmo para verificar se um dado número pertence a X. Mas, diferentemente do Exemplo 1, a definição geralmente será muito mais complicada para ser escrita como uma fórmula atômica. Não há necessidade de usar parâmetros neste caso, já que todo elemento de $\mathbb{N}$ é nomeado por um termo fechado da assinatura de $\mathbb{N}$.

Exemplo 3: *Componentes conexos de grafos*.   Seja G um grafo como no Exemplo 1 da seção 1.1, e g um elemento de G. O **componente conexo** de g em G é o menor conjunto Y de vértices de G tal que (1) $g \in Y$ e (2) se $a \in Y$ e a está ligado a b por uma aresta, então $b \in Y$. Esta descrição define Y, usando g como um parâmetro.

Porém novamente não existe, em geral, qualquer esperança de expressar a definição como uma fórmula atômica. Também será provavelmente irremediável tentar definir Y sem mencionar qualquer elemento como um parâmetro.

Descreveremos algumas relações simples sobre uma estrutura, e então descreveremos como gerar relações mais complicadas a partir delas. Cada relação definível será definida por uma fórmula, e a fórmula mostrará como a relação é construída a partir de relações mais simples.

Tal abordagem paga dividendos de várias formas. Primeiro, as fórmulas dão uma forma de descrever as relações. Segundo, podemos demonstrar teoremas sobre todos os conjuntos definíveis usando a indução sobre a complexidade das fórmulas que os definem. Terceiro, podemos demonstrar teoremas sobre aquelas relações que são definidas por fórmulas de determinados tipos (tal como por exemplo na seção 2.4 adiante).

Para o nosso ponto de partida, tomamos as relações expressas por fórmulas atômicas. Um pouco de notação será útil aqui. Dada uma L-estrutura A e uma fórmula atômica $\phi(x_0, \ldots, x_{n-1})$ de L, escrevemos $\phi(A^n)$ para designar o conjunto de n-uplas $\{\bar{a} : A \vDash \phi(\bar{a})\}$. Por exemplo se R é um símbolo de relação da assinatura L, então a relação R^A é da forma $\phi(A^n)$: tome $\phi(x_0, \ldots, x_{n-1})$ como sendo a fórmula $R(x_0, \ldots, x_{n-1})$.

Permitimos parâmetros também. Seja $\psi(x_0, \ldots, x_{n-1}, \bar{y})$ uma fórmula atômica de L e $\bar{b}$ uma upla de A. Então $\psi(A^n, \bar{b})$ representa o conjunto $\{\bar{a}; A \vDash \psi(\bar{a}, \bar{b})\}$. Por exemplo se A consiste dos números reais e $\psi(x, y)$ é a fórmula $x > y$, então $\psi(A, 0)$ é o conjunto de todos os reais positivos.

Para construir relações mais complicadas, introduzimos uma linguagem formal $L_{\infty\omega}$ baseada na assinatura L, como se segue. (Continue lendo por mais umas duas páginas para ver o que os índices $_\infty$ e $_\omega$ significam.)

Construindo uma linguagem

Seja L uma assinatura. A linguagem $L_{\infty\omega}$ será infinitária, o que significa que algumas de suas fórmulas serão infinitamente longas. Trata-se de uma linguagem no sentido formal ou no sentido da teoria dos conjuntos. Os símbolos de $L_{\infty\omega}$ são aqueles de L juntamente com alguns símbolos lógicos, variáveis e sinais de pontuação. Os símbolos lógicos são os seguintes:

(1.1)

$=$	'igual',
$\neg$	'não',
$\bigwedge$	'e',
$\bigvee$	'ou',
$\forall$	'para todo elemento ...',
$\exists$	'existe um elemento ...'.

Definimos os **termos**, as **fórmulas atômicas** e os **literais** de $L_{\infty\omega}$ como sendo os mesmos de L. A classe de **fórmulas** de $L_{\infty\omega}$ é definida como sendo a menor classe X tal que

(1.2)   todas as fórmulas atômicas de L estão em X,

(1.3)   se ϕ pertence a X então a expressão $\neg\phi$ pertence a X,
             e se $\Phi \subseteq X$ então as expressões $\bigwedge \Phi$ e $\bigvee \Phi$ estão ambas em X,

(1.4)   se ϕ pertence a X e y é uma variável então $\forall y\phi$ e $\exists y\phi$ estão
             ambas em X.

As fórmulas que fazem parte da construção de uma fórmula ϕ são chamadas de **subfórmulas** de ϕ. A fórmula ϕ é considerada uma subfórmula de si própria; suas **subfórmulas próprias** são todas as suas subfórmulas exceto ela própria.

Os quantificadores $\forall y$ ('para todo y') e $\exists y$ ('existe y') ligam variáveis tal qual em lógica elementar. Assim como em lógica elementar, podemos distinguir entre ocorrências livres e ocorrências ligadas de variáveis. As **variáveis livres** de uma fórmula ϕ são aquelas que têm ocorrências livres em ϕ. Algumas vezes vamos introduzir uma fórmula ϕ como $\phi(\bar{x})$, para uma sequência de variáveis $\bar{x}$; isto significa que as variáveis em $\bar{x}$ são todas distintas, e as variáveis livres de ϕ todas pertencem a $\bar{x}$. Então $\phi(\bar{s})$ representa a fórmula que obtemos a partir de ϕ colocando os termos s_i no lugar das ocorrências livres das variáveis correspondentes x_i. Isto extende a notação que introduzimos na seção 1.3 para fórmulas atômicas.

Igualmente, para uma L-estrutura qualquer A e uma sequência $\bar{a}$ de elementos de A, extendemos a notação '$A \vDash \phi[\bar{a}]$' ou '$A \vDash \phi(\bar{a})$' ('$\bar{a}$ satisfaz ϕ em A') a todas as fórmulas $\phi(\bar{x})$ de $L_{\infty\omega}$ como se segue, por indução sobre a construção de ϕ. Estas definições têm o propósito de adequar os significados intuitivos dos símbolos dados em (1.1) acima.

(1.5)   Se ϕ é atômica, então '$A \vDash \phi[\bar{a}]$' se verifica ou não tal qual
             em (3.10) e (3.11) da seção 1.3

(1.6) $A \vDash \neg\phi[\bar{a}]$ sse não é verdade que $A \vDash \phi[\bar{a}]$.

(1.7) $A \vDash \bigwedge \Phi[\bar{a}]$ sse para toda fórmula $\psi(\bar{x}) \in \Phi$, $A \vDash \psi[\bar{a}]$.

(1.8) $A \vDash \bigvee \Phi[\bar{a}]$ sse para ao menos uma fórmula $\psi(\bar{x}) \in \Phi$, $A \vDash \psi[\bar{a}]$.

(1.9)   Suponha que ϕ seja $\forall y\psi$, onde ψ é $\psi(y, \bar{x})$. Então $A \vDash \phi[\bar{a}]$ sse
             para todo elemento b de A, $A \vDash \psi[b, \bar{a}]$.

(1.10)   Suponha que ϕ seja $\exists y\psi$, onde ψ é $\psi(y, \bar{x})$. Então $A \vDash \phi[\bar{a}]$ sse
             para ao menos um elemento b de A, $A \vDash \psi[b, \bar{a}]$.

Se $\bar{x}$ é uma n-upla de variáveis, $\phi(\bar{x}, \bar{y})$ é uma fórmula de $L_{\infty\omega}$ e $\bar{b}$ é uma sequência de elementos de A cujo comprimento casa com o de $\bar{y}$, escrevemos $\phi(A^n, \bar{b})$ para designar o conjunto $\{\bar{a} : A \models \phi(\bar{a}, \bar{b})\}$. Então $\phi(A^n, \bar{b})$ é a **relação definida em** A pela fórmula $\phi(\bar{x}, \bar{y})$.

Exemplo 3 *continuação.* x_0 pertence ao mesmo componente de g se x_0 é g ou x_0 é ligado por alguma aresta a g (em símbolos $R(x_0, g)$), ou existe x_1 tal que $R(x_0, x_1)$ e $R(x_1, g)$, ou existem x_1 e x_2 tais que $R(x_0, x_1)$, $R(x_1, x_2)$ e $R(x_2, g)$, ou .... Em outras palavras, o componente conexo de g é definido pela fórmula

(1.11) $\bigvee(\{x_0 = g\} \cup \{\exists x_1 \ldots \exists x_n \bigwedge(\{R(x_i, x_{i+1}) : i < n\} \cup \{R(x_n, g)\}) : n < \omega\})$

com parâmetro g. A fórmula (1.11) não é fácil de ler, mas é bem precisa.

Níveis de linguagem

Podemos definir a **complexidade** de uma fórmula ϕ, $\text{comp}(\phi)$, de tal forma que ela seja maior que a complexidade de qualquer subfórmula própria de ϕ. Usando ordinais, uma possível definição é

(1.12) $\text{comp}(\phi) = \sup\{\text{comp}(\psi) + 1 : \psi \text{ é uma subfórmula própria de } \phi\}$.

Mas a noção exata de complexidade nunca tem grande importância. O que importa mesmo é que agora seremos capazes de demonstrar teoremas sobre as relações definíveis em $L_{\infty\omega}$, usando indução sobre a complexidade das fórmulas que as definem.

Na verdade a complexidade nem sempre é a medida mais útil. Os índices $_{\infty\omega}$ sugerem uma outra classificação. O segundo índice, $_\omega$, significa que podemos por apenas um número finito de quantificadores em cascata. Seguindo o mesmo raciocínio, $L_{\infty 0}$ é a linguagem que consiste daquelas fórmulas de $L_{\infty\omega}$ nas quais não aparece qualquer quantificador; chamamos tais fórmulas de **livre-de-quantificador**. Toda fórmula atômica é livre-de-quantificador. (Logo as curvas do Exemplo 1 acima foram definidas por fórmulas livres-de-quantificador.)

O primeiro índice $_\infty$ significa que podemos juntar um número arbitrário de fórmulas através de $\bigwedge$ ou $\bigvee$. A **linguagem de primeira ordem** de L, em símbolos $L_{\omega\omega}$, consiste das fórmulas nas quais $\bigwedge$ e $\bigvee$ são usadas apenas para juntar um número finito de fórmulas a cada vez, de tal forma que a fórmula inteira é finita. Generalizando, se κ é um cardinal regular qualquer (tal como o primeiro cardinal incontável ω_1), então $L_{\kappa\omega}$ é o mesmo que $L_{\infty\omega}$ exceto que $\bigwedge$ e $\bigvee$ são usados apenas para juntar menos que κ fórmulas a cada vez. Por exemplo a fórmula (1.11) pertence a $L_{\omega_1\omega}$, já que $\bigvee$ é tomado sobre um conjunto contável e $\bigwedge$ é tomado sobre conjuntos finitos.

Desta maneira podemos escolher várias linguagens menores dentro de $L_{\infty\omega}$, selecionando subclasses da classe de fórmulas de $L_{\infty\omega}$. Na verdade $L_{\infty\omega}$ propriamente dita é grande demais para o uso no dia-a-dia; a maior parte deste livro diz respeito ao nível de primeira ordem $L_{\omega\omega}$, fazendo incursões ocasionais em $L_{\omega_1\omega}$.

Usaremos L como um símbolo para linguagens assim como para assinaturas. Como uma linguagem determina sua assinatura, não há ambiguidade se falarmos sobre L-estruturas para uma linguagem L. Além disso se L é uma linguagem de primeira ordem, está claro o que se quer dizer por $L_{\infty\omega}$, $L_{\kappa\omega}$ etc.; estas são as linguagens infinitárias que extendem L. Se um conjunto X de parâmetros é adicionado a L, formando uma nova linguagem $L(X)$, vamos nos referir às fórmulas de $L(X)$ como **as fórmulas de L com parâmetros de X**.

Seja L uma linguagem de primeira ordem e A uma L-estrutura. Se $\phi(\bar{x})$ é uma fórmula de primeira ordem, então um conjunto de relações da forma $\phi(A^n)$ é dito **definível em primeira ordem sem parâmetros**, ou mais abreviadamente $\varnothing$**-definível** (pronuncia-se 'zero-definível'). Um conjunto ou relação da forma $\psi(A^n, \bar{b})$, onde $\psi(\bar{x}, \bar{y})$ é uma fórmula de primeira ordem e $\bar{b}$ é uma upla de algum conjunto X de elementos de A, é dito X**-definível** e **definível em primeira ordem com parâmetros**. (Quando as pessoas dizem simplesmente 'definível em primeira ordem', é preciso verificar se elas permitem parâmetros. Alguns permitem, outros não.)

As seguintes abreviações são convencionais:

(1.13)

$x \neq y$	para $\neg x = y$
$(\phi_1 \wedge \ldots \wedge \phi_n)$	para $\bigwedge\{\phi_1, \ldots, \phi_n\}$ (conjunção finita),
$(\phi_1 \vee \ldots \vee \phi_n)$	para $\bigvee\{\phi_1, \ldots, \phi_n\}$ (disjunção finita),
$\bigwedge_{i \in I} \phi_i$	para $\bigwedge\{\phi_i : i \in I\}$,
$\bigvee_{i \in I} \phi_i$	para $\bigvee\{\phi_i : i \in I\}$,
$(\phi \rightarrow \psi)$	para $(\neg\phi) \vee \psi$ ('se ϕ então ψ'),
$(\phi \leftrightarrow \psi)$	$(\phi \rightarrow \psi) \wedge (\psi \rightarrow \phi)$ ('ϕ sse ψ'),
$\forall x_1 \ldots x_n$ ou $\forall \bar{x}$	para $\forall x_1 \ldots \forall x_n$,
$\exists x_1 \ldots x_n$ ou $\exists \bar{x}$	para $\exists x_1 \ldots \exists x_n$,
$\bot$	para $\bigvee \varnothing$ (disjunção vazia, falso sempre).

Convenções normais para ignorar parênteses estão valendo: os parênteses mais externos em $(\phi \wedge \psi)$ e $(\phi \vee \psi)$ podem ser omitidos quando $\rightarrow$ ou $\leftrightarrow$ aparece imediatamente fora destes parênteses. Dessa maneira $\phi \wedge \psi \rightarrow \chi$ sempre significa $(\phi \wedge \psi) \rightarrow \chi$, e não $\phi \wedge (\psi \rightarrow \chi)$.

Com estas convenções, a fórmula (1.11) seria normalmente escrita

$$(1.14) \quad x_0 = g \vee \bigvee_{n < \omega} \exists x_1 \ldots x_n \left(\left(\bigwedge_{i < n} R(x_i, x_{i+1}) \right) \wedge R(x_n, g) \right),$$

que é um pouco mais fácil de ler.

A família de linguagens que diferem entre si apenas pela assinatura é chamada de uma **lógica**. Dessa maneira a **lógica de primeira ordem** consiste de todas as linguagens $L_{\omega\omega}$ onde L varia sobre todas as assinaturas.

Observações sobre variáveis

Estaremos principalmente interessados em fórmulas $\phi(x_0, \ldots, x_{n-1})$ com apenas um número finito de variáveis. Toda fórmula de primeira ordem tem um número finito de variáveis, dado que tem comprimento apenas finito.

Dizemos que duas fórmulas $\phi(x_0, \ldots, x_{n-1})$ e $\psi(y_0, \ldots, y_{n-1})$ são **equivalentes** na L-estrutura A se $\phi(A^n) = \psi(A^n)$, ou equivalentemente, se $A \models \forall \bar{x}(\phi(\bar{x}) \leftrightarrow \psi(\bar{x}))$. Dessa maneira duas fórmulas são equivalentes em A se e somente se elas definem a mesma relação em A. Igualmente conjuntos de fórmulas $\Phi(\bar{x})$ e $\Psi(\bar{y})$ são **equivalentes em** A se $\bigwedge \Phi(A^n) = \bigwedge \Psi(A^n)$.

É claro que tais definições dependem da listagem das variáveis. Por exemplo se $\phi(x, y)$ e $\psi(y, x)$ são ambas $x < y$, então não devemos esperar que $\phi(x, y)$ seja equivalente a $\psi(y, x)$, pois $\psi(A^2)$ será $\phi(A^2)$ de trás para frente.

A fórmula $\phi(x_0, \ldots, x_{n-1})$ e a fórmula $\phi(y_0, \ldots, y_{n-1})$ são equivalentes em qualquer estrutura. Igualmente $\forall y R(x, y)$ é equivalente a $\forall z R(x, z)$. Dessa maneira temos um número demasiado grande de fórmulas tentando fazer o mesmo trabalho. Para eliminar o excesso, diremos que uma fórmula é uma **variante** de uma outra fórmula se as duas fórmulas diferem apenas na escolha de variáveis, i.e. se cada uma pode ser obtida a partir da outra por uma substituição consistente de variáveis.

A relação 'variante de' é uma relação de equivalência sobre a classe das fórmulas. Tomaremos sempre a **cardinalidade** de uma linguagem de primeira ordem L, $|L|$, como sendo o número de classes de equivalência de fórmulas de L sob a relação 'variante de'. Isto está de acordo com a definição de $|L|$ para uma assinatura L dada na seção 1.2; veja o Exercício 7 adiante.

Tais problemas maçantes de sintaxe têm de fato uma consequência importante. Numa dada estrutura A, duas fórmulas de primeira ordem podem definir a mesma relação; portanto a família de relações definíveis em primeira ordem sobre A pode ser muito menos rica que a linguagem usada para defini-las. Como poderemos dizer exatamente quais são as relações definíveis em primeira ordem sobre A? Não há ferramental uniforme para responder a esta questão; frequentemente se leva meses de pesquisa e inspiração. Fecho a seção com dois tipos bem diferentes de exemplo.

Poucos subconjuntos definíveis: minimalidade

Lema 2.1.1. *Seja L uma assinatura, A uma L-estrutura, X um conjunto de elementos de A e Y uma relação sobre* $\mathrm{dom}(A)$. *Suponha que Y seja definível por alguma fórmula de assinatura L com parâmetros de X. Então para todo automorfismo f de A, se f fixa X ponto-a-ponto (i.e. $f(a) = a$ para todo a em X), então f fixa Y conjunto-a-conjunto (i.e. para todo elemento a de A, $a \in Y \Leftrightarrow fa \in Y$).*

Demonstração. Para fórmulas de $L_{\infty\omega}$ isto pode ser demonstrado por indução sobre sua complexidade; veja o Exercício 8. Porém peço ao leitor que veja o lema como

uma idéia luminosa sobre estrutura matemática, que deve se aplicar igualmente bem a
fórmulas de outras lógicas fora do âmbito de $L_{\infty\omega}$.   □

Por exemplo, temos o seguinte.

Teorema 2.1.2.   *Seja L a assinatura vazia e A uma L-estrutura tal que A é simplesmente um conjunto. Seja X um subconjunto qualquer de A, e seja Y um subconjunto
de $\mathrm{dom}(A)$ que é definível em A por uma fórmula de alguma lógica de assinatura L,
usando parâmetros de X. Então Y é um subconjunto de X ou o complemento em
$\mathrm{dom}(A)$ de um subconjunto de X.*

Demonstração.   Imediata a partir do lema.   □

Note que nesse teorema, todos os subconjuntos finitos de X e seus complementos
em A podem ser definidos por fórmulas de primeira ordem com parâmetros em X. O
conjunto $\{a_0, \ldots, a_{n-1}\}$ é definido pela fórmula $x = a_0 \lor \ldots \lor x = a_{n-1}$ (que é
$\bot$ se o conjunto é vazio); negue essa fórmula para obter a definição do complemento.

A situação no Teorema 2.1.2 é mais comum do que se pode esperar. Dizemos que
uma estrutura A é **minimal** se A é infinita mas os únicos subconjuntos de $\mathrm{dom}(A)$
que são definíveis em primeira ordem com parâmetros são finitos ou cofinitos (i.e.
complementos de conjuntos finitos). Generalizando, um conjunto $X \subseteq \mathrm{dom}(A)$ que
é definível em primeira ordem com parâmetros é dito **minimal** se X é infinito, e para
todo conjunto Z que é definível em primeira ordem em A com parâmetros, ou $X \cap Z$
é finito, ou $X \setminus Z$ é finito. Veja seção 9.2 adiante.

Muitos subconjuntos definíveis: aritmética

Os subconjuntos definíveis dos números naturais têm sido analisados bem de perto,
devido a sua importância para a teoria da recursão.

Tomamos $\mathbb{N}$ como no Exemplo 2; seja L sua assinatura. Escrevemos $(\forall x < y)\phi$,
$(\exists x < y)\phi$ como abreviações para $\forall x(x < y \to \phi)$ e $\exists x(x < y \land \phi)$ respectivamente.
Os quantificadores $(\forall x < y)$ e $(\exists x < y)$ são ditos **limitados**. Definimos a hierarquia
de fórmulas de primeira ordem de L, como se segue.

(1.15)   Uma fórmula de primeira ordem de L é considerada uma fórmula Π_0^0, ou equivalentemente uma fórmula Σ_0^0, se todos os quantificadores são limitados.

(1.16)   Uma fórmula é considerada uma fórmula Π_{k+1}^0 se ela é da forma $\forall \bar{x} \psi$ para alguma fórmula Σ_k^0 ψ. (A upla $\bar{x}$ pode ser vazia.)

(1.17)   Uma fórmula é considerada uma fórmula Σ_{k+1}^0 se ela é da forma $\exists \bar{x} \psi$ para alguma fórmula Π_k^0 ψ. (A upla $\bar{x}$ pode ser vazia.)

Logo, por exemplo, uma fórmula Σ_3^0 consiste de três blocos de quantificadores, $\exists \bar{x} \forall \bar{y} \exists \bar{z}$, seguidos de uma fórmula com apenas quantificadores limitados. Pelo fato de se permitir que os blocos sejam vazios, toda fórmula Π_k^0 também é uma fórmula Σ_{k+1}^0 e uma fórmula Π_{k+1}^0; as classes mais altas reúnem as classes mais baixas.

Seja $\bar{x}$ a sequência $(x_0, \ldots, x_{n-1})$. Um conjunto R de n-uplas de números naturais é chamado de relação Π_k^0 (respectivamente, uma relação Σ_k^0) se ele é da forma $\phi(\mathbb{N}^n)$ para alguma fórmula Π_k^0 (respectivamente, alguma fórmula Σ_k^0) $\phi(\bar{x})$. Dizemos que R é uma relação Δ_k^0 se R é tanto uma relação Π_k^0 quanto uma relação Σ_k^0. Uma relação é dita **aritmética** se ela é Σ_k^0 para algum k (daí as relações aritméticas serem exatamente as definíveis em primeira ordem).

Intuitivamente a hierarquia mede quantas vezes temos que percorrer todo o conjunto dos números naturais se quisermos verificar através de (1.5)–(1.10) se uma upla particular pertence à relação R. Um teorema importante de Kleene diz que as relações Δ_1^0 são exatamente as relações recursivas, e as relações Σ_1^0 são exatamente as relações recursivamente enumeráveis. Um outro teorema de Kleene diz que, para cada $k < \omega$, existe uma relação R que é Σ_{k+1}^0 mas que não é Σ_k^0, nem é Π_k^0. Dessa forma a hierarquia continua crescendo.

Exercícios para a seção 2.1

1. Exibindo fórmulas apropriadas, demonstre que o conjunto de números pares é um conjunto Σ_0^0 em $\mathbb{N}$. Mostre o mesmo para o conjunto de números primos.

2. Seja A a ordem parcial (em uma assinatura com $\leqslant$) cujos elementos são os inteiros positivos, com $m \leqslant^A n$ sse m divide n. (a) Mostre que o conjunto $\{1\}$ e o conjunto dos números primos são ambos $\varnothing$-definíveis em A. (b) Um número n é **livre-de-quadrado** se não existe número primo p tal que p^2 divide n. Mostre que o conjunto de números livres-de-quadrado é $\varnothing$-definível em A.

3. Seja A o grafo cujos vértices são todos os conjuntos $\{m, n\}$ de exatamente dois números naturais, com a ligado a b sse $a \cap b \neq \varnothing \wedge a \neq b$. Mostre que A não é minimal, mas tem um número infinito de subconjuntos minimais.

Uma L-estrutura é dita **O-minimal** *(leia 'Oh-minimal' – o O é para Ordenação) se L contém*

um símbolo $\leqslant$ que ordena linearmente $\mathrm{dom}(A)$ *de tal forma que todo subconjunto de* $\mathrm{dom}(A)$
que é definível em primeira ordem com parâmetros é uma união de um número finito de inter-
valos das formas (a, b), $\{a\}$, $(-\infty, b)$, (a, ∞) *onde a, b são elementos de A. Uma teoria é*
O-minimal *se todos os seus modelos o são.*

4. Seja A uma ordenação linear com o tipo-ordem dos racionais (veja Exemplo 2 da seção 1.1
para a assinatura). Mostre que A é O-minimal. [Use Lema 2.1.1; Exemplo 3 na seção 3.2 pode
ajudar.]

5. Seja A um espaço vetorial de dimensão infinita sobre um corpo finito. Mostre que A é
minimal, e que os únicos conjuntos $\varnothing$-definíveis em A são $\varnothing$, $\{0\}$ e $\mathrm{dom}(A)$. *No Exercício
2.7.9 vamos remover a condição de que o corpo de escalares é finito.*

6. (Compartilhamento de tempo com fórmulas). Sejam $\bar{x}$ uma k-upla de variáveis e $\phi(\bar{x}, \bar{y})$
$(i < n)$ fórmulas de uma linguagem de primeira ordem L. Mostre que existe uma fórmula
$\psi(\bar{x}, \bar{y}, \bar{w})$ de L tal que, para toda L-estrutura A com pelo menos dois elementos, e toda upla $\bar{a}$
em A, o conjunto de todas as relações da forma $\psi(A^k, \bar{a}, \bar{b})$ com $\bar{b}$ em A é exatamente o conjunto de todas as relações da forma $\phi_i(A^k, \bar{a})$ com $i < n$. [Seja $\bar{w}$ a sequência $(w_0, \ldots, w_n)$ e
faça com que $\psi(A^k, \bar{a}, c_0, \ldots, c_n)$ seja $\phi_i(A^k, \bar{a})$ quando $c_n = c_i$ e $c_n \neq c_j$ $(i \neq j)$.]

7. Mostre que se L é uma linguagem de primeira ordem então $|L|$ é igual a ω + (o número
de símbolos na assinatura de L).

8. Demonstre o Lema 2.1.1 para fórmulas de $L_{\infty\omega}$ com um número finito de variáveis, por
indução sobre a complexidade das fórmulas.

9. Seja L a assinatura de grupos abelianos e p um número primo. Seja A a soma direta de
um número infinito de cópias de $\mathbb{Z}(p^2)$, o grupo cíclico de ordem p^2. Mostre que (a) o subgrupo de elementos de ordem $\leqslant p$ é $\varnothing$-definível e minimal, (b) o conjunto de elementos de
ordem p^2 é $\varnothing$-definível mas não é minimal.

10. Seja G um grupo, e chamemos um subgrupo H de **definível** se H é definível em primeira
ordem em G com parâmetros. Suponha que G satisfaça a condição de cadeia descendente sobre grupos definíveis de índice finito em G. Mostre que existe um único subconjunto minimal
definível de índice finito em G. Mostre que esse subgrupo é na verdade $\varnothing$-definível, e deduza
que ele é um subgrupo característico de G. *Esse subgrupo é conhecido como G°, por analogia
com o componente conexo G° em um grupo algébrico – que é na verdade um caso especial.*

2.2   Classes definíveis de estruturas

Até meados dos anos 1920, linguagens formais eram na sua maior parte usadas de uma
forma puramente sintática, ou para falar sobre conjuntos e relações definíveis em uma
única estrutura. A principal exceção era a geometria, onde Hilbert e outros tinham
usado axiomas formais para classificar estruturas geométricas. Hoje em dia sabe-se
muito bem que podemos classificar estruturas perguntando que axiomas formais são

verdadeiros nelas – e portanto podemos falar em *classes definíveis (ou axiomatizáveis) de estruturas*. Teoria dos modelos estuda tais classes.

Começamos com algumas definições. Uma **sentença** é uma fórmula sem qualquer variável livre. Uma **teoria** é um conjunto de sentenças. (Estritamente dever-se-ia dizer 'classe', já que uma teoria em $L_{\infty\omega}$ poderia ser uma classe própria. Porém normalmente teorias são conjuntos.)

Se ϕ é uma sentença de $L_{\infty\omega}$ e A é uma L-estrutura, então as cláusulas (1.5)–(1.10) na seção anterior definem uma relação '$A \vDash \phi[\,]$', i.e. 'a sequência vazia satisfaz ϕ em A', tomando $\bar{a}$ como sendo a sequência vazia. Omitimos $[\,]$ e escrevemos simplesmente '$A \vDash \phi$'. Dizemos que A é um **modelo** de ϕ, ou que ϕ é **verdadeira em** A quando '$A \vDash \phi$' se verifica. Dada uma teoria T em $L_{\infty\omega}$, dizemos que A é um **modelo de** T, em símbolos $A \vDash T$, se A é um modelo de todas as sentenças de T.

Seja T uma teoria em $L_{\infty\omega}$ e $\mathbf{K}$ uma classe de L-estruturas. Dizemos que T **axiomatiza K**, ou que T **é um conjunto de axiomas** para $\mathbf{K}$, se $\mathbf{K}$ é a classe de todas as L-estruturas que são modelos de T. Obviamente isto determina $\mathbf{K}$ univocamente, e dessa forma podemos escrever $\mathbf{K} = \text{Mod}(T)$ para indicar que T axiomatiza $\mathbf{K}$. Note que T também é uma teoria em $L_{\infty\omega}^{+}$ onde L^{+} é qualquer assinatura contendo L, e que $\text{Mod}(T)$ em L^{+} é uma classe diferente de $\text{Mod}(T)$ em L. Logo, a noção de 'modelo de T' depende da assinatura. Mas podemos deixar que o contexto determine a assinatura; se nenhuma assinatura for mencionada, escolha a menor L tal que T pertença a $L_{\infty\omega}$.

Igualmente se T é uma teoria, dizemos que uma teoria U **axiomatiza** T (ou é **equivalente a** T) se $\text{Mod}(U) = \text{Mod}(T)$. Em particular se A é uma L-estrutura e T é uma teoria de primeira ordem, dizemos que T **axiomatiza** A se as sentenças de primeira ordem verdadeiras em A são exatamente aquelas que são verdadeiras em todo modelo de T. (A próxima seção examinará essa noção mais de perto.)

Seja L uma linguagem e $\mathbf{K}$ uma classe de L-estruturas. Definimos a L-**teoria** de $\mathbf{K}$, $\text{Th}_L(\mathbf{K})$, como sendo o conjunto (ou classe) de todas as sentenças ϕ de L tal que $A \vDash \phi$ para toda estrutura A em $\mathbf{K}$. Omitimos o índice $_L$ quando L é de primeira ordem: a **teoria** de $\mathbf{K}$, $\text{Th}(\mathbf{K})$, é o conjunto de todas as sentenças de *primeira ordem* que são verdadeiras em toda estrutura em $\mathbf{K}$.

Dizemos que $\mathbf{K}$ é L-**definível** se $\mathbf{K}$ é a classe de todos os modelos de alguma sentença em L. Dizemos que $\mathbf{K}$ é L-**axiomatizável**, ou L-**definível generalizado**, se $\mathbf{K}$ é a classe de modelos de alguma teoria em L. Por exemplo $\mathbf{K}$ é **definível em primeira ordem** se $\mathbf{K}$ é a classe de modelos de alguma sentença de primeira ordem, ou equivalentemente, de algum conjunto finito de sentenças de primeira ordem. Note que $\mathbf{K}$ é definível em primeira ordem generalizado se e somente se $\mathbf{K}$ é a classe de todas as L-estruturas que são modelos de $\text{Th}(\mathbf{K})$.

Classes definíveis em primeira ordem e axiomatizáveis em primeira ordem são também conhecidas como classes EC e EC$_\Delta$ respectivamente. O E é para Elementar e o delta para Interseção (cf. Exercício 2 adiante – a palavra em alemão para interseção é *Durchschnitt*).

Quando se escreve teorias, não há prejuízo em usar abreviações matemáticas, desde que elas possam ser vistas como abreviações de termos genuínos ou fórmulas. Por exemplo escrevemos

(2.1)

$x + y + z$	para	$(x + y) + z,$	
$x - y$	para	$x + (-y),$	
n	para	$1 + \ldots + 1$ (n vezes),	onde n é um inteiro positivo,

$$
nx \quad \text{para} \quad
\begin{cases}
x + \ldots + x(n \text{ vezes}) & \text{onde } n \text{ é um inteiro positivo,} \\
0 & \text{onde } n \text{ é } 0, \\
-(-n)x & \text{onde } n \text{ é um inteiro negativo,}
\end{cases}
$$

xy	para	$x \cdot y,$	
x^n	para	$x \ldots x$ (n vezes),	onde n é um inteiro positivo,
$x \leqslant y$	para	$x < y \lor x = y,$	
$x \geqslant y$	para	$y \leqslant x.$	

A seguinte notação é útil; ela nos permite dizer 'Existem exatamente n elementos x tais que ...', para $n < \omega$. Seja $\phi(x, \bar{z})$ uma fórmula. Então defina $\exists_{\geqslant n} x \phi$ ('Pelo menos n elementos x satisfazem ϕ') como se segue, por indução sobre n.

(2.2)

$$\exists_{\geqslant 0} x \phi \quad \text{é} \quad \forall x \; x = x.$$
$$\exists_{\geqslant 1} x \phi \quad \text{é} \quad \exists x \phi.$$
$$\exists_{\geqslant n+1} x \phi \quad \text{é} \quad \exists x(\phi(x, \bar{z}) \land \exists_{\geqslant n} y(\phi(y, \bar{z}) \land y \neq x)) \text{ (para } n \geqslant 1).$$

Então colocamos $\exists_{\leqslant n} x \phi$ para $\neg \exists_{\geqslant n+1} x \phi$, e finalmente $\exists_{=n} x \phi$ é $\exists_{\geqslant n} x \phi \land \exists_{\leqslant n} x \phi$. Logo por exemplo a sentença de primeira ordem $\exists_{=n} x \; x = x$ expressa que existem exatamente n elementos.

Axiomas para estruturas particulares

Até mesmo em geometria, axiomas foram primeiramente usados para descrever uma estrutura particular, e não para definir uma classe de estruturas. Quando uma teoria T é escrita de forma a descrever uma estrutura particular A, dizemos que A é o **modelo pretendido** de T. Frequentemente acontece – como aconteceu com a geometria – que as pessoas decidem se interessar também pelos modelos não-pretendidos.

Exemplo 1: *A álgebra de termos*.   Seja L uma assinatura algébrica, X um conjunto de variáveis e A a álgebra de termos de L com base X (veja seção 1.3). Então podemos descrever A através do conjunto de todas as sentenças das seguintes formas.

(2.3) $c \neq d$ onde c, d são constantes distintas.

(2.4) $\forall \bar{x} F(\bar{x}) \neq c$ onde F é um símbolo de função e c uma constante.

(2.5) $\forall \bar{x} \bar{y} F(\bar{x}) \neq G(\bar{y})$ onde F, G são símbolos de função distintos.

(2.6) $\forall x_0 \ldots x_{n-1} y_0 \ldots y_{n-1} F(x_0 \ldots x_{n-1}) = F(y_0 \ldots y_{n-1}) \rightarrow \bigwedge_{i<n} x_i = y_i)$.

(2.7) $\forall x_0 \ldots x_{n-1} t(x_0 \ldots x_{n-1}) \neq x_i$ onde $i < n$ e t é um termo qualquer

                                     contendo x_i mas distinto de x_i.

(2.8)   [Use este axioma apenas quando L é finita.] Escreva $\text{Var}(x)$ para

        a fórmula $\bigwedge \{x \neq c : c$ é uma constante de $L\} \wedge \bigwedge \{\forall \bar{y} x \neq F(\bar{y}) :$

        F um símbolo de função de $L\}$. Então se X tem

cardinalidade n, adicionamos o axioma $\exists_{\geqslant n} x \, \text{Var}(x)$.

Se X é infinito, adicionamos um número infinito de axiomas

$\exists_{\geqslant n} x \, \text{Var}(x) \ (n \geqslant \omega)$.

Esses axiomas são todos de primeira ordem. Cada um deles diz algo que é obviamente verdadeiro de A.

Pode-se demonstrar que esses axiomas (2.3)–(2.8) axiomatizam A. (Isto de forma alguma é óbvio. Veja seção 2.7 adiante). Infelizmente eles não bastam para caracterizar a estrutura A propriamente dita, sequer a menos de isomorfismo. Por exemplo seja L a assinatura que consiste de um símbolo de função 1-ária F e uma constante c, e seja X o conjunto vazio. Então (2.3)–(2.8) reduzem ao seguinte.

(2.9) $\forall x F(x) \neq c.$ $\forall x y (F(x) = F(y) \rightarrow x = y).$

        $\forall x F(F(F(\ldots (F(x) \ldots) \neq x$ (para qualquer número positivo de Fs).

        $\forall x (x = c \vee \exists y x = F(y)).$

Podemos obter um modelo B de (2.9) tomando o modelo pretendido A e adicionando todos os inteiros como novos elementos, colocando $F^B(n) = n + 1$ para cada inteiro n:

(2.10)

Esse modelo B claramente não é isomorfo a A. Pode-se pensar em novos elementos de B como termos que podem ser analisados em termos menores indefinidamente.

Exemplo 2: *Os axiomas de Peano de primeira ordem.*   Este é um outro exemplo de uma teoria de primeira ordem com um modelo pretendido. Gödel estudou uma variante muito próxima dele. Para ele trata-se de um conjunto de sentenças que eram verdadeiras da estrutura dos números naturais $\mathbb{N}$ (cf. Exemplo 2 na seção 2.1); seu Teorema da Incompletude diz que a teoria falha em axiomatizar $\mathbb{N}$.

(2.11) $\forall x\, x + 1 \neq 0$.

(2.12) $\forall xy (x + 1 = y + 1 \rightarrow x = y)$.

(2.13) $\forall \bar{z}(\phi(0, \bar{z}) \wedge \forall x(\phi(x, \bar{z}) \rightarrow \phi(x + 1, \bar{z})) \rightarrow \forall x \phi(x, \bar{z}))$
          para cada fórmula de primeira ordem $\phi(x, \bar{z})$.

(2.14) $\forall x\, x + 0 = x$; $\forall xy\, x + (y + 1) = (x + y) + 1$.

(2.15) $\forall x\, x \cdot 0 = 0$; $\forall xy\, x \cdot (y + 1) = x \cdot y + x$.

(2.16) $\forall x \neg (x < 0)$; $\forall xy (x < (y + 1) \leftrightarrow x < y \vee x = y)$.

A cláusula (2.13) é um exemplo de um **esquema de axioma**, i.e. um conjunto de axiomas consistindo de todas as sentenças de um certo padrão. Este esquema expressa que se X é um conjunto que é definível em primeira ordem com parâmetros, e (1) $0 \in X$ e (2) se $n \in X$ então $n + 1 \in X$, então todo número pertence a X. Este é o **esquema de indução de primeira ordem**. Os axiomas (2.14)–(2.16) são as **definições recursivas** de $+$, $\cdot$ e $<$; dados os significados de 0 e 1 e a função $x \mapsto x + 1$, existe uma única maneira de definir $+$, $\cdot$ e $<$ em $\mathbb{N}$ de tal forma a fazer com que estes axiomas sejam verdadeiros.

Os axiomas (2.11)–(2.16) são conhecidos como **aritmética de Peano de primeira ordem**, ou, abreviando, P. É natural perguntar se P tem algum modelo além do pretendido. No Capítulo 6 veremos que o teorema da compacidade (Teorema 5.1.1) dá a resposta Sim imediatamente. Modelos de P que não são isomorfos ao pretendido são conhecidos como **modelos não-padrão**. Tais como plantas venenosas descobertas aleatoriamente, eles acabam tendo aplicações importantes e inteiramente benignas sobre as quais ninguém pensou antes. Infelizmente não há espaço nesse livro para discutir 'métodos não-padrão'; mas veja as referências no final deste capítulo.

Uma lista de classes axiomatizáveis

Segue uma lista de algumas classes que são definíveis ou axiomatizáveis. A lista é para referência, não para uma leitura leve.

Na maioria dos casos as sentenças dadas na lista são apenas as definições usuais da classe, atiradas em símbolos formais. Vamos nos referir a essas sentenças como a **teoria da** classe: logo os axiomas (2.21) formam a **teoria dos R-módulos à esquerda**. Além de fornecer exemplos, a lista mostra quais assinaturas são comumente usadas para várias classes. Por exemplo anéis normalmente têm assinatura $+$, $\cdot$, $-$ (1-ário), 0 e 1. (Um anel tem 1 a menos que se diga o contrário.)

(2.17)   **Grupos (multiplicativos):**
          $\forall xyz\, (xy)z = x(yz)$, $\forall x\, x \cdot 1 = x$, $\forall x\, x \cdot x^{-1} = 1$.

(2.18)   **Grupos de expoente n (n um inteiro positivo fixo):**
          (2.17) juntamente com $\forall x\, x^n = 1$.

(2.19) **Grupos abelianos (aditivos)**:
$\forall xyz\,(x+y)+z = x+(y+z)$, $\forall x\,x+0 = x$, $\forall x\,x-x = 0$,
$\forall xy\,x+y = y+x$.

(2.20) **Grupos abelianos sem torsão**:
(2.19) juntamente com $\forall x\,(nx = 0 \to x = 0)$ para cada inteiro
positivo n.

(2.21) **R-módulos à esquerda onde R é um anel**:
Como no caso de espaços vetoriais (Exemplo 4 da seção 1.1)
os elementos do módulo são os elementos das estruturas.
Cada elemento r do anel é usado como um símbolo de função
n-ária, de tal forma que $r(x)$ representa rx. Os axiomas são
(2.19) juntamente com

$\forall xy\,r(x+y) = r(x)+r(y)$	para todo $r \in R$,
$\forall x\,(r+s)(x) = r(x)+s(x)$	para todo $r,s \in R$,
$\forall x\,(rs)(x) = r(s(x))$	para todo $r,s \in R$,
$\forall x\,1(x) = x$.	

(2.22) **Anéis**:
(2.19) juntamente com
$\forall xyz\,(xy)z = x(yz)$,
$\forall x\,x1 = x$,
$\forall x\,1x = x$,
$\forall xyz\,x(y+z) = xy+xz$,
$\forall xyz\,(x+y)z = xz+yz$,

(2.23) **Anéis regulares de Von Neumann**:
(2.22) juntamente com $\forall x \exists y\,xyx = x$.

(2.24) **Corpos**:
(2.22) juntamente com $\forall xy\,xy = yx$, $0 \neq 1$,
$\forall x(x \neq 0 \to \exists y\,xy = 1)$.

(2.25) **Corpos de característica p (p primo)**:
(2.24) juntamente com $p = 0$.

(2.26) **Corpos algebricamente fechados**:
(2.24) juntamente com
$\forall x_1 \ldots x_n \exists y\, y^n + x_1 y^{n-1} + \ldots + x_{n-1}y + x_n = 0$,
para cada inteiro positivo n.

(2.27) **Corpos real-fechados**:
(2.24) juntamente com
$\forall x_1 \ldots x_n\, x_1^2 + \ldots + x_n^2 \neq -1$ (para cada inteiro positivo n),
$\forall x \exists y\,(x = y^2 \vee -x = y^2)$,
$\forall x_1 \ldots x_n \exists y\, y^n + x_1 y^{n-1} + \ldots + x_{n-1}y + x_n = 0$ (para todo n ímpar).

(2.28) **Reticulados**:

$\forall x\, x \wedge x = x,\ \forall xy\, x \wedge y = y \wedge x,$
  $\forall xy\, (x \wedge y) \vee y = y,\ \forall xyz\, (x \wedge y) \wedge z = x \wedge (y \wedge z),$
$\forall x\, x \vee x = x,\ \forall xy\, x \vee y = y \vee x,$
  $\forall xy\, (x \vee y) \wedge y = y\ \forall xyz\, (x \vee y) \vee z = x \vee (y \vee z).$

(Em reticulados escrevemos $x \leqslant y$ como uma abreviação de $x \wedge y = x$. Note que em sentenças sobre reticulados, os símbolos $\wedge$ e $\vee$ têm dois significados: o significado de reticulado e o significado lógico. Parênteses podem ajudar a mantê-los distintos.)

(2.29) **Álgebras booleanas**:

(2.28) juntamente com
$\forall xyz\, x \wedge (y \vee z) = (x \wedge y) \vee (x \wedge z),$
$\forall xyz\, x \vee (y \wedge z) = (x \vee y) \wedge (x \vee z),$
$\forall x\, x \vee x^* = 1,\ \forall x\, x \wedge x^* = 0,\ 0 \neq 1.$

(2.30) **Álgebras booleanas sem átomos**:

(2.29) juntamente com $\forall x \exists y (x \neq 0 \to 0 < y \wedge y < x).$
  ($y < x$ é uma forma abreviada de $y \leqslant x \wedge y \neq x$.)

(2.31) **Ordenações lineares**:

$\forall x\, x \not< x,\ \forall xy(x = y \vee x < y \vee y < x),$
$\forall xyz(x < y \wedge y < z \to x < z).$

(2.32) **Ordenações lineares densas sem extremos**:

(2.31) juntamente com $\forall xy(x < y \to \exists z(x < z \wedge z < y)),$
$\forall x \exists z\, z < x,\ \forall x \exists z\, x < z.$

Todas as classes acima são definíveis em primeira ordem generalizado. Aqui está uma classe com uma definição infinitária:

(2.33) **Grupos localmente finitos**:

(2.17) juntamente com
$$\forall x_1 \ldots x_n \bigvee_{m < \omega} \left(\exists y_1 \ldots y_m \bigwedge_{t(\bar{x})\ \text{um termo}} (t(\bar{x}) = y_1 \vee \ldots t(\bar{x}) = y_m) \right).$$

Exercícios para a seção 2.2

1. Seja L uma linguagem de primeira ordem e T uma teoria em L. Mostre que: (a) se T e U são teorias em L então $T \subseteq U$ implica $\mathrm{Mod}(U) \subseteq \mathrm{Mod}(T)$, (b) se $\mathbf{J}$ e $\mathbf{K}$ são classes de L-estruturas então $\mathbf{J} \subseteq \mathbf{K}$ implica $\mathrm{Th}(\mathbf{K}) \subseteq \mathrm{Th}(\mathbf{J})$, (c) $T \subseteq \mathrm{Th}(\mathrm{Mod}(T))$ e $\mathbf{K} \subseteq \mathrm{Mod}(\mathrm{Th}(\mathbf{K}))$, (d) $\mathrm{Th}(\mathrm{Mod}(T)) = T$ se e somente se T é da forma $\mathrm{Th}(\mathbf{K})$, e igualmente $\mathrm{Mod}(\mathrm{Th}(\mathbf{K})) = \mathbf{K}$ se e somente se $\mathbf{K}$ é da forma $\mathrm{Mod}(T)$.

2. Seja L uma linguagem de primeira ordem e para cada $i \in I$ seja $\mathbf{K}_i$ uma classe de L-estruturas. Mostre que $\mathrm{Th}(\bigcup_{i \in I} \mathbf{K}_i) = \bigcap_{i \in I} \mathrm{Th}(\mathbf{K}_i).$

3. Seja L uma linguagem de primeira ordem e para cada $i \in I$ seja T_i uma teoria em L. (a) Mostre que $\text{Mod}(\bigcup_{i \in I} T_i) = \bigcap_{i \in I} \text{Mod}(T_i)$. Em particular se T é uma teoria qualquer em L, $\text{Mod}(T) = \bigcap_{\phi \in T} \text{Mod}(\phi)$. (b) Mostre que o enunciado $\text{Mod}(\bigcap_{i \in I} T_i) = \bigcup_{i \in I} \text{Mod}(T_i)$ se verifica quando I é finito e cada T_i é da forma $\text{Th}(\mathbf{K}_i)$ para alguma classe $\mathbf{K}_i$. *Pode falhar se um dessas condições for omitida.*

4. Seja L uma assinatura qualquer contendo um símbolo de relação 1-ária P e um símbolo de relação k-ária R. (a) Escreva uma sentença de $L_{\omega_1 \omega}$ expressando que no máximo um número finito de elementos x têm a propriedade $P(x)$. (b) Quando $n < \omega$, escreva uma sentença de $L_{\omega \omega}$ expressando que no mínimo n k-uplas $\bar{x}$ de elementos têm a propriedade $R(\bar{x})$. *Abrevia-se essa sentença assim:* $\exists_{\geqslant n} \bar{x} R(\bar{x})$.

5. Seja L uma linguagem de primeira ordem e A uma L-estrutura finita. Mostre que todo modelo de $\text{Th}(A)$ é isomorfo a A. [Atenção: L pode ter um número infinito de símbolos.]

6. Para cada uma das seguintes classes, demonstre que ela pode ser definida por uma única sentença de primeira ordem. (a) Grupos nilpotentes de classe k ($k \geqslant 1$). (b) Anéis comutativos com identidade. (c) Domínios integrais. (d) Anéis locais comutativos (i.e. anéis comutativos com um único ideal maximal). (e) Corpos ordenados. (f) Reticulados distributivos.

7. Para cada uma das seguintes classes, demonstre que ela pode ser definida por um conjunto de sentenças de primeira ordem. (a) Grupos abelianos divisíveis. (b) Corpos de característica 0. (c) Corpos formalmente reais. (d) Corpos separavelmente fechados.

8. Mostre que a classe dos grupos simples é definível por uma sentença de $L_{\omega_1 \omega}$.

9. Seja L uma assinatura com um símbolo $<$, e T uma teoria em L que expressa que $<$ é uma ordem linear. (a) Defina, por indução sobre o ordinal α, uma fórmula $\theta_\alpha(x)$ de $L_{\infty \omega}$ que expressa (em qualquer modelo de T) 'O tipo-ordem do conjunto de predecessores de x é α'. [A idéia de (2.2) pode ajudar.] (b) Escreva um conjunto de axiomas em $L_{\infty \omega}$ para a classe das ordenações de tipo-ordem α. Verifique que se α é infinito e de cardinalidade κ, seus axiomas podem ser escritos como uma única sentença de $L_{\kappa^+ \omega}$.

2.3 Algumas noções provenientes de lógica

O trabalho das duas seções anteriores nos permite definir diversas noções importantes de lógica. Qualquer texto geral de lógica (veja as referências no final do Capítulo 1) dará informações básicas sobre tais noções. Começamos com algumas definições que estarão em vigor por todo o livro, e encerramos a seção com um importante lema sobre construção de modelos. Vale a pena ler as definições porém não vale a pena memorizá-las – lembre-se que este livro tem um índice remissivo.

Verdade e consequências

Seja L uma assinatura, T uma teoria em $L_{\infty\omega}$ e ϕ uma sentença de $L_{\infty\omega}$. Dizemos que ϕ é uma **consequência** de T, ou que T **acarreta** em ϕ, em símbolos $T \vdash \phi$, se todo modelo de T é um modelo de ϕ. (Em particular se T não tem modelo então T acarreta em ϕ.)

Advertência: não exigimos que se $T \vdash \phi$ então existe uma prova de ϕ a partir de T. Em todo o caso, com linguagens infinitárias não está sempre claro o que constitui uma prova. Alguns autores usam '$T \vdash \phi$' para dizer que ϕ é dedutível a partir de T em algum cálculo formal de provas, e escrevem '$T \vDash \phi$' para expressar nossa noção de acarretamento (uma notação que está em conflito com nossa '$A \vDash \phi$'). Para a lógica de primeira ordem os dois tipos de acarretamento coincidem pelo teorema da completude para o cálculo de provas em questão.)

Dizemos que ϕ é **válida**, ou que é um **teorema lógico**, em símbolos $\vdash \phi$, se ϕ é verdadeira em toda L-estrutura. Dizemos que ϕ é **consistente** se ϕ é verdadeira em alguma L-estrutura. Igualmente dizemos que uma teoria T é **consistente** se ela tem um modelo.

Dizemos que duas teorias S e T em $L_{\infty\omega}$ são **equivalentes** se elas têm os mesmos modelos, i.e. $\mathrm{Mod}(S) = \mathrm{Mod}(T)$. Temos também uma noção relativizada de equivalência: quando T é uma teoria em $L_{\infty\omega}$ e $\phi(\bar{x})$, $\psi(\bar{x})$ são fórmulas de $L_{\infty\omega}$, dizemos que ϕ é **equivalente a ψ módulo** T se para todo modelo A de T e toda sequência $\bar{a}$ de A, $A \vDash \phi(\bar{a}) \Leftrightarrow A \vDash \psi(\bar{a})$. Logo $\phi(\bar{x})$ é equivalente a $\psi(\bar{x})$ módulo T se e somente se $T \vdash \forall \bar{x}(\phi \leftrightarrow \psi)$. (Essa sentença não pertence a $L_{\infty\omega}$ se ϕ e ψ têm um número infinito de variáveis livres, mas o sentido está claro.) Há um metateorema dizendo que se ϕ é equivalente a ψ módulo T, e χ' resulta de χ colocando-se ψ no lugar de ϕ em algum lugar dentro de χ, então χ' é equivalente a χ módulo T. Resultados como esse são demonstrados para a lógica de primeira ordem em textos elementares, e as demonstrações para outras linguagens não são diferentes. Podemos generalizar a equivalência relativa e falar de dois conjuntos de fórmulas $\Phi(\bar{x})$ e $\Psi(\bar{x})$ sendo **equivalentes módulo** T, querendo dizer que $\bigwedge \Phi$ é equivalente a $\bigwedge \Psi$ módulo T.

Um caso especial é quando T é vazia: $\phi(\bar{x})$ e $\psi(\bar{x})$ são ditas **logicamente equivalentes** se elas são equivalentes módulo a teoria vazia. Na terminologia da seção 2.1, isso é o mesmo que dizer que elas são equivalentes em toda L-estrutura. O leitor conhecerá alguns exemplos: $\neg\forall x\phi$ é logicamente equivalente a $\exists x\neg\phi$, e $\exists x \bigvee_{i\in I}\psi_i$ é logicamente equivalente a $\bigvee_{i\in I}\exists x\psi_i$.

Outro exemplo, uma fórmula ϕ é dita ser uma **combinação booleana** de fórmulas em um conjunto Φ se ϕ pertence ao menor conjunto X tal que (1) $\Phi \cup \{\bot\} \subseteq X$ e (2) X é fechado sob $\wedge$, $\vee$ e $\neg$. Dizemos que ϕ está na **forma normal disjuntiva sobre** Φ se ϕ é uma disjunção finita de conjunções finitas de fórmulas em Y, onde Y é Φ juntamente com as negações de todas as fórmulas em Φ. Por convenção a disjunção vazia $\bot$ e a conjunção vazia $\neg\bot$ contam como fórmulas na forma normal disjuntiva. *Toda combinação booleana $\phi(\bar{x})$ de fórmulas em um conjunto Φ é logicamente equivalente a uma fórmula $\psi(\bar{x})$ na forma normal disjuntiva sobre Φ.* (O mesmo é verdadeiro se substituirmos $\wedge$ e $\vee$ por $\bigwedge$ e $\bigvee$ respectivamente, omitindo a palavra 'finita'; nesse caso falamos de **combinações booleanas infinitas** e **forma normal disjuntiva infinitária**.)

Uma fórmula é **prenex** se ela consiste de uma cadeia de quantificadores (possivelmente vazia) seguida de uma fórmula livre-de-quantificador. *Toda fórmula de primeira ordem é logicamente equivalente a uma fórmula prenex de primeira ordem.* (O resultado falha se se permite que assinaturas contenham símbolos de relação 0-ária; veja Exercício 7 adiante. Essa é uma das duas consequências embaraçosas do fato de que permitimos que estruturas tenham domínios vazios. Um outro embaraço é que $\vdash \exists x \, x = x$ se verifica se e somente se a assinatura contém uma constante. Na prática esses pontos nunca importam.)

Lema 2.3.1. *Seja T uma teoria em uma linguagem de primeira ordem L, e Φ um conjunto de fórmulas de L. Suponha que*
  (a) *toda fórmula atômica de L pertença a Φ,*
  (b) *Φ seja fechado sob combinações booleanas, e*
  (c) *para toda fórmula $\psi(\bar{x}, y)$ em Φ, $\exists y \, \psi$ seja equivalente módulo T a uma fórmula $\phi(\bar{x})$ em Φ.*
Então toda fórmula $\chi(\bar{x})$ de L é equivalente módulo T a uma fórmula $\phi(\bar{x})$ em Φ. (Se (c) for enfraquecido pela exigência de que $\bar{x}$ seja não-vazia, então a mesma conclusão se verifica desde que $\bar{x}$ em $\chi(\bar{x})$ seja também não-vazia.)

Demonstração. Por indução sobre a complexidade de χ, usando o fato de que $\forall y \phi$ é equivalente a $\neg \exists x \neg \phi$. □

Um n-**tipo** de uma teoria T é um conjunto $\Phi(\bar{x})$ de fórmulas, com $\bar{x} = (x_0, \ldots, x_{n-1})$, tal que, para algum modelo A de T e alguma n-upla $\bar{a}$ de elementos de A, $A \vDash \phi(\bar{a})$ para todo ϕ em Φ. Dizemos que A **realiza** o n-tipo Φ, e que $\bar{a}$ **realiza** Φ em A. Dizemos que A **omite** Φ se nenhuma upla em A realiza Φ. Um conjunto Φ é um **tipo** se ele é um n-tipo para algum $n < \omega$. (Essas noções são centrais para teoria dos modelos. Veja seção 5.2 adiante para discussão e exemplos.)

Usualmente trabalhamos numa linguagem L que é menor que $L_{\infty\omega}$, por exemplo uma linguagem de primeira ordem. Então toda fórmula em um tipo será automaticamente suposta vir de L.

Seja L uma linguagem e A, B duas L-estruturas. Dizemos que A é L-**equivalente** a B, em símbolos $A \equiv_L B$, se para toda sentença ϕ de L, $A \vDash \phi \Leftrightarrow B \vDash \phi$. Isso significa que A e B são indistinguíveis por meio de L. Duas estruturas A e B são ditas

elementarmente equivalentes, $A \equiv B$, se elas são equivalentes em primeira ordem. Escrevemos $\equiv_{\infty\omega}$, $\equiv_{\kappa\omega}$ para designar equivalência em $L_{\infty\omega}$, $L_{\kappa\omega}$ respectivamente.

Se L é uma linguagem e A é uma L-estrutura, a L-**teoria** de A, $\mathrm{Th}_L(A)$, é a classe de todas as sentenças de L que são verdadeiras em A. Logo $A \equiv_L B$ se e somente se $\mathrm{Th}_L(A) = \mathrm{Th}_L(B)$. A **teoria completa** de A, $\mathrm{Th}(A)$ sem uma linguagem especificada, sempre significa a teoria completa de primeira ordem de A.

Existe um outro uso da palavra 'completa'. Seja L uma linguagem de primeira ordem e T uma teoria em L. Dizemos que T é **completa** se T tem modelos e quaisquer dois de seus modelos são elementarmente equivalentes. Isso é equivalente a dizer que, para toda sentença ϕ de L, exatamente uma das duas sentenças ϕ e $\neg\phi$ é uma consequência de T. É claro que se A é uma L-estrutura qualquer então $\mathrm{Th}(A)$ é completa nesse sentido; o teorema da compacidade implica que qualquer teoria completa em L é equivalente a uma teoria da forma $\mathrm{Th}(A)$ para alguma L-estrutura A.

Dizemos que uma teoria T é **categórica** se T é consistente e todos os modelos de T são isomorfos. Ficará aparente na seção 5.1 que as únicas teorias categóricas de primeira ordem são as teorias completas de estruturas finitas, por isso a noção não é tão útil. Ao invés disso faremos as seguintes definições. Seja λ um cardinal. Dizemos que uma classe **K** de L-estruturas é λ-**categórica** se existe, a menos de isomorfismo, exatamente uma estrutura em **K** que tem cardinalidade λ. Igualmente uma teoria T é λ-**categórica** se a classe de todos os seus modelos é λ-categórica.

Refraseando de maneira frouxa mas bastante conveniente, dizemos que uma única estrutura A é λ-**categórica** se $\mathrm{Th}(A)$ é λ-categórica. Trata-se de uma mudança bem recente de terminologia, e reflete um deslocamento de interesse de teorias para estruturas individuais.

Na seção 1.4 observamos que se $(A, \bar{a})$ é uma $L(\bar{c})$-estrutura com A uma L-estrutura, então para toda fórmula atômica $\phi(\bar{x})$ de L, $A \vDash \phi[\bar{a}]$ se e somente se $(A, \bar{a}) \vDash \phi(\bar{c})$. Isso permanece verdadeiro para todas as fórmulas $\phi(\bar{x})$ de $L_{\infty\omega}$, e nos justifica ao usar a notação meio-termo $A \vDash \phi(\bar{a})$ para representar qualquer das outras duas. (Logo $\bar{a}$ são elementos de A satisfazendo $\phi(\bar{x})$, ou constantes adicionadas nomeando a si próprias na sentença verdadeira $\phi(\bar{a})$.)

Lema 2.3.2 *(Lema das constantes).* *Seja L uma assinatura, T uma teoria em $L_{\infty\omega}$ e $\phi(\bar{x})$ uma fórmula em $L_{\infty\omega}$. Seja $\bar{c}$ uma sequência de constantes distintas que não estão em L. Então $T \vdash \phi(\bar{c})$ se e somente se $T \vdash \forall\bar{x}\phi$.*

Demonstração.   Exercício.   □

Por último, suponha que a assinatura L tenha apenas um número finito de símbolos. Então podemos identificar cada um desses símbolos com um número natural, e cada termo e cada fórmula de primeira ordem de L com um número natural. Se isto for feito de uma forma razoável, então as operações sintáticas tais como formar a conjunção de duas fórmulas, ou substituir uma variável livre por um termo em alguma fórmula, vêm a ser funções recursivas. Nesta situação dizemos que nós temos uma **linguagem recursiva**. Então faz sentido falar de **conjuntos recursivos de termos** e de **conjuntos recursivos de fórmulas**; essas noções não dependem da escolha da codificação. Uma teoria T de L é dita **decidível** se o conjunto de suas consequências é recursivo. Com um pouco mais de cuidado, essas definições também fazem sentido quando a assinatura de L é um conjunto recursivo infinito.

Conjuntos de Hintikka

Cada estrutura A tem uma teoria de primeira ordem $\text{Th}(A)$. Será que cada teoria de primeira ordem tem um modelo? Claramente não. Na verdade um teorema de Church implica que não existe algoritmo para determinar se uma dada teoria de primeira ordem tem ou não um modelo.

Todavia descobrimos na seção 1.5 que um conjunto de sentenças atômicas sempre tem um modelo. Aquele fato pode ser generalizado, como mostraremos agora. Os resultados abaixo são importantes para a construção de modelos; usá-los-emos no Capítulo 5 e 6 adiante.

Considere uma L-estrutura A que é gerada por seus elementos constantes. Seja T a classe de todas as sentenças de $L_{\infty\omega}$ que são verdadeiras em A. Então T tem as seguintes propriedades.

(3.1)   Para toda sentença atômica ϕ de L, se $\phi \in T$ então $\neg\phi \notin T$.

(3.2)   Para todo termo fechado t de L, a sentença $t = t$ pertence a T.

(3.3)   Se $\phi(x)$ é uma fórmula atômica de L, s e t são termos fechados de L
         e $s = t \in T$, então $\phi(s) \in T$ se e somente se $\phi(t) \in T$.

(3.4)   Se $\neg\neg\phi \in T$ então $\phi \in T$.

(3.5)   Se $\bigwedge \Phi \in T$ então $\Phi \subseteq T$; se $\neg \bigwedge \Phi \in T$ então existe $\psi \in \Phi$ tal que
         $\neg\psi \in T$.

(3.6)   Se $\bigvee \Phi \in T$ então existe $\psi \in \Phi$ tal que $\psi \in T$. (Em particular $\bot \notin T$.)
         Se $\neg \bigvee \Phi \in T$ então $\neg\psi \in T$ para todo $\psi \in \Phi$.

(3.7)   Seja ϕ da forma $\phi(x)$. Se $\forall x\, \phi \in T$ então $\phi(t) \in T$ para todo termo
         fechado t de L; se $\neg\forall x\, \phi \in T$ então $\neg\phi(t) \in T$ para algum termo
         fechado t de L.

(3.8)   Seja ϕ da forma $\phi(x)$. Se $\exists x\, \phi \in T$ então $\phi(t) \in T$ para algum termo
         fechado t de L; se $\neg\exists x\, \phi \in T$ então para todo termo fechado t de L,
         $\neg\phi(t) \in T$.

Uma teoria T com as propriedades (3.1)–(3.8) é chamada de **conjunto de Hintikka**
para L.

Teorema 2.3.3.   *Seja L uma assinatura e T um conjunto de Hintikka para L. Então
T tem um modelo no qual todo elemento é da forma t^A para algum termo fechado t
de L. Na verdade o modelo canônico do conjunto de sentenças atômicas em T é um
modelo de T.*

Demonstração.   Escreva U para designar o conjunto de sentenças atômicas em T, e
seja A o modelo canônico de U. Asseveramos que para toda sentença ϕ de $L_{\infty\omega}$,

(3.9)   se $\phi \in T$ então $A \models \phi$, e se $\neg\phi \in T$ então $A \models \neg\phi$.

(3.9) é demonstrada como se segue, por indução sobre a construção de ϕ, usando a
definição de $\models$ nas cláusulas (1.5)–(1.10) da seção 2.1.
    Por (3.2) e (3.3), U é $=$-fechado em L (veja seção 1.5). Logo se ϕ é atômica, (3.9)
é imediato por (3.1) e pela definição de A.
    Se ϕ é da forma $\neg\psi$ para alguma sentença ψ, então, por hipótese da indução, (3.9)
se verifica para ψ. Isso imediatamente nos dá a primeira metade de (3.9) para ϕ. Para

a segunda metade, suponha que $\neg\phi \in T$; então $\psi \in T$ por (3.4) e portanto $A \vDash \psi$ por (3.9) para ψ. Mas então $A \vDash \neg\phi$.

Suponha agora que ϕ seja da forma $\forall x\,\psi$. Se $\phi \in T$ então por (3.7), $\psi(t) \in T$ para todo termo fechado t de L, por isso $A \vDash \psi(t)$ pela hipótese da indução. Já que todo elemento do modelo canônico é nomeado por um termo fechado, isso implica que $A \vDash \forall x\,\psi$. Se $\neg\phi \in T$ então por (3.7) novamente, $\neg\psi(t) \in T$ para algum termo fechado t, e por isso $A \vDash \neg\psi(t)$. Por conseguinte $A \vDash \neg\forall x\,\psi$.

Deve estar claro que os casos remanescentes funcionam. De (3.9) segue que A é um modelo de T.   □

O Teorema 2.3.3 reduz o problema de se encontrar um modelo ao problema de se encontrar um tipo particular de teoria. O próximo resultado mostra onde poderíamos procurar por teorias do tipo certo.

Teorema 2.3.4. *Seja L uma linguagem de primeira ordem. Seja T uma teoria em L tal que*
(a) todo subconjunto finito de T tem um modelo,
(b) para toda sentença ϕ de L, ou ϕ ou $\neg\phi$ pertence a T,
(c) para toda sentença $\exists x\,\psi(x)$ em T existe um termo fechado t de L tal que $\psi(t)$ pertence a T.
Então T é um conjunto de Hintikka para L.

Demonstração.   Primeiramente afirmamos que

(3.10)   se U é um subconjunto finito de T e ϕ é uma sentença de L tal que
$U \vdash \phi$, então $\phi \in T$.

Sejam U e ϕ contraexemplos. Então $\phi \notin T$, logo por (b), $\neg\phi \in T$. Segue por (a) que existe um modelo de $U \cup \{\neg\phi\}$, contradizendo a suposição que $U \vdash \phi$. Isso prova a afirmação, usando apenas (a) e (b).

Agora de (a) deduzimos (3.1), e da afirmação (3.10) deduzimos (3.2), (3.3), (3.4), as primeiras metades de (3.5) e (3.7) e as segundas metades de (3.6) e (3.8).

Suponha que Φ seja um conjunto finito $\{\psi_0, \ldots, \psi_{n-1}\}$, e $\bigvee \Phi \in T$ mas $\psi_i \notin T$ para todo $i < n$. Então por (b), $\neg\psi_i \in T$ para todo $i < n$, logo por (a) o conjunto $\{\bigvee \Phi, \neg\psi_0, \ldots, \psi_{n-1}\}$ tem um modelo; o que é um absurdo. Logo (3.6) se verifica. Argumentos análogos demonstram a segunda metade de (3.5).

Finalmente (c) implica a segunda metade de (3.8), e por (3.10) isso implica a segunda metade de (3.7).   □

Exercícios para a seção 2.3

1. Mostre que uma teoria T em uma linguagem de primeira ordem L é fechada sob a operação de tomar as consequências se e somente se $T = \mathrm{Th}(\mathrm{Mod}(T))$.

2. Seja T a teoria dos espaços vetoriais sobre um corpo K. (Tome T como sendo (2.21) da seção anterior, com $R = K$.) Mostre que T é λ-categórica sempre que λ é um cardinal infinito $> |K|$.

3. Seja $\mathbb{N}$ a estrutura dos números naturais $(\omega, 0, 1, +, \cdot, <)$; seja L sua assinatura. Escreva uma sentença de $L_{\omega_1\omega}$ cujos modelos são precisamente as estruturas isomorfas a $\mathbb{N}$. (*Logo existem sentenças categóricas de $L_{\omega_1\omega}$ com modelos infinitos.*)

4. Demonstre o lema das constantes (Lema 2.3.2)

5. Mostre que se L é uma linguagem de primeira ordem com um número finito de símbolos de relação, símbolos de função e símbolos de constante, então existe um algoritmo para determinar, para qualquer conjunto finito T de sentenças livres-de-quantificador de L, se T tem ou não um modelo. [Use Exercício 1.5.2 e 1.5.3.]

6. Para cada $n < \omega$ seja L_n uma assinatura e Φ_n um conjunto de Hintikka para L_n. Suponha que para todo $m < n < \omega$, $L_m \subseteq L_n$ e $\Phi_m \subseteq \Phi_n$. Mostre que $\bigcup_{n<\omega} \Phi_n$ é um conjunto de Hintikka para a assinatura $\bigcup_{n<\omega} L_n$.

7. Seja L uma linguagem de primeira ordem. (a) Mostre que se existe uma L-estrutura vazia A e uma sentença prenex ϕ que é verdadeira em A, então ϕ começa com um quantificador universal. (b) Mostre (sem assumir que toda estrutura é não-vazia) que toda fórmula $\phi(\bar{x})$ de L é logicamente equivalente a uma fórmula prenex $\psi(\bar{x})$ de L. [Você necessita de um novo argumento apenas quando $\bar{x}$ é vazia.] (c) Às vezes é conveniente permitir que L contenha símbolos de relação 0-ária (i.e. letras para sentenças) p; interpretamos tais letras de tal forma que, para cada L-estrutura A, p^A é a verdade ou a falsidade, e na definição de $\models$ colocamos $A \models p \Leftrightarrow p^A = $ verdade. Demonstre que numa linguagem tal qual L pode haver uma sentença que não é logicamente equivalente a uma sentença prenex.

8. Seja L uma linguagem de primeira ordem. Uma L-estrutura A é dita **localmente finita** se toda subestrutura finitamente gerada de A é finita. (a) Mostre que existe um conjunto Ω de tipos livres-de-quantificador (i.e. tipos consistindo de fórmulas livres-de-quantificador) tal que, para toda L-estrutura A, A é localmente finita se e somente se A omite todo tipo em Ω. (b) Mostre que se L tem assinatura finita, então podemos escolher o conjunto Ω em (a) de forma a consistir de um único tipo.

2.4 Funções e as fórmulas que elas preservam

Seja $f : A \to B$ um homomorfismo de L-estruturas e $\phi(\bar{x})$ uma fórmula de $L_{\infty\omega}$. Dizemos que f **preserva** ϕ se para toda sequência $\bar{a}$ de A,

(4.1) $A \models \phi(\bar{a}) \Rightarrow B \models \phi(f\bar{a})$.

Nessa terminologia, Teorema 1.3.1 e seu corolário dizem que homomorfismos preservam fórmulas atômicas, e que um homomorfismo é uma imersão se e somente se ele preserva literais. (Teóricos de conjuntos falam de uma fórmula como sendo **absoluta** sob f se (4.1) se verifica com $\Rightarrow$ substituído por $\Leftrightarrow$; por conseguinte fórmulas atômicas são absolutas sob imersões.)

A noção de preservação pode ser usada nas duas direções. Nesta seção classificamos fórmulas em termos das funções que as preservam. A próxima seção deverá tratar de classificar funções em termos das fórmulas que elas preservam.

Classificando fórmulas por meio de funções

Nossos principais resultados dirão que certos tipos de função preservam todas as fórmulas com certas características sintáticas. Mais tarde (veja seções 5.4 e 8.3) teremos condições de mostrar que num sentido amplo esses resultados são os melhores possíveis para fórmulas de primeira ordem.

Uma fórmula ϕ é chamada de fórmula $\forall_1$ (pronuncia-se 'fórmula A1'), ou **universal**, se ela é construída a partir de fórmulas livres-de-quantificador por meio de $\bigwedge$, $\bigvee$ e quantificação universal (no máximo). Ela é chamada de fórmula $\exists_1$ (pronuncia-se 'fórmula E1'), ou **existencial**, se ela é construída a partir de fórmulas livres-de-quantificador por meio de $\bigwedge$, $\bigvee$ e quantificação existencial (no máximo).

Essa definição é o extremo inferior da hierarquia. Quase não precisaremos dos extremos mais altos da hierarquia, mas aqui vai para deixar registrado.

(4.2)   Fórmulas são consideradas $\forall_0$, e $\exists_0$, se elas são livres-de-quantificador.

(4.3)   Uma fórmula é $\forall_{n+1}$ se ela pertence à menor classe de fórmulas que contém as fórmulas $\exists_n$ e é fechada sob $\bigwedge$, $\bigvee$ e adicionando-se quantificadores universais na frente das fórmulas.

(4.4)   Uma fórmula é $\exists_{n+1}$ se ela pertence à menor classe de fórmulas que contém as fórmulas $\forall_n$ e é fechada sob $\bigwedge$, $\bigvee$ e adicionando-se quantificadores existenciais na frente das fórmulas.

Fórmulas $\forall_2$ às vezes são conhecidas como fórmulas $\forall\exists$. Note que tal qual a hierarquia aritmética na seção 2.1, as classes de fórmulas crescem à medida que subimos na hierarquia: toda fórmula livre-de-quantificador é $\forall_1$ e $\exists_1$, e todas as fórmulas que são $\forall_1$ ou $\exists_1$ são também $\forall_2$. (Alguns autores usam essa classificação apenas para fórmulas prenex.)

Se uma fórmula é formada a partir de outras fórmulas por meio de apenas $\wedge$ e $\vee$ dizemos que ela é uma **combinação booleana positiva** dessas outras fórmulas. Se apenas $\bigwedge$ e $\bigvee$ são usados, falamos de **combinações booleanas positivas infinitas**. Note que a classe de fórmulas $\forall_n$ e a classe de fórmulas $\exists_n$ de $L_{\infty\omega}$, para qualquer $n < \omega$, são ambas fechadas sob combinações booleanas positivas infinitas.

Teorema 2.4.1.   *Seja $\phi(\bar{x})$ uma fórmula $\exists_1$ de assinatura L e $f : A \to B$ uma imersão de L-estruturas. Então f preserva ϕ.*

Demonstração.   Primeiro demonstramos que se $\phi(\bar{x})$ é uma fórmula de L livre-de-quantificador e $\bar{a}$ é uma sequência de elementos de A, então

$$(4.5) \qquad\qquad A \vDash \phi(\bar{a}) \;\Leftrightarrow\; B \vDash \phi(f\bar{a}).$$

Isso é demonstrado por indução sobre a complexidade de ϕ. Se ϕ é atômica, o Teorema 1.3.1(c) já nos garante (4.5). Se ϕ é $\neg\psi$, $\bigwedge \Phi$ ou $\bigvee \Phi$, então o resultado segue da hipótese da indução e de (1.6)–(1.8) da seção 2.1.

Demonstramos o teorema ao mostrar que, para toda fórmula $\exists_1 \phi(\bar{x})$ e toda sequência $\bar{a}$ de elementos de A,

$$(4.6) \qquad\qquad A \vDash \phi(\bar{a}) \;\Rightarrow\; B \vDash \phi(f\bar{a}).$$

Para ϕ livre-de-quantificador isto segue de (4.5), e $\bigwedge$ e $\bigvee$ não despertam quaisquer questões novas. Resta o caso em que $\phi(\bar{x})$ é $\exists y\, \psi(y, \bar{x})$; cf. (1.10) da seção 2.1. Se $A \vDash \phi(\bar{a})$ então para algum elemento c de A, $A \vDash \psi(c, \bar{a})$. Logo, pela hipótese da indução, $B \vDash \psi(fc, f\bar{a})$ e por isso $B \vDash \phi(f\bar{a})$ como queríamos demonstrar.   □

Dizemos que uma fórmula $\phi(\bar{x})$ é **preservada em subestruturas** se sempre que A e B são L-estruturas, A é uma subestrutura de B e $\bar{a}$ é uma sequência de elementos de A tal que $B \vDash \phi(\bar{a})$, então $A \vDash \phi(\bar{a})$ também. Dizemos que uma teoria T é uma teoria $\forall_1$ se todas as sentenças em T são fórmulas $\forall_1$.

Corolário 2.4.2.   (a) *Fórmulas $\forall_1$ são preservadas em subestruturas.*

(b) *Se T é uma teoria $\forall_1$ então a classe de modelos de T é fechada sob a operação de se tomar subestruturas.*

Demonstração.   (a) Toda fórmula $\forall_1$ é logicamente equivalente à negação de uma fórmula $\exists_1$. (b) segue imediatamente.   □

Parte (b) do corolário pode ser confrontada com as teorias listadas na seção 2.2. Depende da escolha de linguagem, é claro. Na assinatura com apenas o símbolo ·, uma subestrutura de um grupo não precisa ser um grupo; portanto não existe axiomatização $\forall_1$ da classe de grupos nessa assinatura, e torna-se necessário se contentar com axiomas $\forall_2$. (Cf. Exercício 4 para exemplos similares.)

Uma fórmula de $L_{\infty\omega}$ é dita **positiva** se $\neg$ nunca ocorre nela (e consequentemente $\to$ e $\leftrightarrow$ tampouco ocorrem – mas ela pode conter $\bot$). Chamamos uma fórmula de $\exists_1^+$ ou **existencial positiva** se ela é positiva e existencial. A demonstração do próximo teorema não usa qualquer idéia nova.

Teorema 2.4.3. *Seja $\phi(\bar{x})$ uma fórmula de assinatura L e $f : A \to B$ um homomorfismo de L-estruturas.*
(a) *Se ϕ é uma fórmula $\exists_1^+$ então f preserva ϕ.*
(b) *Se ϕ é positiva e f é sobrejetora, então f preserva ϕ.*
(c) *Se f é um isomorfismo então f preserva ϕ.* $\qquad\qquad\square$

Existem inúmeros resultados similares para outros tipos de homomorfismo. Veja por exemplo os Exercícios 5, 6, 9, 10.

Cadeias

Seja L uma assinatura e $(A_i : i < \gamma)$ uma sequência de L-estruturas. Chamamos $(A_i : i < \gamma)$ de uma **cadeia** se para todo $i < j < \gamma$, $A_i \subseteq A_j$. Se $(A_i : i < \gamma)$ é uma cadeia, então podemos definir uma outra L-estrutura B como se segue. O domínio de B é $\bigcup_{i<\gamma} \mathrm{dom}(A_i)$. Para cada constante c, c^{A_i} é independente da escolha de i, logo podemos colocar $c^B = c^{A_i}$ para qualquer $i < \gamma$. Igualmente se F é um símbolo de função n-ária de L e $\bar{a}$ é uma n-upla de elementos de B, então $\bar{a}$ pertence a $\mathrm{dom}(A_i)$ para algum $i < \gamma$, e sem ambiguidade podemos definir $F^B(\bar{a})$ como sendo $F^{A_i}(\bar{a})$. Finalmente se R é um símbolo de relação n-ária R de L, fazemos $\bar{a} \in R^B$ se $\bar{a} \in R^{A_i}$ para alguma (ou toda) A_i contendo $\bar{a}$. Por construção, $A_i \subseteq B$ para todo $i < \gamma$. Chamamos B de **união** da cadeia $(A_i : i < \gamma)$, em símbolos $B = \bigcup_{i<\gamma} A_i$.

Dizemos que uma fórmula $\phi(\bar{x})$ de L é **preservada em uniões de cadeias** se sempre que $(A_i : i < \gamma)$ é uma cadeia de L-estruturas, $\bar{a}$ é uma sequência de elementos de A_0 e $A_i \vDash \phi(\bar{a})$ para todo $i < \gamma$, então $\bigcup_{i<\gamma} A_i \vDash \phi(\bar{a})$.

Teorema 2.4.4. *Seja $\psi(\bar{y}, \bar{x})$ uma fórmula $\exists_1$ de assinatura L com $\bar{y}$ finita. Então $\forall \bar{y}\, \psi$ é preservada em uniões de cadeias de L-estruturas.*

Demonstração. Seja $(A_i : i < \gamma)$ uma cadeia de L-estruturas e $\bar{a}$ uma sequência de elementos de A_0 tal que $A_i \vDash \forall \bar{y}\, \psi(\bar{y}, \bar{a})$ para todo $i < \gamma$. Faça $B = \bigcup_{i<\gamma} A_i$. Para mostrar que $B \vDash \forall \bar{y}\, \psi(\bar{y}, \bar{a})$, seja $\bar{b}$ uma upla qualquer de elementos de B. Como $\bar{b}$ é finita, então existe algum $i < \gamma$ tal que $\bar{b}$ pertence a A_i. Por hipótese, $A_i \vDash \psi(\bar{b}, \bar{a})$. Como $A_i \subseteq B$, segue do Teorema 2.4.1 que $B \vDash \psi(\bar{b}, \bar{a})$. $\qquad\square$

Qualquer fórmula $\forall_2$ de primeira ordem pode ser trazida para a forma $\forall \bar{y}\, \psi$ com ψ existencial. Logo, o Teorema 2.4.4 diz em particular que toda fórmula $\forall_2$ de primeira ordem é preservada em uniões de cadeias. Por exemplo os axiomas (2.32) na seção 2.2 (para ordenações lineares densas sem extremos) são $\forall_2$ de primeira ordem, e segue-se imediatamente que a união de cadeias de ordenações lineares densas sem extremos é uma ordenação linear densa sem extremos.

Exercícios para a seção 2.4

1. Seja L uma linguagem de primeira ordem. (a) Suponha que ϕ seja uma sentença $\forall_1$ de L e A seja uma L-estrutura. Mostre que $A \vDash \phi$ se e somente se $B \vDash \phi$ para toda subestrutura finitamente gerada B de A. (b) Mostre que se A e B são L-estruturas, e toda subestrutura finitamente gerada B de A é imersível em A, então toda sentença $\forall_1$ de L que é verdadeira B é verdadeira em A também.

2. Suponha que a linguagem de primeira ordem L tenha apenas um número finito de símbolos de relação e de constante, e nenhum símbolo de função. Mostre que se A e B são L-estruturas tais que toda sentença $\forall_1$ de L que é verdadeira em B é verdadeira em A também, então toda subestrutura finitamente gerada de A é imersível em B.

3. Seja L uma linguagem de primeira ordem e T uma teoria em L, tal que toda fórmula $\phi(\bar{x})$ de L que é $\forall_1$ é equivalente módulo T a uma fórmula $\exists_1 \psi(\bar{x})$. Mostre que toda fórmula $\phi(\bar{x})$ de L é equivalente módulo T a uma fórmula $\exists_1 \psi(\bar{x})$. [Ponha ϕ em forma prenex e elimine os blocos de quantificadores, começando de dentro para fora.]

4. Na seção 2.2 acima existem axiomatizações de várias classes importantes de estruturas. Mostre que, usando as assinaturas dadas na seção 2.2, não é possível escrever conjuntos de axiomas das seguintes formas: (a) um conjunto de axiomas $\exists_1$ para a classe dos grupos; (b) um conjunto de axiomas $\forall_1$ para a classe das álgebras booleanas sem átomos; (c) um único axioma $\exists_2$ de primeira ordem para a classe de ordenações lineares densas sem extremos.

Seja L uma assinatura contendo o símbolo de relação binária $<$. Se A e B são L-estruturas, dizemos que B é uma **extensão-por-extremidade** *de A se $A \subseteq B$ e sempre que a é um elemento de A e $B \vDash b < a$ então b é um elemento de A também. Dizemos que uma imersão $f : A \to B$ de L-estruturas é uma* **imersão-por-extremidade** *se B é uma extensão-por-extremidade da imagem de f. Definimos $(\forall x < y)$ e $(\exists x < y)$ como na seção 2.1: $(\forall x < y)\phi$ é $\forall x(x < y \to \phi)$ e $(\exists x < y)\phi$ é $\exists x(x < y \wedge \phi)$, e os quantificadores $(\forall x < y)$ e $(\exists x < y)$ são ditos* **limitados**.

5. Seja L como definido acima. Uma fórmula Π_0^0 é uma fórmula na qual todos os quantificadores são limitados. Uma fórmula Σ_1^0 é uma fórmula na menor classe de fórmulas que contém as fórmulas Π_0^0 e é fechada sob $\bigwedge$, $\bigvee$ e quantificação existencial. Mostre que imersões-por-extremidade preservam fórmulas Σ_1^0.

6. Seja L uma assinatura contendo um símbolo 1-ário P. Por uma P-**imersão** queremos dizer uma imersão $e : A \to B$, onde A e B são L-estruturas, tal que e mapeia P^A sobre P^B. Seja Φ a menor classe de fórmulas de $L_{\infty\omega}$ tal que: (i) toda fórmula livre-de-quantificador pertence a Φ, (ii) Φ é fechada sob $\bigwedge$ e $\bigvee$, (iii) se ϕ pertence a Φ e x é uma variável então $\exists x\, \phi$ e $\forall x(Px \to \phi)$ pertencem a Φ. Mostre que toda P-imersão preserva todas as fórmulas em Φ.

Seja L uma assinatura. Por uma **cadeia descendente de L-estruturas** *queremos dizer uma sequência $(A_i : i < \gamma)$ de L-estruturas tal que $A_j \subseteq A_i$ sempre que $i < j < \gamma$.*
7. Mostre que se $(A_i : i < \gamma)$ é uma cadeia descendente de L-estruturas, então existe uma única L-estrutura B que é uma subestrutura de cada A_j e tem domínio $\bigcap_{i<\gamma} \mathrm{dom}(A_i)$. (Chamamos essa estrutura de **interseção** da cadeia, em símbolos $\bigcap_{i<\gamma} A_i$.)

Dizemos que uma fórmula ϕ de $L_{\infty\omega}$ é **preservada em interseções de cadeias descendentes** *se para toda cadeia descendente $(A_i : i < \gamma)$ de L-estruturas e toda upla $\bar{a}$ de elementos de $\bigcap_{i<\gamma} A_i$, se $A_j \vDash \phi(\bar{a})$ para todo $j < \gamma$ então $\bigcap_{i<\gamma} A_i \vDash \phi(\bar{a})$.*

8. (a) Mostre que, se ϕ é uma fórmula de $L_{\infty\omega}$ da forma $\forall\bar{x}\exists_{=n}y\,\psi(\bar{x}, y, \bar{z})$ onde ψ não tem quantificadores, então ϕ é preservada em interseções de cadeias descendentes de L-estruturas. (b) Escreva um conjunto de axiomas de primeira ordem dessa forma para a classe dos corpos real-fechados. (c) Podemos encontrar axiomas dessa forma para a classe de ordenações lineares densas sem extremos?

Seja $\mathbf{K}$ a classe de todas as L-estruturas que portam uma ordenação parcial (nomeada pelo símbolo de relação $<$) que não tem elemento maximal. Quando A e B são estruturas em $\mathbf{K}$, dizemos que A é uma **subestrutura cofinal** *de B (e que B é uma* **extensão cofinal** *de A) se $A \subseteq B$ e para todo elemento b de B existe um elemento a em A tal que $B \vDash b < a$. Uma fórmula $\phi(\bar{x})$ de L é* **preservada em subestruturas cofinais** *se sempre que A é uma subestrutura cofinal de B e $\bar{a}$ é uma upla em A tal que $B \vDash \phi(\bar{a})$, então $A \vDash \phi(\bar{a})$.*

9. Seja L uma assinatura e Φ a menor classe de fórmulas de $L_{\infty\omega}$ tal que (1) todos os literais de L estão em Φ, (2) Φ é fechada sob $\bigwedge$ e $\bigvee$, e (3) se $\phi(x, \bar{y})$ é uma fórmula qualquer em Φ, então lá também estão as fórmulas $\forall x\, \phi$ e $\exists z\forall x(z < x \rightarrow \phi)$. Mostre que toda fórmula em Φ é preservada em subestruturas cofinais.

Dizemos que um símbolo de relação R é **positivo na** *fórmula ϕ de $L_{\infty\omega}$ se ϕ pertence à menor classe X de fórmulas tal que (1) todo literal de L que não contém R pertence a X, (2) toda fórmula atômica de L pertence a X, e (3) X é fechada sob $\bigwedge$, $\bigvee$ e quantificação. (Por exemplo R é positivo em $\forall x(Qx \rightarrow Rx)$, mas não o é em $\forall x(Rx \rightarrow Qx)$.)*

10. Seja L uma assinatura e L^+ assinatura obtida adicionando-se a L um novo símbolo de relação n-ária P. Seja $\bar{x}$ uma n-upla de variáveis e $\phi(\bar{x})$ uma fórmula de L^+ na qual P é positivo. Seja A uma L-estrutura; suponha que X e Y sejam relações n-árias sobre $\text{dom}(A)$ com $X \subseteq Y$. É óbvio que a função identidade sobre A forma uma imersão $e : (A, X) \rightarrow (A, Y)$ de L^+-estruturas. (a) Mostre que e preserva ϕ. (b) Para qualquer relação n-ária X sobre $\text{dom}(A)$ definimos $\pi(X)$ como sendo a relação $\{\bar{a} : (A, X) \vDash \phi(\bar{a})\}$. Mostre que se $X \subseteq Y$ então $\pi(X) \subseteq \pi(Y)$.

2.5 Classificando funções por meio de fórmulas

Seja L uma assinatura, $f : A \rightarrow B$ um homomorfismo de L-estruturas e Φ uma classe de fórmulas de $L_{\infty\omega}$. Chamamos f de um Φ-**função** se f preserva todas as fórmulas em Φ.

De longe o mais importante exemplo é quando Φ é a classe de todas as fórmulas de primeira ordem. Um homomorfismo que preserva todas as fórmulas de primeira ordem tem que ser uma imersão (pelo Corolário 1.3.2); chamamos tal função de uma **imersão elementar**.

Dizemos que B é uma **extensão elementar** de A, ou que A é uma **subestrutura elementar** de B, em símbolos $A \preccurlyeq B$, se $A \subseteq B$ e a função inclusão é uma imersão elementar. (Essa função é então descrita como uma **inclusão elementar**.) Escrevemos $A \prec B$ quando A é uma subestrutura elementar própria de B.

Note que $A \preccurlyeq B$ implica em $A \equiv B$. Mas existem exemplos para mostrar que $A \subseteq B$ e $A \equiv B$ juntos não implicam em $A \preccurlyeq B$; veja o Exercício 2.

Teorema 2.5.1. (*Critério de Tarski–Vaught para subestruturas elementares*). *Seja L uma linguagem de primeira ordem e sejam A, B L-estruturas com $A \subseteq B$. Então as seguintes condições são equivalentes:*
(a) *A é uma subestrutura elementar de B.*
(b) *Para toda fórmula $\psi(\bar{x}, y)$ de L e toda upla $\bar{a}$ de A, se $B \vDash \exists y\, \psi(\bar{a}, y)$ então $B \vDash \psi(\bar{a}, d)$ para algum elemento d de A.*

Demonstração. Seja $f : A \to B$ a função inclusão. (a)$\Rightarrow$(b): Se $B \vDash \exists y\, \psi(\bar{a}, y)$ então $A \vDash \exists y\, \psi(\bar{a}, y)$ já que f é elementar; logo existe d em A tal que $A \vDash \psi(\bar{a}, d)$, e chegamos em $B \vDash \psi(\bar{a}, d)$ aplicando f novamente. (b)$\Rightarrow$(a): tome a prova do Teorema 2.4.1 na seção anterior; nossa condição (b) é exatamente o que se precisa para fazer aquela prova mostrar que f é elementar. $\square$

O Teorema 2.5.1 por si só não é muito útil para se detectar subestruturas elementares na natureza (mesmo assim veja Exercícios 3, 4 adiante). Seu principal uso é em se construir subestruturas elementares, como no Exercício 5.

Se Φ é um conjunto de fórmulas, dizemos que uma cadeia $(A_i : i < \gamma)$ de L-estruturas é uma Φ-**cadeia** quando cada função inclusão $A_i \subseteq A_j$ é uma Φ-função. Em particular uma **cadeia elementar** é uma cadeia na qual as inclusões são elementares.

Teorema 2.5.2 (*Teorema de Tarski–Vaught sobre uniões de cadeias elementares*). *Seja $(A_i : i < \gamma)$ uma cadeia elementar de L-estruturas. Então $\bigcup_{i<\gamma} A_i$ é uma extensão elementar de cada A_j ($j < \gamma$).*

Demonstração. Faça $A = \bigcup_{i<\gamma} A_i$. Seja $\phi(\bar{x})$ uma fórmula de primeira ordem de assinatura L. Demonstramos por indução sobre a complexidade de ϕ que, para todo $j < \gamma$ e toda upla $\bar{a}$ de elementos de A_j,

(5.1) $A_j \vDash \phi(\bar{a}) \iff A \vDash \phi(\bar{a})$.

Quando ϕ é atômica, temos (5.1) pelo Teorema 1.3.1(c). Os casos $\neg\psi$, $(\psi \land \chi)$ e $(\psi \lor \chi)$ são simples. Suponha então que ϕ sejam da forma $\exists y\, \psi(\bar{x}, y)$. Se $A \vDash \phi(\bar{a})$ então existe algum b em A tal que $A \vDash \psi(\bar{a}, b)$. Escolha $k < \gamma$ tal que b pertença a $\mathrm{dom}(A_k)$ e $k \geqslant j$. Então $A_k \vDash \psi(\bar{a}, b)$ por hipótese da indução, logo $A_k \vDash \phi(\bar{a})$. Então $A_j \vDash \phi(\bar{a})$ como queríamos, já que a cadeia é elementar. Isso demonstra a direção da direita para a esquerda em (5.1); a outra direção é mais fácil. O argumento para $\forall y\, \psi(\bar{x}, y)$ é similar. $\square$

Lema 2.5.3 *(Lema do diagrama elementar).* *Suponha que L seja uma linguagem de primeira ordem, A e B sejam L-estruturas, $\bar{c}$ seja uma upla de constantes distintas que não estão em L, $(A, \bar{a})$ e $(B, \bar{b})$ sejam $L(\bar{c})$-estruturas, e $\bar{a}$ gera A. Então as seguintes condições são equivalentes.*

(a) *Para toda fórmula $\phi(\bar{x})$ de L, se $(A, \bar{a}) \vDash \phi(\bar{c})$ então $(B, \bar{b}) \vDash \phi(\bar{c})$.*
(b) *Existe uma imersão elementar $f : A \to B$ tal que $f\bar{a} = \bar{b}$.*

Demonstração. (b) claramente implica em (a). Para a recíproca, defina f como na prova do Lema 1.4.2. Se $\bar{a}'$ é uma upla qualquer de elementos de A e $\phi(\bar{z})$ é uma fórmula qualquer de L, então escolhendo-se uma sequência apropriada $\bar{x}$ de variáveis, podemos escrever $\phi(\bar{z})$ como $\psi(\bar{x})$ de tal forma que $\phi(\bar{a}')$ seja a mesma fórmula que $\psi(\bar{a})$. Então $A \vDash \phi(\bar{a}')$ implica em $A \vDash \psi(\bar{a})$, que por (a) implica em $B \vDash \psi(f\bar{a})$ e portanto $B \vDash \phi(f\bar{a}')$. Por conseguinte f é uma imersão elementar. $\square$

Definimos o **diagrama elementar** de uma L-estrutura A, em símbolos eldiag(A), como sendo Th($A, \bar{a}$) onde $\bar{a}$ é qualquer sequência que gera A. Por (a)⇒(b) no lema temos o seguinte fato, que será usado constantemente para se construir extensões elementares: *se D é um modelo do diagrama elementar da L-estrutura A, então existe uma imersão elementar de A no reduto $D|L$.*
A noção de Φ-função tem outras aplicações.

Exemplo 1: *Extensões puras.* Este exemplo é familiar aos teóricos de grupos abelianos e àqueles que trabalham com módulos. Sejam A e B R-módulos à esquerda, e A um submódulo de B. Dizemos que A é **pura** em B, ou que B é uma **extensão pura** de A, se a seguinte condição se verifica:

(5.2)   para todo conjunto finito E de equações com parâmetros em A,
         se E tem uma solução em B então E já tem uma solução em A.

Agora o enunciado que diz que um certo conjunto finito de equações com parâmetros $\bar{a}$ tem uma solução pode ser escrito $\exists \bar{x}(\psi_1(\bar{x}, \bar{a}) \wedge \ldots \wedge \psi_k(\bar{x}, \bar{a}))$ com $\psi_1, \ldots, \psi_k$ atômicas; uma fórmula de primeira ordem dessa forma é dita **primitiva positiva**, ou **p.p.** abreviadamente. Logo podemos definir uma imersão **pura** como sendo aquela que preserva as negações de todas as fórmulas primitivas positivas.

Exercícios para a seção 2.5

Nosso primeiro exercício é um pequeno refinamento do Teorema 2.5.1.
1. Seja L uma linguagem de primeira ordem e B uma L-estrutura. Suponha que X seja um conjunto de elementos de B tal que, para toda fórmula $\psi(\bar{x}, y)$ de L e toda upla $\bar{a}$ de elementos de X, se $B \vDash \exists y\, \psi(\bar{a}, y)$ então $B \vDash \psi(\bar{a}, d)$ para algum elemento d em X. Mostre que X é o domínio de uma subestrutura elementar de B.

2. Dê um exemplo de uma estrutura A com uma subestrutura B tal que $A \cong B$ mas B não é uma subestrutura elementar de A. [Tome A como sendo $(\omega, <)$.]

3. Seja B uma L-estrutura e A uma subestrutura com a seguinte propriedade: se $\bar{a}$ é uma upla qualquer de elementos de A e b é um elemento de B, então existe um automorfismo f de B tal que $f\bar{a} = \bar{a}$ e $fb \in \text{dom}(A)$. Mostre que se $\phi(\bar{x})$ é uma fórmula qualquer de $L_{\infty\omega}$ e $\bar{a}$ uma upla em A, então $A \vDash \phi(\bar{a}) \iff B \vDash \phi(\bar{a})$. (Em particular $A \preccurlyeq B$.)

4. Suponha que B seja um espaço vetorial e A é um subespaço de dimensão infinita. Mostre que $A \preccurlyeq B$.

O próximo exercício será refinado na seção 3.1 adiante.

5. Seja L uma linguagem contável de primeira ordem e B uma L-estrutura de cardinalidade infinita μ. Mostre que, para todo cardinal infinito $\lambda < \mu$, B tem uma subestrutura elementar de cardinalidade λ. [Escolha um conjunto X de λ elementos de B, e feche X de tal forma que o Exercício 1 se aplique.]

6. Seja $(A_i : i < \gamma)$ uma cadeia de estruturas tal que, para todo $i < j < \gamma$, A_i é uma subestrutura pura de A_j. Mostre que cada estrutura A_j ($j < \gamma$) é uma subestrutura pura da união $\bigcup_{i<\gamma} A_i$.

Os próximos dois exercícios não são particularmente difíceis, mas eles usam coisas de seções vindouras.

7. Mostre que se n é um inteiro positivo, então existem uma linguagem de primeira ordem L e L-estruturas A e B tais que $A \subseteq B$ e para toda n-upla $\bar{a}$ em A e toda fórmula $\phi(x_0, \ldots, x_{n-1})$ de L, $A \vDash \phi(\bar{a}) \iff B \vDash \phi(\bar{a})$, mas B não é uma extensão elementar de A. [Use limites de Fraïssé (Capítulo 6) para construir uma estrutura contável C^+ na qual um símbolo de relação $(2n + 2)$-ária E define uma relação de equivalência aleatória sobre os conjuntos de $n + 1$ elementos, e um símbolo de relação $(2n + 2)$-ária R arranja randomicamente essas classes de equivalência em uma ordenação linear cujo primeiro elemento é definido pelo símbolo de relação $(n + 1)$-ária P. Forme C desprezando o símbolo P de C^+. Encontre uma imersão $e : C \to C$ cuja imagem não contém o primeiro elemento da ordenação.]

8. Suponha que R seja um anel e A, B são R-módulos à esquerda com $A \subseteq B$, e, para todo elemento a de A e toda fórmula p.p. $\phi(x)$ sem parâmetros, $A \vDash \phi(a) \iff B \vDash \phi(a)$. Mostre que A é pura em B. [Mostre por indução sobre n que se $\phi(x_0, \ldots, x_n)$ é uma fórmula pura e $\bar{a}$ uma $(n + 1)$-upla em A tal que $B \vDash \phi(\bar{a})$ então $A \vDash \phi(\bar{a})$. Se $B \vDash \phi(\bar{a})$ então $B \vDash \exists x_n \, \phi(\bar{a}|n, x_n)$, portanto pela hipótese da indução existe c em A tal que $A \vDash \phi(\bar{a}|n, c)$, logo por subtração (justifique isso!) $B \vDash \phi(0, \ldots, 0, a_n - c)$; portanto $A \vDash \phi(0, \ldots, 0, a_n - c)$, e a adição fornece $A \vDash \phi(\bar{a})$.]

9. Seja R um anel e L a linguagem de R-módulos à esquerda. Seja M um R-módulo à esquerda e $\phi(x_0, \ldots, x_{n-1})$ uma fórmula p.p. de L. (a) Mostre que $\phi(M^n)$ é um subgrupo de M^n considerado como um grupo abeliano. *Grupos dessa forma são conhecidos como os* **grupos p.p.-definíveis** *de M^n. Leia o Exercício 2.7.12 para ver sua importância.* (b) Mostre que

se $\phi(\bar{x}, \bar{y})$ é uma fórmula p.p. de L e $\bar{b}$ uma upla de M, então $\phi(M^n, \bar{b})$ é vazio ou um coconjunto do subgrupo p.p.-definível $\phi(M^n, 0, \ldots, 0)$. Mostre que ambas as possibilidades podem ocorrer.

2.6 Traduções

Na teoria dos modelos tal qual em qualquer outro lugar, podem haver várias maneiras de dizer a mesma coisa. Diga-se da maneira errada e pode-se não obter os resultados que se pretendia.

Esta seção é uma introdução a alguns tipos de parafrase que teóricos de modelos acham úteis. *Essas parafrases nunca alteram a classe de relações definíveis sobre uma estrutura – elas apenas afetam as fórmulas que podem ser usadas para definir tais relações.*

1: Fórmulas desaninhadas

Seja L uma assinatura. Por uma **fórmula atômica desaninhada** de assinatura L queremos dizer uma fórmula atômica de uma das seguintes formas:

(6.1) $x = y$;

(6.2) $c = y$ para alguma constante c de L;

(6.3) $F(\bar{x}) = y$ para algum símbolo de função F de L;

(6.4) $R\bar{x}$ para algum símbolo de relação R de L.

Chamamos uma fórmula de **desaninhada** se todas as suas subfórmulas atômicas são desaninhadas.

Fórmulas desaninhadas são práticas quando queremos fazer definições ou provas por indução sobre a complexidade de fórmulas. O caso atômico fica particularmente simples: nunca precisamos considerar quaisquer termos exceto variáveis, constantes e termos $F(\bar{x})$ onde F é um símbolo de função. Existirão exemplos nas seções 3.3 (jogos de vai-e-vem) e 4.3 (interpretações).

Teorema 2.6.1. *Seja L uma assinatura. Então toda fórmula atômica $\phi(\bar{x})$ de L é logicamente equivalente a fórmulas desaninhadas de primeira ordem $\phi^\forall(\bar{x})$ e $\phi^\exists(\bar{x})$ de assinatura L tais que $\phi^\forall$ é uma fórmula $\forall_1$ e $\phi^\exists$ é uma fórmula $\exists_1$.*

Demonstração por meio de exemplo. A fórmula $F(G(x), z) = c$ é logicamente equivalente a

(6.5) $\forall uw(G(x) = u \wedge F(u,z) = w \rightarrow c = w)$

e a

(6.6) $\exists uw(G(x) = u \wedge F(u,z) = w \wedge c = w)$. $\square$

Corolário 2.6.2. *Seja L uma linguagem de primeira ordem. Então toda fórmula*
$\phi(\bar{x})$ *de L é logicamente equivalente a uma fórmula desaninhada* $\psi(\bar{x})$ *de L. Generalizando, toda fórmula de* $L_{\infty\omega}$ *é logicamente equivalente a uma fórmula desaninhada*
de $L_{\infty\omega}$.

Demonstração. Use o teorema para substituir todas as subfórmulas atômicas por
fórmulas desaninhadas de primeira ordem. $\square$

Se ϕ no corolário é uma fórmula $\exists_1$, então escolhendo-se sabiamente entre $\theta^{\forall}$ e $\theta^{\exists}$
para cada subfórmula atômica θ de ϕ, podemos fazer com que ψ no corolário seja uma
fórmula $\exists_1$ também. Na verdade podemos sempre escolher ψ de forma que esteja no
mesmo lugar que ϕ na hierarquia $\forall_n$, $\exists_n$ (ver (4.2)–(4.4) na seção 2.4 acima), a menos
que ϕ não tenha quantificadores.

2: Expansões definicionais e extensões

Seja L e L^+ assinaturas com $L \subseteq L^+$, e seja R um símbolo de relação de L^+. Então
uma **definição explícita de** R **em termos de** L é uma sentença da forma

(6.7) $\forall\bar{x}(R\bar{x} \leftrightarrow \phi(\bar{x}))$

onde ϕ é uma fórmula de L. Igualmente se c é uma constante e F é um símbolo de
função de L^+, **definições explícitas de** c, F **em termos de** L são sentenças da forma

(6.8) $\forall y(c = y \leftrightarrow \phi(y))$,
        $\forall\bar{x}y(F(\bar{x}) = y \leftrightarrow \psi(\bar{x},y))$

onde ϕ, ψ são fórmulas de L. Note que as sentenças em (6.8) têm consequências
na linguagem L. Elas implicam respectivamente em

(6.9) $\exists_{=1}y\,\phi(y)$,
        $\forall\bar{x}\exists_{=1}y\,\psi(\bar{x},y)$.

Chamamos as sentenças (6.9) de **condições de admissibilidade** das duas definições
explícitas em (6.8).

Definições explícitas têm duas propriedades principais, como segue.

Teorema 2.6.3 (Unicidade de expansões definicionais). *Sejam L e L^+ assinaturas com $L \subseteq L^+$. Sejam A e B L^+-estruturas, R um símbolo de relação de L^+ e θ uma definição explícita de R em termos de L. Se A e B são ambas modelos de θ e $A|L = B|L$, então $R^A = R^B$. Similarmente para constantes e símbolos de função.*

Demonstração. Imediata.   □

Teorema 2.6.4 (Existência de expansões definicionais). *Sejam L e L^+ assinaturas com $L \subseteq L^+$. Suponha que para cada símbolo S de $L^+\backslash L$, θ_S seja uma definição explícita de S em termos de L; seja U o conjunto de tais definições.*

(a)   *Se C é uma L-estrutura qualquer que satisfaz as condições de admissibilidade (caso existam) das definições θ_S, então podemos expandir C para formar uma L^+-estrutura C^+ que é modelo de U.*

(b)   *Toda fórmula $\chi(\bar{x})$ de assinatura L^+ é equivalente módulo U a uma fórmula $\chi^*(\bar{x})$ de assinatura L.*

(c)   *Se χ e todas as sentenças θ_S são de primeira ordem, então χ^* também o é.*

Demonstração. As definições nos dizem exatamente como interpretar os símbolos S em C^+, portanto temos (a). Para (b), use o Teorema 2.6.1 para substituir toda fórmula atômica em χ por uma fórmula desaninhada, e observe que as definições explícitas traduzem cada fórmula atômica desaninhada diretamente em uma fórmula de assinatura L. Então (c) está claro também.   □

Uma estrutura C^+ como no Teorema 2.6.4(a) é chamada de **expansão definicional** de C. Se L e L^+ são assinaturas com $L \subseteq L^+$, e T é uma teoria de assinatura L, então uma **extensão definicional** de T para L^+ é uma teoria equivalente a $T \cup \{\theta_S : S$ é um símbolo em $L\backslash L^+\}$ onde para cada símbolo S em $L^+\backslash L$,

(6.10) θ_S é uma definição explícita de S em termos de L, e

(6.11)   se S é uma constante ou símbolo de função e χ é a condição de admissibilidade para θ_S então $T \vdash \chi$.

Os Teoremas 2.6.3 e 2.6.4 nos dizem que se T^+ é uma extensão definicional de T para L^+, então todo modelo C de T tem uma única expansão C^+ que é um modelo de T^+, e C^+ é uma expansão definicional de C.

Seja T^+ uma teoria na linguagem L^+, e L uma linguagem $\subseteq L^+$. Dizemos que um símbolo S de L^+ é **explicitamente definível em T^+ em termos de L** se T^+ acarreta alguma definição explícita de S em termos de L. Portanto, a menos de equivalência de teorias, T^+ é uma extensão definicional de uma teoria T em L se e somente se (1) T

e T^+ têm as mesmas consequências em L e (2) todo símbolo de L^+ é explicitamente definível em T^+ em termos de L.

Extensões definicionais são úteis para se substituir fórmulas complicadas por fórmulas simples. Por exemplo, em teoria dos conjuntos elas nos permitem escrever $\phi(x \cup y)$ ao invés da fórmula menos legível $\exists z(\phi(z) \wedge \forall t(t \in z \leftrightarrow t \in x \vee t \in y))$.

Advertência – particularmente para quem trabalha com desenvolvimento de software usando lógica de primeira ordem. É importante que os símbolos sendo definidos em (6.7) e (6.8) não ocorram nas fórmulas ϕ, ψ. Se os símbolos pudessem ocorrer em ϕ ou ψ, ambos os Teoremas 2.6.3 e 2.6.4 falhariam.

Existe uma armadilha aqui. Às vezes encontra-se umas coisas chamadas 'definições' que parecem definições explícitas exceto que o símbolo sendo definido ocorre em ambos os lados da fórmula. Essas podem ser definições implícitas, que são inofensivas – ao menos em lógica de primeira ordem; veja o teorema de Beth, Teorema 5.5.4 adiante. Por outro lado se elas têm babados lilás por baixo e bolinhas cor-de-rosa por cima, elas quase certamente são *definições recursivas*. As definições recursivas de 'mais' e 'vezes' em aritmética, (2.14)–(2.15) na seção 2.2, constituem-se num exemplo típico; pode-se reescrevê-las de forma que elas pareçam perigosamente com definições explícitas. *Em geral, definições recursivas definem símbolos sobre uma determinada estrutura, e não sobre todos os modelos de uma teoria. Não há garantia de que elas podem ser traduzidas para definições explícitas em uma teoria de primeira ordem.* A noção de definição recursiva está além da teoria dos modelos e eu não direi mais nada sobre isso aqui.

Antes de deixar extensões definicionais para trás, aqui vai um exemplo estendido que será útil na próxima seção.

Suponha que L_1 e L_2 sejam assinaturas; para simplificar a próxima definição vamos assumir que elas são disjuntas. Sejam T_1 e T_2 teorias de primeira ordem de assinaturas L_1, L_2 respectivamente. Então dizemos que T_1 e T_2 são **definicionalmente equivalentes** se existe uma teoria de primeira ordem T na assinatura $L_1 \cup L_2$ que é uma extensão definicional de ambas T_1 e T_2.

Quando teorias T_1 e T_2 são definicionalmente equivalentes como no caso acima, podemos transformar um modelo A_1 de T_1 em um modelo A_2 de T_2 primeiro expandindo A_1 para um modelo de T e depois aplicando a restrição à linguagem L_2; podemos retornar a A_1 a partir de A_2 fazendo o mesmo na direção oposta. Nessa situação dizemos que as estruturas A_1 e A_2 são **definicionalmente equivalentes**.

Exemplo 1: *Álgebras de termos em uma outra linguagem.* No Exemplo 1 da seção 2.2 escrevemos algumas sentenças (2.3)–(2.7) que são verdadeiras em toda álgebra de termos de uma assinatura algébrica L fixa. Chamemos essas sentenças T_1 e seja L_1 sua linguagem de primeira ordem. Seja L_2 uma linguagem de primeira ordem cuja assinatura consiste dos seguintes símbolos:

(6.12)   símbolos de relação 1-ária $\acute{E}_c$ (para cada constante c de L_1) e
          $\acute{E}_F$ (para cada símbolo de função F de L_1);

(6.13)   um símbolo de relação 1-ária F_i para cada símbolo de função F de
          L_1 e cada $i < \text{aridade}(F)$.

Afirmamos que T_1 é definicionalmente equivalente à seguinte teoria T_2 em L_2.

(6.14) $\exists_{=1} y \acute{E}_c(y)$ para cada símbolo de
                                                                              constante c de L.

(6.15) $\forall x_0 \ldots x_{n-1} \exists_{=1} y (\acute{E}_F(y) \wedge \bigwedge_{i<n} F_i(y) = x_i)$ para cada símbolo

                                                                              de função F de L.

(6.16) $\forall x \neg (\acute{E}_c(x) \wedge \acute{E}_d(x))$ onde c, d são símbolos de
                                                                              constante ou símbolos
                                                                              de função distintos.

(6.17) $\forall x (\neg \acute{E}_F(x) \to F_i(x) = x)$ para cada símbolo
                                                                              de função F_i.

(6.18) $\forall x (t(F_i(x)) = x \to \neg \acute{E}_F(x))$ para cada símbolo
                                                                              de função F_i e cada
                                                                              termo $t(y)$ de L_2.

Para mostrar isso, devemos escrever definições explícitas U_1 de símbolos de L_2 em termos de L_1, e definições explícitas U_2 dos símbolos de L_1 em termos de L_2, de tal forma que T_i implique as condições de admissibilidade para U_i ($i = 1, 2$), e $T_1 \cup U_1$ seja equivalente a $T_2 \cup U_2$. Aqui vão as definições de L_2 em termos de L_1, onde c é uma constante qualquer de L_1, F é um símbolo de função qualquer de L_1 com aridade n e $i < n$.

(6.19) $\forall y (\acute{E}_c(y) \leftrightarrow y = c)$.
          $\forall y (\acute{E}_F(y) \leftrightarrow \exists \bar{x}\, F\bar{x} = y)$.
          $\forall xy\, (F_i x = y \leftrightarrow (\exists y_0 \ldots y_{i-1} y_{i+1} \ldots y_{n-1}$
          $\quad F(y_0, \ldots, y_{i-1}, y, y_{i+1}, \ldots, y_{n-1}) = x)$
          $\quad \vee (x = y \wedge \neg \exists \bar{y}\, F\bar{y} = x))$.

E aqui estão as definições explícitas de L_1 em termos de L_2, onde c é uma constante qualquer de L_1 e F um símbolo de função qualquer de L_1:

(6.20) $\forall y (y = c \leftrightarrow \acute{E}_c(y))$;

$$\forall x_0 \ldots x_{n-1} y (F(x_0, \ldots, x_{n-1}) = y \leftrightarrow (\acute{E}_F(y) \wedge \bigwedge_{i<n} F_i(y) = x_i)).$$

Essas duas teorias T_1 e T_2 fornecem maneiras opostas de se olhar para a álgebra de termos: T_1 gera os termos de seus componentes, enquanto T_2 recupera os componentes a partir dos termos. Uma característica curiosa é que T_2 usa apenas símbolos de função e de relação 1-árias, enquanto que não há limite para as aridades dos símbolos em T_1. A teoria T_2 será útil para analisar T_1 na próxima seção.

3: Atomização

Aqui temos uma teoria T numa linguagem L, e um conjunto Φ de fórmulas de L que não são sentenças. O objetivo é estender T para uma teoria T^+ numa linguagem maior L^+ de tal forma que toda fórmula em Φ seja equivalente módulo T^+ a uma fórmula atômica. Na verdade o conjunto de novas sentenças $T^+ \backslash T$ acabará por depender apenas de L e não de T.

Esse dispositivo é às vezes chamado de Morleyização. Porém ele é bem conhecido desde 1920 quando Skolem o introduziu, e não tem nada particularmente a ver com Morley. Por isso achei melhor usar um nome mais descritivo. 'Skolemização' já significa algo diferente; veja a seção 3.1 adiante.

Teorema 2.6.5 (Teorema da atomização). *Seja L uma linguagem de primeira ordem. Então existem uma linguagem de primeira ordem $L^\Theta \supseteq L$ e uma teoria Θ em L^Θ tal que*
  (a) *toda L-estrutura A pode ser expandida de uma única maneira para uma L^Θ-estrutura A^Θ que é modelo de Θ,*
  (b) *toda fórmula $\phi(\bar{x})$ de L^Θ é equivalente módulo Θ a uma fórmula $\psi(\bar{x})$ de L, e também (quando $\bar{x}$ não é vazio) a uma fórmula atômica $\chi(\bar{x})$ de L^Θ,*
  (c) *todo homomorfismo entre modelos não-vazios de Θ é uma imersão elementar,*
  (d) $|L^\Theta| = |L|$.

Demonstração.   Para cada fórmula $\phi(x_0, \ldots, x_{n-1})$ de L com $n > 0$, introduza um novo símbolo de relação n-ária R_ϕ. Tome L^Θ como sendo a linguagem de primeira ordem obtida a partir de L pela adição de todos os símbolos R_ϕ, e tome Θ como sendo o conjunto de todas as sentenças da forma

(6.21) $\forall \bar{x} (R_\phi \leftrightarrow \phi(\bar{x}))$.

Então (d) é imediato. A teoria Θ é uma extensão definicional da teoria vazia em L, logo temos (a) e a primeira parte de (b). A segunda parte de (b) então segue devido a (6.21).

Agora, devido a (b), toda fórmula de L que não é uma sentença é equivalente módulo Θ a uma fórmula atômica. Se ϕ é uma sentença de L então $\phi \wedge x = x$ é equivalente módulo Θ a uma fórmula atômica $\chi(x)$; todo homomorfismo entre modelos não-vazios de Θ que preserva χ deve também preservar ϕ. Logo (c) segue devido ao Teorema 1.3.1(b). $\qquad\square$

Pode-se aplicar a mesma técnica a um conjunto particular Φ de fórmulas de L, caso se deseje estudar homomorfismos que preservam as fórmulas em Φ. Se A e B são modelos de Θ, então toda imersão (na verdade todo homomorfismo) de A para B deve preservar as fórmulas em Φ, devido ao Teorema 1.3.1(b).

Teorema 2.6.6. *Seja Θ a teoria construída na demonstração do Teorema 2.6.5. Então para toda teoria T em L^{Θ}, $T \cup \Theta$ é equivalente a uma teoria $\forall_2$.*

Demonstração. Devido ao item (b) do teorema, toda fórmula de L^{Θ} com pelo menos uma variável livre é equivalente módulo Θ a uma fórmula atômica de L^{Θ}. Logo $T \cup \Theta$ é equivalente a uma teoria $T' \cup \Theta$ onde toda sentença de T' é $\forall_1$ no pior caso. Basta agora demonstrar que a própria Θ é equivalente a uma teoria $\forall_2$.

Seja Θ' o conjunto de todas as sentenças das seguintes formas:

(6.22) $\quad \forall \bar{x}(\phi(\bar{x}) \leftrightarrow R_\phi(\bar{x}))$ $\qquad\qquad$ onde ϕ é uma fórmula atômica de L;

(6.23) $\quad \forall \bar{x}(R_\phi(\bar{x}) \wedge R_\psi(\bar{x}) \leftrightarrow R_{\phi \wedge \psi}(\bar{x}))$;

$\qquad\qquad\qquad\qquad\qquad\qquad$ e igualmente para $\vee$ no lugar de $\wedge$;

(6.24) $\quad \forall \bar{x}(\neg R_\phi(\bar{x}) \leftrightarrow R_{\neg \phi}(\bar{x}))$;

(6.25) $\quad \forall \bar{x}(\forall y\, R_{\phi(\bar{x},y)}(\bar{x},y) \leftrightarrow R_{\forall y \phi(\bar{x},y)}(\bar{x}))$;

$\qquad\qquad\qquad\qquad\qquad\qquad$ e igualmente para $\exists$ no lugar de $\forall$.

Após um pequeno rearranjo das sentenças (6.25), Θ' é uma teoria $\forall_2$. Demonstraremos que Θ é equivalente a Θ'. Claramente Θ implica em todas as sentenças em Θ'. Reciprocamente, suponha que Θ' se verifique. Então (6.21) segue por indução sobre a complexidade de ϕ. $\qquad\square$

Uma teoria de primeira ordem é dita **modelo-completa** se toda imersão entre seus modelos é elementar. A atomização mostra que podemos transformar qualquer teoria de primeira ordem em uma teoria modelo-completa de uma forma inofensiva. Mas o real interesse da noção de modelo-completude está no fato de que um bom número de teorias em álgebra têm essa propriedade sem qualquer mexida prévia. Pensaremos sobre isso na seção 7.3.

Exercícios para a seção 2.6

Podemos eliminar símbolos de função em favor de símbolos de relação:
1. Seja L uma assinatura. Forme uma assinatura L^r a partir de L da seguinte forma: para cada inteiro positivo n e cada símbolo de função n-ária F de L, introduza um símbolo de relação $(n + 1)$-ária R_F. Se A é uma L-estrutura, seja A^r a L^r-estrutura obtida a partir de A interpretando-se cada R_F como a relação $\{(\bar{a}, b) : A \vDash (F\bar{a} = b)\}$ (o **grafo** da função F^A).
(a) Defina uma tradução $\phi \mapsto \phi^r$ de fórmulas de L para fórmulas de L^r, que seja independente de A. Formule e demonstre um teorema sobre essa tradução e as estruturas A, A^r. (b) Extenda (a) de tal forma a traduzir toda fórmula de L para uma fórmula que não contém símbolos de função nem símbolos de constante.

*Uma fórmula ϕ é dita **normal negativa** se em ϕ o símbolo $\neg$ nunca ocorre exceto imediatamente na frente de uma fórmula atômica. (Recordemos que $\psi \to \chi$ é uma abreviação para $\neg\psi \lor \chi$.)*
2. Mostre que se L é uma linguagem de primeira ordem, então toda fórmula $\phi(\bar{x})$ de L é logicamente equivalente a uma fórmula normal negativa $\phi^*(\bar{x})$ de L. (Sua demonstração deve se adaptar facilmente para demonstrar o mesmo para $L_{\infty\omega}$ no lugar de L.) Mostre que se ϕ era desaninhada então ϕ^* pode ser escolhida de tal forma a ser também desaninhada.

3. Seja L uma linguagem de primeira ordem, R um símbolo de relação R de L e ϕ uma fórmula de L. Mostre que as seguintes afirmações são equivalentes. (a) R é positiva em alguma fórmula de L que é logicamente equivalente a ϕ. (b) ϕ é logicamente equivalente a uma fórmula de L em forma normal negativa na qual R nunca tem $\neg$ imediatamente antes dele.

Aqui está uma reescrita mais perversa, que depende das propriedades de uma teoria particular.
4. Seja T a teoria de ordenações lineares. Para cada inteiro positivo n, escreva uma sentença de primeira ordem que expressa (módulo T) 'Existem pelo menos n elementos', e que usa apenas duas variáveis, x e y.

5. Sejam T_0, T_1 e T_2 teorias de primeira ordem. Mostre que se T_2 é uma extensão definicional de T_1 e T_1 é uma extensão definicional de T_0, então T_2 é uma extensão definicional de T_0.

*O método do exercício seguinte é conhecido como **método de Padoa**. Não é limitado a linguagens de primeira ordem. Compare-o com o Lema 2.1.1 acima. Veja também a discussão após o Teorema 5.5.4.*
6. Sejam L e L^+ assinaturas com $L \subseteq L^+$; seja T uma teoria de assinatura L^+ e S um símbolo da assinatura L^+. Suponha que existam dois modelos A, B de T tais que $A|L = B|L$ mas $S^A \neq S^B$. Deduza que S não é explicitamente definível em T em termos de L (e por isso T não é uma extensão definicional de nenhuma teoria de assinatura L).

7. Seja L^+ a linguagem de primeira ordem da aritmética com símbolos 0, 1, $+$, $\cdot$, e seja T a teoria completa dos números naturais nessa linguagem. Seja L a linguagem L^+ com o símbolo $+$ removido. Mostre que $+$ não é explicitamente definível em T em termos de L.

Sejam L e L^+ linguagens de primeira ordem com $L \subseteq L^+$, e sejam T, T^+ teorias em L, L^+ respectivamente. Dizemos que T^+ é uma **extensão conservativa** *de T se para toda sentença ϕ de L, $T \vdash \phi \Leftrightarrow T^+ \vdash \phi$.*

8. (a) Mostre que se $T \subseteq T^+$ e toda L-estrutura que é um modelo de T pode ser expandida para formar um modelo de T^+, então T^+ é uma extensão conservativa de T. Em particular toda extensão definicional é conservativa. (b) Prove que a recíproca da afirmação (a) falha. [Seja T tal que diga que $<$ é uma ordenação linear com primeiro elemento 0, todo elemento tem um sucessor imediato e todo elemento exceto 0 tem um predecessor imediato. Seja T^+ a aritmética de Peano. Mostre que T é completa em sua linguagem, daí que T^+ é uma extensão conservativa de T. Mostre que todo modelo contável de T^+ tem tipo-ordem ω ou $\omega + (\omega^* + \omega) \cdot \eta$ onde ω^* é o reverso de ω e η é o tipo-ordem dos racionais; logo nem todo modelo contável de T se expande para um modelo de T^+.]

Mesmo a definição de adição (uma definição recursiva, não uma definição explícita) pode levar a novas consequências de primeira ordem.

9. Seja L a linguagem com o símbolo de constante 0 e o símbolo de função 1-ária S; seja L^+ a mesma L mais um símbolo de função 2-ária +. Seja T^+ a teoria $\forall x \, x + 0 = x$, $\forall xy \, x + Sy = S(x + y)$. Mostre que T^+ não é uma extensão conservativa da teoria vazia em L.

10. Mostre que a teoria de álgebras booleanas é definicionalmente equivalente à teoria de anéis comutativos com $\forall x \, x^2 = x$.

2.7 Eliminação de quantificadores

O primeiro programa sistemático para a teoria dos modelos apareceu na década após a primeira guerra mundial. Esse programa é conhecido como **eliminação de quanti- ficadores**. Deixe-me resumí-lo.

Tome uma linguagem de primeira ordem L e uma classe **K** de L-estruturas. A classe **K** poderia ser, por exemplo, a classe de todas as ordenações lineares densas, ou poderia ser o conjunto unitário $\{\mathbb{R}\}$ onde $\mathbb{R}$ é o corpo dos números reais. Dizemos que um conjunto Φ de fórmulas de L é um **conjunto de eliminação** para **K** se

(7.1)   para toda fórmula $\phi(\bar{x})$ de L existe uma fórmula $\phi^*(\bar{x})$
         que é uma combinação booleana de fórmulas em Φ, e ϕ é
         equivalente a ϕ^* em toda estrutura em **K**.

O programa pode ser enunciado brevemente: dada **K**, *encontre um conjunto de elimina- ção para* **K**. Existem programas análogos para outras linguagens, mas o caso de pri- meira ordem é o mais interessante.

É claro que sempre existe ao menos um conjunto de eliminação Φ para uma classe qualquer **K** de L-estruturas: tome Φ como sendo o conjunto de todas as fórmulas de L. Mas com cuidado e atenção podemos frequentemente encontrar um conjunto de eliminação muito mais revelador que esse.

Por exemplo, aqui estão dois resultados que devemos ao seminário de Varsóvia organizado por Tarski no final dos anos 20. (Uma ordenação linear é **densa** se para todos elementos $x < y$ existe z tal que $x < z < y$; cf. (2.31) e (2.32) na seção 2.2.)

Teorema 2.7.1. *Seja L a linguagem de primeira ordem cuja assinatura consiste do símbolo de relação binária $<$, e seja $\mathbf{K}$ a classe de todas as ordenações lineares densas. Suponha que Φ consista de fórmulas de L que expressam cada um dos seguintes enunciados:*

(7.2)   *Existe um primeiro elemento.*
         Existe um último elemento.
         x é o primeiro elemento.
         x é o último elemento.
         $x < y$.

Então Φ é um conjunto de eliminação para $\mathbf{K}$.

Demonstração.   Exercício 1 adiante.   □

Teorema 2.7.2. *Seja L a linguagem de primeira ordem de anéis, cujos símbolos são $+$, $-$, $\cdot$, 0, 1. Seja $\mathbf{K}$ a classe dos corpos real-fechados. Suponha que Φ consista das fórmulas*

(7.3) $\exists y\, y^2 = t(x)$

onde t varia sobre todos os termos de L que não contêm a variável y. Então Φ é um conjunto de eliminação para $\mathbf{K}$. (Note que (7.3) expressa que $t(x) \geqslant 0$.)

Demonstração.   Veremos uma demonstração algébrica disto no Teorema 7.4.4 adiante.   □

A denominação 'eliminação de quantificadores' se refere ou ao processo de se reduzir uma fórmula a uma combinação booleana de fórmulas em Φ, ou ao processo de se descobrir em primeiro lugar o conjunto apropriado Φ. Deve-se distinguir o método de eliminação de quantificadores da *propriedade de eliminação de quantificadores*, que é a propriedade que algumas teorias têm. Uma teoria T **tem eliminação de quantificadores** se o conjunto de fórmulas livres-de-quantificador forma um conjunto de eliminação para a classe de todos os modelos de T. (Cf. seção 7.4 adiante, e note que algumas das fórmulas em (7.2) e (7.3) não são livres-de-quantificador.)

O propósito da eliminação de quantificadores

Suponha que tenhamos um conjunto de eliminação Φ para a classe **K**. O que é que ele nos diz?

(a) *Classificação a menos de equivalência elementar.* Suponha que A e B sejam estruturas na classe **K**, e A não seja elementarmente equivalente a B. Então existe alguma combinação booleana de sentenças em Φ que é verdadeira em A mas falsa em B. Segue-se imediatamente que alguma sentença ϕ em Φ é verdadeira em uma das estruturas A ou B mas falsa na outra. A conclusão é que podemos classificar as estruturas em **K**, a menos de equivalência elementar, procurando ver quais *sentenças* em Φ são verdadeiras nessas estruturas.

Se as sentenças em Φ expressam alguma propriedade 'algébrica' de estruturas (uma noção vaga, porém clara o suficiente para ser útil), então reduzimos a equivalência elementar em **K** a uma noção puramente 'algébrica'. Por exemplo Tarski mostrou que dois corpos algebricamente fechados são elementarmente equivalentes se e somente se eles têm a mesma característica.

(b) *Provas de completude.* Como um caso especial de (a), suponha que **K** seja a classe $\text{Mod}(T)$ de todos os modelos de uma teoria de primeira ordem T. Suponha que todas as sentenças em Φ sejam dedutíveis a partir de T ou inconsistentes com T. Então segue-se que todos os modelos de T são elementarmente equivalentes, logo T é uma teoria completa.

O Teorema 2.7.2 é um caso desse. As sentenças em Φ podem ser todas escritas como $s = t$ ou $s \leqslant t$ onde s, t são termos fechados de L. Mas todo corpo real-fechado tem característica 0. Em corpos de característica 0, cada termo fechado t tem um valor inteiro independente da escolha do corpo, logo podemos provar ou refutar as sentenças $s = t$, $s \leqslant t$ a partir dos axiomas de corpos real-fechados. Portanto o Teorema 2.7.2 mostra que a teoria de corpos real-fechados é completa.

(c) *Provas de decidibilidade.* Este é um caso especial de (b), por sua vez. Suponha que L seja uma linguagem recursiva (veja seção 2.3 acima). A teoria T em L é decidível se e somente se existe um algoritmo para determinar se uma dada sentença de L é uma consequência de T. O **problema de decisão** para uma teoria T em L é o problema de se encontrar tal algoritmo (ou se demonstrar que ele não existe).

Agora suponha que **K** seja $\text{Mod}(T)$ e que a função $\phi \mapsto \phi^*$ em (7.1) seja recursiva. Suponha também que tenhamos um algoritmo que nos diz, para qualquer sentença ψ no conjunto de eliminação Φ, ou que ψ seja demonstrável a partir de T ou que ela seja refutável a partir de T. Então colocando-se tudo junto, derivamos um algoritmo para determinar quais sentenças são consequências de T; essa é uma solução positiva do problema da decisão para T. Novamente corpos real-fechados constituem um caso desse.

(d) *Descrição de relações definíveis.* Suponha que Φ seja um conjunto de eliminação para **K** e A é uma estrutura em **K**. Seja D o conjunto de todas as relações sobre A que têm a forma $\psi(A^n)$ para alguma fórmula $\psi(x_0, \ldots, x_{n-1})$ em Φ. Então as relações

$\varnothing$-definíveis sobre A são precisamente as combinações booleanas de relações em D.

(e) *Descrição de imersões elementares.* Se Φ é um conjunto de eliminação para **K**, então as funções elementares entre estruturas em **K** são precisamente aqueles homomorfismos que preservam ψ e $\neg\psi$ para toda fórmula ψ em Φ. Por exemplo, pelo Teorema 2.7.1, toda imersão entre ordenações lineares densas sem extremos é elementar.

Os pontos (a), (d) e (e) foram vitais para o futuro da teoria dos modelos. O que eles disseram foi que em certas classes importantes de estruturas, as classificações modelo-teóricas naturais poderiam ser parafraseadas em noções algébricas simples. Isso permitiu que os lógicos e os algebristas conversassem uns com os outros e fundissem seus métodos.

A principal dificuldade da eliminação de quantificadores é que o método se realiza inteiramente no nível da dedutibilidade a partir de um conjunto de axiomas. Isso faz com que ele seja altamente sintático, e pode impedir que utilizemos boas informações algébricas sobre a classe **K**. Em particular o método não nos permite explorar o que quer que saibamos sobre funções entre estruturas em **K**. Por exemplo, para provar o seguinte resultado de Tarski pelo método da eliminação de quantificadores precisaríamos empreender um estudo razoavelmente trabalhoso de equações; porém o argumento mais estrutural do Exemplo 2 na seção 7.4 adiante torna o resultado quase uma trivialidade.

Teorema 2.7.3. *A teoria dos corpos algebricamente fechados tem eliminação de quantificadores.* $\square$

Por essa razão o exemplo feito em detalhe adiante não é um dos bem conhecidos resultados algébricos da escola de Tarski. A maior parte daqueles resultados podem ser tratados por métodos mais refinados hoje em dia. Ao invés de escolher um deles escolho um exemplo em que as estruturas são elas próprias objetos sintáticos, portanto o método engrena bem com o problema.

Mas primeiramente uma rápida palavra sobre estratégia. Temos uma linguagem de primeira ordem L e uma classe **K** de L-estruturas. Temos também uma teoria T que é uma candidata à axiomatização de **K**, e um conjunto de fórmulas Φ que é um candidato a conjunto de eliminação. Se **K** for definida como $\text{Mod}(T)$, então obviamente T de fato axiomatiza **K**. Mas se **K** foi dada e T é uma suposta axiomatização, podemos chegar à conclusão durante o processo de eliminação de quantificadores que temos que ajustar T.

O seguinte lema simples facilita bastante o fardo de mostrar que Φ é um conjunto de eliminação. Escrevemos Φ^- para designar o conjunto $\{\neg\phi : \phi \in \Phi\}$.

Lema 2.7.4. *Suponha que*

(7.4)   *toda fórmula atômica de L pertença a* Φ, *e*

(7.5)   *para toda fórmula* $\theta(\bar{x})$ *de L que é da forma* $\exists y \bigwedge_{i<n} \psi_i(\bar{x}, y)$
com cada ψ_i *em* $\Phi \cup \Phi^-$, *exista uma fórmula* $\theta^*(\bar{x})$ *de L que*
(i) *seja uma combinação booleana de fórmulas em* Φ, *e*
(ii) *seja equivalente a* θ *em toda estrutura em* **K**.

Então Φ *é um conjunto de eliminação para* **K**.

Demonstração.   Veja Lema 2.3.1.   □

Portanto para achar um conjunto de eliminação, devemos encontrar uma maneira de nos livrar do quantificador $\exists y$ em (7.5). Daí o nome 'eliminação de quantificadores'. Como o Lema 2.7.4 sugere, começamos com um subconjunto finito arbitrário $\Theta(y, \bar{x})$ de $\Phi \cup \Phi^-$, e objetivamos encontrar uma combinação booleana $\psi(\bar{x})$ de fórmulas em Φ tal que $\exists y \bigwedge \Theta$ seja equivalente a ψ módulo T. Tipicamente a passagem de Θ para ψ se realiza em várias etapas, dependendo de que tipos de fórmulas aparecem em Θ. Se esbarramos num beco-sem-saída, podemos adicionar sentenças a T e fórmulas a Θ até que o processo volte a se mover novamente.

Exemplo: álgebras de termos

Consideramos a classe **K** de álgebras de termos de uma assinatura algébrica L_1: veja o Exemplo 1 na seção 2.2 e o Exemplo 1 na seção 2.6. A teoria T_1, que consiste das sentenças (2.3)–(2.7) da seção 2.2, é verdadeira em toda álgebra em **K**. Nossa eliminação será mais fácil de realizar se passamos para a linguagem L_2 e para a teoria T_2 da seção 2.6. Como T_2 é definicionalmente equivalente a T_1, tudo pode ser traduzido de volta à linguagem de T_1 se necessário.

Se L_1 (e portanto L_2) tem assinatura finita, podemos escrever para cada inteiro positivo k uma sentença α_k de L_2 que diz 'Existem pelo menos k elementos satisfazendo todas as $\neg\text{É}_c$ e $\neg\text{É}_F$'. Seja β a sentença $\exists x\, x = x$.

Teorema 2.7.5.   *Seja* **K** *a classe de álgebras de termos na assinatura* L_2 *descrita acima. Seja* Φ *o conjunto de fórmulas atômicas de* L_2, *juntamente com as sentenças* α_k *se* L_1 *tem assinatura finita, e a sentença* β *se* L_1 *não tem símbolos de constante. Então* Θ *é um conjunto de eliminação para a classe de todos os modelos de* T_2, *e portanto para* **K**.

Demonstração.   Nossa tarefa é a seguinte. Temos um conjunto finito $\Theta_0(\bar{x}, y)$ que consiste de literais de L_2 (e possivelmente algumas sentenças β, α_k ou suas negações), e devemos eliminar o quantificador $\exists y$ da fórmula $\exists y \bigwedge \Theta_0$. Podemos supor sem perda de generalidade que

(7.6)   Nenhuma sentença α_k ou β ou sua negação pertence a Θ_0.

Razão: A variável y não está livre em α_k, logo $\exists y(\alpha_k \wedge \psi)$ é logicamente equivalente a $\alpha_k \wedge \exists y\, \psi$. Igualmente com β.

Também podemos supor sem perda o seguinte:

(7.7)   não existe fórmula ψ tal que ambas ψ e $\neg\psi$ pertençam a Θ_0;
         além disso $y \neq y$ não pertence a Θ_0.

Razão: Do contrário $\exists y \bigwedge \Theta_0$ reduz-se imediatamente a $\bot$.

Podemos substituir Θ_0 por um conjunto Θ_1 que satisfaz (7.6), (7.7) e

(7.8)   se t é um termo de L_2 no qual y não ocorre, então as fórmulas
         $y = t$ e $t = y$ não estão em Θ_1.

Razão: $\exists y(y = t \wedge \psi(y, \bar{x}))$ é logicamente equivalente a $\exists y(y = t \wedge \psi(t, \bar{x}))$, portanto equivalente também a $\psi(t, \bar{x}) \wedge \exists y\, y = t$, ou equivalentemente $\psi(t, \bar{x})$. A fórmula $\exists y\, y = t$ é equivalente a $t = t$.

Podemos substituir Θ_1 por um ou mais conjuntos Θ_2 que satisfazem (7.6)–(7.8) e

(7.9)   a variável y nunca ocorre dentro de um outro termo.

Razão: Suponha que um termo $s(F_i(y))$ apareça em algum lugar em Θ_1. Agora $\exists y\, \psi$ é equivalente a $\exists y(\acute{\mathrm{E}}_F(y) \wedge \psi) \vee \exists y(\neg\acute{\mathrm{E}}_F(y) \wedge \psi)$, portanto podemos supor que exatamente uma das duas $\acute{\mathrm{E}}_F(y)$ ou $\neg\acute{\mathrm{E}}_F(y)$ aparece em Θ_1. Se $\neg\acute{\mathrm{E}}_F(y)$ aparece, podemos substituir $F_i(y)$ por y de acordo com o axioma (6.17). Se $\acute{\mathrm{E}}_F(y)$ aparece e F é n-ário, podemos fazer as seguintes modificações. Primeiro se G é um símbolo de função qualquer de L_1 distinto de F, substituimos qualquer expressão $G_j(y)$ em Θ_1 por y (novamente devido a (6.17)). Introduzimos n novas variáveis $y_0, \ldots, y_{n-1}$, substituimos cada $F_j(y)$ por y_j e adicionamos as fórmulas $F_j(y) = y_j$. Então $\exists y \bigwedge \Theta_1$ fica equivalente a uma expressão $\exists y_0 \ldots y_{n-1} \exists y(\acute{\mathrm{E}}_F(y) \wedge \bigwedge_{j<n} F_j(y) = y_j \wedge \bigwedge \Theta_2)$ onde Θ_2 satisfaz (7.9). Por (6.15) isso se reduz a $\exists y_0 \ldots y_{n-1} \bigwedge \Theta_2$. Aqui Θ_2 tem mais variáveis y_j para serem descartadas, mas todas essas ocorrem em termos menores que aqueles envolvendo y em Θ_1. Logo podemos lidar com as variáveis $y_{n-1}, \ldots, y_0$ por sua vez, usando uma indução sobre o comprimento dos termos.

Nesse ponto Θ_2 consiste de fórmulas da forma $y \neq t$ ou $t \neq y$ (onde y não ocorre em t), $y = y$, $\acute{\mathrm{E}}_c(y)$, $\neg\acute{\mathrm{E}}_c(y)$, $\acute{\mathrm{E}}_F(y)$ ou $\neg\acute{\mathrm{E}}_F(y)$; como em (7.6), podemos eliminar quaisquer literais nos quais y não aparece. Podemos substituir Θ_2 por um conjunto Θ_3 satisfazendo (7.6)–(7.9) e

(7.10)   não existe constante c tal que $\acute{\mathrm{E}}_c(y)$ pertença a Θ_3, e
         não existe símbolo de função F tal que $\acute{\mathrm{E}}_F(y)$ pertença a Θ_3.

Razão: $\exists y(\acute{\mathrm{E}}_c(y) \wedge y \neq t \wedge \neg\acute{\mathrm{E}}_F(y))$, digamos, é equivalente a $\neg\acute{\mathrm{E}}_c(t)$ por (6.14) e (6.16); $\exists y\acute{\mathrm{E}}_c(y)$ é equivalente a $\neg\bot$ por (6.14). Símbolos de função requerem um argumento mais complicado. Seja F um símbolo de função n-ária.

Afirmamos que T_2 implica que, para quaisquer k elementos $(k > 0)$, existe um elemento distinto de todos os outros que satisfaz $\acute{\mathrm{E}}_F(y)$. Por (6.15), T_2 implica que se $\acute{\mathrm{E}}_F(x_0)$ então existe um único x_1 tal que $\acute{\mathrm{E}}_F(x_1)$ e $F_i(x_1) = x_0$ para todo $i < n$; por (6.18), $x_0 \neq x_1$. Igualmente por (6.15) existe x_2 tal que $\acute{\mathrm{E}}_F(x_2)$ e $F_i(x_2) = x_1$ para todo $i < n$, e então por (6.18) novamente, $x_2 \neq x_1$ e $x_2 \neq x_0$. Etc., etc.; isso prova a afirmação. Com (6.16), a afirmação permite a redução para (7.10), a menos que o problema seja eliminar o quantificador da fórmula $\exists y\,\acute{\mathrm{E}}_F(y)$. Quando L_1 tem ao menos uma constante c, a fórmula $\exists y\,\acute{\mathrm{E}}_F(y)$ reduz-se a $\neg\bot$ por (6.15); mas em geral ela é equivalente a β.

Estamos quase chegando lá. Quando L_1 tem assinatura infinita, $\exists y\bigwedge\Theta_3$ reduz-se a β por (6.16). Resta apenas o caso em que L_1 tem um número finito de símbolos. Como no início da razão para (7.9), podemos supor que para cada símbolo S de L_1, Θ_3 contém uma das duas $\acute{\mathrm{E}}_S(y)$ ou $\neg\acute{\mathrm{E}}_S(y)$, e já vimos como lidar com a primeira delas. Portanto suponha daqui por diante que Θ_3 contém $\neg\acute{\mathrm{E}}_S(y)$ para cada símbolo S de L_1. Pelo mesmo raciocínio podemos supor que para cada termo t aparecendo em Θ_3 (mesmo que dentro de outros termos), uma das duas fórmulas $\acute{\mathrm{E}}_S(t)$ ou $\neg\acute{\mathrm{E}}_S(t)$ pertence a Θ_3. Podemos também supor que para cada par de termos s, t aparecendo em Θ_3, $s = t$ ou $s \neq t$ também aparece em Θ_3. Agora $\bigwedge\Theta_3$ afirma (entre outras coisas) que existem pelo menos k itens distintos, incluindo y, que satisfazem $\neg\acute{\mathrm{E}}_S(x)$ para todo S. Tal elemento y pode ser encontrado se e somente se α_k se verifica; logo $\exists y\bigwedge\Theta_3$ se reduz a uma conjunção de α_k e das fórmulas em Θ_3 que não mencionam y. □

Note que se tivéssemos esquecido as fórmulas α_k ou β, ou um dos axiomas que deveriam estar em T_2, então esse procedimento nos teria mostrado nosso erro e sugerido como corrigí-lo.

Corolário 2.7.6. *Seja* **K** *(como acima) a classe de todas as álgebras de termos de* L_1*, consideradas como* L_2*-estruturas. Se* L_1 *é infinita, ou tem pelo menos um símbolo de constante, ou absolutamente nenhum símbolo, então* $\mathrm{Th}(\mathbf{K})$ *é equivalente a* T_2*. Se* L_1 *é finita e tem símbolos de função mas nenhum símbolo de constante então* $\mathrm{Th}(\mathbf{K})$ *é equivalente a* $T_2 \cup \{\beta \to \alpha_1\}$*.*

Demonstração. Certamente toda sentença de T_2 pertence a $\mathrm{Th}(\mathbf{K})$. Na outra direção, o caso mais difícil é quando L_1 é finita. Seja ϕ uma sentença qualquer em $\mathrm{Th}(\mathbf{K})$. Pelo teorema, ϕ é equivalente módulo T_2 a uma combinação booleana de sentenças β, α_k. (A assinatura L_2 não tem termo fechado.) Da noção de consequência lógica, cada α_{k+1} acarreta em α_k e α_1 acarreta em β. Se L_1 tem pelo menos um símbolo de constante então β é demonstrável a partir de T_2 mas não existem quaisquer outras implicações entre β e os α_k; logo nesse caso ϕ deve ser demonstrável a partir de T_2.

Se L_1 tem símbolos de função mas nenhum símbolo de constante então a álgebra de termos é vazia a menos que α_1 se verifique; logo $\beta \to \alpha_1$ pertence a Th($\mathbf{K}$). Essa fórmula não é uma consequência de T_2, pois podemos construir um modelo de T_2 no qual α_1 falha, tomando um 'termo' infinitamente decomponível como em (2.10) da seção 2.2. Exemplos mostram que nenhuma outra implicação se verifica entre β e os α_k. Deixo ao leitor o caso em que L_1 é vazia. $\square$

Corolário 2.7.7.   *A teoria das álgebras de termos de uma dada assinatura algébrica finita, seja na linguagem L_1 ou na linguagem L_2 acima, é decidível.*

Demonstração.   Qualquer sentença de L_1 pode ser traduzida efetivamente em uma sentença ϕ de L_2 pelas definições explícitas (6.20) da seção 2.6. Então podemos computar uma sentença ϕ^* de L_2 que é equivalente a ϕ módulo T_2 e é uma combinação booleana de sentenças em Φ, onde Φ é como no Teorema 2.7.5. O argumento para o corolário anterior mostra que podemos verificar efetivamente se ϕ^* é uma consequência de T_2 ou de $T_2 \cup \{\beta \to \alpha_1\}$ qualquer que seja o caso. $\square$

Exercícios para a seção 2.7

Para estes exercícios, fique advertido de que o método da eliminação de quantificadores não é intrinsecamente difícil, mas requer horas e muito papel.

1. Demonstre o Teorema 2.7.1.

2. Suponha que a assinatura L consiste em um número finito de símbolos de relação 1-ária $R_0, \ldots, R_{n-1}$. Para cada função $s : n \to 2$ seja $\phi^s(x)$ a conjunção $R_0^{s(0)}(x) \wedge \ldots \wedge R_{n-1}^{s(n-1)}(x)$, onde R_i^j é R_i se $j = 1$ e $\neg R_i$ se $j = 0$. Se $\mathbf{K}$ é a classe de todas as L-estruturas, demonstre que um conjunto de eliminação para $\mathbf{K}$ é dado pelas fórmulas $\phi^s(x)$ e as sentenças $\exists_{=k} x \phi^s(x)$ onde $s : n \to 2$ e $k < \omega$.

3. Seja L a linguagem de primeira ordem para álgebras booleanas (veja (2.29) na seção 2.2). Seja Ω um conjunto e A a álgebra dos conjuntos das partes de Ω, considerada como uma L-estrutura com $\wedge$ para $\cap$, $\vee$ para $\cup$, * para complemento em Ω, 0 para $\varnothing$ e 1 para Ω. Seja $\mathbf{K}$ a classe $\{A\}$. Para cada inteiro positivo k, escreva $\alpha_k(y)$ para designar a fórmula 'y tem pelo menos k elementos'. (Isso pode ser escrito como 'Existem pelo menos k átomos $\leqslant y$', onde um **átomo** de uma álgebra booleana é um elemento $b > 0$ tal que não existe elemento c com $b > c > 0$.) Seja Φ o conjunto de todas as fórmulas atômicas de L e todas as fórmulas da forma $\alpha_k(t)$ onde t é um termo de L. Mostre que Φ é um conjunto de eliminação para $\mathbf{K}$.

4. Uma álgebra booleana B é dita **atômica** se o supremo do conjunto de átomos em B é o

elemento topo de B. Seja T a teoria das classes de álgebras booleanas atômicas. Mostre que (a) uma álgebra booleana B é atômica se e somente se para todo elemento $b > 0$ existe um átomo $a \leqslant b$, (b) se B é uma álgebra booleana atômica então toda fórmula $\phi(\bar{x})$ da linguagem de primeira ordem para álgebras booleanas é equivalente em B a uma combinação booleana de fórmulas que dizem exatamente quantos átomos estão abaixo dos elementos $y_0 \wedge \ldots \wedge y_{n-1}$, onde cada y_i é x_i ou x_i^* (complemento), (c) T é a teoria da classe de álgebras booleanas finitas, (d) T é decidível.

5. Seja $\mathbf{K}$ a classe de álgebras booleanas B tais que o conjunto de átomos de B tem um supremo em B. (a) Mostre que $\mathbf{K}$ é uma classe axiomatizável de primeira ordem. (b) Use o método de eliminação de quantificadores para mostrar que a menos de equivalência elementar existem exatamente ω álgebras booleanas em $\mathbf{K}$; descreva essas álgebras.

6. Seja L a assinatura consistindo de um símbolo de relação 2-ária $<$. Seja $\mathbf{K}$ a classe de L-estruturas $(X, <')$ onde X é um conjunto não-vazio e $<'$ é uma ordenação linear de X na qual todo elemento tem um predecessor imediato e um sucessor imediato. (a) Use o método de eliminação de quantificadores para mostrar que quaisquer duas estruturas em $\mathbf{K}$ são elementarmente equivalentes. (b) Dê condições necessárias e suficientes para que uma função de A para B seja uma imersão elementar, onde A e B estão em $\mathbf{K}$. (c) Mostre que para todo cardinal infinito λ existem 2^λ estruturas não-isomorfas em $\mathbf{K}$ com cardinalidade λ. [Construa modelos $\Sigma_{i<\lambda}((\omega^* + \omega) \cdot \rho_i)$, onde cada ρ_i é ω ou $(\omega^* + \omega)$; demonstre que cada ρ_i é recuperável a partir do modelo.]

Lidaremos com o próximo resultado de maneira diferente na seção 3.3.
7. Suponha que a assinatura L consista de constantes 0, 1 e um símbolo de função 2-ária $+$. Suponha que $\mathbf{K}$ consista de uma estrutura, a saber o conjunto dos números naturais $\mathbb{N}$ considerado como uma L-estrutura da maneira óbvia. Usando o método de eliminação de quantificadores, encontre um conjunto de axiomas para $\text{Th}(\mathbb{N})$ e mostre que $\text{Th}(\mathbb{N})$ é uma teoria decidível. [Um conjunto de eliminação consiste de equações e fórmulas que expressam '$t(\bar{x})$ é divisível por n' onde n é um inteiro positivo.]

8. Suponha que a assinatura L consista de um símbolo de função 1-ária F e um símbolo de constante 0. Seja $\mathbf{K}$ a classe de L-estruturas que obedecem ao axioma da indução de segunda ordem, a saber, para todo conjunto X de elementos, $((0 \in X \wedge \forall y(y \in X \to F(y) \in X)) \to \exists y(y \in X))$. Use o método de eliminação de quantificadores para encontrar (a) um conjunto de axiomas para a teoria de primeira ordem $\text{Th}(\mathbf{K})$ de $\mathbf{K}$, e (b) uma classificação dos modelos de $\mathbf{K}$, a menos de equivalência elementar.

9. Seja K um corpo; seja $\mathbf{J}$ a classe de espaços vetoriais (à esquerda) sobre K, na linguagem de K-módulos à esquerda (i.e. com símbolos $+$, $-$, 0 e para cada escalar r um símbolo de função 1-ária $r(x)$ para representar multiplicação de um vetor por r; veja Exemplo 4 na seção 1.1 acima). (a) Mostre que o conjunto de equações lineares $r_0(x_0) + \ldots + r_{n-1}(x_{n-1}) = 0$, com $n < \omega$ e $r_0, \ldots, r_{n-1}$ escalares, juntamente com o conjunto de sentenças $\exists_{=k} x \, x = x$ ($k < \omega$), é um conjunto de eliminação para $\mathbf{J}$. (b) Deduza que todo espaço vetorial infinito em $\mathbf{J}$ é uma estrutura minimal (no sentido da seção 2.1).

Um grupo abeliano é **divisível** *se para todo elemento não-nulo b e todo inteiro positivo n existe um elemento c tal que* $nc = b$. *Ele é* **ordenado** *se ele dispõe de uma relação de ordenação linear < tal que* $a < b$ *implica que* $a + c < b + c$ *para todo* a, b, c.

10. Use o método de eliminação de quantificadores para axiomatizar a classe de grupos abelianos divisíveis ordenados não-triviais. Mostre que (a) todo os grupos nessa classe são elementarmente equivalentes, (b) se A e B são grupos abelianos divisíveis ordenados não-triviais e A é um subgrupo de B então A é uma subestrutura elementar de B.

11. Seja T_1 a teoria das álgebras de termos de uma dada assinatura algébrica L. (a) Mostre que se A é um modelo finitamente gerado qualquer de T_1, então A é isomorfa a uma álgebra de termos de L. (b) Mostre que se B é uma L-estrutura então B é um modelo de T_1 se e somente se toda subestrutura finitamente gerada de B é isomorfa a uma álgebra de termo de L. *(Daí* T_1 *ser conhecida como a* **teoria de L-estruturas localmente livres.***)*

12. Seja R um anel e T a teoria de R-módulos à esquerda como em (2.21); seja L a linguagem de T e M um R-módulo à esquerda. Usamos a notação da seção 2.5 e Exercício 2.5.9. O exercício esboça a prova de Monk do **teorema de Baur–Monk**, que fórmulas p.p. juntamente com as sentenças invariantes (definidas adiante) formam um conjunto de eliminação para T. (a) Mostre que para toda fórmula p.p. $\phi(x)$ e $\psi(x)$ de L e todo inteiro positivo n existe uma sentença $Inv(\phi, \psi, n)$ que expressa em M: o grupo $\phi(M)/(\phi(M) \cap \psi(M))$ tem cardinalidade $\leqslant n$. *Essas sentenças são chamadas de* **sentenças invariantes**. (b) Suponha que $\phi(x_0, \dots, x_n)$ seja uma conjunção de fórmulas p.p. de L e negações de tais fórmulas, e $\bar{d}$ seja uma n-upla em M. Mostre que a afirmação $M \vDash \neg \exists x_n \phi(\bar{d})$ pode ser parafraseada como (*): $G \subseteq \bigcup_{i<k}(H_i + \bar{b}_i)$, onde $G, H_0, \dots, H_{k-1}$, são certos subgrupos p.p. de M^n, $\bar{b}_0, \dots, \bar{b}_{n-1}$ são certas uplas de M, cada H_i é um subgrupo de G e k depende apenas de ϕ. (c) Usando o Corolário 5.6.4, mostre que podemos por um limite finito (dependendo apenas de ϕ) nos índices dos subgrupos H_i em G. (d) Colocamos $H = \bigcap_{i<k} H_i$, e para toda união X de classes laterais de H escrevemos $N(X)$ para designar o número de classes laterais de H em X. (Pelo item (c) esse número é finito.) Mostre que (*) pode ser parafraseada como (**): $N(G) \leqslant \Sigma_{1 \leqslant j \leqslant k}(-1)^{j-1}\{\Sigma_{J \subseteq k, |J|=j} N(\bigcap_{i \in J}(H_i + \bar{b}_i))\}$. (e) Exprima (**) através de uma combinação booleana $\chi(\bar{d})$ de sentenças invariantes e fórmulas $\phi(\bar{d})$ onde $\phi(\bar{x})$ são fórmulas p.p. de L. Comprove que em qualquer modelo M de T, $\chi(\bar{x})$ depende apenas de ϕ e não de M ou $\bar{d}$.

Leitura adicional

Os artigos originais de Tarski, em alguns casos escritos com seus estudantes, são excepcionais pela sua clareza. Dois exemplos relevantes para este capítulo são:

Tarski, A. & Vaught, R. L. Arithmetical extensions of relational systems. *Compositio Mathematica*, **13** (1957), 81–102.

Tarski, A. *A decision method for elementary algebra and geometry*. Berkeley: University of California Press, 1951.

Teorias O-minimais (Exercício 2.1.4) têm um lugar central no trabalho recente sobre teoria dos modelos de corpos. Para um apanhado (em um nível mais avançado que este livro), veja

> van den Dries, L. O-minimal structures. In *Logic: from foundations to applications*, ed. Hodges, W. *et al.* pp. 143–85. Oxford: Oxford University Press, 1996.

Modelos não-padrão (veja seção 2.2) são a base da *análise não-padrão*; trata-se de uma maneira de se fazer análise, citando teoremas da teoria dos modelos para justificar o uso de infinitesimais. O livro de Keisler abaixo é um texto para a graduação usando análise não-padrão, enquanto que a coleção de Cutland faz um apanhado sobre pesquisa na área.

> Keisler, H. J. *Foundations of infinitesimal analysis*. Boston: Prindle, Weber & Schmidt, 1976.

> Cutland, N. J. *Nonstandard analysis and its applications*. Cambridge University Press, 1988.

Capítulo 3

Estruturas que se parecem

M Martin: J'ai une petite fille, ma petite fille, elle habite avec moi, chère Madame. Elle a deux ans, elle est blonde, elle a un oeil blanc et un oeil rouge, elle est très jolie, elle s'appelle Alice, chère Madame.

Mme Martin: Quelle bizarre coïncidence! moi aussi j'ai une petite fille, elle a deux ans, un oeil blanc et un oeil rouge, elle est très jolie et s'appelle Alice, cher Monsieur!

M Martin, *même voix traînante, monotone:* Comme c'est curieux et quelle coïncidence!

Eugène Ionesco, La cantatrice chauve, ©*Editions GALLIMARD 1954.*

Se considerarmos uma linguagem de primeira ordem L, o número de tipos de isomorfismo de L-estruturas é amplamente maior que o número de teorias em L (supondo que a contagem é feita a menos de equivalência de teorias). Logo deve existir alguma família enorme de L-estruturas não-isomorfas que é impossível de separar por meio de sentenças de L.

Neste capítulo demonstramos uma variedade de teoremas que têm a forma geral: se uma determinada sentença é verdadeira aqui, então ela deve ser verdadeira também acolá.

3.1   Teoremas de Skolem

No início havia gente que antipatizava com estruturas incontáveis e queria mostrar que elas eram desnecessárias para a matemática. Thoralf Skolem era um deles. Ele demonstrou que para toda estrutura infinita B de assinatura contável existe uma subestrutura contável de B que é elementarmente equivalente a B. Disso ele inferiu que existem modelos contáveis da teoria de conjuntos de Zermelo–Fraenkel, logo existem modelos contáveis da sentença 'Existe um número incontável de reais'. Ele esperava que esse resultado paradoxal afugentasse as pessoas dos fundamentos baseados em teoria dos conjuntos. Se é que teve algum efeito, o efeito foi o oposto.

A maneira mais rápida de demonstrar o resultado de Skolem é como segue. Seja B uma estrutura infinita qualquer com assinatura contável. Pelo Teorema 1.2.3 podemos construir uma cadeia $(A_n : n < \omega)$ de subestruturas contáveis de B, de forma que

(1.1)   para cada fórmula de primeira ordem $\phi(y, \bar{x})$, cada $n < \omega$
            e cada upla $\bar{a}$ de elementos de A_n tal que $B \vDash \exists y\, \phi(y, \bar{a})$,
            se existe b em B tal que $B \vDash \phi(b, \bar{a})$ então existe tal
            elemento b em A_{n+1}.

Faça $A = \bigcup_{n < \omega} A_n$. Claramente A é contável. Também A é uma subestrutura elementar de B pelo critério de Tarski–Vaught, Teorema 2.5.1, logo $A \equiv B$. (Tomamos um caminho semelhante no Exercício 2.5.5 acima.)

Skolem procedeu diferentemente. Ele adicionou funções a B de tal forma que toda subestrutura de B que é fechada sob essas funções é automaticamente uma subestrutura elementar, daí então invocou o Teorema 1.2.3. As funções adicionadas são as chamadas *funções de Skolem*.

Teorias com funções de Skolem

Suponha que T seja uma teoria em uma linguagem de primeira ordem L. Então uma **skolemização** de T é uma teoria $T^+ \supseteq T$ em uma linguagem de primeira ordem $L^+ \supseteq L$, tal que

(1.2)   toda L-estrutura que é um modelo de T pode ser expandida para
            um modelo de T^+, e

(1.3)   para toda fórmula $\phi(\bar{x}, y)$ de L^+ com $\bar{x}$ não-vazia, existe um termo t
            de L^+ tal que T^+ acarreta a sentença $\forall \bar{x}(\exists y\, \phi(\bar{x}, y) \to \phi(\bar{x}, t(\bar{x})))$.

Os termos t de (1.3) (e as funções que eles definem nos modelos de T^+) são chamados de **funções de Skolem** para T^+.

Dizemos que T **tem funções de Skolem** (ou que T é uma **teoria de Skolem**) se T é uma skolemização dela própria; em outras palavras, se (1.3) se verifica com $L = L^+$ e $T = T^+$. Note que se T^+ é uma skolemização de T, então T^+ tem funções de Skolem. Note também que essas noções dependem da linguagem: se $L \subseteq L'$ e T é uma teoria de Skolem em L, T em geral não será uma teoria de Skolem em L'. Por outro lado se T tem funções de Skolem e T' é uma teoria com $T \subseteq T'$, ambas na linguagem de primeira ordem L, então é imediato que T' também tem funções de Skolem.

Suponha que T seja uma teoria que tem funções de Skolem, em uma linguagem de primeira ordem. Seja A uma L-estrutura e X um conjunto de elementos de A. A **envoltória de Skolem** de X é definido como sendo $\langle X \rangle_A$, a subestrutura de A gerada por X.

Teorema 3.1.1. *Suponha que T seja uma teoria em uma linguagem de primeira ordem L, e T tenha funções de Skolem.*

(a) *Módulo T, cada fórmula $\phi(\bar{x})$ de L (com $\bar{x}$ não-vazia) é equivalente a uma fórmula livre-de-quantificador $\phi^*(\bar{x})$ de L.*

(b) *Se A é uma L-estrutura que é um modelo de T, e X é um conjunto de elementos de A tal que o envoltória de Skolem $\langle X \rangle_A$ é não-vazio, então $\langle X \rangle_A$ é uma subestrutura elementar de A.*

Demonstração. Em (1.3), a fórmula $\phi(\bar{x}, t(\bar{x}))$ implica logicamente em $\exists y \, \phi(\bar{x}, y)$, logo poderíamos ter escrito $\leftrightarrow$ no lugar de $\rightarrow$. Logo (a) segue imediatamente do Lema 2.3.1, tomando Φ como sendo o conjunto de fórmulas livre-de-quantificador.

Para demonstrar (b), ponha $B = \langle X \rangle_A$. Seja $\bar{b}$ uma upla de elementos de B e $\phi(\bar{x}, y)$ uma fórmula de L tal que $A \vDash \exists y \, \phi(\bar{b}, y)$. Então por (1.3) existe um termo t tal que $A \vDash \phi(\bar{b}, t(\bar{b}))$. Mas o elemento $t^A(\bar{b})$ pertence a B já que B é fechada sob as funções de L. Pelo critério de Tarski–Vaught (Teorema 2.5.1) segue que B é uma subestrutura elementar de A. $\qquad\qquad\square$

Adicionando funções de Skolem

Infelizmente, existem muito poucas teorias de Skolem num estado natural. Elas têm que ser construídas por artifício.

Teorema 3.1.2 (*Teorema da skolemização*). *Seja L uma linguagem de primeira ordem. Então existem uma linguagem de primeira ordem $L^\Sigma \supseteq L$ e um conjunto Σ de sentenças de L^Σ tais que*
(a) *toda L-estrutura A pode ser expandida para um modelo A^Σ de Σ,*
(b) *Σ é uma teoria de Skolem em L^Σ,*
(c) *$|L^\Sigma| = |L|$.*

Demonstração. Para cada fórmula $\chi(\bar{x}, y)$ de L (onde $\bar{x}$ não é vazia), introduza um novo símbolo de função $F_{\chi, \bar{x}}$ da mesma aridade que $\bar{x}$. A linguagem L' consistirá de L com esses novos símbolos de função adicionados. O conjunto $\Sigma(L)$ consistirá de todas as sentenças

$$(1.4) \qquad \forall \bar{x} \, (\exists y \, \chi(\bar{x}, y) \rightarrow \chi(\bar{x}, F_{\chi, \bar{x}}(\bar{x}))).$$

Afirmamos que

(1.5)   toda L-estrutura A pode ser expandida para um modelo de $\Sigma(L)$.

Se A for vazia ela já é um modelo de $\Sigma(L)$. Se não for vazia, expandimos a estrutura A para uma L'-estrutura A' como segue. Seja $\chi(\bar{x}, y)$ uma fórmula qualquer de L com $\bar{x}$ não-vazia, e seja $\bar{a}$ uma upla de elementos de A. Se existe um elemento b tal que $A \vDash \chi(\bar{a}, b)$, escolha um tal elemento b e ponha $F^{A'}_{\chi, \bar{x}}(\bar{a}) = b$. (Aqui em geral precisamos do axioma da escolha.) Se não existe tal elemento, façamos $F^{A'}_{\chi, \bar{x}}(\bar{a})$ ser igual a, digamos, o primeiro elemento de $\bar{a}$. Então certamente A' é um modelo de todas as sentenças em $\Sigma(L)$. Logo (1.5) está demonstrado.

A teoria Σ é construída iterando-se a construção de $\Sigma(L)$ ω vezes. Definimos uma cadeia de linguagens $(L_n : n < \omega)$ e uma cadeia de teorias $(\Sigma_n : n < \omega)$ por indução sobre n. Colocamos $L_0 = L$ e tomamos Σ_0 como sendo a teoria vazia. Então definimos L_{n+1} como sendo $(L_n)'$ como indicado acima, e definimos $\Sigma_{n+1} = \Sigma_n \cup \Sigma(L_n)$. Finalmente definimos $L^\Sigma = \bigcup_{n<\omega} L_n$ e $\Sigma = \bigcup_{n<\omega} \Sigma_n$. Agora (a) é verdadeiro fazendo-se expansões repetidas como em (1.5). Para (b), toda fórmula χ de L^Σ pertence a algum Σ_n, logo a sentença requerida (1.4) pertence a Σ_{n+1}. Finalmente (c) está claro.   □

A principal aplicação do teorema da skolemização é nos fornecer subestruturas elementares, como se segue.

Corolário 3.1.3. *Seja T uma teoria numa linguagem de primeira ordem L. Então T tem uma skolemização T^+ em uma linguagem de primeira ordem L^+ com $|L^+| = |L|$.*

Demonstração. Faça $T^+ = T \cup \Sigma$. Em particular Σ é uma skolemização da teoria vazia em L.   □

Corolário 3.1.4 *(Teorema de Löwenheim–Skolem de-cima-para-baixo).* *Seja L uma linguagem de primeira ordem, A uma L-estrutura, X um conjunto de elementos de A, e λ um cardinal tal que $|L| + |X| \leqslant \lambda \leqslant |A|$. Então A tem uma subestrutura elementar B de cardinalidade λ com $X \subseteq \mathrm{dom}(B)$.*

Demonstração. Expanda A para um modelo A^Σ de Σ em L^Σ. Seja Y um conjunto de λ elementos de A, com $X \subseteq Y$. Seja B' a envoltória de Skolem $\langle Y \rangle_A$, e seja B o reduto $B'|L$. Pelo Teorema 1.2.3, $|B| \leqslant |Y| + |L^\Sigma| = \lambda + |L| = \lambda = |Y| \leqslant |B|$. Como Σ é uma teoria de Skolem, $B' \preccurlyeq A^\Sigma$ pelo Teorema 3.1.1(b). Logo $B \preccurlyeq A$.   □

Exemplo 1: *Subgrupos simples de grupos simples.* Seja G um grupo simples infinito. Mostramos que para todo cardinal infinito $\lambda \leqslant |G|$, G tem um subgrupo de cardinalidade λ que é simples. A linguagem de grupos é contável, logo pelo teorema de Löwenheim–Skolem de-cima-para-baixo, G tem uma subestrutura elementar H de cardinalidade λ. Claramente H é um subgrupo de G. Para mostrar que H é simples é suficiente mostrar que se a, b são dois elementos de H e $b \neq 1$, então a pertence ao subgrupo normal de H gerado por b. Como G é simples, isso certamente é verdadeiro com G no lugar de H. Suponha por exemplo que

$$G \vDash \exists y\, \exists z (a = y^{-1}by \cdot z^{-1}b^{-1}z).$$

Como $H \preccurlyeq G$, a mesma sentença é verdadeira em H. Logo existem c, d em H tais que $a = c^{-1}bc \cdot d^{-1}b^{-1}d$ como requerido.

Exercícios para a seção 3.1

1. Seja L uma linguagem de primeira ordem e L' uma linguagem construída a partir de L adicionando símbolos de constante. Mostre que se T é uma teoria de Skolem em L, então T é uma teoria de Skolem em L' também (e portanto qualquer teoria $T' \supseteq T$ em L').

2. Use o teorema de Löwenheim–Skolem de-cima-para-baixo e o resultado do Exemplo 3 na próxima seção, para demonstrar que se A e B são ordenações lineares densas sem extremos, então $A \equiv B$.

3. Mostre que se T é uma teoria de primeira ordem que tem funções de Skolem, então T é modelo-completa. Dê um exemplo de uma teoria de primeira ordem que é modelo-completa mas que não tem funções de Skolem.

4. Seja L uma linguagem de primeira ordem com pelo menos um símbolo de constante. Mostre que se T é uma teoria de Skolem em L, então T tem eliminação de quantificadores.

O próximo exercício mostra que nem todas as sentenças (1.4) são necessárias para o Teorema 3.1.2.
5. Suponha que T seja uma teoria em uma linguagem de primeira ordem L, e, para toda fórmula livre-de-quantificador $\phi(\bar{x}, y)$ de L com $\bar{x}$ não-vazia, então existe um termo t de L tal que T acarreta a sentença $\forall \bar{x}(\exists y\, \phi(\bar{x}, y) \rightarrow \phi(\bar{x}, t(\bar{x})))$. (a) Mostre que T tem funções de Skolem. [Use o Lema 2.3.1 para mostrar que módulo T, toda fórmula com pelo menos uma variável livre é equivalente a uma fórmula livre-de-quantificador.] (b) Mostre que para qualquer teoria T' em L com $T \subseteq T'$, T' é equivalente a uma teoria $\forall_1$.

*Dizemos que uma estrutura A **tem funções de Skolem** se $\mathrm{Th}(A)$ tem funções de Skolem.*
6. Seja L uma linguagem de primeira ordem e A uma L-estrutura que tem funções de Skolem. Suponha que X seja um conjunto de elementos que geram A, e $<$ seja uma ordenação linear de X (não necessariamente expressível em L). Mostre que todo elemento de A tem a forma $t^A(\bar{c})$ para algum termo $t(\bar{x})$ de L e alguma upla $\bar{c}$ de X que seja estritamente crescente no sentido

de $<$.

7. Seja **K** a classe de álgebras booleanas que são isomorfas a álgebras de conjuntos potência de conjuntos. Mostre que **K** não é axiomatizável em primeira ordem. [Use Corolário 3.1.4.]

8. Seja L uma assinatura relacional finita e A uma L-estrutura infinita. Suponha que exista um grupo simples que age transitivamente sobre A. *(Isso significa que o grupo de automorfismos de A contém um subgrupo G que é simples, tal que se a, b são dois elementos quaisquer de A então algum automorfismo em G leva a para b.)* Mostre que A tem uma subestrutura elementar contável sobre a qual algum grupo simples age transitivamente.

3.2   Equivalência vai-e-vem

Compare as duas relações $\cong$ (isomorfismo) e $\equiv$ (equivalência elementar) entre estruturas. Em um certo sentido isomorfismo é uma propriedade mais intrínseca de estruturas, pois é definida diretamente em termos de propriedades estruturais, enquanto que $\equiv$ envolve uma linguagem. Mas num outro sentido equivalência elementar é mais intrínseca, porque a existência de um isomorfismo pode depender de algumas questões sutis sobre o universo de conjuntos ao redor das estruturas.

Podemos aguçar essa segunda observação com a ajuda de um pouco de teoria dos conjuntos. Se M é um modelo transitivo da teoria de conjuntos contendo espaços vetoriais A e B de dimensões ω e ω_1 sobre o mesmo corpo contável, então A e B não são isomorfos em M, mas eles são isomorfos em uma extensão de M obtida 'colapsando-se o cardinal ω_1 para o cardinal ω'. Por outro lado a questão sobre se duas estruturas A e B são elementarmente equivalentes depende apenas de A e B, e não dos conjuntos que as circundam.

No início dos anos 50, Roland Fraïssé descobriu uma família de relações de equivalência que paira em algum lugar entre $\cong$ e $\equiv$. Suas relações de equivalência são puramente estruturais – não há linguagens envolvidas. Por outro lado elas são independentes do universo de conjuntos em redor das estruturas. O truque é olhar para isomorfismos, mas apenas entre um número finito de elementos a cada vez. Na próxima seção descobriremos que as relações de equivalência de Fraïssé frequentemente nos fornecem uma maneira de demonstrar que duas estruturas são elementarmente equivalentes. Às vezes elas nos dão também provas de isomorfismo, como veremos algumas páginas adiante.

Jogos de vai-e-vem

Seja L uma assinatura e A e B L-estruturas. Imaginamos duas pessoas, chamadas $\forall$ e $\exists$ (masculino e feminino, respectivamente, digamos $\forall$belardo e $\exists$loísa), que estão comparando essas estruturas. Para adicionar uma nota de conflito imaginamos que $\forall$ quer demonstrar que A é diferente de B, enquanto que $\exists$ tenta mostrar que A é o mesmo que B. Daí a conversação tem a forma de um jogo. O jogador $\forall$ ganha se ele consegue encontrar uma diferença entre A e B antes que o jogo termine; do contrário $\exists$ vence.

O jogo é jogado como se segue. Um ordinal γ é dado, correspondendo ao comprimento do jogo. Usualmente mas nem sempre, γ é ω ou um número finito. O jogo é jogado em γ passos. No i-ésimo passo de uma partida, o jogador $\forall$ toma uma das estruturas A, B e escolhe um elemento dessa estrutura; daí a jogadora $\exists$ escolhe um elemento da outra estrutura. Portanto entre eles são escolhidos um elemento a_i de A e um elemento b_i de B. Exceto pelo fato de que a jogadora $\exists$ deve escolher um elemento da outra estrutura que não seja a que $\forall$ escolheu em cada passo, ambos os jogadores têm completa liberdade para escolher como lhes convier; em particular qualquer dos jogadores pode escolher um elemento que já fora escolhido num passo anterior. À jogadora $\exists$ permite-se que saiba qual elemento o jogador $\forall$ escolheu, e de modo mais geral cada jogador pode ver e lembrar todos os movimentos anteriores na partida. (Como diriam os teóricos de jogos, trata-se aqui de um **jogo de informação perfeita**.) No final da partida, sequências $\bar{a} = (a_i : i < \gamma)$ e $\bar{b} = (b_i : i < \gamma)$ terão sido escolhidas. O par $(\bar{a}, \bar{b})$ é conhecido como a **partida**.

Contamos a partida $(\bar{a}, \bar{b})$ como uma **vitória para a jogadora $\exists$**, e dizemos que a jogadora $\exists$ **vence a partida**, se existe um isomorfismo $f : \langle \bar{a} \rangle_A \to \langle \bar{b} \rangle_B$ tal que $f\bar{a} = \bar{b}$. Uma partida que não é uma vitória para a jogadora $\exists$ conta como uma **vitória para o jogador $\forall$**.

Exemplo 1: *Racionais versus inteiros*. Suponha que $\gamma \geqslant 2$. Seja A o grupo aditivo $\mathbb{Q}$ dos números racionais e seja B o grupo aditivo $\mathbb{Z}$ dos números inteiros. Então o jogador $\forall$ pode vencer jogando da seguinte maneira. Ele escolhe a_0 como sendo qualquer elemento não-nulo de $\mathbb{Q}$. Daí a jogadora $\exists$ deve escolher b_0 como sendo um inteiro não-nulo; caso contrário ela perde o jogo imediatamente. Agora existe um inteiro n que não divide b_0 em $\mathbb{Z}$. Suponha que o jogador $\forall$ escolha a_1 em $\mathbb{Q}$ tal que $na_1 = a_0$. Não há como a jogadora $\exists$ escolher um elemento b_1 de $\mathbb{Z}$ tal que $nb_1 = b_0$. Segue que, se $\gamma \geqslant 2$, o jogador $\forall$ pode sempre rearranjar de forma a vencer o jogo sobre $\mathbb{Q}$ e $\mathbb{Z}$.

Vamos escrever $A \equiv_0 B$ para indicar que toda sentença atômica ϕ de L, $A \vDash \phi \Leftrightarrow B \vDash \phi$. (Claramente não faz diferença se substituirmos 'atômica' por 'livre-de-quantificador'.) Então

(2.1)   a jogadora $\exists$ vence a partida $(\bar{a}, \bar{b})$ se e somente se $(A, \bar{a}) \equiv_0 (B, \bar{b})$.

Isso é equivalente à nossa definição de uma vitória para $\exists$, pelo Teorema 1.3.1(c).

O jogo que acabamos de descrever é chamado de **jogo de Ehrenfeucht–Fraïssé de comprimento γ sobre A e B**, em símbolos $\mathrm{EF}_\gamma(A, B)$.

Quanto mais A se parece com B, mais chances a jogadora $\exists$ tem de vencer esses jogos. Na verdade se a jogadora $\exists$ conhece um isomorfismo $i : A \to B$ então ela pode ter certeza de ganhar toda vez. Tudo o que ela tem que fazer é seguir a regra

(2.2)   escolher $i(a)$ sempre que o jogador $\forall$ tenha acabado de escolher um elemento a de A, e $i^{-1}(a)$ sempre que o jogador $\forall$ tenha acabado de escolher b de B.

Podemos expressar essa observação mais precisamente usando uma noção da teoria dos jogos, a saber, a noção de uma **estratégia vencedora**.

Uma **estratégia** para um jogador em um jogo é um conjunto de regras que dizem ao jogador exatamente como jogar, dependendo do que aconteceu antes na partida. Dizemos que o jogador **usa** a estratégia σ em uma partida se cada uma de suas jogadas na partida obedece às regras de σ. Dizemos que a estratégia σ é uma **estratégia vencedora** se o jogador vence toda partida na qual ele ou ela usa σ. Por exemplo a regra (2.2) é uma estratégia vencedora para a jogadora $\exists$.

Escrevemos $A \sim_\gamma B$ para indicar que a jogadora $\exists$ tem uma estratégia vencedora no jogo $\mathrm{EF}_\gamma(A, B)$. Assim, por exemplo $\mathbb{Q} \not\sim_2 \mathbb{Z}$ pelo Exemplo 1 acima.

Antes que esqueçamos as estruturas vazias, devemos estipular que para qualquer ordinal positivo γ, se pelo menos uma das duas estruturas A, B é vazia, então $A \sim_\gamma B$ se e somente se ambas são vazias.

Lema 3.2.1.   *Seja L uma assinatura e A, B L-estruturas.*
(a) *Se $A \cong B$ então $A \sim_\gamma B$ para todo ordinal γ.*
(b) *Se $\beta < \gamma$ e $A \sim_\gamma B$ então $A \sim_\beta B$.*
(c) *Se $A \sim_\gamma B$ e $B \sim_\gamma C$ então $A \sim_\gamma C$; na verdade $\sim_\gamma$ é uma relação de equivalência sobre a classe de L-estruturas.*

Demonstração.   Já demonstramos (a) na discussão acima.

Deixo (b) como um exercício e vou direto ao (c). Fica claro a partir da definição que $\sim_\gamma$ é reflexiva e simétrica sobre a classe de L-estruturas. (Verdade, a definição do jogo $\mathrm{EF}_\gamma(A, B)$ foi enunciada como se A e B tivessem que ser estruturas diferentes. Mas o leitor pode tirar isso de letra.) Demonstramos transitividade. Suponha que $A \sim_\gamma B$ e $B \sim_\gamma C$, daí que a jogadora $\exists$ tem estratégias vencedoras σ e τ para $\mathrm{EF}_\gamma(A, B)$ e $\mathrm{EF}_\gamma(B, C)$ respectivamente. Suponha que os dois jogadores se sentem para jogar uma partida de $\mathrm{EF}_\gamma(A, C)$. Temos que encontrar uma estratégia vencedora para a jogadora $\exists$.

Aqui usamos um truque que é comum em teoria dos jogos. Fazemos com que um dos jogadores jogue um jogo privado ao mesmo tempo em que joga o jogo principal. Na verdade a jogadora $\exists$ jogará dois jogos privados, um de $\mathrm{EF}_\gamma(A, B)$ e um de $\mathrm{EF}_\gamma(B, C)$. No jogo público de $\mathrm{EF}_\gamma(A, C)$ ela procederá da seguinte forma. Toda vez que o jogador $\forall$ escolher um elemento a_i de A, ela primeiro faz de conta que o jogador $\forall$ fez sua jogada em $\text{EF}_\gamma(A, B)$; daí σ lhe diz para escolher um elemento b_i de B. Depois ela faz de conta que b_i foi uma escolha do jogador $\forall$ no jogo privado de $\text{EF}_\gamma(B, C)$, e então usa sua estratégia τ para escolher um elemento correspondente c_i em C. Esse elemento c_i será sua resposta a a_i no jogo público. Se o jogador $\forall$ escolhesse um elemento c_i de C, então ela responderia da mesma forma porém movendo-se na direção contrária, de C para A passando por B.

No final da partida, os jogadores terão construído sequências $\bar{a}$ de A, $\bar{b}$ de B e $\bar{c}$ de C. A partida do jogo público $\text{EF}_\gamma(A, C)$ é $(\bar{a}, \bar{c})$. Agora, no jogo privado $\text{EF}_\gamma(A, B)$, a jogadora $\exists$ usou sua estratégia vencedora σ, e portanto a partida $(\bar{a}, \bar{b})$ é uma vitória para $\exists$. Semelhantemente $(\bar{b}, \bar{c})$ é uma vitória para $\exists$ em $\text{EF}_\gamma(B, C)$. Logo

$$(2.3) \qquad (A, \bar{a}) \equiv_0 (B, \bar{b}) \equiv_0 (C, \bar{c})$$

e por isso $(A, \bar{a}) \equiv_0 (C, \bar{c})$. Isso mostra que $(\bar{a}, \bar{c})$ é uma vitória para $\exists$ em $\text{EF}_\gamma(A, C)$, portanto a estratégia que descrevemos para ela é vencedora. Logo $A \sim_\gamma C$. $\square$

Sistemas de vai-e-vem

Duas L-estruturas A e B são ditas **vai-e-vem equivalentes** se $A \sim_\omega B$, i.e. se a jogadora $\exists$ tem uma estratégia vencedora para o jogo $\text{EF}_\omega(A, B)$.

Existe um critério útil para que duas estruturas sejam vai-e-vem equivalentes. Um **sistema de vai-e-vem** de A para B é um conjunto I de pares $(\bar{a}, \bar{b})$ de uplas, com $\bar{a}$ de A e $\bar{b}$ de B, tal que

(2.4) se $(\bar{a}, \bar{b})$ pertence a I então $\bar{a}$ e $\bar{b}$ têm o mesmo comprimento e $(A, \bar{a}) \equiv_0 (B, \bar{b})$,

(2.5) I não é vazio,

(2.6) para todo par $(\bar{a}, \bar{b})$ em I e todo elemento c de A existe um elemento d de B tal que o par $(\bar{a}c, \bar{b}d)$ pertence a I, e

(2.7) para todo par $(\bar{a}, \bar{b})$ em I e todo elemento d de B existe um elemento c de A tal que o par $(\bar{a}c, \bar{b}d)$ pertence a I.

Note que devido a (2.4) e o Teorema 1.3.1(c), se $(\bar{a}, \bar{b})$ pertence a I então existe um isomorfismo $f : \langle\bar{a}\rangle_A \to \langle\bar{b}\rangle_B$ tal que $f\bar{a} = \bar{b}$; f é única já que $\bar{a}$ gera $\langle\bar{a}\rangle_A$. Escrevemos I^* para o conjunto de todas essas funções f correspondente aos pares de uplas em I. As condições (2.4)–(2.7) implicam em algumas condições similares sobre o conjunto $J = I^*$:

(2.4′)   cada $f \in J$ é um isomorfismo de uma subestrutura finitamente gerada de A para uma subestrutura finitamente gerada de B,

(2.5′) J não é vazio,

(2.6′)   para todo $f \in J$ e c em A existe $g \supseteq f$ tal que $g \in J$ e $c \in \mathrm{dom}\ g$,

(2.7′)   para todo $f \in J$ e d em B existe $g \supseteq f$ tal que $g \in J$ e $d \in \mathrm{im}\ g$,

E, reciprocamente, se J é um conjunto qualquer obedecendo às condições (2.4′)–(2.7′), então existe um sistema de vai-e-vem I tal que $J = I^*$. A saber, tome I como sendo o conjunto de todos os pares de uplas $(\bar{a}, \bar{b})$ tais que $\bar{a}$ é de A, $\bar{b}$ é de B e J contém uma função $f : \langle \bar{a} \rangle_A \to \langle \bar{b} \rangle_B$ tal que $f\bar{a} = \bar{b}$.

Alguns autores se referem ao conjunto J satisfazendo (2.4′)–(2.7′) como um 'sistema de vai-e-vem de A para B'. O conflito entre a terminologia deles e a nossa é bem inofensivo; as duas noções são próximas o suficiente a ponto de serem as mesmas.

Lema 3.2.2.   *Seja L uma assinatura e sejam A, B L-estruturas. Então A e B são vai-e-vem equivalentes se e somente se existe um sistema de vai-e-vem de A para B.*

Demonstração.   Suponha primeiramente que A seja vai-e-vem equivalente a B, tal que a jogadora $\exists$ tem uma estratégia vencedora σ para o jogo $\mathrm{EF}_\omega(A, B)$. Então definimos I como sendo o conjunto que consiste dos pares de uplas que são da forma $(\bar{c}|n, \bar{d}|n)$ para algum $n < \omega$ e alguma partida $(\bar{c}, \bar{d})$ na qual a jogadora $\exists$ usa σ.

O conjunto I é um sistema de vai-e-vem de A para B. Primeiro, colocando $n = 0$ na definição de I, vemos que I contém o par de 0-uplas $(\langle \rangle, \langle \rangle)$. Isso estabelece (2.5). Agora, (2.6) e (2.7) expressam que σ diz à jogadora $\exists$ o que fazer em cada passo do jogo. E finalmente (2.4) se verifica porque a estratégia σ é vencedora.

Na outra direção, suponha que exista um sistema de vai-e-vem I de A para B. Defina o conjunto I^* de funções como descrito acima, e escolha uma boa-ordenação qualquer de I^*. Considere a seguinte estratégia σ para a jogadora $\exists$ no jogo $\mathrm{EF}_\omega(A, B)$:

(2.8)   a cada passo, se a partida até agora é $(\bar{a}, \bar{b})$ e o jogador $\forall$ acabou de escolher um elemento c de A, encontre a primeira função f em I^* tal que $\bar{a}$ e c pertençam ao domínio de f e $f\bar{a} = \bar{b}$, e então escolha d como sendo fc; igualmente na direção contrária se o jogador $\forall$ acabou de escolher um elemento d de B. (Se não existe tal função, escolha algum elemento arbitrariamente assinalado da estrutura apropriada.)

Por (2.5′)–(2.7′), se a jogadora $\exists$ segue essa estratégia então sempre existirá uma função f em I^* como requerido. Suponha que a partida resultante seja $(\bar{a}, \bar{b})$. Então por (2.4′) e pelo Teorema 1.3.1(c) temos $(A, \bar{a}) \equiv_0 (B, \bar{b})$, portanto a jogadora $\exists$ vence. □

Exemplo 2: *Corpos algebricamente fechados.* Sejam A e B corpos algebricamente fechados de mesma característica e de grau de transcendência infinito. Demonstraremos que A é vai-e-vem equivalente a B. Seja J o conjunto de todos os isomorfismos $e : A' \to B'$ onde A', B' são subcorpos finitamente gerados de A, B respectivamente. (Um **subcorpo finitamente gerado** de A é o menor subcorpo de A contendo um dado conjunto finito de elementos de A. Não é preciso que seja finitamente gerado como um anel.) Claramente J satisfaz (2.4′). J não é vazio pois os subcorpos primos de A, B são isomorfos. Logo (2.5′) é satisfeita. Suponha que $f : A' \to B'$ pertença a J e c seja um elemento de A. Queremos encontrar um elemento correspondente d em B. Existem dois casos. Em primeiro lugar suponha que c seja algébrico sobre A'. Então c é determinado a menos de isomorfismo sobre A' por seu polinômio mínimo $p(x)$ sobre A'. Agora f leva $p(x)$ a um polinômio $fp(x)$ sobre B', e B contém uma raiz d de $fp(x)$ já que ele é algebricamente fechado. Logo f estende para um isomorfismo $g : A'(c) \to B'(d)$. Em segundo lugar, suponha que c seja transcendental sobre A'. Como B' é finitamente gerado e B tem grau de transcendência infinito, existe um elemento d de B que é transcendental sobre B'. Logo novamente f estende para um isomorfismo $g : A'(c) \to B'(d)$. Em qualquer dos casos, a condição (2.6′) é satisfeita. Por simetria, o mesmo acontece com (2.7′). Logo J define um sistema de vai-e-vem de A para B (a saber o conjunto dos pares $(\bar{a}, f\bar{a})$ com $f \in J$); agora use o Lema 3.2.2.

Se $A \subseteq B$ no exemplo acima, então podemos dizer um pouco mais. Para todo subcorpo finitamente gerado C de A, existe um sistema J como descrito acima, tal que toda função em J fixa ponto-a-ponto o subcorpo C. Em termos de sistemas de vai-e-vem, isso diz que se $\bar{e}$ é uma upla de elementos que gera C, então existe um sistema de vai-e-vem I de A para B no qual todo par tem a forma $(\bar{e}\bar{a}, \bar{e}\bar{b})$.

Consequências da equivalência vai-e-vem

Se duas estruturas A e B são vai-e-vem equivalentes, elas são, num certo sentido, difíceis de distinguir. Os próximos dois teoremas ilustram isso. Uma **posição** de comprimento n em uma partida do jogo de vai-e-vem $\mathrm{EF}_\gamma(A, B)$ é um par $(\bar{c}, \bar{d})$ de n-uplas, onde $\bar{c}$ (respectivamente $\bar{d}$) lista em ordem os elementos de A (respectivamente B) escolhidos nas primeiras n jogadas. (Uma **posição** é uma posição de algum comprimento finito.) A posição é dita **vencedora** para um dos jogadores se aquele jogador tem uma estratégia que o permite vencer em $\mathrm{EF}_\gamma(A, B)$ sempre que as primeiras n jogadas são $(\bar{c}, \bar{d})$.

Não é difícil de ver que $(\bar{c}, \bar{d})$ é uma posição vencedora se e somente se aquele jogador tem uma estratégia vencedora para o jogo $\mathrm{EF}_\gamma((A, \bar{c}), (B, \bar{d}))$. Em particular a posição inicial (de comprimento 0) é vencedora para a jogadora $\exists$ se e somente se A e B são vai-e-vem equivalentes.

O próximo resultado diz que para estruturas contáveis, equivalência vai-e-vem é a mesma coisa que isomorfismo.

Teorema 3.2.3. *Seja L uma assinatura qualquer (não necessariamente contável) e suponha que A e B sejam L-estruturas.*

(a) *Se $A \cong B$ então A é vai-e-vem equivalente a B.*

(b) *Suponha que A, B sejam no máximo contáveis. Se A é vai-e-vem equivalente a B então $A \cong B$. Na verdade, se $\bar{c}$, $\bar{d}$ são uplas de A, B respectivamente, tais que $(\bar{c}, \bar{d})$ é uma posição vencedora para a jogadora $\exists$ em $\mathrm{EF}_\omega(A, B)$, então existe um isomorfismo de A para B que leva $\bar{c}$ em $\bar{d}$.*

Demonstração. (a) é um caso especial do Lema 3.2.1(a).

(b) Como o jogo $\mathrm{EF}_\omega(A, B)$ tem comprimento infinito, se A e B são no máximo contáveis então o jogador $\forall$ pode listar todos os elementos de A e de B entre as suas escolhas. Suponha que a jogadora $\exists$ jogue para vencer, e seja $(\bar{a}, \bar{b})$ a partida resultante. Como a jogadora $\exists$ vence, o lema do diagrama (Lema 1.4.2) fornece um isomorfismo $f : A = \langle\bar{a}\rangle_A \to \langle\bar{b}\rangle_B = B$. A última sentença é demonstrada da mesma maneira, mas com a posição inicial em $(\bar{c}, \bar{d})$. $\square$

Exemplo 3: *Ordenações lineares densas sem extremos*. Um velho teorema de Cantor enuncia que se A e B são ordenações lineares densas contáveis sem extremos (veja (2.32) na seção 2.2) então $A \cong B$. Isso segue imediatamente do Teorema 3.2.3(b), quando mostramos que A é vai-e-vem equivalente a B. O sistema de vai-e-vem que se procura consiste de todos os pares de uplas $(\bar{a}, \bar{b})$ tais que, para algum $n < \omega$, $\bar{a} = (a_0, \ldots, a_{n-1})$ é uma upla de elementos de A, $\bar{b} = (b_0, \ldots, b_{n-1})$ é uma upla de elementos de B, e, para todo $i < j < n$, $a_i \gtrless a_j \Leftrightarrow b_i \gtrless b_j$.

Exemplo 4: *Álgebras booleanas sem átomos*. Sejam A e B álgebras booleanas sem átomos (veja (2.30) na seção 2.2). Então $A \cong B$. Novamente demonstramos isso usando o Teorema 3.2.3(b). Seja J o conjunto de todos os isomorfismos de subalgebras finitas de A para subalgebras finitas de B. Então (2.4′) e (2.5′) claramente se verificam. Para (2.6′), suponha que $f \in J$ e sejam $a_0, \ldots, a_{k-1}$ átomos da álgebra booleana A' que é o domínio de f. Então o isomorfismo de tipos de qualquer elemento c de A sobre A' é determinado uma vez que nos é dito, para cada $i < k$, se $c \wedge a_i$ é 0, a_i ou nenhum dos dois. Como B não tem átomos, existe um elemento d de B tal que para cada $i < k$,

(2.9) $d \wedge f(a_i)$ é 0 (respectivamente, $f(a_i)$) $\Leftrightarrow c \wedge a_i$ é 0 (respectivamente, a_i).

Logo f pode ser estendida para um isomorfismo cujo domínio inclui c. Portanto J satisfaz (2.6'), e por simetria também satisfaz (2.7'). Demonstramos que $A \cong B$.

Incidentalmente os resultados dos Exemplos 3 e 4 são tão falsos quanto eles poderiam ser quando substituímos 'contável' por um cardinal incontável κ. Por exemplo pode-se demonstrar que existem 2^κ ordens lineares densas não-isomorfas e 2^κ álgebras bolleanas sem átomos, todas de cardinalidade κ.

Entretanto equivalência vai-e-vem nos fornece informação útil sobre estruturas incontáveis.

Teorema 3.2.4. *Sejam A, B L-estruturas e $\bar{a}$, $\bar{b}$ n-uplas de A, B respectivamente. Se $(\bar{a}, \bar{b})$ é uma posição vencedora para a jogadora $\exists$ em $\mathrm{EF}_\omega(A, B)$, então $(A, \bar{a}) \equiv_{\infty\omega} (B, \bar{b})$. Em particular se A e B são vai-e-vem equivalentes então elas são $L_{\infty\omega}$-equivalentes.*

Demonstração. Demonstramos que se $\phi(\bar{x})$ é uma fórmula qualquer de $L_{\infty\omega}$ e $(\bar{a}, \bar{b})$ é uma posição vencedora para a jogadora $\exists$, então $A \vDash \phi(\bar{a}) \Leftrightarrow B \vDash \phi(\bar{b})$. A prova é por indução sobre a construção de ϕ.

Se ϕ é atômica, o resultado segue do lema do diagrama (Lema 1.4.2) e da definição de vitória.

Se ϕ é da forma $\neg\psi$, $\bigwedge \Phi$ ou $\bigvee \Phi$, então temos o resultado imediatamente da hipótese da indução.

Agora seja ϕ uma fórmula do tipo $\exists y\, \psi(\bar{x}, y)$. Suponha que $A \vDash \phi(\bar{a})$; então existe um elemento c em A tal que $A \vDash \psi(\bar{a}, c)$. Como a posição $(\bar{a}, \bar{b})$ é vencedora para a jogadora $\exists$, ela (a jogadora) tem uma estratégia vencedora a partir dessa posição em diante; essa estratégia lhe diz como escolher um certo elemento d de B se o jogador $\forall$ faz sua próxima jogada escolhendo c. Logo $(\bar{a}c, \bar{b}d)$ deve continuar sendo uma posição vencedora para a jogadora $\exists$. Então a hipótese da indução nos diz que $B \vDash \psi(\bar{b}, d)$, daí que $B \vDash \exists y\, \psi(\bar{b}, y)$ como se desejava. Igualmente para a outra direção de B para A.

Finalmente suponha que ϕ é $\forall y\, \psi$. Reduzimos esse caso aos casos anteriores escrevendo $\neg\exists y\neg$ no lugar de $\forall y$. $\quad\square$

Na verdade a recíproca também é verdadeira, embora ela seja um pouco mais difícil de demonstrar: se A e B são $L_{\infty\omega}$-equivalentes então elas são vai-e-vem equivalentes. Logo equivalência vai-e-vem não é um bom critério para equivalência elementar, porque ela prova demais. Vamos remediar esse defeito na próxima seção.

O teorema seguinte é importante, embora não tenhamos espaço aqui para demonstrá-lo. Uma sentença σ_B como no teorema é chamada **sentença de Scott** de B. Nenhum análogo satisfatório do teorema é conhecido para cardinalidades incontáveis.

Teorema 3.2.5 (Teorema do isomorfismo de Scott). *Seja L uma assinatura contável e B uma L-estrutura contável. Então existe uma sentença σ_B de $L_{\omega_1 \omega}$ tal que os modelos de σ_B são exatamente as L-estruturas que são vai-e-vem equivalentes a B. Em particular B é (a menos de isomorfismo) o único modelo contável de σ_B.* □

Exercícios para a seção 3.2

1. Demonstre o Lema 3.2.1(b).

2. (a) Mostre que, no jogo $\mathrm{EF}_\gamma(A, B)$, uma estratégia σ para um jogador pode ser escrita como uma família $(\sigma_i : i < \gamma)$ onde para cada $i < \gamma$, σ_i é uma função que pega a i-ésima escolha $\sigma_i(\bar{x})$ do jogador como uma função da sequência $\bar{x}$ de escolhas anteriores dos dois jogadores. (b) Mostre que σ pode também ser escrita como uma família $(\sigma_i' : i < \gamma)$ onde para cada $i < \gamma$, σ_i' é uma função que pega a i-ésima escolha $\sigma_i'(\bar{y})$ do jogador como uma função da sequência $\bar{y}$ de escolhas anteriores do *outro* jogador. (c) Como podem as funções σ_i ser encontradas a partir das funções σ_i', e vice-versa? [Para simplificar os enunciados, assuma que os domínios de A e B são disjuntos.]

3. (a) O jogo $P_\omega(A, B)$ é definido exatamente como $\mathrm{EF}_\omega(A, B)$ exceto que o jogador $\forall$ deve sempre escolher elementos da estrutura A enquanto a jogadora $\exists$ deve escolher da estrutura B. Mostre que, se A é no máximo contável, então a jogadora $\exists$ tem uma estratégia vencedora para $P_\omega(A, B)$ se e somente se A é imersível em B. (b) E se o jogador $\forall$ tiver que escolher da estrutura A em passos de número par e da estrutura B em passos de número ímpar (e a jogadora $\exists$ vice-versa)?

4. O jogo $H_\omega(A, B)$ é definido exatamente como $\mathrm{EF}_\omega(A, B)$ exceto que $\exists$ vence a partida $(\bar{a}, \bar{b})$ se e somente se para toda fórmula atômica ϕ, $A \vDash \phi(\bar{a}) \Rightarrow B \vDash \phi(\bar{b})$. Mostre que, se A e B são no máximo contáveis, então a jogadora $\exists$ tem uma estratégia vencedora para $H_\omega(A, B)$ se e somente se B é uma imagem homomórfica de A.

5. Suponha que A e B sejam dois conjuntos contáveis linearmente ordenados densos sem extremos, ambos particionados em classes $P_0, \ldots, P_{n-1}$ tal que cada classe P_i ocorre densamente em ambas as ordenações. Mostre que A é isomorfa a B.

6. (a) Se ζ é uma ordenação linear, seja ζ^+ a ordenação que obtemos substituindo cada ponto de ζ por um par de pontos a, b com $a < b$. Mostre que se ζ e ξ são ordenações lineares densas sem extremos então ζ^+ e ξ^+ são vai-e-vem equivalentes.
(b) Mostre que, se ζ e ξ são ordenações lineares densas que têm extremos inferiores mas não têm extremos superiores então ζ é vai-e-vem equivalente a ξ.

7. Sejam A, B e C corpos; suponha que $A \subseteq B$, $A \subseteq C$, e que ambos B e C sejam algebricamente fechados e de grau de transcendência infinito sobre A. Seja (B, A) a estrutura consistindo de B com um símbolo de relação 1-ária P adicionado de forma a pegar A; e igualmente com (C, A) e C. Mostre que (B, A) é vai-e-vem equivalente a (C, A).

*Suponha que L, L' sejam assinaturas sem símbolos de função, e sem símbolos em comum. Formamos a assinatura $L + L'$ da seguinte maneira: os símbolos de $L + L'$ são aqueles de L, aqueles de L' e dois novos símbolos de relação 1-ária P e Q. A **soma disjunta** de uma L-estrutura A e uma L'-estrutura B é a $(L + L')$-estrutura $A + B$ cujo domínio é a união disjunta de $\mathrm{dom}(A)$ e $\mathrm{dom}(B)$; os símbolos de L são interpretados em $\mathrm{dom}(A)$ exatamente como em A, e os de L' são interpretados em $\mathrm{dom}(B)$ como em B; P e Q são interpretados como nomes de $\mathrm{dom}(A)$ e $\mathrm{dom}(B)$ respectivamente.*

8. Mostre que se A, B são respectivamente vai-e-vem equivalentes a A', B', então a soma disjunta $A + B$ é vai-e-vem equivalente a $A' + B'$.

3.3 Jogos para equivalência elementar

Na seção 3.2 notamos que existem jogos Ehrenfeuch–Fraïssé $\mathrm{EF}_k(A, B)$ de comprimento finito k. Mas não fizemos nada com eles. Nesta seção veremos que após uma pequena cirurgia cosmética, esses jogos finitos se constituem numa ferramenta poderosa da teoria dos modelos de primeira ordem. Eles têm centenas de aplicações – discutirei apenas duas.

Primeiro vem a cirurgia. No lugar de $\mathrm{EF}_k(A, B)$ inventamos um jogo $\mathrm{EF}_k[A, B]$, que é jogado exatamente como $\mathrm{EF}_k(A, B)$ mas com um critério diferente para vencer. Os jogadores fazem entre eles k pares de escolhas, e no final da partida, quando uplas $\bar{c}$ de A e $\bar{d}$ de B tiverem sido escolhidas, a jogadora $\exists$ vence o jogo $\mathrm{EF}_k[A, B]$ se e somente se

(3.1)   para toda fórmula atômica *desaninhada* ϕ de L, $A \vDash \phi(\bar{c}) \Leftrightarrow B \vDash \phi(\bar{d})$.

Se a assinatura L não contém símbolos de função nem símbolos de constante então toda fórmula de L é desaninhada de qualquer forma, daí que $\mathrm{EF}_k(A, B)$ e $\mathrm{EF}_k[A, B]$ são exatamente os mesmos. Portanto os leitores que estão interessados em ordenação linear podem ler sempre os colchetes como parênteses. Os jogos $\mathrm{EF}_k[A, B]$ são chamados **jogos Ehrenfeucht–Fraïssé desaninhados**.

Escrevemos $A \approx_k B$ para indicar que a jogadora $\exists$ tem uma estratégia vencedora para o jogo $\mathrm{EF}_k[A, B]$. Então $\approx_k$ é uma relação de equivalência sobre a classe de L-estruturas – isso é imediato a partir do argumento do Lema 3.2.1(c).

Será útil permitir que estruturas carreguem alguns parâmetros consigo. Portanto se $n < \omega$ e $\bar{a}$, $\bar{b}$ são n-uplas de elementos de A, B respectivamente, escrevemos $(A, \bar{a}) \approx_k (B, \bar{b})$ para indicar que a jogadora $\exists$ tem uma estratégia vencedora para o jogo $\mathrm{EF}_k[(A, \bar{a}), (B, \bar{b})]$. A condição para a jogadora $\exists$ vencer esse jogo, quando a partida escolheu k-uplas $\bar{c}$, $\bar{d}$ de A, B respectivamente, é apenas que

(3.2)   para toda fórmula atômica desaninhada ϕ de L,
$A \vDash \phi(\bar{a}, \bar{c}) \Leftrightarrow B \vDash \phi(\bar{b}, \bar{d})$.

Trata-se de um re-enunciado da condição (3.1) com $(A, \bar{a})$ e $(B, \bar{b})$ no lugar de A e B.

Lema 3.3.1.   *Sejam A e B estruturas de mesma assinatura. Suponha que $n, k < \omega$; suponha também que $\bar{a}$, $\bar{b}$ sejam n-uplas de elementos de A, B respectivamente. Então os seguintes enunciados são equivalentes.*

(a) $(A, \bar{a}) \approx_{k+1} (B, \bar{b})$.

(b)   *Para todo elemento c de A existe um elemento d de B tal que $(A, \bar{a}, c) \approx_k (B, \bar{b}, d)$; e para todo elemento d de B existe um elemento c de A tal que $(A, \bar{a}, c) \approx_k (B, \bar{b}, d)$.*

Demonstração.   Primeiro suponha que (a) se verifique. Seja c um elemento de A. Então a jogadora $\exists$ pode considerar c como a primeira escolha do jogador $\forall$ em uma partida de $\mathrm{EF}_{k+1}[(A, \bar{a}), (B, \bar{b})]$. Suponha que a jogadora $\exists$ use sua estratégia vencedora σ para escolher d como sua resposta a c. Agora se os dois jogadores decidem jogar o jogo $\mathrm{EF}_k[(A, \bar{a}, c), (B, \bar{b}, d)]$, a jogadora $\exists$ pode vencer considerando esse segundo jogo como os últimos k passos na partida de $\mathrm{EF}_{k+1}[(A, \bar{a}), (B, \bar{b})]$, usando σ para escolher suas jogadas. Isso prova a primeira metade de (b), e a segunda metade segue por simetria.

Reciprocamente, suponha que (b) se verifique. Então a jogadora $\exists$ pode vencer o jogo $\mathrm{EF}_{k+1}[(A, \bar{a}), (B, \bar{b})]$ da seguinte forma. Se o jogador $\forall$ começa escolhendo algum elemento c de A, então a jogadora $\exists$ escolhe d como em (b), e para o resto do jogo ela segue sua estratégia vencedora para $\mathrm{EF}_k[(A, \bar{a}, c), (B, \bar{b}, d)]$. Igualmente se o jogador $\forall$ começa com um elemento d de B. $\square$

Voltamos ao teorema fundamental sobre as relações de equivalência $\approx_k$ entre estruturas da forma $(A, \bar{a})$ onde A é uma L-estrutura. O teorema vai dizer entre outras coisas que para cada k existem apenas um número finito de classes de equivalência $\approx_k$, e que cada classe de equivalência é definível por uma fórmula de L. O teorema também estabelecerá um limite na complexidade de tais fórmulas definidoras, em termos da seguinte noção.

Para qualquer fórmula ϕ da linguagem de primeira ordem L, definimos o **posto de quantificador** de ϕ, $\mathrm{pq}(\phi)$, por indução sobre a construção de ϕ, como segue.

(3.3)   Se ϕ é atômica então $\mathrm{pq}(\phi) = 0$.

(3.4) $\mathrm{pq}(\neg\psi) = \mathrm{pq}(\psi)$.

(3.5) $\mathrm{pq}(\bigwedge \Phi) = \mathrm{pq}(\bigvee \Phi) = \max\{\mathrm{pq}(\psi) : \psi \in \Phi\}$.

(3.6) $\mathrm{pq}(\forall x\, \psi) = \mathrm{pq}(\exists x\, \psi) = \mathrm{pq}(\psi) + 1$.

Portanto pq(ϕ) mede a profundidade do aninhamento de quantificadores em ϕ.

Teorema 3.3.2 (Teorema de Fraïssé–Hintikka). *Seja L uma lingugem de primeira ordem de assinatura finita. Então podemos encontrar efetivamente para cada k, $n < \omega$ um conjunto finito $\Theta_{n,k}$ de fórmulas desaninhadas $\theta(x_0, \ldots, x_{n-1})$ de posto de quantificador no máximo k, tal que*
(a) para toda L-estrutura A, todo k, $n < \omega$ e cada n-upla $\bar{a} = (a_0, \ldots, a_{n-1})$ de elementos de A, existe exatamente uma fórmula θ em $\Theta_{n,k}$ tal que $A \vDash \theta(\bar{a})$.
(b) para todo $n, k < \omega$ e todo par de L-estruturas A, B, se $\bar{a}$ e $\bar{b}$ respectivamente são n-uplas de elementos de A e B, então $(A, \bar{a}) \approx_k (B, \bar{b})$ se e somente se existe θ em $\Theta_{n,k}$ tal que $A \vDash \theta(\bar{a})$ e $B \vDash \theta(\bar{b})$.
(c) para todo $k < \omega$ e toda fórmula desaninhada $\phi(\bar{x})$ de L com n variáveis livres $\bar{x}$ e posto de quantificador no máximo k, podemos encontrar efetivamente uma disjunção $\theta_0, \ldots, \theta_{m-1}$ de fórmulas $\theta_i(\bar{x})$ em $\Theta_{n,k}$ que é logicamente equivalente a ϕ.

Demonstração. Primeiramente permita-me descrever os conjuntos $\Theta_{n,k}$. Quando sabemos o que esses conjuntos são, uma indução sobre k rapidamente fornece propriedade (a), e (c) é deixado como um exercício. Isso nos deixa a propriedade (b) para ser demonstrada.

Escrevemos ϕ^1 para designar ϕ e ϕ^0 para designar $\neg\phi$. Escrevemos $^m2$ para designar o conjunto das funções $s : m \to 2$, tomando m como sendo $\{0, \ldots, m-1\}$ e 2 como $\{0, 1\}$.

Começamos com $k = 0$ e um $n < \omega$ fixo. Existem apenas um número finito de fórmulas atômicas desaninhadas $\phi(x_0, \ldots, x_{n-1})$ de L; listemo-las como $\phi_0, \ldots, \phi_{m-1}$. Tome $\Theta_{n,0}$ como sendo o conjunto de todas as fórmulas da forma $\phi_0^{s(0)}, \ldots, \phi_{m-1}^{s(m-1)}$ com s variando sobre $^m2$. Logo $\Theta_{n,0}$ lista todos os possíveis tipos desaninhados livres-de-quantificador de n-uplas de elementos de uma L-estrutura. (Em geral isso inclui alguns tipos impossíveis também, lembrando as fórmulas com $x_0 \neq x_0$ em conjunção com outras fórmulas. Mas, isso não importa.)

Quando $\Theta_{n+1,k}$ tiver sido definido, listamos as suas fórmulas como $\chi_0(x_0, \ldots, x_n), \ldots, \chi_{j-1}(x_0, \ldots, x_n)$. Então definimos o conjunto $\Theta_{n,k+1}$ como sendo o conjunto de todas as fórmulas

$$(3.7) \qquad \bigwedge_{i \in X} \exists x_n \chi_i(x_0, \ldots, x_n) \wedge \forall x_n \bigwedge_{i \in X} \chi_i(x_0, \ldots, x_n)$$

com X variando sobre os subconjuntos de j. (Logo cada fórmula em $\Theta_{n,k+1}$ lista as maneiras pelas quais a n-upla pode ser estendida para uma $(n+1)$-upla, em termos das fórmulas de posto de quantificador k satisfeitas pela $(n+1)$-upla.)

Demonstramos (b) por indução sobre k, para todo n simultaneamente. Sejam A e B L-estruturas e sejam $\bar{a}$, $\bar{b}$ n-uplas de elementos de A, B respectivamente.

Primeiro suponha que $k = 0$. Então por definição de $\approx_0$, $(A, \bar{a}) \approx_0 (B, \bar{b})$ se e somente se para toda fórmula atômica desaninhada ϕ de L, $A \models \phi(\bar{a}) \Leftrightarrow B \models \phi(\bar{b})$. Mas isso por sua vez se verifica se e somente se $\bar{a}$ e $\bar{b}$ têm os mesmos tipos desaninhados livres-de-quantificador em A e B respectivamente; em outras palavras, se e somente se existe alguma fórmula θ em $\Theta_{n,0}$ tal que $A \models \theta(\bar{a})$ e $B \models \theta(\bar{b})$, como desejávamos. Claramente θ é única.

Agora demonstramos o resultado para $k + 1$, assumindo que foi demonstrado para k. Na notação de (3.7), seja X o conjunto dos i tais que A tem um elemento c para o qual $A \models \chi_i(\bar{a}, c)$ e para essa escolha de X tome $\theta'(x_0, \ldots, x_{n-1})$ como sendo a fórmula (3.7), que pertence a $\Theta_{n,k+1}$. Então certamente $A \models \theta'(\bar{a})$. Mas agora use a propriedade (a), Lema 3.3.1 e a hipótese da indução para ver que o enunciado '$(A, \bar{a}) \approx_{k+1} (B, \bar{b})$' significa algo. Ele significa que, primeiro, para todo $i \in X$ existe um elemento d de B tal que $B \models \chi_i(\bar{b}, d)$, e, segundo, para todo elemento d de B existe $i \in X$ tal que $B \models \chi_i(\bar{b}, d)$. Em resumo, isso significa exatamente que $B \models \theta'(\bar{b})$.   □

Daqui por diante estarei me referindo às fórmulas nos conjuntos $\Theta_{n,k}$ como as **fórmulas na forma normal de jogos**, ou mais abreviadamente **fórmulas normal de jogos**. Pelo item (c) do teorema, toda fórmula de primeira ordem ϕ é logicamente equivalente a uma disjunção de fórmulas na forma normal de jogos com no máximo o mesmo número de variáveis livres que ϕ. Se ϕ era desaninhada, as fórmulas normal de jogos podem ser escolhidas como sendo do mesmo posto de quantificador que ϕ; mas note que o processo de reduzir uma fórmula à forma desaninhada (Teorema 2.6.1) normalmente elevará o posto de quantificador.

Corolário 3.3.3. *Seja L uma linguagem de primeira ordem de assinatura finita. Então para quaisquer duas estruturas A e B as seguintes condições são equivalentes.*
(a) $A \equiv B$.
(b) *Para todo $k < \omega$, $A \approx_k B$.*

Demonstração. Pelo teorema, (b) diz que A e B concordam em todas as sentenças desaninhadas de posto de quantificador finito. Logo (a) certamente implica em (b). Pelo Corolário 2.6.2, toda sentença de primeira ordem é logicamente equivalente a uma sentença desaninhada de posto de quantificador finito; logo (b) implica em (a) também.   □

Aplicação 1: conjuntos de eliminação

Os jogos de Ehrenfeucht–Fraïssé formam uma ferramenta útil para a eliminação de quantificadores. Eles nos fornecem uma maneira de encontrar conjuntos de eliminação ao nos fazer pensar sobre as estruturas propriamente ditas, ao invés das teorias das estruturas.

Suponha que $\mathbf{K}$ seja uma classe de L-estruturas. Para cada estrutura A em $\mathbf{K}$, escreva tup(A) para designar o conjunto de todos os pares $(A, \bar{a})$ onde $\bar{a}$ é uma upla de elementos de A; escreva tup($\mathbf{K}$) para designar a união dos conjuntos tup(A) com A em $\mathbf{K}$. Por um **sistema de vai-e-vem graduado (desaninhado)** para $\mathbf{K}$ queremos dizer uma família de relações de equivalência $(E_k : k < \omega)$ sobre tup($\mathbf{K}$) com as seguintes propriedades:

(3.8)   se $\bar{a}$, $\bar{b}$ estão em tup(A), tup(B) respectivamente e $\bar{a}E_0\bar{b}$, então para toda fórmula atômica desaninhada $\phi(\bar{x})$ de L, $A \vDash \phi(\bar{a})$ sse $B \vDash \phi(\bar{b})$;

(3.9)   se $\bar{a}$, $\bar{b}$ estão em tup(A), tup(B) respectivamente, $\bar{a}E_{k+1}\bar{b}$ e c é um elemento qualquer de A, então existe um elemento d de B tal que $\bar{a}cE_k\bar{b}d$.

Lema 3.3.4. *Suponha que $(E_k : k < \omega)$ seja um sistema de vai-e-vem graduado para $\mathbf{K}$. Então $(A, \bar{a})E_k(B, \bar{b})$ implica que $(A, \bar{a}) \approx_k (B, \bar{b})$.*

Demonstração. Por (3.9), a jogadora $\exists$ pode escolher de forma que depois do 0-ésimo passo no jogo $\mathrm{EF}_k[(A, \bar{a}), (B, \bar{b})]$ temos $\bar{a}c_0E_{k-1}\bar{b}d_0$, depois do 1-ésimo passo temos $\bar{a}c_0c_1E_{k-2}\bar{b}d_0d_1$, e assim por diante até $\bar{a}\bar{c}E_0\bar{b}\bar{d}$ depois de k passos. Mas então a jogadora $\exists$ vence devido a (3.8). $\square$

Lema 3.3.5. *Suponha que $(E_k : k < \omega)$ seja um sistema de vai-e-vem graduado para $\mathbf{K}$. Suponha que, para cada n e k, E_k tenha apenas um número finito de classes de equivalência sobre n-uplas, e que cada uma dessas classes seja definível por uma fórmula $\chi_{k,n}(\bar{x})$. Então o conjunto de todas as fórmulas $\chi_{k,n}$ $(k, n < \omega)$ forma um conjunto de eliminação para $\mathbf{K}$.*

Demonstração. Temos que mostrar que cada fórmula $\phi(\bar{x})$ da linguagem L é equivalente em toda a classe $\mathbf{K}$ a uma combinação booleana de fórmulas $\chi_{k,n}(\bar{x})$ $(k, n < \omega)$. Pelo Corolário 2.6.2 podemos supor que ϕ é desaninhada, daí pelo Teorema 3.3.2(c), ϕ é logicamente equivalente a uma combinação booleana de fórmulas normal de jogos $\theta(\bar{x})$. Agora pelo Lema 3.3.4, cada classe de equivalência sob $\approx_k$ é uma união de classes de equivalência E_k. Segue pelo Teorema 3.3.2(b) que cada fórmula normal de jogos $\phi(\bar{x})$ é equivalente a uma disjunção de fórmulas $\chi_{k,n}(\bar{x})$. $\square$

Isso é toda a teoria geral de que precisamos. Agora vamos nos voltar para um exemplo.

Considere o grupo ordenado dos inteiros. A linguagem apropriada para esse grupo é uma linguagem L cujos símbolos são $+$, $-$, 0, 1 e $<$. O grupo ordenado dos inteiros forma uma L-estrutura que indicaremos por $\mathbb{Z}$.

Nosso objetivo é encontrar um conjunto de eliminação para Th($\mathbb{Z}$). Onde procurar? Buscamos por possíveis relações de equivalência E_k. Grosso modo, formalizaremos a noção '$\bar{a}$ não pode ser distinguido de $\bar{b}$ sem mencionar mais que m elementos'.

Mais precisamente, suponha que $\bar{x}$ seja $(x_0, \ldots, x_{n-1})$ e m seja um inteiro positivo. Então por um m-**termo** $t(\bar{x})$ queremos dizer um termo $\Sigma_{i<m} s_i$ onde cada s_i é 0 ou 1 ou -1 ou x_j ou $-x_j$ para algum $j < n$. Seja $\bar{a} = (a_0, \ldots, a_{n-1})$ e $\bar{b} = (b_0, \ldots, b_{n-1})$ duas n-uplas de elementos de $\mathbb{Z}$. Dizemos que $\bar{a}$ é m-**equivalente** a $\bar{b}$ se para todo m-termo $t(\bar{x})$ a seguinte condição se verifica em $\mathbb{Z}$:

(3.10) $t(\bar{a}) > 0 \Leftrightarrow t(\bar{b}) > 0;$

(3.11) $t(\bar{a})$ é congruente a $t(\bar{b})$ (mod q) (para cada inteiro positivo q, $1 \leqslant q \leqslant m$).

Note que se $\bar{a}$ é m-equivalente a $\bar{b}$, então $\bar{a}$ é m'-equivalente a $\bar{b}$ para todo $m' < m$.

Lema 3.3.6. *Suponha que $\bar{a}$ e $\bar{b}$ sejam n-uplas de elementos de $\mathbb{Z}$ que são 3-equivalentes. Então para toda fórmula atômica desaninhada $\phi(\bar{x})$ de L, $\mathbb{Z} \vDash \phi(\bar{a})$ sse $\mathbb{Z} \vDash \phi(\bar{b})$.*

Demonstração. Por exemplo, $\mathbb{Z} \vDash a_0 + a_1 = a_2 \Leftrightarrow \mathbb{Z} \nvDash (a_0 + a_1 - a_2 > 0 \vee -a_0 - a_1 + a_2 > 0) \Leftrightarrow \mathbb{Z} \nvDash (b_0 + b_1 - b_2 > 0 \vee -b_0 - b_1 + b_2 > 0) \Leftrightarrow \mathbb{Z} \vDash b_0 + b_1 = b_2$.
□

Lema 3.3.7. *Suponha que m seja um inteiro positivo, e que $\bar{a}$ e $\bar{b}$ sejam n-uplas de elementos de $\mathbb{Z}$ que são m^{2m}-equivalentes. Então para todo elemento c de $\mathbb{Z}$ existe um elemento d de $\mathbb{Z}$ tal que as uplas $\bar{a}c$, $\bar{b}d$ são m-equivalentes.*

Demonstração. Tome um elemento c, e considere todas as sentenças verdadeiras da forma

(3.12) $t(\bar{a}) + ic \equiv j(\text{mod } q)$
                          onde $t(\bar{x})$ é um $(m-1)$-termo, $0 < i < m$ e $j < q \leqslant m$.

Como $\bar{a}$ e $\bar{b}$ são m^{2m}-equivalentes, $t(\bar{a})$ e $t(\bar{b})$ são certamente congruentes módulo $m!$. Seja α o resto quando c é dividido por $m!$. Então se d é um elemento qualquer de $\mathbb{Z}$ que é congruente a α módulo $m!$, temos

(3.13) $t(\bar{b}) + id \equiv j(\text{mod } q)$ sempre que $t(\bar{a}) + ic \equiv j(\text{mod } q)$.

Isso nos diz como encontrar um d de modo a satisfazer às condições (3.11).

Olhando agora para as condições (3.10), considere o conjunto de todos os enunciados verdadeiros das formas

(3.14) $$t(\bar{a}) + ic > 0, \, t(\bar{a}) + ic \leqslant 0$$

onde $t(\bar{x})$ é um $(m-1)$-termo e $0 < i < m$.

Após multiplicar por inteiros apropriados, podemos trazer essas inequações para as formas

(3.15) $$t(\bar{a}) + m!c > 0, \, t(\bar{a}) + m!c \leqslant 0$$

onde $t(\bar{x})$ é um $m! \cdot (m-1)$-termo.

Tomando os valores máximo e mínimo da maneira óbvia, podemos reduzir (3.15) a uma condição da forma

(3.16) $$-t_1(\bar{a}) < m!c \leqslant -t_2(\bar{a}),$$

juntamente com um conjunto de inequações $\Phi(\bar{a})$ que não mencionam c. (Possivelmente chegaremos a uma única inequação em (3.16), se $m!c$ é limitado apenas por um lado.) Logo por (3.16), existe um número x em $\mathbb{Z}$ tal que

(3.17) $-t_1(\bar{a}) < x \leqslant -t_2(\bar{a})$, e x é congruente a $m!\alpha(\mathrm{mod}\,(m!)^2)$.

Agora $-t_1(\bar{a})$ é no máximo um $m! \cdot (m-1)$-termo, logo por hipótese ele é congruente módulo $(m!)^2$ a $-t_1(\bar{b})$; igualmente com $-t_2(\bar{a})$. Logo existe também um número y em $\mathbb{Z}$ tal que

(3.18) $-t_1(\bar{b}) < y \leqslant -t_2(\bar{b})$, e y é congruente a $m!\alpha(\mathrm{mod}\,(m!)^2)$.

Faça $d = y/m!$. Então d é congruente a α módulo $m!$. Temos

(3.19) $$-t_1(\bar{d}) < m!d \leqslant -t_2(\bar{d})$$

(cf. (3.16)), e as inequações $\Phi(\bar{b})$ também se verificam já que elas usam $m! \cdot 2(m-1)$-termos no pior caso. Logo voltando pelo caminho de (3.14) a (3.16), temos todos os correspondentes

(3.20) $$t(\bar{a}) + ic > 0 \;\Leftrightarrow\; t(\bar{b}) + id > 0$$

onde $t(\bar{x})$ é um $(m-1)$-termo e $0 < i < m$.

Portanto d serve ao lema. $\qquad\qquad\square$

Definimos $m_0, m_1, \ldots$ indutivamente por

$$(3.21) \qquad\qquad m_0 = 3, \ m_{i+1} = m_1{}^{2m_i}.$$

Definimos as relações de equivalência E_k por $(\mathbb{Z}, \bar{a}) E_k (\mathbb{Z}, \bar{b})$ se $\bar{a}$ é m_k-equivalente a $\bar{b}$. Pelos Lemas 3.3.6 e 3.3.7, $(E_k : k < \omega)$ é um sistema de vai-e-vem graduado para $\{\mathbb{Z}\}$. Daí pelo Lema 3.3.5 encontramos um conjunto de eliminação para $\mathrm{Th}(\mathbb{Z})$. As fórmulas no conjunto de eliminação são todas bastante simples: cada uma delas é uma inequação ou uma congruência relativa a um determinado módulo fixo.

Teorema 3.3.8. $\mathrm{Th}(\mathbb{Z})$ *é decidível.*

Demonstração.   Primeiramente demonstramos que para qualquer upla $\bar{a}$ em $\mathbb{Z}$ e qualquer $k < \omega$ podemos computar um limite $\delta(\bar{a}, k)$ tal que

$$(3.22) \qquad \text{para todo } c \text{ existe um } d \text{ com } |d| < \delta(\bar{a}, k) \text{ tal que } (\mathbb{Z}, \bar{a}c) E_k (\mathbb{Z}, \bar{a}d).$$

Os cálculos na demonstração do Lema 3.3.7 mostram que $\delta(\bar{a}, k)$ pode ser escolhido como sendo $m^{2m} \cdot \mu$ onde m é m_k e μ é $\max\{|a_i| : a_i \text{ ocorre em } \bar{a}\}$.

Segue por indução em k que se $\phi(\bar{x})$ é uma fórmula de L de posto de quantificador k, e $\bar{a}$ é uma upla de elementos de $\mathbb{Z}$, então podemos computar em um número limitado de passos se $\mathbb{Z} \vdash \phi(\bar{a})$ ou não. Suponha por exemplo que ϕ seja $\exists y \, \psi(\bar{x}, y)$, onde ψ tem posto de quantificador $k - 1$. Se existe um elemento c tal que $\mathbb{Z} \vDash \psi(\bar{a}, c)$, então existe esse tal elemento $c < \delta(\bar{a}, k - 1)$. Logo precisamos apenas verificar a veracidade de $\mathbb{Z} \vDash \psi(\bar{a}, c)$ para um número finito de tais c's; pela hipótese da indução isso leva apenas um número finito de passos. $\square$

A demonstração do Teorema 3.3.8 fornece um limite recursivo primitivo $f(n)$ no número de passos necessários para se verificar a veracidade de uma sentença de comprimento n. O limite $f(n)$ cresce muito rapidamente com n. Forçando um pouco mais na demonstração do Lema 3.3.7, pode-se diminuir o limite para algo da ordem de $2^{2^{2^{\kappa n}}}$ para uma constante κ. Porém Fischer e Rabin mostraram que qualquer procedimento de decisão para $\mathrm{Th}(\mathbb{Z})$ requer pelo menos 2^{2^n} passos para estabelecer a veracidade de sentenças com n símbolos (no limite quando n tende ao infinito).

Corolário 3.3.9.   *As ordenações lineares* $\omega^* + \omega$ *e* ω *ambas têm teorias decidíveis.*

Demonstração.   Para $\omega^* + \omega$ já demonstramos: uma sentença ϕ da linguagem de primeira ordem das ordenações lineares é verdadeira em $\omega^* + \omega$ se e somente se ela é verdadeira em $\mathbb{Z}$. Para ω observamos que enunciados sobre ω podem ser traduzidos para enunciados sobre os elementos não-negativos de $\mathbb{Z}$. $\square$

Aplicação 2: substituições preservando $\equiv$

Teorema 3.3.10. *Sejam G_1, G_2 e H grupos. Suponha que $G_1 \equiv G_2$. Então $G_1 \times H \equiv G_2 \times H$.*

Demonstração. Pelo Corolário 3.3.3 basta mostrar que se $k < \omega$ e $G_1 \approx_k G_2$ então $G_1 \times H \approx_k G_2 \times H$. Assuma daqui por diante que $G_1 \approx_k G_2$. Então a jogadora $\exists$ tem uma estratégia vencedora σ para o jogo $\mathrm{EF}_k[G_1, G_2]$.

Suponha que os dois jogadores se encontrem para jogar uma partida do jogo $\mathrm{EF}_k[G_1 \times H, G_2 \times H]$. Essa será uma daquelas muitas ocasiões em que a jogadora $\exists$ orientará suas escolhas jogando um outro jogo à parte. O jogo à parte será na verdade $\mathrm{EF}_k[G_1, G_2]$. Sempre que o jogador $\forall$ oferece um elemento, digamos o elemento $a \in G_1 \times H$, a jogadora $\exists$ vai primeiramente separá-lo em um produto $a = g \cdot h$ com $g \in G_1$ e $h \in H$. Então ela fará de conta que o jogador $\forall$ acabou de escolher g no jogo à parte, e aí então ela usará a estratégia σ para escolher uma resposta $g' \in G_2$ no jogo à parte. Sua resposta pública ao elemento a será então o elemento $b = g' \cdot h \in G_2 \times H$. Igualmente na outra direção se o jogador $\forall$ escolher um elemento de $G_2 \times H$.

No final do jogo suponha que a partida seja $(g_0 \cdot h_0, \ldots, g_{k-1} \cdot h_{k-1}; g'_0 \cdot h_0, \ldots, g'_{k-1} \cdot h_{k-1})$. A jogadora $\exists$ vence no jogo à parte. Agora, note que as fórmulas atômicas desaninhadas da linguagem L de grupos são fórmulas da forma $x = y$, $1 = y$, $x_0 \cdot x_1 = y$, e $x^{-1} = y$. Logo para todo $i, j, l < k$ temos

$$
\begin{aligned}
(3.23) \qquad & g_i = g_j \text{ sse } g'_i = g'_j, \\
& 1 = g_i \text{ sse } 1 = g'_i, \\
& g_i \cdot g_j = g_l \text{ sse } g'_i \cdot g'_j = g'_l, \\
& g_i{}^{-1} = g_j \text{ sse } g'^{-1}_i = g'_j.
\end{aligned}
$$

Pela definição do produto cartesiano de grupos, isso implica que para todo $i, j, l < k$ temos também

$$
\begin{aligned}
(3.24) \qquad & g_i \cdot h_i = g_j \cdot h_j & \text{sse} && g'_i \cdot h_i = g'_j \cdot h_j, \\
& 1 = g_i \cdot h_i & \text{sse} && 1 = g'_i \cdot h_i, \\
& g_i \cdot h_i \cdot g_j \cdot h_j = g_l \cdot h_l & \text{sse} && g'_i \cdot h_i \cdot g'_j \cdot h_j = g'_l \cdot h_l, \\
& (g_i \cdot h_i)^{-1} = g_j \cdot h_j & \text{sse} && (g'_i \cdot h_i)^{-1} = g'_j \cdot h_j.
\end{aligned}
$$

(Daí por exemplo $g_i \cdot h_i = g_j \cdot h_j \Leftrightarrow (g_i = g_j$ e $h_i = h_j) \Leftrightarrow (g'_i = g'_j$ e $h_i = h_j) \Leftrightarrow g'_i \cdot h_i = g'_j \cdot h_j$.) Logo a jogadora $\exists$ vence o jogo público também, o que demonstra o teorema. $\square$

A demonstração do Teorema 3.3.10 usa muito poucos fatos sobre grupos. Funcionaria igualmente bem em qualquer caso em que uma parte de uma estrutura pode ser isolada e substituída: por exemplo se um intervalo em uma ordenação linear for substituído uma ordenação linear elementarmente equivalente, a ordenação inteira resultante é elementarmente equivalente à original. Poderíamos também tomar um produto infinito de grupos e fazer substituições em todos os fatores simultaneamente.

Exercícios para a seção 3.3

1. Demonstre o Teorema 3.3.2(c).

2. Mostre que no enunciado do Teorema 3.3.2 pode-se tomar todas as fórmulas em $\Theta_{n,k}$ como fórmulas $\exists_{k+1}$. Mostre também que pode-se tomá-las todas como fórmulas $\forall_{k+1}$. [Demonstre ambos por indução simultânea.]

3. Mostre que toda fórmula de primeira ordem desaninhada de posto de quantificador k é logicamente equivalente a uma fórmula de primeira ordem desaninhada de posto de quantificador k que está na forma normal negativa.

4. Encontre um conjunto simples de axiomas para $\mathrm{Th}(\mathbb{Z}, +, <)$. [Os axiomas devem dizer que $\mathbb{Z}$ é um grupo ordenado com um extremo inferior positivo 1, e que para todo inteiro positivo n deve haver um axioma expressando o fato de que para todo x, exatamente um dos x, $x + 1, \ldots, x + n - 1$, é divisível por n. Modifique a prova do Teorema 3.3.8, usando a classe de todos os modelos de seus axiomas no lugar de $\mathbb{Z}$.]

5. Seja L a linguagem de primeira ordem para ordenações lineares. (a) Mostre que se $h < 2^k$ então existe uma fórmula $\phi(x, y)$ de L de posto de quantificador $\leqslant k$ que expressa (em qualquer ordenação linear) '$x < y$ e existem pelo menos h elementos estritamente entre x e y'. (b) Seja A a ordenação dos inteiros, e escreva $s(a, b)$ para designar o número de inteiros estritamente entre a e b. Mostre que se $a_0 < \ldots < a_{n-1}$ e $b_0 < \ldots < b_{n-1}$ em A, então $(A, a_0, \ldots, a_{n-1}) \approx_k (A, b_0, \ldots, b_{n-1})$ sse para todo $m < n - 1$ e todo $i < 2^k$, $s(a_m, a_{m+1}) = i \Leftrightarrow s(b_m, b_{m+1}) = i$.

6. Mostre que se G, G', H e H' são grupos com $G \preccurlyeq G'$ e $H \preccurlyeq H'$, então $G \times H \preccurlyeq G' \times H'$.

7. Mostre que não existe fórmula de primeira ordem que expressa '(a, b) pertence ao fecho transitivo de R', mesmo em estruturas finitas. (Para estruturas finitas é fácil demonstrar que não existe tal fórmula.)

8. Sejam A e B estruturas de mesma assinatura. O **jogo de pedras** de Immerman sobre A, B de comprimento k com p pedras é jogado da seguinte forma. As pedras $\pi_0, \ldots, \pi_{p-1}, \rho_0, \ldots, \rho_{p-1}$ são dadas. O jogo é jogado como $\mathrm{EF}_k[A, B]$, exceto que a cada passo, o jogador $\forall$ deve colocar uma das pedras sobre o elemento de sua escolha (uma das π_i's se ele escolhe de A, ou uma das ρ_i's se ele escolhe de B), então a jogadora $\exists$ deve por a pedra correspondente ρ_i (π_i) sobre a sua escolha. (No início as pedras não estão sobre quaisquer elementos; porém, adiante no jogo os jogadores podem ter que mover as pedras de um elemento para outro.) A condição para que a jogadora $\exists$ vença é que depois de cada passo, se $\bar{a} = (a_0, \ldots, a_{p-1})$ é a sequência de elementos de A com pedras $\pi_0, \ldots, \pi_{p-1}$ colocadas sobre eles (e nesse caso ignoramos quaisquer pedras que por acaso não estejam sobre um elemento), e igualmente $\bar{b} = (b_0, \ldots, b_{p-1})$

os elementos de B rotulados por $\rho_0, \ldots, \rho_{p-1}$, então para toda fórmula atômica desaninhada $\phi(x_0, \ldots, x_{p-1})$, $A \vDash \phi(\bar{a}) \Leftrightarrow B \vDash \phi(\bar{b})$. Mostre que a jogadora $\exists$ tem uma estratégia vencedora para esse jogo se e somente se A e B concordam em todas as sentenças de primeira ordem que têm posto de quantificador $\leqslant k$ e usam no máximo p variáveis distintas.

9. Sejam A e B estruturas de mesma assinatura. Mostre que A é vai-e-vem equivalente a B se e somente se a jogadora $\exists$ tem uma estratégia vencedora para o jogo $\mathrm{EF}_\omega[A, B]$.

Leitura adicional

Um grande mérito do critério de vai-e-vem para equivalência elementar é que podemos ajustá-lo para outras linguagens alterando as regras do jogo. Por exemplo ele se adapta a linguagens infinitárias:

Barwise, J. Back and forth through infinitary logic. In *Studies in model theory*, Morley, M. D. (ed), pp. 5–34. Studies in Mathematics, Mathematical Association of America, 1973.

Ele também atrai a boa vontade de teóricos de complexidade e de bancos de dados pois sugere algumas equivalências interessantes entre estruturas finitas:

Ebbinghaus, H.-D. & Flum, J. *Finite model theory*. Perspectives in Mathematical Logic. Springer-Verlag, Berlin, 1995.

O livro abaixo contém uma coleção rica de exemplos de técnicas de vai-e-vem em conexão com ordenações lineares:

Rosenstein, J. G. *Linear orderings*. New York: Academic Press, 1982.

Em uma direção completamente diferente, Hilary Putnam uma vez afirmou que 'Models are not noumenal waifs looking for someone to name them; they are constructions within our theory itself, and they have names from birth'.[1] Ele escreveu isso num artigo que discute as possíveis consequências filosóficas do teorema de Löwenheim–Skolem de-cima-para-baixo, mas é difícil compatibilizar sua observação com a versão de-baixo-para-cima do teorema, Corolário 5.1.4 adiante. Os argumentos de Putnam estão em:

Putnam, H. Models and reality. In *Philosophy of mathematics, selected readings*, Benacerraf, P. & Putnam, H. (eds), pp. 421–444. Second edition. Cambridge: Cambridge University Press, 1983.

---

[1] 'Modelos não são filhos do acaso procurando por alguém que lhes dê nome; eles são construções dentro da nossa própria teoria, e têm nome desde o nascimento'.

Capítulo 4

Interpretações

She turned herself into an eel,
To swim into yon burn,
And he became a speckled trout,
To gie the eel a turn.

Then she became a silken plaid,
And stretched upon a bed,
And he became a green covering,
And gaind her maidenhead.

Scots ballad from F. J. Child, The English and Scottish Popular Ballads.

Felix Klein, que na época tinha vinte e três anos, no seu famoso Erlanger Programm (1872) propôs classificar geometrias por meio de seus automorfismos. Ele acertou em algo fundamental aqui: em um certo sentido, *estrutura é o que quer que seja preservado por automorfismos*. Uma consequência – se é que slogans podem ter consequências – é que uma estrutura modelo-teórica implicitamente carrega com ela todas as características que são definíveis em termos dela através de teoria dos conjuntos, pois essas características são preservadas sob todos os automorfismos da estrutura.

Existe um slogan rival na teoria dos modelos: *estrutura é o que quer que seja definível*. Surpreendemente, esse slogan aponta na mesma direção que o anterior. Por exemplo, se temos um corpo K, podemos definir o plano projetivo sobre K. Porém exatamente pelo fato de que plano projetivo é definível a partir de K, qualquer automorfismo de K induzirá um automorfismo do plano também. De qualquer maneira, o plano vem com o corpo; em um certo sentido abstrato ele é o corpo, mas olhado de um ponto de vista incomum.

Um mérito do segundo slogan é que ele nos dá uma maneira de controlar a multidão de características 'implícitas' de uma estrutura A. Se essas características são definíveis em termos de A, elas devem ser definíveis por certo tipo de sentenças. Portanto podemos considerar aquelas características definíveis por sentenças de um certo formato, ou em uma certa linguagem. Dois exemplos são redutos relativizados de A e as estruturas interpretáveis em A. Muita pesquisa recente tem invocado essas noções. Não é difícil perceber por que elas deveriam ser importantes para a metodologia: elas nos permitem ver propriedades de uma estrutura que do contrário poderiam ser difíceis de revelar. Os invariantes homológicos de um espaço topológico são importantes por razão semelhante.

4.1   Automorfismos

Seja A uma L-estrutura. Todo automorfismo de A é uma permutação de $\text{dom}(A)$. Pelo Teorema 1.2.1(c), a coleção de todos os automorfismos de A é um grupo sob a operação de composição. Escrevemos $\text{Aut}(A)$ para designar tal grupo, considerado como um grupo de permutação sobre $\text{dom}(A)$, e o denominamos **grupo de automorfismos** de A.

$\text{Aut}(A)$ **como um grupo de permutação**

Para um conjunto qualquer Ω, o grupo de todas as permutações de Ω é chamado de **grupo simétrico** sobre Ω, em símbolos $\text{Sym}(\Omega)$. Diversas propriedades importantes de uma estrutura A são realmente propriedades de seu grupo de automorfismos como um subgrupo de $\text{Sym}(\text{dom}A)$. Nas próximas definições, suponha que G seja um subgrupo de $\text{Sym}(\Omega)$.

Primeiro, se X é um subconjunto de Ω, então o **estabilizador ponto-a-ponto** de X em G é o conjunto $\{g \in G : g(a) = a \text{ para todo } a \in X\}$. Esse conjunto forma um subgrupo de G, e o designamos por $G_{(X)}$ (ou $G_{(\bar{a})}$ onde $\bar{a}$ é uma sequência listando os elementos de X). O **estabilizador conjunto-a-conjunto** de X em G, $G_{\{X\}}$, é o conjunto $\{g \in G : g(X) = X\}$, que é também um subgrupo de G. Na verdade temos $G_{(X)} \subseteq G_{\{X\}} \subseteq G$.

Se a é um elemento de Ω, a **órbita** de a sob G é o conjunto $\{g(a) : g \in G\}$. As órbitas de todos os elementos de Ω sob G formam uma partição de Ω. Se a órbita de todo elemento (ou a órbita de um elemento – dá no mesmo) é todo o conjunto Ω, dizemos que G é **transitivo sobre** Ω.

Dizemos que uma estrutura A é **transitiva** se $\text{Aut}(A)$ é transitivo sobre $\text{dom}(A)$. O caso oposto é quando A não tem automorfismos exceto a identidade 1_A; nesse caso dizemos que A é **rígido**. Aqui estão dois exemplos.

Exemplo 1: *Ordinais*. Seja a estrutura A um ordinal $(\alpha, <)$, tal que $<$ bem-ordena os elementos de A. Então A é rígida. Pois suponha que f seja um automorfismo de A que não é a identidade. Então existe algum elemento a tal que $f(a) \neq a$; substituindo f por f^{-1} se necessário, podemos supor que $f(a) < a$. Como f é um homomorfismo, $f^2(a) = f(f(a)) < f(a)$, logo por indução $f^{n+1}(a) < f^n(a)$ para cada $n < \omega$. Então $a > f(a) > f^2(a) > \ldots$, contradizendo o fato de que $<$ é uma boa-ordenação.

Exemplo 2: *Espaço afim*. Seja D a soma direta de um número contável de grupos cíclicos de ordem 2. (Ou equivalentemente, seja D o espaço vetorial de dimensão contável sobre o corpo de dois elementos $\mathbb{F}_2$.) Sobre D definimos a relação

$$(1.1) \qquad R(x, y, z, w) \Leftrightarrow x + y = z + w.$$

A estrutura A consiste do conjunto D com a relação R. Se d é um elemento qualquer de D, existe uma permutação e_d do conjunto D, definida por $e_d(a) = a + d$. Essa permutação é claramente um automorfismo de A levando 0 em d – que mostra que A é uma estrutura transitiva. Também se fixarmos d, podemos transformar D num grupo abeliano com d como a identidade, definindo uma operação adicional $+_d$ em termos de R:

$$(1.2) \qquad x +_d y = z \Leftrightarrow R(x, y, z, d).$$

Logo A é o que resta do grupo D quando esquecemos qual elemento é 0. Trata-se de um caso conhecido pelos geômetras como **espaço afim de dimensão contável sobre $\mathbb{F}_2$**.

Retornando ao nosso grupo G de permutações sobre Ω, escrevemos Ω^n para designar o conjunto de todas as n-uplas ordenadas de elementos de Ω (onde n é um inteiro positivo). Então G automaticamente age como um conjunto de permutações de Ω^n também, fazendo $g(a_0, \ldots, a_{n-1}) = (ga_0, \ldots, ga_{n-1})$. Portanto podemos falar sobre as **órbitas** de G sobre Ω^n. Quando n é maior que 1 e Ω tem mais de um elemento, então G é certamente não transitivo sobre Ω^n. Mas teoria dos modelos tem uma consideração especial para com a seguinte possibilidade, que não é tão distante da transitividade.

Dizemos que G é **oligomórfico** (sobre Ω) se para todo inteiro positivo n, o número de órbitas de G sobre Ω^n é finito. Dizemos que uma estrutura A é **oligomórfica** se $\mathrm{Aut}(A)$ é oligomórfico sobre $\mathrm{dom}(A)$. Na seção 6.3 adiante veremos que para estruturas contáveis, ser oligomórfico é a mesma coisa que ser ω-categórico; isso nos dará dúzias de exemplos. Mas para o momento, considere o conjunto ordenado $A = (\mathbb{Q}, <)$ de números racionais. Se $\bar{a}$ e $\bar{b}$ são duas n-uplas quaisquer cujos elementos estão na mesma ordem relativa em $\mathbb{Q}$, então existe um automorfismo de A que leva $\bar{a}$ em $\bar{b}$. O número de $<$-ordens possíveis dos elementos de uma n-upla $(a_0, \ldots, a_{n-1})$

é no máximo, digamos, $(2n - 1)!$ (portanto a_1 é ou $< a_0$ ou $= a_0$ ou $> a_0$; então existem no máximo cinco casos para a_2; etc.). Logo A é oligomórfica.

Aut(A) como um grupo topológico

Suponha que G seja um grupo de permutações de um conjunto Ω. Se sabemos que G é Aut(A) para alguma estrutura A com domínio Ω, o que é que isso nos diz sobre G? A resposta requer um pouco de topologia.

Seja H um subgrupo de G. Dizemos que H é **fechado** em G se a seguinte condição se verifica:

(1.3)   suponha que $g \in G$ e que, para toda upla $\bar{a}$ de elementos de Ω, exista h em H tal que $g\bar{a} = h\bar{a}$; então $g \in H$.

Dizemos que o grupo G é **fechado** se ele é fechado no grupo simétrico Sym(Ω). Note que se G é fechado e H é fechado em G, então H é fechado; isso é imediato das definições.

Teorema 4.1.1.   *Seja Ω um conjunto; seja G um subgrupo de* Sym(Ω) *e H um subgrupo de G. Então as seguintes condições são equivalentes.*
(a) H é fechado em G.
(b) Existe uma estrutura A com dom(A) $= \Omega$ *tal que $H = G \cap$ Aut(A).*
Em particular um subgrupo H de Sym(Ω) *é da forma* Aut(B) *para alguma estrutura B com domínio Ω se e somente se H é fechado.*

Demonstração.   (a) $\Rightarrow$ (b). Para cada $n < \omega$ e cada órbita $\triangle$ de H sobre Ω^n, escolha um símbolo de relação n-ária $R_\triangle$. Tome L como sendo a assinatura consistindo de todos esses símbolos de relação, e transforme Ω numa L-estrutura A colocando $R_\triangle^A = \triangle$. Toda permutação em H leva $R_\triangle$ em $R_\triangle$, de tal forma que $H \subseteq G \cap$ Aut(A). Para a recíproca, suponha que g seja um automorfismo de A e $g \in G$. Para cada n-upla $\bar{a}$, se $\bar{a}$ pertence a $\triangle = R_\triangle^A$ então $g\bar{a}$ também pertence, e portanto $g\bar{a} = h\bar{a}$ para algum h em H. Como H é fechado em G, segue que g pertence a H.

(b) $\Rightarrow$ (a). Supondo (b), demonstramos que H é fechado em G. Seja g um elemento de G tal que para cada subconjunto finito W de Ω existe $h \in H$ com $g|W = h|W$. Seja $\phi(\bar{x})$ uma fórmula atômica da assinatura de A, e $\bar{a}$ uma upla de elementos de A. Então escolha W acima de tal forma que contenha $\bar{a}$. Temos que $A \vDash \phi(\bar{a}) \Leftrightarrow A \vDash \phi(h\bar{a})$ (pois $h \in$ Aut(A)) $\Leftrightarrow A \vDash \phi(g\bar{a})$. Logo g é um automorfismo de A. $\square$

Quando H é fechado, a estrutura A construída na demonstração de (a) $\Rightarrow$ (b) acima é chamada a **estrutura canônica** para H. Pela demonstração, A pode ser escolhida como sendo uma L-estrutura com $|L| \leqslant |\Omega| + \omega$.

A palavra 'fechado' sugere uma topologia, e aqui vai ela. Dizemos que um subconjunto S de $\text{Sym}(\Omega)$ é **aberto básico** se existem uplas $\bar{a}$ e $\bar{b}$ em Ω tais que $S = \{g \in \text{Sym}(\Omega) : g\bar{a} = \bar{b}\}$ (vamos designar esse conjunto por $S(\bar{a}, \bar{b})$). Em particular $\text{Sym}(\Omega)_{(\bar{a})}$ é um conjunto aberto básico. Um **conjunto aberto** de $\text{Sym}(\Omega)$ é uma união de subconjuntos abertos básicos. Se $\Omega = \text{dom}(A)$, definimos um **subconjunto aberto (básico)** de $\text{Aut}(A)$ como sendo a interseção de $\text{Aut}(A)$ com alguns subconjuntos abertos (básicos) de $\text{Sym}(\Omega)$.

Lema 4.1.2. *Seja A uma estrutura e escreva G para designar* $\text{Aut}(A)$.

(a) *As definições acima definem uma topologia sobre G; trata-se da topologia induzida sobre* $\text{Sym}(\Omega)$. *Sob essa topologia, G é um grupo topológico, i.e. multiplicação e inverso em G são operações contínuas.*

(b) *Um subgrupo de G é aberto se e somente se ele contém o estabilizador ponto-a-ponto de algum conjunto finito de elementos de A.*

(c) *Um subconjunto F de G é fechado sob essa topologia se e somente se ele é fechado no sentido de (1.3) acima (com F no lugar de H).*

(d) *Um subgrupo H de G é denso em G se e somente se H e G têm as mesmas órbitas em $(\text{dom } A)^n$ para cada inteiro positivo n.*

Demonstração. (a) Uma permutação g leva $\bar{a}_1$ para $\bar{b}_1$ e $\bar{a}_2$ para $\bar{b}_2$ se e somente se ela leva $\bar{a}_1\bar{a}_2$ para $\bar{b}_1\bar{b}_2$; logo a interseção de dois conjuntos abertos básicos é novamente um aberto básico. A primeira sentença de (a) segue imediatamente de topologia geral. Para a segunda sentença, $g \in S(\bar{a}, \bar{b})$ se e somente se $g^{-1} \in S(\bar{b}, \bar{a})$, o que demonstra a propriedade de continuidade para a operação de se tomar o inverso. Finalmente se $gh \in S(\bar{a}, \bar{b})$, escreva $\bar{c}$ para $h\bar{a}$; então $g \in S(\bar{c}, \bar{b})$, $h \in S(\bar{a}, \bar{c})$ e $S(\bar{c}, \bar{b}) \cdot S(\bar{a}, \bar{c}) \subseteq S(\bar{a}, \bar{b})$; logo a multiplicação é contínua.

(b) Para cada upla $\bar{a}$ o estabilizador ponto-a-ponto $G_{(\bar{a})}$ é $G \cap S(\bar{a}, \bar{a})$, que é um conjunto aberto. Todo subgrupo contendo $G_{(\bar{a})}$ é uma união de classes laterais de $G_{(\bar{a})}$, portanto é aberto também. Na outra direção, suponha que H seja um subgrupo aberto contendo um conjunto aberto básico não-vazio $G \cap S(\bar{a}, \bar{b})$. Então h contém $G_{(\bar{a})}$, pois todo elemento de $G_{(\bar{a})}$ pode ser escrito da forma gh com $g \in G \cap S(\bar{b}, \bar{a}) \subseteq H$ e $h \in G \cap S(\bar{a}, \bar{b}) \subseteq H$.

(c) Um conjunto $F \subseteq G$ é fechado na topologia se e somente se para todo g em $\text{Aut}(A)$, se cada vizinhança básica de g encontra F então g pertence a F. Isso é exatamente (1.3).

(d) Um subgrupo H de G é denso se e somente se para todo g em $\text{Aut}(A)$, cada vizinhança básica de g encontra H. $\qquad \square$

À medida que passamos de A para $\text{Aut}(A)$ como um grupo de permutação, e de $\text{Aut}(A)$ como um grupo topológico e finalmente para $\text{Aut}(A)$ como um grupo abstrato, continuamos jogando informação fora. Quanto dessa informação pode ser recuperado? Em alguns casos, uma pequena e preciosa parte – considere Exemplo 1 acima.

Em geral, quanto maior for o grupo de automorfismos de uma estrutura, melhores são as chances de se reconstruir a estrutura a partir do grupo de automorfismos. Em uma série de artigos, Mati Rubin demonstrou que um número impressionante de estruturas são essencialmente determinadas por seus grupos abstratos de automorfismos.

Automorfismos de estruturas contáveis

Se A é uma estrutura contável, podemos construir automorfismos de A a partir de aproximações finitas. Dessa observação para o próximo teorema é um pequeno passo. Se G é um grupo e H é um subgrupo de G, escrevemos $(G : H)$ para designar o índice de H em G.

Teorema 4.1.3. *Seja G um grupo fechado de permutações de ω e H um subgrupo fechado de G. Então as seguintes condições são equivalentes.*
(a) H *é aberto em* G.
(b) $(G : H) \leqslant \omega$.
(c) $(G : H) < 2^{\omega}$.

Demonstração. (a) $\Rightarrow$ (b). Suponha que (a) se verifique. Então existe uma upla $\bar{a}$ de elementos de ω tal que o estabilizador $G_{(\bar{a})}$ de $\bar{a}$ pertence a H. Suponha agora que g, j sejam dois elementos de G tais que $g\bar{a} = j\bar{a}$; então $j^{-1}g \in G_{(\bar{a})} \subseteq H$ e portanto as classes laterais gH, jH são iguais. Como existem apenas um número contável de possibilidades para $g\bar{a}$, o índice $(G : H)$ deve ser no máximo contável.

(b) $\Rightarrow$ (c) é trivial.

(c) $\Rightarrow$ (a). Supomos que H não é aberto em G, e vamos construir um número incontável de classes laterais à esquerda de H em G.

Definimos por indução sequências $(\bar{a}_i : i < \omega)$, $(\bar{b}_i : i < \omega)$ de uplas de elementos de ω e uma sequência $(g_i : i < \omega)$ de elementos de G tais que as seguintes condições se verificam para todo i.

(1.4) $\bar{b}_0 = \langle \, \rangle$; $\bar{b}_{i+1}$ é uma concatenação de todas as sequências
$$(k_0 \ldots k_i)(\bar{a}_0\hat{\ } \ldots \hat{\ }\bar{a}_i)$$
onde cada k_j pertence a $\{1, g_0, \ldots, g_i\}$;

(1.5) $g_i\bar{b}_i = \bar{b}_i$;

(1.6) não existe $h \in H$ tal que $h\bar{a}_i = g_i\bar{a}_i$;

(1.7) i é um item em $\bar{a}_i$.

Quando $\bar{b}_i$ foi escolhido, temos por hipótese que $G_{(\bar{b}_i)} \nsubseteq H$, portanto existe um automorfismo $g_i \in G$ que fixa $\bar{b}_i$ (dando (1.5)) e não pertence a H. Como H é fechado em

G, segue que existe uma upla $\bar{a}_i$ tal que $h\bar{a}_i \neq g_i\bar{a}_i$ para todo h em H. Isso garante (1.6); adicionando i a $\bar{a}_i$ se necessário, obtemos (1.7) também.

Agora para qualquer subconjunto S de $\omega\backslash\{0\}$, definimos $g_i^S = g_i$ se $i \in S$, e $= 1$ se $i \notin S$. Faça $f_i^S = g_i^S \ldots g_0^S$. Para cada $j > i$ temos $f_j^S\bar{a}_i = f_i^S\bar{a}_i$, devido a (1.4) e (1.5). Logo, devido a (1.7) podemos definir uma função $g_S : \omega \to \omega$ assim:

(1.8)   para cada $i < \omega$, $g_S(i) = f_j^S(i)$ para todo $j \geq i$.

Como as funções f_i^S são automorfismos, g_S é injetora. Mas também g_S é sobrejetora; pois considere qualquer $i \in \omega$ e ponha $j = (f_i^S)^{-1}(i)$. Se $j \leq i$ então $g_S(j) = f_i^S(f_i^S)^{-1}(i) = i$. Se $(f_i^S)^{-1}(i) = j > i$, então $g_S(j) = f_j^S(f_i^S)^{-1}(i) = g_j^S \ldots g_{i+1}^S(i) = i$ devido a (1.4), (1.5) e (1.7). Logo g_S é uma permutação de ω. Como os f_i^S estão no grupo fechado G e, para cada upla $\bar{a}$ em ω, g_S concorda em $\bar{a}$ com alguma f_i^S, segue que g_S pertence a G.

Existem 2^ω subconjuntos distintos S de $\omega\backslash\{0\}$. Resta apenas demonstrar que as permutações correspondentes g_S pertencem a diferentes classes laterais à direita de H.

Suponha que $S \neq T$. Então existe algum $i > 0$ mínimo que pertence a, digamos, S mas não a T. Por (1.6) não existe elemento de H que concorde com g_i em $\bar{a}_i$. Faça $f = f_{i-1}^S = f_i^T$. Agora considere $f^{-1}\bar{a}_i$, e escolha algum $j \geq i$ tal que todos os itens em $f^{-1}\bar{a}_i$ são $\leq j$. Temos, para todo h em H,
(1.9) $g_S(f^{-1}\bar{a}_i) = f_j^S f^{-1}(\bar{a}_i) = g_j^S \ldots g_{i+1}^S g_i(\bar{a}_i) = g_i(\bar{a}_i) \neq h(\bar{a}_i)$
$= hg_j^T \ldots g_{i+1}^T(\bar{a}_i) = hf_j^T f^{-1}(\bar{a}_i) = (hg_T)(f^{-1}\bar{a}_i)$.

Logo $g_S \notin Hg_T$, o que completa a demonstração. $\square$

À primeira vista esse teorema não é bem da teoria dos modelos. Podemos traduzí-lo para a teoria dos modelos da seguinte maneira.

Seja A uma L^+-estrutura contável, suponha que $L^- \subseteq L^+$ e seja B o L^--reduto $A|L^-$ de A. Então $H = \text{Aut}(A)$ é um subgrupo de $G = \text{Aut}(B)$. Seja g um elemento qualquer de G, e considere a estrutura gA; gA é exatamente como A exceto que para cada símbolo S de L^+, $S^{gA} = g(S^A)$. Em particular o domínio de gA é $\text{dom}(A)$, e $g(S^A) = S^A$ para cada símbolo S em L^-, tal que o reduto $(gA)|L^-$ é exatamente como B novamente.

Suponha agora que k seja um outro elemento de G. Quando é que gA é igual a kA? A resposta é: quando $g(S^A) = k(S^A)$ para cada símbolo S, ou em outras palavras, quando $k^{-1}g$ é um automorfismo de A – ou, novamente em outras palavras, quando as classes laterais gH e kH em G são iguais. Isso mostra que *o índice de* $\text{Aut}(A)$ *em* $\text{Aut}(B)$ *é igual ao número de maneiras diferentes nas quais os símbolos de* $L^+\backslash L^-$ *podem ser interpretados em* B *de forma a resultar numa estrutura isomorfa a* A.

Teorema 4.1.4 *(Teorema de Kueker–Reyes).* *Sejam L^- e L^+ assinaturas com $L^- \subseteq$ L^+. Seja A uma L^+-estrutura contável e seja B o reduto $A|L^-$. Faça $G = \mathrm{Aut}(B)$. Então as seguintes condições são equivalentes.*

(a) *Existe uma upla $\bar{a}$ de elementos de A tal que $G_{(\bar{a})} \subseteq \mathrm{Aut}(A)$.*

(b) *Existem no máximo um número contável de expansões distintas de B que são isomorfas a A.*

(c) *O número de expansões distintas de B que são isomorfas a A é menor que 2^ω.*

(d) *Existe uma upla $\bar{a}$ de elementos de A tal que para toda fórmula atômica $\phi(x_0,$ $\ldots, x_{n-1})$ de L^+ existe uma fórmula $\psi(x_0, \ldots, x_{n-1}, \bar{y})$ de $L^-_{\omega_1 \omega}$ tal que $A \vDash$ $\forall \bar{x}(\phi(\bar{x}) \leftrightarrow \psi(\bar{x}, \bar{a}))$.*

Demonstração. Nossa tradução do Teorema 4.1.3 garante a equivalência de (a), (b) e (c) de uma só vez. Resta demonstrar que (a) é equivalente a (d).

De (d) para (a) é óbvio. Para a recíproca, suponha que $G_{(\bar{a})} \subseteq \mathrm{Aut}(A)$, e seja $\phi(x_0, \ldots, x_{n-1})$ uma fórmula atômica de L^+. Sem perda de generalidade podemos supor que ϕ é desaninhada, e por simplicidade vamos assumir também que ϕ é $R(x_0, \ldots, x_{n-1})$ onde R é um símbolo de relação n-ária. Para cada upla $\bar{c}$ em $\phi(A^n)$ seja $\sigma_{\bar{c}}(\bar{a}, \bar{c})$ a sentença de Scott da estrutura $(B, \bar{a}, \bar{c})$ (veja seção 3.2). Agora, se $\bar{c}$ pertence a $\phi(A^n)$ e $\bar{d}$ é uma n-upla tal que $A \vDash \sigma_{\bar{c}}(\bar{a}, \bar{d})$, então $(B, \bar{a}, \bar{c}) \cong (B, \bar{a}, \bar{d})$, logo $(B, \bar{a}, \bar{c}, R^A) \cong (B, \bar{a}, \bar{d}, R^A)$ devido ao item (a) e portanto $A \vDash \phi(\bar{d})$. Segue que $A \vDash \forall \bar{x}(\phi(\bar{x}) \leftrightarrow \bigvee_{\bar{c} \in \phi(A^n)} \sigma_{\bar{c}}(\bar{a}, \bar{x}))$. $\square$

Corolário 4.1.5. *Seja A uma estrutura contável. Então as seguintes condições são equivalentes.*
(a) $|\mathrm{Aut}(A)| \leqslant \omega$.
(b) $|\mathrm{Aut}(A)| < 2^\omega$.
(c) *Existe uma upla $\bar{a}$ em A tal que $(A, \bar{a})$ é rígida.*

Demonstração. As implicações (c) $\Rightarrow$ (a) $\Rightarrow$ (b) são imediatas. A implicação (b) $\Rightarrow$ (c) segue do teorema adicionando-se uma constante para cada elemento de A. Alternativamente, use (c) $\Rightarrow$ (a) do Teorema 4.1.3 com $G = \mathrm{Aut}(A)$, $H = \{1\}$. $\square$

Exercícios para a seção 4.1

1. Mostre que para todo grupo abstrato G existe uma estrutura com domínio G cujo grupo de automorfismos é isomorfo a G. [Seja X o conjunto de geradores de G, e para cada $x \in X$ introduza uma função $f_x : g \to g \cdot x$ sobre o conjunto G. Considere a estrutura consistindo do conjunto G e as funções f_x. *Essa estrutura é essencialmente o* **grafo de Cayley** *do grupo G.*]

2. Mostre que se a estrutura B é uma expansão de A, então existe uma imersão contínua de $\text{Aut}(B)$ para $\text{Aut}(A)$. (b) Mostre que se B é uma expansão definicional então essa imersão é um isomorfismo.

3. Mostre que se G é um grupo de permutações de um conjunto Ω, $\bar{a}$ é uma upla de elementos de Ω e h é uma permutação de Ω, então $G_{(h\bar{a})} = h(G_{(\bar{a})})h^{-1}$.

4. Mostre que se G é um grupo oligomórfico de permutações de um conjunto Ω, e X é um subconjunto finito de Ω, então $G_{(X)}$ também é oligomórfico.

5. Suponha que G seja um subgrupo de $\text{Sym}(\Omega)$. (a) Mostre que a topologia sobre G é Hausdorff. (b) Mostre que os conjuntos abertos básicos são exatamente as classes laterais à direita dos subgrupos abertos básicos; demonstre que eles são também exatamente as classes laterais à esquerda dos subgrupos abertos básicos.

6. Mostre que todo subgrupo aberto de $\text{Aut}(A)$ é fechado. Dê um exemplo para mostrar que a recíproca falha.

7. Mostre que um subgrupo de $\text{Aut}(A)$ é aberto se e somente se ele tem interior não-vazio.

8. Mostre que se A é uma estrutura infinita então $\text{Aut}(A)$ tem um subgrupo denso de cardinalidade no máximo $\text{card}(A)$.

9. Suponha que K, H e G sejam subgrupos de $\text{Sym}(\Omega)$ com K um subgrupo denso de H e H um subgrupo denso de G. Mostre que K é um subgrupo denso de G.

10. Mostre que se A é uma estrutura contável que é $L_{\omega_1\omega}$-equivalente a alguma estrutura incontável, então A tem 2^ω automorfismos.

11. Mostre que se A é uma estrutura contável e toda órbita de $\text{Aut}(A)$ sobre elementos de A é finita, então $|\text{Aut}(A)|$ é finita ou 2^ω.

12. Seja G um subgrupo fechado de $\text{Sym}(\omega)$ e H um subgrupo qualquer de G. (a) Mostre que o fecho de H em G é um subgrupo de G. (b) Mostre que se $(G : H) < 2^\omega$ então existe uma upla $\bar{a}$ tal que $H_{(\bar{a})}$ é um subgrupo denso de $G_{(\bar{a})}$.

4.2   Relativização

Em álgebra é frequente se tomar como objeto de estudo um par de estruturas, por exemplo um corpo e seu fecho algébrico, ou um grupo que age sobre um conjunto. A teoria dos modelos não é muito boa no manuseio de pares de estruturas. Um praticante da teoria dos modelos, ao invés de tomar um par de estruturas, normalmente tentará representar as duas estruturas como partes de alguma estrutura maior.

Isso pode ser algo complicado. Vamos começar com o caso mais simples, em que uma estrutura pode ser colhida de dentro de uma outra por meio de um único símbolo de relação 1-ária.

Considere duas assinaturas L e L' com $L \subseteq L'$. Seja C uma L'-estrutura e B uma subestrutura do reduto $C|L$. Então podemos transformar o par de estruturas C, B numa única estrutura da seguinte maneira. Tome um novo símbolo de relação 1-ária P, e escreva L^+ para designar L' com P adicionado. Expanda C para uma L^+-estrutura A colocando $P^A = \mathrm{dom}(B)$. Então podemos recuperar C e B de A por

(2.1) $C = A|L'$,
         $B = $ a subestrutura de $A|L$ cujo domínio é P^A.

Portanto C é um reduto de A. Chamamos B de um **reduto relativizado** de A, querendo dizer que para obter B a partir de A temos que 'relativizar' o domínio a um subconjunto definível de $\mathrm{dom}(A)$ assim como remover alguns símbolos.

Daqui por diante, esquecemos C. O cenário é o seguinte: L e L^+ são assinaturas com $L \subseteq L'$, e P é um símbolo de relação 1-ária em $L^+ \setminus L$.

Seja A uma L^+-estrutura. Lema 1.2.2 forneceu condições necessárias e suficientes para que P^A seja o domínio de uma subestrutura de $A|L$. Quando essas condições são satisfeitas, a subestrutura é determinada univocamente. Escrevemos A_P para designá-la, e chamamos A_P de P-**parte** de A. Do contrário A_P não está definida. (Do Lema 1.2.2 pode-se escrever essas condições necessárias e suficientes como um conjunto de sentenças de primeira ordem que A deve satisfazer. Tais sentenças são chamadas de **condições de admissibilidade** para a relativização a P.) É claro que A_P depende da linguagem L tanto quanto de A e de P.

O próximo teorema diz que fatos sobre A_P podem ser traduzidos sistematicamente para fatos sobre A.

Teorema 4.2.1. *(Teorema da relativização). Sejam L e L^+ assinaturas tais que $L \subseteq L^+$, e P um símbolo de relação 1-ária em $L^+ \setminus L$. Então para toda fórmula $\phi(\bar{x})$ de $L_{\infty\omega}$ existe uma fórmula $\phi^P(\bar{x})$ de $L^+_{\infty\omega}$ tal que a seguinte condição se verifica:*

se A é uma L^+-estrutura tal que A_P está definida, e $\bar{a}$ é uma sequência de elementos de A_P, então

(2.2) $A_P \vDash \phi(\bar{a})$ *se e somente se $A \vDash \phi^P(\bar{a})$.*

Demonstração. Definimos ϕ^P por indução sobre a complexidade de ϕ:

(2.3) ϕ^P é ϕ quando ϕ é atômica;

(2.4) $\left(\bigwedge_{i \in I} \psi_i \right)^P$ é $\bigwedge_{i \in I} (\psi_i^P)$, e igualmente com $\bigvee$ no lugar de $\bigwedge$;

(2.5) $(\neg \psi)^P$ é $\neg(\psi^P)$;

(2.6) $(\forall y \, \psi(\bar{x}, y))^P$ é $\forall y (Py \to \psi^P(\bar{x}, y))$, e
$(\exists y \, \psi(\bar{x}, y))^P$ é $\exists y (Py \wedge \psi^P(\bar{x}, y))$.

Então (2.2) segue de uma só vez por indução sobre a complexidade de ϕ.   □

A fórmula ϕ^P nesse teorema é denominada de **relativização** de ϕ a P. Note que se ϕ é de primeira ordem então ϕ^P também o é. Na verdade a passagem de ϕ para ϕ^P preserva a forma de ϕ bastante fielmente.

Corolário 4.2.2. *Sejam L e L^+ assinaturas com $L \subseteq L^+$ e P um símbolo de relação 1-ária em $L^+ \backslash L$. Se A e B são L^+-estruturas tais que $A \preccurlyeq B$ e A_P está definida, então B_P está definida e $A_P \preccurlyeq B_P$.*

Demonstração. Exercício.   □

Exemplo 1: *Grupos lineares*. Suponha que G seja um grupo de $n \times n$ matrizes sobre um corpo F. Então podemos fazer de G e F uma única estrutura A da seguinte forma. A assinatura de A tem os símbolos de relação 1-ária *grupo* e *corpo*, os símbolos de relação 3-ária *soma* e *mult*, e n^2 símbolos de relação 2-ária $coef_{ij}$ ($1 \leqslant i, j \leqslant n$). Os conjuntos *grupo*^{A} e *corpo*^{A} consistem de elementos de G e F respectivamente. As relações *soma*^{A} e *mult*^{A} expressam adição e multiplicação em F. Para cada matriz $g \in G$, o ij-ésimo elemento de g é o elemento único f tal que $coef_{ij}(g, f)$ se verifica. Não há necessidade de se incluir um símbolo para multiplicação em G, pois ele pode ser definido em termos das operações de corpo, usando os símbolos $coef_{ij}$ (veja Exercício 4). Note que nesse exemplo não existem símbolos de função ou de constante, portanto B_P e B_Q estão automaticamente definidos para qualquer estrutura B de mesma assinatura que A.

Às vezes uma estrutura B é colhida de dentro de uma estrutura A, não por um símbolo de relação 1-ária P mas por uma fórmula $\theta(x)$. Quando θ pertence à linguagem de primeira ordem de A, então novamente chamamos B de um **reduto relativizado** de A. O caso considerado acima, onde $\theta(x)$ é Px, torna-se um caso especial. Se θ também contém parâmetros de A, chamamos B de um **reduto relativizado com parâmetros**. Pode-se adaptar diretamente o teorema da relativização colocando-se θ no lugar de P em todo o enunciado do teorema.

Exemplo 2: ω *como um reduto relativizado.*   Os lógicos se sentem frequentemente contentes quando eles encontram os números naturais como parte de uma outra estrutura. Isso lhes permite acessos às tecnicas de vários tipos – por exemplo teoria da recursão ou métodos da análise não-padrão. Um exemplo simples é aquele em que A é um modelo transitivo da teoria dos conjuntos de Zermelo–Fraenkel e $\theta(x)$ é a fórmula '$x \in \omega$'. Então a ordenação $<$ sobre ω coincide com $\in$, e podemos escrever fórmulas conjuntistas que definem $+$ e $\cdot$. Note que nesse exemplo ω satisfaz uma forma bastante errada dos axiomas de Peano, como segue:

(2.7)   0 não é da forma $x + 1$; se $x, y \in \omega$ e $x + 1 = y + 1$ então $x = y$;

(2.8)   para toda fórmula $\phi(x)$ da linguagem de primeira ordem de A,
        possivelmente com parâmetros de A, se $\phi(0)$ e
        $\forall x(x \in \omega \wedge \phi(x) \rightarrow \phi(x + 1))$ ambas se verificam em A
        então $\forall x(x \in \omega \rightarrow \phi(x))$ se verifica em A.

(2.8) é o axioma da indução para subconjuntos de ω que são definíveis em primeira ordem (com parâmetros) em A. É claro que isso inclui os subconjuntos de ω que são definíveis em primeira ordem na própria estrutura $\langle \omega, < \rangle$, pelo teorema da relativização. Mas isso pode incluir também muitos outros subconjuntos – talvez todos os subconjuntos de ω. Vai depender da nossa escolha de A.

Exemplo 3: *Redutos relativizados dos racionais como um conjunto ordenado.*   Seja A a seguinte estrutura: o domínio de A é o conjunto $\mathbb{Q}$ dos números racionais, e as relações de A são todas aquelas que são $\varnothing$-definíveis a partir da ordenação usual $<$ dos racionais. Quais são os redutos relativizados de A (sem parâmetros)? Primeiro observe que $\mathrm{Aut}(A)$ é exatamente $\mathrm{Aut}(\mathbb{Q}, <)$ pois A é uma expansão definicional de $(\mathbb{Q}, <)$. Depois, $\mathrm{Aut}(A)$ é transitiva em $\mathbb{Q}$, e disso segue que qualquer subconjunto de $\mathbb{Q}$ que seja definível sem parâmetros é vazio ou é o conjunto $\mathbb{Q}$ inteiro. Logo esquecemos a relativização. Em terceiro lugar, se B é um reduto qualquer de A então $\mathrm{Aut}(A) \subseteq \mathrm{Aut}(B) \subseteq \mathrm{Sym}(\mathbb{Q})$, e $\mathrm{Aut}(B)$ é fechado em $\mathrm{Sym}(\mathbb{Q})$ pelo Teorema 4.1.1. E finalmente, $\mathrm{Aut}(\mathbb{Q}, <)$ é oligomórfico e suas órbitas sobre n-uplas são todas $\varnothing$-definíveis; portanto toda órbita de $\mathrm{Aut}(B)$ sobre n-uplas é uma união de um número finito de órbitas de $\mathrm{Aut}(\mathbb{Q}, <)$ logo é definível por alguma relação de A. Segue que, a menos de equivalência definicional, os redutos relativizados de A correspondem exatamente aos grupos fechados que se encontram entre $\mathrm{Aut}(A)$ e $\mathrm{Sym}(\mathbb{Q})$.

Pode ser demonstrado que além de $\mathrm{Aut}(A)$ e $\mathrm{Sym}(\mathbb{Q})$, existem apenas três desses grupos. O primeiro é o grupo de todas as permutações de A que preservam a ordem ou a invertem. O segundo é o grupo de todas as permutações que preservam a relação cíclica '$x < y < z$ ou $y < z < x$ ou $z < x < y$'; isso corresponde a tomar um segmento inicial de $\mathbb{Q}$ e movê-lo para o final. O terceiro é o grupo gerado por esses outros dois: ele consiste daquelas permutações que preservam a relação 'exatamente um dos dois x ou y está entre z e w'.

É frequente se ver alguns dispositivos adicionais utilizados juntamente com a relativização. Por exemplo existem os **quantificadores relativizados** $(\forall x \in P)$ e $(\exists x \in P)$. Esses são definidos por:

(2.9) $(\forall x \in P)\phi$ significa $\forall x(Px \to \phi)$; $(\exists x \in P)\phi$ significa $\exists x(Px \land \phi)$.

Alguns lógicos introduzem variáveis x_P que variam sobre aqueles elementos que satisfazem Px; por exemplo em teoria dos conjuntos dispõe-se de variáveis α, β etc. que variam sobre a classe dos ordinais. Alguns autores usam **assinaturas sortais**, cujas estruturas carregam funções parciais; as funções são definidas apenas quando os argumentos vêm de alguns dados conjuntos, conhecidos como **sortes**. Não deverei discutir esse tópico mais além.

Classes pseudo-elementares

Muitas classes de estruturas matemáticas são definidas em termos de alguma característica que pode ser a elas adicionada.

Exemplo 4: *Grupos ordenáveis*. Um **grupo ordenado** é um grupo G que carrega uma ordenação linear $<$ tal que se g, h e k são elementos quaisquer de G, então

(2.10) $g < h$ implica em $k \cdot g < k \cdot h$ e $g \cdot k < h \cdot k$.

Um grupo é **ordenável** se uma ordenação linear pode ser adicionada de tal forma que o transforma em um grupo ordenado. Claramente um grupo ordenável não tem elementos $\neq 1$ de ordem finita. Mas isso não é uma condição suficiente para ordenabilidade (a menos que o grupo seja abeliano; veja Exercício 5.5.10).

Para o restante desta seção, seja L uma linguagem de primeira ordem. Uma **classe pseudo-elementar** (abreviando, uma **classe PE**) de L-estruturas é uma classe de estruturas da forma $\{A|L : A \vDash \phi\}$ para alguma sentença ϕ em uma linguagem de primeira ordem $L^+ \supseteq L$. Uma **classe PE$_\triangle$** de L-estruturas é uma classe da forma $\{A|L : A \vDash U\}$ para alguma teoria U em uma linguagem de primeira ordem $L^+ \supseteq L$.

Por exemplo, a classe de grupos ordenáveis é uma classe PE. Mas obtemos um exemplo mais intrigante colocando o Exemplo 4 de cabeça para baixo:

Exemplo 5: *Grupos abelianos ordenados*. Seja L a linguagem de primeira ordem das ordenações lineares (com o símbolo $<$) e seja U a teoria dos grupos abelianos ordenados. Então a classe $\mathbf{K} = \{A|L : A \vDash U\}$ é a classe de todas as ordenações lineares que são ordenações de grupos abelianos. Essa é uma classe PE, pois U pode ser escrita como uma teoria finita e portanto como uma única sentença. Por um resultado de Mal'tsev, os tipos-ordem contáveis que estão em $\mathbf{K}$ são precisamente aqueles da forma ζ^α ou $\zeta^\alpha \cdot \eta$ onde ζ é o tipo-ordem dos inteiros, η o tipo-ordem dos racionais, α é um ordinal $< \omega_1$, e ζ^α é o tipo-ordem definido da seguinte forma: Escreva $^{(\alpha)}\mathbb{Z}$ para designar o conjunto de todas as sequências $(n_i : i < \alpha)$ onde n_i é um inteiro para cada $i < \alpha$, e $n_i \neq 0$ para apenas um número finito de i's. Se $m = (m_i : i < \alpha)$ e $n = (n_i : i < \alpha)$ são dois elementos distintos de $^{(\alpha)}\mathbb{Z}$, escreva $m \prec n$ sse $m_i < n_i$ para o maior i no qual $m_i \neq n_i$. Então ζ^α é o tipo-ordem de $(^{(\alpha)}\mathbb{Z}, \prec)$. Segue que $\mathbf{K}$ não é axiomatizável em primeira ordem. Por exemplo, a ordenação linear ζ é elementarmente equivalente a $\zeta(1 + \eta)$ (e.g. pelo Exercício 2.7.6(a)), mas a primeira pertence a $\mathbf{K}$ e a segunda não.

Também segue que $\mathbf{K}$ contém, a menos de isomorfismo, apenas ω_1 ordenações lineares de cardinalidade ω. Isso é interessante, pois uma conjectura antiga de Vaught enuncia que o número de modelos contáveis de uma teoria contável de primeira ordem (a menos de isomorfismo) é sempre 2^ω ou $\leqslant \omega$. Morley mostrou que se $\mathbf{J}$ é uma classe da forma $\{A|L : A \vDash U\}$ para alguma teoria contável de primeira ordem U, então o número de estruturas contáveis em $\mathbf{J}$, a menos de isomorfismo, é ou $\leqslant \omega_1$ ou $= 2^\omega$. Como existem muitos exemplos para cardinalidades $\leqslant \omega$ e $= 2^\omega$, o exemplo $\mathbf{K}$ acima mostra que o resultado de Morley é o melhor possível.

Pode-se generalizar essas noções, usando redutos relativizados A_P. Definimos uma **classe** $\mathbf{PE}'_\triangle$ de L-estruturas como sendo uma classe da forma $\{A_P : A \vDash U$ e A_P está definido$\}$ para alguma teoria U numa linguagem $L^+ \supseteq L \cup \{P\}$. Pelas condições de admissibilidade, toda classe $\mathrm{PE}'_\triangle$ pode ser escrita como $\{A_P : A \vDash U'\}$ para alguma teoria U' em L^+.

Um exemplo natural de uma classe $\mathrm{PE}'_\triangle$ é a classe de grupos multiplicativos de corpos. Aqui U é a teoria de corpos juntamente com um símbolo P que distingue os elementos não-zero, e L tem apenas o símbolo para a multiplicação. Pode-se demonstrar que essa classe não é axiomatizável em primeira ordem.

Acontece que $\mathrm{PE}'_\triangle$ não é bem uma generalização de $\mathrm{PE}_\triangle$; é exatamente a mesma coisa.

Teorema 4.2.3. *As classes* $PE'_\triangle$ *são exatamente as classes* $PE_\triangle$. *Mais precisamente, seja* $\mathbf{K}$ *uma classe de* L-*estruturas.*

(a) *Se* $\mathbf{K}$ *é uma classe* $PE'_\triangle$ $\{A_P : A \vDash U$ e A_P está definido$\}$ *para alguma teoria* U *numa linguagem de primeira ordem* L^+, *então* $\mathbf{K}$ *também é uma classe* $PE_\triangle$ $\{A|L : A \vDash U^*\}$ *para alguma teoria* U^* *numa linguagem de primeira ordem* L^* *com* $|L^*| \leqslant |L^+|$.

(b) *Se* $\mathbf{K}$ *é uma classe* $PE'_\triangle$ *e todas as estruturas em* $\mathbf{K}$ *são infinitas, então* $\mathbf{K}$ *é uma classe* PE.

Demonstração. Para transformar uma classe $\text{PE}_\triangle$ numa classe $\text{PE}'_\triangle$, adicione o símbolo P com o axioma $\forall x\, Px$.

A demonstração completa da outra direção em (a) é surpreendemente sutil, e vou omití-la. Mas se $\mathbf{K}$ é uma classe $\text{PE}'_\triangle$ na qual toda estrutura tem cardinalidade $\geqslant |L^+|$, então podemos mostrar que $\mathbf{K}$ é uma classe $\text{PE}_\triangle$ pelo seguinte argumento prático. O mesmo argumento prova (b).

Seja $\mathbf{K}$ a classe $\{A_P : A \vDash U \text{ e } A_P \text{ está definida}\}$, e suponha que cada estrutura em $\mathbf{K}$ tenha cardinalidade $\geqslant |L^+|$. Então pelo teorema de Löwenheim–Skolem de-cima-para-baixo, cada estrutura $\mathbf{K}$ é da forma $B = A_P$ para algum modelo A de U com $|A| = |B|$. Para cada símbolo S na assinatura de L^+, introduza uma cópia S^*. Adicione um símbolo de função 1-ária F. Se A e B são como descritos acima, tome uma bijeção arbitrária $f : \text{dom}(A) \to \text{dom}(B)$, e interprete cada símbolo S^* em $\text{dom}(B)$ como a imagem de S^A sob f. Interprete F como a restrição de f a $\text{dom}(B)$. Usando os símbolos de L juntamente com os símbolos S^* e F, podemos escrever uma teoria U^* que expressa que todas as interpretações dos símbolos S^* fazem de $\text{dom}(B)$ um modelo D de U, e F aplica B isomorficamente sobre a P^*-parte. Então $\mathbf{K} = \{D|L : D \vDash U^*\}$, e portanto $\mathbf{K}$ é uma classe $\text{PE}_\triangle$. $\qquad\square$

Exercícios para a seção 4.2

1. Mostre que se A é um reduto relativizado de B e B é um reduto relativizado de C, então A é um reduto relativizado de C.

2. Descreva as fórmulas de admissibilidade para a relativização a P.

3. Demonstre o Corolário 4.2.2.

4. No Exemplo 1, escreva uma fórmula $\psi(x, y, z)$ que expressa que a matriz z é o produto das matrizes x e y.

5. Mostre que a estrutura $\langle \omega, + \rangle$ é um reduto relativizado do anel de inteiros. [Somas de quadrados.]

6. Mostre que se B é um reduto relativizado de A, então existe um homomorfismo contínuo induzido $h : \text{Aut}(A) \to \text{Aut}(B)$.

7. Mostre que o teorema de Löwenheim–Skolem de-cima-para-baixo se verifica para classes $\text{PE}_\triangle$ no seguinte sentido: se $L \subseteq L^+$, U é uma teoria em L^+ e $\mathbf{K}$ é a classe de todos os L-redutos de modelos de U, então para toda estrutura A em $\mathbf{K}$ e todo conjunto X de elementos de A, existe uma subestrutura elementar de A de cardinalidade $\leqslant |X| + |L^+|$ que contém todos os elementos de X.

8. No Exemplo 5, demonstre que cada ordenação ζ^α é isomorfa à ordenação inversa $(\zeta^\alpha)^*$.

9. Mostre que a classe dos grupos multiplicativos de corpos real-fechados é axiomatizável em primeira ordem.

10. Mostre que no Teorema 4.2.3(b) a condição de que todas as estruturas em **K** são infinitas não pode ser retirada. [Para uma classe PE **K** o conjunto $\{|A| \ : \ A \in \mathbf{K}, |A| < \omega\}$ é recursivo primitivo.]

4.3   Interpretando uma estrutura em uma outra

Sejam K e L assinaturas, A uma K-estrutura e B uma L-estrutura, e n um inteiro positivo. Uma **interpretação** (n-dimensional) Γ **de** B **em** A é definida como sendo formada de três itens,

(3.1)   uma fórmula $\partial_\Gamma(x_0, \ldots, x_{n-1})$ de assinatura K,

(3.2)   para cada fórmula atômica desaninhada $\phi(y_0, \ldots, y_{m-1})$ de L,
         uma fórmula $\phi_\Gamma(\bar{x}_0, \ldots, \bar{x}_{m-1})$ de assinatura K na qual
         as $\bar{x}_i$ são n-uplas disjuntas de variáveis distintas,

(3.3)   uma função sobrejetora $f_\Gamma : \partial_\Gamma(A^n) \to \mathrm{dom}(B)$,

tal que para toda fórmula atômica desaninhada ϕ de L e toda $\bar{a}_i \in \partial_\Gamma(A^n)$,

(3.4) $B \models \phi(f_\Gamma\bar{a}_0, \ldots, f_\Gamma\bar{a}_{m-1}) \Leftrightarrow A \models \phi_\Gamma(\bar{a}_0, \ldots, \bar{a}_{m-1})$.

A fórmula ∂_Γ é a **fórmula de domínio** de Γ; as fórmulas ∂_Γ e ϕ_Γ (para toda ϕ atômica desaninhada) são as **fórmulas definidoras** de Γ. A função f_Γ é o **mapa de coordenadas** de Γ. Ela associa a cada elemento $f_\Gamma\bar{a}$ de B as 'coordenadas' $\bar{a}$ em A; em geral um elemento pode ter várias uplas diferentes de coordenadas.

   A menos que algo seja dito em contrário, assumiremos que as fórmulas definidoras de Γ são todas de primeira ordem. Por exemplo dizemos que B é **interpretável** em A se existe uma interpretação de B em A tal que todas as suas fórmulas definidoras são de primeira ordem. Dizemos que B é **interpretável em** A **com parâmetros** se existe uma sequência $\bar{a}$ de elementos de A tal que B é interpretável em $(A, \bar{a})$.

   Escreveremos $=_\Gamma$ para designar ϕ_Γ quando ϕ é a fórmula $y_0 = y_1$. Onde quer que seja possível abreviaremos $(\bar{a}_0, \ldots, \bar{a}_{m-1})$ e $(f\bar{a}_0, \ldots, f\bar{a}_{m-1})$ para $\bar{a}$ e $f\bar{a}$ respectivamente.

Exemplo 1: *Reduções relativizadas*.   Usando a notação da seção 4.2, suponha que B seja o reduto relativizado A_P. Então existe uma interpretação unidimensional Γ de B em A como segue.

$$\partial_\Gamma(x) := Px.$$

$\phi_\Gamma := \phi(\bar{x})$, para cada fórmula atômica desaninhada $\phi(\bar{y})$.

O mapa de coordenadas $f_\Gamma : P^A \to \operatorname{dom}(A)$ é simplesmente a função inclusão. Chamamos a interpretação Γ de uma **redução relativizada**.

Exemplo 2: *Racionais e inteiros*. A interpretação familiar dos racionais nos inteiros é uma interpretação bidimensional Γ, como segue.

$$\partial_\Gamma(x_0, x_1) := x_1 \neq 0,$$

$$=_\Gamma (x_{00}, x_{01}; x_{10}, x_{11}) := x_{00} \cdot x_{11} = x_{01} \cdot x_{10},$$

$$mais_\Gamma(x_{00}, x_{01}; x_{10}, x_{11}; x_{20}, x_{21}) :=$$

$$x_{21} \cdot (x_{00} \cdot x_{11} + x_{01} \cdot x_{10}) = x_{01} \cdot x_{11} \cdot x_{20}.$$

$$vezes_\Gamma(x_{00}, x_{01}; x_{10}, x_{11}; x_{20}, x_{21}) := x_{00} \cdot x_{10} \cdot x_{21} = x_{01} \cdot x_{11} \cdot x_{20}.$$

O mapa de coordenadas leva cada par (m, n) com $n \neq 0$ ao número racional m/n. As fórmulas ψ_Γ para as fórmulas atômicas desaninhadas restantes ψ expressam adição e multiplicação de racionais em termos de adição e multiplicação de inteiros, tal qual em textos de álgebra.

Exemplo 3: *Extensões algébricas*. Seja A um corpo, $p(X)$ um polinômio irredutível de grau n sobre A e ξ uma raiz de $p(X)$ em algum corpo estendendo A. Então existe uma interpretação n-dimensional Γ de $A[\xi]$ em A. Se $\bar{a} = (a_0, \ldots, a_{n-1})$ é uma n-upla de elementos de A, escreva $q_{\bar{a}}(X)$ para designar o polinômio $X^n + a_{n-1}X^{n-1} + \ldots + a_1X + a_0$. Então $\partial_\Gamma(A^n)$ é a totalidade de A^n e $f_\Gamma(\bar{a})$ é $q_{\bar{a}}(\xi)$. A fórmula $=_\Gamma (\bar{a}, \bar{b})$ dirá que $p(X)$ divide $(q_{\bar{a}}(X) - q_{\bar{b}}(X))$; deixo ao leitor a verificação de que $=_\Gamma$ pode ser escrita como uma fórmula p.p. As fórmulas $(y_0 + y_1 = y_2)_\Gamma$ e $(y_0 \cdot y_1 = y_2)_\Gamma$ seguem as definições usuais de adição e multiplicação de polinômios, e novamente isso nos dá fórmulas p.p. Na verdade ∂_Γ é livre-de-quantificador e ϕ_Γ é p.p. para toda ϕ atômica desaninhada. Tal qual no Exemplo 2, trata-se de um objeto algébrico familiar visto de um ângulo ligeiramente peculiar.

Se Γ é uma interpretação de uma L-estrutura B em uma K-estrutura A, então existem certas sentenças de assinatura K que devem ser verdadeiras em A somente porque Γ é uma interpretação, independentemente do que A e B são. Essas sentenças dizem

(i) $=_\Gamma$ define uma relação de equivalência sobre $\partial_\Gamma(A^n)$,

(ii) para cada fórmula atômica desaninhada ϕ de L, se $A \vDash \phi_\Gamma(\bar{a}_0, \ldots, \bar{a}_{n-1})$ com $\bar{a}_0, \ldots, \bar{a}_{n-1}$ em $\partial_\Gamma(A^n)$, então também $A \vDash \phi_\Gamma(\bar{b}_0, \ldots, \bar{b}_{n-1})$ quando cada $\bar{b}_i$ é um elemento de $\partial_\Gamma(A^n)$ que é $=_\Gamma$-equivalente a $\bar{a}_i$,

(iii) se $\phi(y_0)$ é uma fórmula de L da forma $c = y_0$, então existe $\bar{a}$ em $\partial_\Gamma(A^n)$ tal que para todo $\bar{b}$ em $\partial_\Gamma(A^n)$, $A \vDash \phi_\Gamma(\bar{b})$ se e somente se $\bar{b}$ é $=_\Gamma$-equivalente a $\bar{a}$,

(iv) uma cláusula como (iii) para cada símbolo de função.

Essas sentenças de primeira ordem são chamadas de **condições de admissibilidade** de Γ. Elas generalizam as condições de admissibilidade para um reduto relativizado. Note que elas dependem apenas das partes (3.1) e (3.2) de Γ, e não do mapa de coordenadas.

Suponha que Γ interprete B em A. Então, num certo sentido, A conhece tudo o que se precisa conhecer sobre B, portanto podemos responder questões sobre B reduzindo-as a questões sobre A. O próximo teorema desenvolve essa idéia. Tendo em mente o Exemplo 1, esse teorema é melhor visto como um refinamento do teorema da relativização (Teorema 4.2.1).

Teorema 4.3.1 *(Teorema da redução).   Seja A uma K-estrutura, B uma L-estrutura e Γ uma interpretação n-dimensional de B em A. Então para toda fórmula $\phi(\bar{y})$ da linguagem $L_{\infty\omega}$ existe uma fórmula $\phi_\Gamma(\bar{x})$ da linguagem $K_{\infty\omega}$ tal que para toda $\bar{a}$ de $\partial_\Gamma(A^n)$,*

(3.5) $B \vDash \phi(f_\Gamma\bar{a}) \Leftrightarrow A \vDash \phi_\Gamma(\bar{a})$.

(Recordemos as convenções notacionais. Como Γ é n-dimensional, $\bar{a}$ será uma upla de n-uplas.)

Demonstração.   Pelo Corolário 2.6.2, toda fórmula de $L_{\infty\omega}$ é equivalente a uma fórmula de $L_{\infty\omega}$ na qual todas as subfórmulas atômicas são desaninhadas. Portanto podemos demonstrar o teorema por indução sobre a complexidade das fórmulas, e a cláusula (3.4) na definição de interpretações já se encarrega das fórmulas atômicas. Para fórmulas compostas definimos

(3.6) $(\neg\phi)_\Gamma = \neg(\phi_\Gamma)$,

(3.7) $(\bigwedge_{i\in I}\phi_i)_\Gamma = \bigwedge_{i\in I}(\phi_i)_\Gamma$,   e igualmente com $\bigvee$ no lugar de $\bigwedge$,

(3.8) $(\forall y\,\phi)_\Gamma = \forall x_0\ldots x_{n-1}(\partial_\Gamma(x_0,\ldots,x_{n-1}) \to \phi_\Gamma)$,

(3.9) $(\exists y\,\phi)_\Gamma = \exists x_0\ldots x_{n-1}(\partial_\Gamma(x_0,\ldots,x_{n-1}) \wedge \phi_\Gamma)$.   □

Esse teorema fundamental, porém trivial, requer algumas observações.

Observação 1. A função $\phi \mapsto \phi_\Gamma$ do teorema depende apenas das partes (3.1) e (3.2) de Γ, e de forma nenhuma do mapa de coordenadas f_Γ. Exploraremos esse fato durante o resto do capítulo. As partes (3.1) e (3.2) da definição de Γ formam uma **interpretação de** L **em** K, e a função $\phi \mapsto \phi_\Gamma$ do teorema da redução é o **mapa de redução** dessa interpretação.

Observação 2. Temos sido bem descuidados com as variáveis. Por exemplo se ϕ no teorema é $\phi(z)$, quais são as variáveis de ϕ_Γ? Evito responder a essa questão. Para os propósitos do teorema da redução, todas as fórmulas de $L_{\infty\omega}$ são da forma $\phi(y_0, y_1, \ldots)$ e todas as fórmulas de $K_{\infty\omega}$ são respectivamente da forma $\psi(x_{00}, \ldots, x_{0,n-1}; x_{10}, \ldots, x_{1,n-1}; \ldots)$. Também assumo tacitamente que se ϕ e θ são a mesma fórmula desaninhada de $L_{\infty\omega}$ a menos de permutação de variáveis, então ϕ_Γ e θ_Γ são a mesma fórmula a menos de uma permutação correspondente de suas variáveis livres.

Observação 3. Se ∂_Γ e as fórmulas ϕ_Γ (para ϕ atômica desaninhada) são fórmulas $\exists_1^+$ de primeira ordem, então para toda fórmula $\exists_1^+$ de primeira ordem ψ de L, ψ_Γ também é $\exists_1^+$ de primeira ordem. Isso é verdadeiro mesmo quando ψ contém fórmulas atômicas desaninhadas, pois a remoção do aninhamento introduz quantificadores existenciais no pior caso (veja Teorema 2.6.1). Generalizando, embora com uma certa imprecisão, se temos uma medida razoável da complexidade das fórmulas, então ϕ_Γ será apenas uma quantidade limitada mais complexa que ϕ.

Observação 4. Se L é uma linguagem recursiva (veja seção 2.3 acima) e a função $\phi \mapsto \phi_\Gamma$ em (3.2) é recursiva, então chamamos Γ de uma **interpretação recursiva**. Para uma interpretação recursiva o mapa de redução (restrito a fórmulas de primeira ordem) também é recursivo. Com mudanças dispensáveis na demonstração do Teorema 4.3.1 podemos fazer com que o mapa de redução seja também 1-1 em fórmulas de primeira ordem. Teóricos de recursão concluirão que se Γ é uma interpretação recursiva de B em A, então $\mathrm{Th}(B)$ é 1-1 redutível a $\mathrm{Th}(A)$.

O funtor associado

Teorema 4.3.2. *Seja* Γ *uma interpretação n-dimensional de uma assinatura L em uma assinatura K, e seja* $\mathrm{Admis}(\Gamma)$ *o conjunto de condições de admissibilidade de* Γ. *Então para toda K-estrutura A que é um modelo de* $\mathrm{Admis}(\Gamma)$, *existem uma L-estrutura B e uma função $f : \partial_\Gamma(A^n) \to \mathrm{dom}(B)$ tais que*
(a) Γ *com f formam uma interpretação de B em A, e*
(b) *se g e C são tais que Γ e g formam uma interpretação de C em A, então existe um isomorfismo $i : B \to C$ tal que $i(f\bar{a}) = g(\bar{a})$ para toda $\bar{a} \in \partial_\Gamma(A^n)$.*

Demonstração.   Seja A um modelo de Γ. Então construímos uma L-estrutura B da seguinte maneira. Defina uma relação $\sim$ sobre $\partial_\Gamma(A^n)$ por

(3.10) $\bar{a} \sim \bar{a}'$ sse $A \vDash=_\Gamma (\bar{a}, \bar{a}')$.

Por (i) das condições de admissibilidade, $\sim$ é uma relação de equivalência. Escreva $\bar{a}^\sim$ para designar a classe de equivalência de $\bar{a}$. O domínio de B será o conjunto de todas as classes de equivalência $\bar{a}^\sim$ com $\bar{a}$ em $\partial_\Gamma(A^n)$. (Leitores que não admitem estruturas vazias devem adicionar $\exists \bar{x} \partial_\Gamma(\bar{x})$ às condições de admissibilidade, daqui por diante.)

Para todo símbolo de relação R de L, definimos a relação R^B por

(3.11) $(\bar{a}_0^\sim, \dots, \bar{a}_{m-1}^\sim) \in R^B$ sse $A \vDash \phi_\Gamma(\bar{a}_0, \dots, \bar{a}_{m-1})$

onde $\phi(y_0, \dots, y_{m-1})$ é $Ry_0 \dots y_{m-1}$.

Por (ii) das condições de admissibilidade, essa é uma definição segura. As definições de c^B e F^B são semelhantes, dependendo de (iii) e (iv) das condições de admissibilidade. Isso define a L-estrutura B. Definimos $f : \partial_\Gamma(A^n) \to \mathrm{dom}(B)$ por $f\bar{a} = \bar{a}^\sim$. Então f é sobrejetora, e B foi definida de tal forma que torna (3.4) verdadeiro. Logo Γ e f são uma interpretação de B em A. Isso demonstra (a).

Para demonstrar (b), suponha que Γ seja uma interpretação de C em A. Para cada upla $\bar{a} \in \partial_\Gamma(A^n)$, defina $i(f\bar{a})$ como sendo $g\bar{a}$. Afirmamos que essa é uma definição segura de um isomorfismo $i : B \to C$. Se $f\bar{a} = f\bar{a}'$ então $A \vDash=_\Gamma (\bar{a}, \bar{a}')$ e portanto $g\bar{a} = g\bar{a}'$ devido a (3.4); logo a definição de i é segura. Um argumento semelhante na outra direção mostra que i é injetora; além disso, i é sobrejetora pois g é sobrejetora devido a (3.3). Então (3.4) para f e g mostra que i é uma imersão. Isso demonstra a afirmação, e com ela o teorema. $\square$

Escrevemos ΓA para designar a estrutura B do teorema. O teorema da redução (Teorema 4.3.1) aplica-se a ΓA da seguinte maneira:

(3.12)   para todas as fórmulas $\phi(\bar{y})$ de L, todas as K-estruturas A
          satisfazendo as condições de admissibilidade de Γ,
          e todas as uplas $\bar{a} \in \partial_\Gamma(A^n)$,
          $\Gamma A \vDash \phi(\bar{a}^\sim) \Leftrightarrow A \vDash \phi_\Gamma(\bar{a})$.

Seja Γ como no teorema, A e A' modelos das condições de admissibilidade de Γ, e $e : A \to A'$ uma imersão elementar. Então para toda upla $\bar{a} \in \partial_\Gamma(A^n)$, $e\bar{a}$ pertence a $\partial_\Gamma(A'^n)$. Além disso se $\bar{c}$ é uma outra upla em $\partial_\Gamma(A^n)$ e $A \vDash=_\Gamma (\bar{a}, \bar{c})$, então $A' \vDash=_\Gamma (e\bar{a}, e\bar{c})$. Segue que existe uma função bem definida Γe de $\mathrm{dom}(\Gamma A)$ para $\mathrm{dom}(\Gamma A')$, definida por $(\Gamma e)(\bar{a}^\sim) = (e\bar{a})^\sim$. Verifica-se facilmente que $\Gamma(1_A)$ é a função $1_{\Gamma A}$. Também verifica-se que se $e_1 : A \to A'$ e $e_2 : A' \to A''$ são imersões elementares, então $\Gamma(e_2 e_1) = (\Gamma e_2)(\Gamma e_1)$.

Além do mais, Γe é uma imersão elementar de ΓA em $\Gamma A'$. Pois, seja $\bar{a}$ uma sequência de uplas de $\partial_\Gamma(A^n)$ e ϕ uma fórmula de L. Então temos

$$(3.13) \qquad \Gamma A \vDash \phi(\bar{a}^\sim) \Leftrightarrow A \vDash \phi_\Gamma(\bar{a}) \Rightarrow A' \vDash \phi_\Gamma(e\bar{a}) \Leftrightarrow \Gamma A' \vDash \phi((\Gamma e)\bar{a}^\sim).$$

Aqui a equivalência da esquerda resulta do teorema da redução ((3.12) acima), a implicação do meio é devido ao fato de que e é elementar, e a equivalência da direita é devida ao teorema da redução e à definição de Γe.

Na verdade a definição de Γe faz sentido sempre que A, A' são modelos das condições de admissibilidade de Γ e $e : A \rightarrow A'$ é um homomorfismo qualquer que preserva as fórmulas ∂_Γ e $=_\Gamma$. Se e também preserva todas as fórmulas ϕ_Γ para fórmulas atômicas desaninhadas ϕ de L, então (3.13) vale para essas fórmulas ϕ também, e portanto Γe é um homomorfismo de ΓA para $\Gamma A'$. Para resumir, temos o seguinte.

Teorema 4.3.3. *Seja Γ uma interpretação de uma assinatura L em uma assinatura K, com condições de admissibilidade* Admis(Γ).

(a) *Γ induz um funtor, escrito* Funt(Γ), *da categoria de modelos de* Admis(Γ) *e imersões elementares, para a categoria de L-estruturas e imersões elementares.*

(b) *Se as fórmulas ∂_Γ e ϕ_Γ (para ϕ atômica desaninhada) são fórmulas $\exists_1^+$, então podemos estender o funtor* Funt(Γ) *em* (a), *substituindo 'imersões elementares' por 'homomorfismos'.*   □

Chamamos o funtor Funt(Γ) do Teorema 4.3.3, seja na versão (a) ou na (b), de **funtor associado** da interpretação Γ. Usualmente escrevemos simplesmente Γ; há pouco perigo de se confundir a interpretação com o funtor.

Suponha que Γ seja o funtor associado de uma interpretação de L em K. Então sempre que ΓA está definido, temos um homomorfismo de grupo $\alpha \mapsto \Gamma\alpha$ de Aut(A) para Aut(ΓA). O que pode ser dito sobre esse homomorfismo?

Teorema 4.3.4. *Seja Γ uma interpretação de L em K, e seja A uma L-estrutura tal que ΓA está definido. Então o homomorfismo induzido h :* Aut(A) $\rightarrow$ Aut(ΓA) *é contínuo.*

Demonstração. É suficiente mostrar que se F é um subgrupo aberto básico de Aut(B), então existe um subgrupo aberto E de Aut(A) tal que $h(E) \subseteq F$. Seja F o grupo de automorfismos Aut(B)$_{(\bar{b})}$ para alguma upla $\bar{b}$ de elementos de B. Seja X um conjunto finito de elementos de A tal que cada elemento em $\bar{b}$ é da forma $f_\Gamma(\bar{a})$ para alguma upla $\bar{a}$ de elementos de X. Então por definição de h, $h(\text{Aut}(A)_{(X)}) \subseteq \text{Aut}(B)_{(\bar{b})}$.   □

Exercícios para a seção 4.3

1. Mostre que se Γ é uma interpretação n-dimensional de L em K, então para toda K-estrutura A para a qual ΓA está definida, $|\Gamma A| \leqslant |A|^n$.

2. Sejam A, B e C estruturas. Mostre que se B é interpretável em A e C é interpretável em B, então C é interpretável em A.

3. Escreva uma interpretação Γ tal que para todo grupo abeliano A, ΓA seja o grupo $A/5A$. Aplicando Γ à inclusão $\mathbb{Z} \to \mathbb{Q}$, demonstre que o Teorema 4.3.3(b) falha se substituirmos $\exists_1^+$ por $\exists_1$ e 'homomorfismos' por 'imersões'.

4. Seja A uma L-estrutura com pelo menos dois elementos. Mostre que a soma disjunta $A + A$ (veja Exercício 3.2.8) é interpretável em A.

5. Seja G um grupo e A um subgrupo abeliano normal de G tal que G/A é finito. Mostre que G é interpretável em A com parâmetros. [As classes laterais de A podem ser escritas como $h_1 A + \ldots + h_n A$. Interprete em $A + \ldots + A$ (n parcelas).]

Suponha que as linguagens K e L não tenham símbolos de relação. Uma **interpretação polinomial** *de L em K é uma função Δ que associa a cada constante c de L um termo fechado c_Δ de K, e a cada símbolo de função m-ária F de L um termo $F_\Delta(x_0, \ldots, x_{m-1})$ de K.*
6. Mostre como uma interpretação polinomial Δ de L em K induz uma interpretação Γ de L em K, na qual para toda equação ϕ, ϕ_Γ também é uma equação. Mostre que para toda K-estrutura A, ΓA existe e é um reduto de uma extensão definicional de A. (Escrevemos ΔA para designar ΓA.)

7. Escreva uma interpretação polinomial Δ tal que para todo anel A, ΔA seja o anel de Lie de A.

8. Seja A um corpo e n um inteiro positivo. (a) Seja R o conjunto de todas as n-uplas $\bar{a} = (a_0, \ldots, a_{n-1})$ de elementos de A tais que o polinômio $X^n + a_{n-1} X^{n-1} + \ldots + a_1 X + a_0$ é irredutível sobre A, e se α é uma raiz desse polinômio então o corpo $A[\alpha]$ é Galois sobre A. Mostre que R é $\varnothing$-definível sobre A. [Divida 'Galois' em 'normal' e 'separável'. Note que todo elemento de $A[\alpha]$ pode ser considerado como uma classe de equivalência de n-uplas de elementos de A, por uma relação de equivalência que é definível em termos de $\bar{a}$.] (b) Seja G um grupo finito. Seja R_G o conjunto de todas as n-uplas como definido acima, tais que o grupo de Galois $A[\alpha]/A$ é isomorfo a G. Mostre que R_G também é $\varnothing$-definível sobre A.

4.4   Elementos imaginários

Suponha que uma estrutura B seja interpretável em uma estrutura A. Então podemos pensar nos elementos de B como elementos 'implícitos' de A. O teorema da redução garante essa intuição – ele nos diz que podemos falar dos elementos de B

fazendo enunciados sobre elementos de A. O exemplo provavelmente mais familiar é o conjunto dos números complexos: podemos pensar nesses números como pares de números reais, logo os números complexos estão 'implícitos' no corpo dos números reais.

Esse aspecto de interpretações foi a motivação para as definições que se seguem. Mas no momento vamos esquecer interpretações e começar novamente do zero. Nas demonstrações de dois dos teoremas nessa seção, estabeleceremos algumas uniformidades usando o teorema da compacidade para a lógica de primeira ordem. Como o teorema somente é demonstrado no próximo capítulo, os leitores de primeira viagem podem preferir saltar essas demonstrações. Nenhuma das noções definidas nessa seção depende do teorema da compacidade.

Seja L uma linguagem de primeira ordem e A uma L-estrutura. Uma **fórmula de equivalência** de A é uma fórmula $\phi(\bar{x}, \bar{y})$ de L, sem parâmetros, tal que a relação $\{(\bar{a}, \bar{b}) : A \vDash \phi(\bar{a}, \bar{b})\}$ é uma relação de equivalência não-vazia E_ϕ. Escrevemos ∂_ϕ para designar o conjunto $\{\bar{a} : A \vDash \phi(\bar{a}, \bar{a})\}$. Escrevemos $\bar{a}/\phi$ para designar a classe de E_ϕ-equivalência da upla $\bar{a} \in \partial_\phi$. Itens da forma $\bar{a}/\phi$, onde ϕ é uma fórmula de equivalência e $\bar{a}$ uma upla, são conhecidos como **elementos imaginários** de A.

Note que em toda L-estrutura A existe uma correspondência natural entre os elementos a de A e os elementos imaginários $a/(x = y)$. (Todo elemento real é imaginário!) Igualmente toda upla $(a_0, \ldots, a_{n-1})$ de elementos de A podem ser identificados com um único elemento $\bar{a}/\theta$ onde $\theta(\bar{x}, \bar{y})$ é a fórmula $\bigwedge_{i<n} x_i = y_i$. Note também que, se $\phi(x_0, \ldots, x_{n-1})$ é uma fórmula qualquer de L, existem elementos imaginários correspondendo ao conjunto $\phi(A^n)$ e seu complemento, graças à fórmula de equivalência $\phi(\bar{x}) \leftrightarrow \phi(\bar{y})$.

Saharon Shelah sugeriu uma maneira de considerar elementos imaginários de uma estrutura como elementos genuínos. Seja A uma L-estrutura. Shelah definiu uma outra estrutura A^{eq} (pronuncia-se 'A E Q') que contém A como uma parte definível. A definição de A^{eq} é como se segue.

Seja L uma assinatura e A uma L-estrutura. Seja $\theta(\bar{x}, \bar{y})$ uma fórmula de equivalência de A. Escrevemos I_θ para designar o conjunto de todas as classes $\bar{a}/\theta$ com $\bar{a} \in \partial_\theta$, e $f_\theta : \partial_\theta \to I_\theta$ para a função $\bar{a} \mapsto \bar{a}/\theta$. Os elementos de A^{eq} são as classes de equivalência $\bar{a}/\theta$ com θ uma fórmula de equivalência de A e $\bar{a} \in \partial_\theta$. Identificamos cada elemento a de A com a classe de equivalência $a/(x = y)$. Para cada fórmula de equivalência θ existem um símbolo de relação 1-ária P_θ e um símbolo de relação R_θ, interpretados em A^{eq} de tal forma que P_θ nomeia I_θ e R_θ nomeia (o grafo d)a função f_θ. Também os símbolos de L são interpretados em A^{eq} tal qual em A, para os elementos em $I_{(x=y)}$. Dois pequenos refinamentos são necessários aqui. Primeiro, como $I_{(x=y)}$ não é a totalidade do domínio de A^{eq}, os símbolos de função de L terão que ser substituídos por símbolos de relação; veja Exercício 2.6.1. Ao falar sobre A^{eq} podemos manter os símbolos de função como abreviações. E segundo, fica mais limpo (e torna a demonstração do Teorema 4.4.1 mais suave) se garantirmos que os conjuntos I_θ distintos sejam disjuntos. Pode-se fazer isso através do dispositivo usual da teoria dos conjuntos que é o de substituir cada elemento $\bar{a}/\theta$ pelo par ordenado $(\bar{a}/\theta, \theta)$.

Isso define a estrutura A^{eq}. Escrevemos L^{eq} para designar sua assinatura. Os conjuntos I_θ são chamados de **sortes** de A^{eq}.

Teorema 4.4.1. *Seja A uma estrutura de assinatura L.*

(a) dom(A) *é $\varnothing$-definível em A^{eq}, assim como todas as relações R^A, todas as funções F^A, e todas as constantes c^A de A.*

(b) *Para todo elemento a de A^{eq} existem uma fórmula $\phi(\bar{x}, y)$ de L^{eq} e uma upla $\bar{b}$ em A tais que a é o único elemento de A^{eq} satisfazendo $\phi(\bar{b}, y)$.*

(c) *Para toda fórmula de primeira ordem $\phi(\bar{x})$ de L^{eq} existe uma fórmula de primeira ordem $\phi^{\downarrow}(\bar{x})$ de L tal que, para toda upla $\bar{a}$ de elementos de A, $A^{eq} \vDash \phi(\bar{a}) \Leftrightarrow A \vDash \phi^{\downarrow}(\bar{a})$.*

(d) *Se $e : A \to B$ é uma imersão elementar, então e estende para uma imersão elementar $e^{eq} : A^{eq} \to B^{eq}$.*

(e) *Se X é um conjunto de elementos de A, então $\mathrm{acl}_A(X) = \mathrm{acl}_{A^{eq}}(X) \cap$ dom(A).*

Demonstração.   Deixo ao leitor. $\square$

Exemplo 1: *Planos projetivos.*   Suponha que A seja um espaço vetorial tridimensional sobre um corpo finito, e seja L a linguagem de primeira ordem de A. Então podemos escrever uma fórmula $\theta(x, y)$ de L que expressa 'os vetores x e y são não-nulos e são linearmente independentes um do outro'. A fórmula θ é uma fórmula de equivalência de A, e o sorte I_θ ó conjunto de pontos do plano projetivo P associado a A. Igualmente podemos escrever uma fórmula $\eta(x_1, x_2, y_1, y_2)$ que expressa 'x_1 e x_2 são linearmente dependentes; y_1 e y_2 também o são; e x_1 e x_2 juntos geram o mesmo plano que y_1 e y_2'. Novamente η é uma fórmula de equivalência de A, e o sorte I_η é o conjunto de retas de P. Usando as relações R_θ e R_η podemos facilmente definir a relação de incidência de P. Logo enunciados sobre o plano projetivo P podem ser traduzidos de modo bastante direto para enunciados sobre A^{eq}.

Talvez tenha sido exagero definir a totalidade de A^{eq} de uma vez só. Na maioria das aplicações estamos interessados apenas em um número finito dos sortes I_θ. Uma **fatia finita** de A^{eq} é uma estrutura definida exatamente da mesma maneira que A^{eq}, porém usando apenas um número finito de fórmulas de equivalência θ (sempre incluindo a fórmula de equivalência $x = y$).

Existe um relacionamento estreito entre interpretações e A^{eq}. Na verdade alguns autores invocam o próximo teorema como uma desculpa para trabalhar com A^{eq} ao invés de interpretações; é meramente uma questão de gosto.

Teorema 4.4.2. *Seja A uma K-estrutura com mais de um elemento, e B uma L-estrutura. Então B é interpretável em A se e somente se B é isomorfa a um reduto relativizado de uma expansão definicional de uma fatia finita de A^{eq}.*

Demonstração. Suponha inicialmente que exista uma interpretação n-dimensional Γ de B em A. Seja θ a fórmula $\partial_\Gamma(\bar{x}_1) \wedge \partial_\Gamma(\bar{x}_2) \wedge\ =_\Gamma\ (\bar{x}_1, \bar{x}_2)$. Então θ é uma fórmula de equivalência, tal que I_θ é um sorte de A^{eq}. Os elementos imaginários $\bar{a}/\theta$ estão em correspondência um-a-um com os elementos $f_\Gamma(\bar{a})$ $(\bar{a} \in \partial_\Gamma(A^n))$ de B. Deixo ao leitor a verificação de que as relações de B correspondem a relações $\varnothing$-definíveis sobre A^{eq}, usando o símbolo R_θ.

Na outra direção suponha que B seja um reduto relativizado A_P^* onde A^* é uma extensão definicional de uma fatia finita de A^{eq}. Através de compartilhamento (Exercício 2.1.6, usando dois ou mais elementos) podemos supor que o domínio de B reside dentro de algum conjunto I_θ onde $\theta(\bar{x}_1, \bar{x}_2)$ é uma fórmula de equivalência n-ária. Então a interpretação desejada Γ tem

$$\partial_\Gamma(\bar{x}) := P^*(\bar{x}),$$
$$=_\Gamma\ :=\ \theta^*$$

onde $P^*(\bar{x})$ e θ^* são fórmulas de K^{eq} que são equivalentes a $P(\bar{x})$ e θ; e igualmente para os símbolos restantes de Γ.   □

Propriedade da envoltória finita

A próxima noção tem um papel importante no estudo de estruturas incontavelmente categóricas. Menciono-a aqui porque uma das suas formulações mais memoráveis é em termos de A^{eq}.

Seja T uma teoria completa em uma linguagem de primeira ordem L. Dizemos que T **não tem a propriedade da envoltória finita** (abreviando: não tem a p.e.f.) se para toda fórmula $\theta(\bar{x}, \bar{y}, \bar{z})$ de L com $\bar{x}, \bar{y}$ de mesmo comprimento n, existe uma fórmula $\phi(\bar{z})$ de L com a seguinte propriedade:

(4.1)   em qualquer modelo A de T, se $\bar{a}$ é uma upla de elementos e $\theta(\bar{x}, \bar{y}, \bar{a})$ define uma relação de equivalência E sobre o conjunto de todas as n-uplas de elementos de A, então E tem um número infinito de classes se e somente se $A \vDash \phi(\bar{a})$.

Advertência. Essa é a definição comumente usada na prática, mas não é equivalente à definição original de Keisler, que é dada no Exercício 3 adiante. Nossa formulação é devida a Shelah, que mostra que ela é equivalente à de Keisler para uma classe grande e importante de teorias completas conhecidas como 'teorias estáveis' (veja seção 9.4 adiante). Segundo a definição de Keisler uma teoria completa instável sempre tem a p.e.f. (cf. Exercício 9.4.10).

Existe uma outra maneira de descrever a p.e.f. Se L é uma linguagem de primeira ordem e A é uma L-estrutura, dizemos que **infinitude é definível em** A se para toda fórmula $\phi(\bar{x}, \bar{y})$ de L existe uma fórmula $\sigma(\bar{y})$ de L tal que para cada upla $\bar{a}$ em A,

(4.2) $A \vDash \sigma(\bar{a}) \Leftrightarrow \phi(A^n, \bar{a})$ é infinito.

Por exemplo, se A é um corpo algebricamente fechado e $\phi(x, \bar{y})$ é uma equação $p(x, \bar{y}) = 0$ onde p é um polinômio com coeficientes inteiros, então para toda upla $\bar{a}$ de A, $\phi(A, \bar{a})$ é infinito se e somente se $p(x, \bar{a})$ é o polinômio nulo; podemos escrever isso como uma condição $\sigma(\bar{a})$ sobre $\bar{a}$.

Destrinchando a definição de A^{eq}, vemos que *T deixa de ter a p.e.f. se e somente se para todo modelo A de T, infinitude é definível em A^{eq}.*

A definibilidade da infinitude *para todos os modelos* de uma teoria de primeira ordem completa T é equivalente a algo mais simples. (Essa é nossa primeira aplicação do teorema da compacidade para a lógica de primeira ordem.)

Teorema 4.4.3. *Seja L uma linguagem de primeira ordem e T uma teoria completa em L. Então as seguintes condições são equivalentes:*

(a) *Infinitude é definível em todo modelo de T.*

(b) *Se $\phi(\bar{x}, \bar{y})$ é uma fórmula qualquer de L, então existe um $k < \omega$ tal que para todo modelo A de T e cada upla $\bar{a}$ em A, ou $|\phi(A^n, \bar{a})| \leqslant k$, ou $\phi(A^n, \bar{a})$ é infinito.*

Demonstração. (a) $\Rightarrow$ (b): Suponha que A seja um modelo de T e que $\sigma(\bar{x})$, $\phi(\bar{x}, \bar{y})$ são fórmulas de L tais que (4.2) se verifica. Por contradição assuma que (b) seja falso, i.e. que para todo $k < \omega$ existe uma upla $\bar{a}_k$ em A tal que $k < |\phi(A^n, \bar{a})| < \omega$. Então tome uma m-upla $\bar{d}$ de novas constantes distintas, e considere a seguinte teoria T':

(4.3) $T \cup \{\neg\sigma(\bar{d})\} \cup \{\exists_{\geqslant k}\bar{x}\phi(\bar{x}, \bar{d}) : k < \omega\}$.

Se T_0 é um subconjunto finito qualquer de T', então T_0 contém apenas um número finito de sentenças $\exists_{\geqslant h}\bar{x}\phi(\bar{x}, \bar{d})$. Seja k um número finito maior que todos esses h; então podemos construir um modelo de T_0 tomando A e interpretando $\bar{d}$ como nomes para os elementos $\bar{a}_k$. Portanto todo subconjunto finito de T' tem um modelo. Logo segue pelo teorema da compacidade para a lógica de primeira ordem (Teorema 5.1.1) que T' tem um modelo B. Então (4.2) falha quando colocamos $B|L$ no lugar de A e $\bar{d}^B$ no lugar de $\bar{a}$. Isso contradiz (a). Logo nossa suposição de que (b) falha era falsa.

(b) $\Rightarrow$ (a): Se (b) se verifica então podemos escrever uma fórmula $\sigma(\bar{y})$, a saber $\exists_{>k}\bar{x}\phi(\bar{x}, \bar{y})$. $\square$

Note que o teorema da compacidade nos dá uma uniformidade: a fórmula σ pode ser escolhida de modo a depender apenas de ϕ e não da escolha do modelo A.

Eliminando imaginários

Seguindo Bruno Poizat, dizemos que uma L-estrutura A tem *eliminação de imaginários* se para toda fórmula de equivalência $\theta(\bar{x}, \bar{y})$ de A e cada upla $\bar{a}$ em A existe uma fórmula $\phi(\bar{x}, \bar{y})$ de L tal que a classe de equivalência $\bar{a}\theta$ de $\bar{a}$ pode ser escrita da forma $\phi(A^n, \bar{b})$ para alguma upla *univocamente determinada* $\bar{b}$ de A. Permitimos que $\bar{z}$ e $\bar{b}$ sejam uplas vazias, em cujos casos $\bar{a}/\theta$ é $\varnothing$-definível.

De modo a ser mais útil, dizemos que A tem **eliminação uniforme de imaginários** se o mesmo se verifica, exceto que ϕ depende apenas de θ e não de $\bar{a}$. Uma outra maneira de dizer isso é que para toda fórmula de equivalência $\theta(\bar{x}, \bar{y})$ de A existe uma função F que é definível sem parâmetros, tomando uplas como valores, tal que para toda $\bar{a}_1$ e $\bar{a}_2$ em A, $\bar{a}_1$ é θ-equivalente a $\bar{a}_2$ se e somente se $F(\bar{a}_1) = F(\bar{a}_2)$.

A uniformidade ajuda, porque ela cria bijeções entre conjuntos de uplas e conjuntos de classes definíveis em A, portanto:

Teorema 4.4.4. *Seja A uma L-estrutura. Então as seguintes condições são equivalentes.*

(a) *A tem eliminação uniforme de imaginários.*

(b) *Para toda fórmula $\psi(\bar{x}, \bar{y})$ de L, com $\bar{x}$ de comprimento n, existe uma fórmula $\chi(\bar{x}, \bar{z})$ de L tal que para cada upla $\bar{a}$ em A existe uma única upla $\bar{b}$ em A tal que $\psi(A^n, \bar{a}) = \chi(A^n, \bar{b})$.*

Demonstração. (a) $\Rightarrow$ (b). Escreva $\theta(\bar{y}, \bar{y}')$ para designar a fórmula

$$(4.4) \qquad \forall \bar{x}(\psi(\bar{x}, \bar{y}) \leftrightarrow \psi(\bar{x}, \bar{y}')).$$

Então θ é uma fórmula de equivalência, logo pelo item (a) existe uma fórmula $\phi(\bar{y}, \bar{z})$ de L tal que para cada $\bar{b}$ em A, $\theta(A^m, \bar{b}) = \phi(A^m, \bar{c})$ para uma upla $\bar{c}$ que é única. Seja $\chi(\bar{x}, \bar{z})$ a fórmula $\exists \bar{y}\,(\psi(\bar{x}, \bar{y}) \wedge \phi(\bar{y}, \bar{z}))$.

(b) $\Rightarrow$ (a) é imediato. $\qquad\qquad\square$

Dizemos que uma teoria T em L **tem eliminação de imaginários** se todos os modelos de T têm eliminação de imaginários. Igualmente T **tem eliminação uniforme de imaginários** se todo modelo de T tem eliminação uniforme de imaginários, de tal maneira que ϕ na definição acima depende apenas de θ e não da escolha do modelo. Porém na verdade podemos dizer algo mais limpo nesse caso.

Teorema 4.4.5.   *Seja T uma teoria em L. As seguintes condições são equivalentes.*

(a) *T tem eliminação uniforme de imaginários.*

(b) *Se $\theta(\bar{x}, \bar{y})$ é uma fórmula qualquer de L tal que $T \vdash$ 'θ define uma relação de equivalência', então existe uma fórmula $\phi(\bar{x}, \bar{z})$ de L tal que $T \vdash \forall\bar{y}\exists_{=1}\bar{z}\forall\bar{x}(\theta(\bar{x}, \bar{y}) \leftrightarrow \phi(\bar{x}, \bar{z}))$.*

(c) *Para toda fórmula $\theta(\bar{x}, \bar{y})$ de L existe uma fórmula $\phi(\bar{x}, \bar{z})$ de L tal que $T \vdash$ ('θ define uma relação de equivalência' $\rightarrow \forall\bar{y}\exists_{=1}\bar{z}\forall\bar{x}(\theta(\bar{x}, \bar{y}) \leftrightarrow \phi(\bar{x}, \bar{z})))$.*

Demonstração.   (c) $\Rightarrow$ (a) $\Rightarrow$ (b) são imediatos. Assumindo (b) obtemos (c) como segue: quando ambos $\bar{x}$ e $\bar{y}$ têm o mesmo comprimento n, escreva $\theta^*(\bar{x}, \bar{y})$ para designar a fórmula

(4.5)   ('θ define uma relação de equivalência' $\rightarrow \theta$).

Então em qualquer L-estrutura A, θ^* define uma relação de equivalência E; mas se θ não é uma fórmula de equivalência de A então E é a relação de equivalência trivial sobre $(\mathrm{dom}\ A)^n$ com apenas uma classe. Escolha ϕ colocando θ^* no lugar de θ em (b). Então ϕ funciona para a condição (c).   □

O próximo resultado (que novamente se baseia no teorema da compacidade) nos diz que se T é uma teoria de primeira ordem satisfazendo uma condição razoavelmente branda, então a eliminação de imaginários para T é sempre uniforme. Isso explica por que os teóricos de modelos estão aptos a omitir a palavra 'uniforme' nesse contexto – a uniformidade vem de graça.

Teorema 4.4.6.   *Seja T uma teoria em uma linguagem de primeira ordem L, e suponha que existam termos fechados s, t de L tais que $T \vdash s \neq t$. Então as seguintes condições são equivalentes.*
(a) *T tem eliminação de imaginários.*
(b) *T tem eliminação uniforme de imaginários.*

Demonstração.   Precisamos apenas demonstrar (a) $\Rightarrow$ (b). Seja $\theta(\bar{x}, \bar{y})$ uma fórmula de L, e escreva Eq_θ para designar a sentença de L que diz que θ é uma fórmula de equivalência. Tome uma upla $\bar{c}$ de novas constantes distintas, e suponha que T' seja a teoria

(4.6) $T \cup \{\mathrm{Eq}_\theta\}\cup$
$\{$'Não existe uma única $\bar{z}$ tal que $\forall\bar{x}(\phi(\bar{x}, \bar{z}) \leftrightarrow \theta(\bar{x}, \bar{c}))$' : ϕ uma fórmula de $L\}$.

Se T' tivesse um modelo B, então $B|L$ seria um modelo de T sem eliminação de imaginários. Logo T' não tem modelo, e portanto pelo teorema da compacidade para a lógica de primeira ordem (Teorema 5.1.1) existe um subconjunto finito T_0 de T' que também não tem modelo. Seja $\phi_i(\bar{x}, \bar{z}_i)$ $(i < k)$ as fórmulas (em número finito) que aparecem em T_0 no papel de ϕ. Então

(4.7) $\qquad\qquad\qquad\qquad T \cup \{\mathrm{Eq}_\theta\} \vdash$

$$\bigvee_{i<k} \text{'Existe uma única } \bar{z}_i \text{ tal que } \forall \bar{x}(\phi_i(\bar{x}, \bar{z}_i) \leftrightarrow \theta(\bar{x}, \bar{c}))\text{'.}$$

Como as constantes $\bar{c}$ são distintas e não aparecem em $T \cup \mathrm{Eq}_\theta$, o lema das constantes (Lema 2.3.2) nos permite substituir a segunda linha de (4.7) por

(4.8) $\quad \forall \bar{y} \bigvee_{i<k} \text{'Existe uma única } \bar{z}_i \text{ tal que } \forall \bar{x}(\phi_i(\bar{x}, \bar{z}_i) \leftrightarrow \theta(\bar{x}, \bar{y}))\text{'.}$

Usando o Exercício 2.1.6 (compartilhamento de tempo com fórmulas) e os dois termos fechados s, t, podemos construir uma fórmula

(4.9) $\qquad\qquad\qquad\qquad \psi(\bar{x}, \bar{z}_0, \ldots, \bar{z}_{k-1}, \bar{w})$

que se transforma em fórmulas equivalentes (módulo a teoria $\{s \neq t\}$) a $\phi_i(\bar{x}, \bar{z}_i)$ quando colocamos combinações apropriadas dos termos s, t no lugar das variáveis $\bar{w}$. Com um pouco de habilidade (que deixo ao leitor) podemos codificar as fórmulas ϕ_i usando a fórmula ψ, portanto obtemos

(4.10) $\qquad\qquad\qquad\qquad T \cup \{\mathrm{Eq}_\theta\} \vdash$

$$\forall \bar{x} \text{'Existe uma única } \bar{z} \text{ tal que } \forall \bar{y}(\phi(\bar{x}, \bar{z}) \leftrightarrow \theta(\bar{x}, \bar{y}))\text{'.}$$

Fazendo o mesmo para cada fórmula θ, T tem um eliminação uniforme de imaginários.

Corpos com eliminação de imaginários

Mostraremos que a teoria dos corpos real-fechados e a teoria dos corpos algebricamente fechados de uma característica fixa ambos têm eliminação de imaginários. Como cada uma dessas teorias acarreta $0 \neq 1$, a eliminação de imaginários é uniforme.

Recordemos que os Teoremas 2.7.2 e 2.7.3 enunciavam resultados de eliminação de quantificadores para essas teorias. Usaremos dois corolários de eliminação de quantificadores para corpos algebricamente fechados. Pelo Exemplo 2 na seção 7.4, a teoria dos corpos algebricamente fechados de uma característica fixa é completa.

Pelo Exemplo 1 na seção 9.2, se A é um corpo algebricamente fechado e X é um conjunto de elementos de A que é definível por uma fórmula de primeira ordem com parâmetros de A, então X ou $(\text{dom } A)\backslash X$ é um conjunto finito; isso diz que A é uma **estrutura minimal**.

Teorema 4.4.7. *Seja T a teoria dos corpos real-fechados, na linguagem de primeira ordem L. Então T tem eliminação de imaginários.*

Demonstração. Seja A um modelo de T, $\theta(\bar{x}, \bar{y})$ uma fórmula de equivalência para T e $\bar{b}$ uma upla de A. Então $\theta(\bar{x}, \bar{b})$ define a classe de θ-equivalência $\bar{b}/\theta$ de $\bar{b}$. Podemos supor que $\bar{x} = (x_0, \ldots, x_{n-1})$.

Afirmamos que para cada $i < n$ existem elementos $a_0, \ldots, a_{i-1}$ e uma fórmula $\psi_i(x_0, \ldots, x_{i-1}, \bar{y})$ de L tais que

(4.11)   para toda $\bar{d} \in \bar{b}/\theta$, $(a_0, \ldots, a_{i-1})$ é a única i-upla
          de elementos de A satisfazendo $\psi_i(x_0, \ldots, x_{i-1}, \bar{y})$ em A,

(4.12)   existem $\bar{a}'_i, \ldots, \bar{a}'_{n-1}$ tais que $(a_0, \ldots, a_{i-1}, a'_i, \ldots, a'_{n-1}) \in \bar{b}/\theta$.

A cláusula (4.11) diz que a upla $(a_0, \ldots, a_{i-1})$ é definível a partir de $\bar{b}/\theta$ em A^{eq}.

Demonstramos a afirmação por indução sobre i. Quando $i = 0$ ela é trivialmente verdadeira. Assumindo que ela é verdadeira para i, demonstramos que ela é verdadeira para $i + 1$ da seguinte forma.

Considere o conjunto não-vazio W de todos os elementos a de A tais que

$$A \vDash \exists x_{i+1} \ldots x_{n-1} \theta(a_0, \ldots, a_{i-1}, a, x_{i+1}, \ldots, xn - 1, \bar{b}).$$

Pelo teorema da eliminação de quantificadores para corpos real-fechados, W é uma união finita de conjuntos unitários e intervalos abertos cujos extremos são $-\infty$, ∞ ou elementos definíveis a partir de $\bar{b}$. Como W não se altera se substituirmos $\bar{b}$ por qualquer outra upla de $\bar{b}/\theta$, esses extremos são na verdade definíveis a partir de $\bar{b}/\theta$. Examinamos as possibilidades. Se W é o próprio A, podemos tomar a_i como sendo 0; então ψ_{i+1} pode ser ψ_i juntamente com um novo operando conjuntivo '$x_i = 0$'. Se W não é o A inteiro, mas contém o conjunto de elementos $< d$, onde d é um elemento definível a partir de $\bar{b}/\theta$, então podemos escolher a_i como sendo $d - 1$, com uma ψ_{i+1} apropriada; semelhantemente se W contém um segmento final de A. Igualmente, se W contém o intervalo aberto (d_1, d_2) onde d_1 e d_2 são ambos definíveis a partir de $\bar{b}/\theta$, então podemos tomar a_i como sendo $(d_1 + d_2)/2$. Resta o caso em que W não contém qualquer intervalo aberto não-vazio. Então W tem que ser um conjunto finito de elementos definíveis a partir de $\bar{b}/\theta$, e portanto podemos tomar a_i como sendo o primeiro desses elementos. Em cada caso é fácil escrever uma fórmula ψ_{i+1} apropriada. Isso demonstra a afirmação.

Pela afirmação para $i = n$, $(a_0, \ldots, a_{n-1})$ é a única n-upla $\bar{a}$ em A tal que $\bar{b}/\theta$ é definida pela fórmula $\theta(\bar{x}, \bar{a}) \wedge \psi_n(\bar{a}, \bar{a})$. □

Teorema 4.4.8. *Seja T a teoria dos corpos algebricamente fechados de alguma característica fixa, na linguagem de primeira ordem L. Então T tem eliminação de imaginários.*

Demonstração. (O seguinte argumento baseado em teoria dos modelos é devido a Anand Pillay. Pode-se também apresentar argumentos geométricos.) Seja A um modelo de T, $\theta(\bar{x}, \bar{y})$ uma fórmula de equivalência para T e $\bar{b}$ uma upla de A. Então $\theta(\bar{x}, \bar{b})$ define a classe de θ-equivalência $\bar{b}/\theta$ de $\bar{b}$. Podemos supor que $\bar{x} = (x_0, \ldots, x_{n-1})$.

Afirmamos que para cada $i < n$ existe uma fórmula $\psi_i(x_0, \ldots, x_{i-1}, \bar{y})$ de L tal que o conjunto $\psi_i(A^i, \bar{d})$ é o mesmo para cada $\bar{d} \in \bar{b}/\theta$, e além do mais o conjunto U_i de i-uplas $(a_0, \ldots, a_{i-1}) \in \psi_i(A^i, \bar{b})$ tais que

$$(4.13) \quad \text{existem } a'_i, \ldots, a'_{n-1} \text{ tais que } (a_0, \ldots, a_{i-1}, a'_i, \ldots, a'_{n-1}) \in \bar{b}/\theta$$

é finito e não-vazio. Demonstramos a afirmação por indução sobre i. Quando $i = 0$ ela é trivialmente verdadeira. Assumindo que ela é verdadeira para i, demonstramos que ela é verdadeira para $i + 1$ da seguinte maneira.

Seja $(a_0, \ldots, a_{i-1})$ uma upla em U_i, e considere o conjunto não-vazio W de todos os elementos a de A tais que

$$A \models \exists x_{i+1} \ldots x_{n-1} \theta(a_0, \ldots, a_{i-1}, a, x_{i+1}, \ldots, x_{n-1}, \bar{b}).$$

Como W é um subconjunto definível de A e A é uma estrutura minimal, existem duas possibilidades: ou W é finito, ou $(\text{dom } A) \backslash W$ é finito. No primeiro caso suponha que W tenha exatamente k elementos. Então tome ψ_{i+1} como sendo a fórmula

$$\psi_i \wedge \exists_{=k} x_i \exists x_{i+1} \ldots x_{n-1} \theta(\bar{x}, \bar{y}) \wedge \exists x_{i+1} \ldots x_{n-1} \theta(\bar{x}, \bar{y}).$$

No segundo caso, como o corpo de elementos algébricos de A é infinito, W deve encontrá-lo, digamos em algum elemento a. Então a satisfaz alguma equação polinomial não-trivial, digamos $p(x) = 0$. Tomamos ψ_{i+1} como sendo a fórmula

$$\psi_i \wedge (p(x_i) = 0) \wedge \exists x_{i+1} \ldots x_{n-1} \theta(\bar{x}, \bar{y}).$$

Isso demonstra a afirmação.

Quando $i = n$, a afirmação nos dá a fórmula $\psi(\bar{x}, \bar{y})$ (a saber $\psi_n(\bar{x}, \bar{y}) \wedge \theta(\bar{x}, \bar{y})$) tal que apenas um número finito de uplas $\bar{a}$ (viz. aquelas em U_n) satisfazem $\psi(\bar{x}, \bar{b})$ em A, e todas elas pertencem a $\bar{b}/\theta$. Precisamos de um artifício para transformar esse conjunto finito U_n numa única upla; a upla tem que ser determinada pelo conjunto,

independentemente de qualquer ordenação do conjunto. Aqui usamos álgebra. Para
cada upla $\bar{a} = (a_0, \ldots, a_{n-1})$ em U_n tomamos $q_{\bar{a}}(X)$ como sendo o polinômio

$$a_0 + a_1 X + \ldots + a_{n-1} X^{n-1} + X^n.$$

Então escrevemos $q(X)$ para designar o polinômio

$$\prod_{\bar{a} \in X_n} q_{\bar{a}}.$$

Pelo teorema da fatoração única para polinômios sobre um corpo, o conjunto de polinômios $q_{\bar{a}}$, e portanto o conjunto U_n, pode ser recuperado a partir de q. Logo para
nossa upla representando $\bar{b}/\theta$ podemos tomar a sequência de coeficientes de q. □

Exercícios para a seção 4.4

1. Mostre que se E é uma relação de equivalência sobre uplas em um conjunto I_θ em A^{eq}, e E
é definível em A^{eq} sem parâmetros, então E é equivalente de uma forma natural a uma relação
de equivalência sobre uplas de elementos de A que é definível em A sem parâmetros. (Logo
não existe nada a se ganhar passando para $(A^{\mathrm{eq}})^{\mathrm{eq}}$).

2. Seja A uma L-estrutura e B uma fatia finita de A^{eq}. (a) Mostre que a função restrição
$g \mapsto g|\mathrm{dom}(A)$ define um isomorfismo de $\mathrm{Aut}(B)$ para $\mathrm{Aut}(A)$. (b) Mostre que se $\mathrm{Aut}(A)$ é
oligomorfo, então $\mathrm{Aut}(B)$ também o é.

3. Seja L uma linguagem de primeira ordem e T uma teoria completa em L. Mostre que,
se T tem a propriedade da envoltória finita (no sentido de Shelah), então existe uma fórmula
$\phi(x, \bar{y})$ de L tal que, para n arbitrariamente grande, T implica que existem $\bar{a}_0, \ldots, \bar{a}_{n-1}$ para
as quais $\neg \exists x \bigwedge_{i \in n} \phi(x, \bar{a}_i)$ se verifica, mas $\exists x \bigwedge_{i \in W} \phi(x, \bar{a}_i)$ se verifica para cada subconjunto próprio W de n. *Essa conclusão é a forma de Keisler para a propriedade da envoltória
finita.* [A parte fácil é prová-la com $\bar{x}$ no lugar de x. Então use indução sobre o comprimento
de $\bar{x}$.]

4. Mostre que se a L-estrutura A tem eliminação uniforme de imaginários, e $\bar{a}$ é uma sequência
de elementos de A, então $(A, \bar{a})$ também tem eliminação uniforme de imaginários.

5. Mostre que ZFC (a teoria dos conjuntos de Zermelo–Fraenkel com Escolha) tem eliminação
de imaginários. [Para cada classe de equivalência, escolha o conjunto de todos os elementos de
menor posto na classe.] (b) Mostre que a aritmética de primeira ordem de Peano tem eliminação
uniforme de imaginários.

6. Mostre que se V é um espaço vetorial de dimensão pelo menos 2 sobre um corpo finito
de pelo menos 3 elementos, então V não tem eliminação de imaginários.

Leitura adicional

Há um tratamento bem mais completo de interpretações no meu livro *Model theory*. Interpretações primeiramente apareceram na teoria dos modelos como um método de demonstrar a indecidibilidade de algumas teorias de primeira ordem. Aqui tal qual em muitas outras áreas, Tarski plantou os fundamentos. Mas sua noção de interpretações foi menos geral que a nossa, que pode ser encontrada lá atrás em Anatolii Mal'tsev:

Mal'cev, A. I., *The metamathematics of algebraic systems. Collected papers: 1936–1967*, trans. B. F. Wells III. Amsterdam: North-Holland 1971.

Pode-se ler sobre outros tipos de interpretações em:

Rubin, M., *The reconstruction of trees from their automorphism groups*. Providence RI: American Mathematical Society.

A partir de meados dos anos 1980 bastante pesquisa caminhou no sentido de caracterizar os grupos que são interpretáveis em vários tipos de corpo – ficou claro que isso era importante para as abordagens à geometria algébrica baseadas na teoria dos modelos. No presente os melhores resultados são quando o grupo é 'definível no' corpo (i.e. um reduto relativizado do corpo). Um bom representante dessa área é:

Pillay, A., Differential algebraic groups and the number of countable differentially closed fields. In *Model theory of fields*, Marker, D., Messmer, M. and Pillay, A., Lecture Notes in Logic, pp. 114–134. Berlin: Springer-Verlag, 1996.

A idéia de eliminar imaginários é devida a Bruno Poizat (embora existam antecedentes geométricos devidos a Weil e Chow). Ele a discute no seu livro-texto privativamente publicado, que podemos apenas esperar que esteja em breve disponível em inglês:

Poizat, B., *Cours en théorie des modèles*. Villeurbanne: Nur al-Mantiq wal Ma'rifah, 1985.

Para um otimista, o Teorema 4.4.8 diz que quando trabalhando com um corpo algebricamente fechado K em geometria algébrica, não precisamos ir além do corpo propriamente dito, pois outras estruturas (tais como grupos projetivos sobre o corpo) já podem ser representadas dentro do próprio corpo. A leitura do pessimista é diferente; o Teorema 4.4.8 diz que interpretações não dão ao praticante da teoria dos modelos qualquer influência extra em geometria algébrica, pois elas não levam a nada de novo. Infelizmente o pessimista acertou em algo. Mesmo quando a teoria dos modelos faz incursões profundas em questões de geometria algébrica (como o trabalho de Hrushovski na conjectura de Mordell–Lang – veja adiante), existe um problema sério de comunicação, pois os métodos da teoria dos modelos parecem totalmente desconectados do aparato extra (álgebras de Lie, feixes, co-homologia, K-teoria etc.) que é o *stock-in-trade* dos geômetras modernos. O fato de eu não poder indicar ao leitor a literatura que discute esse problema é em si próprio uma indicação do trabalho que precisa ser feito nesse caso.

Uma boa rota para a prova modelo-teórica de Ehud Hrushovski do caso do corpo de funções da conjectura de Mordell–Lang (da geometria diofantina) é o seguinte livro:

Bouscaren, E. (ed.). *Model Theory and Algebraic Geometry, An introduction to E. Hrushovski's proof of the geometric Mordell-Lang-conjecture.* Lecture Notes in Mathematics 1696. Berlin, Springer-Verlag, 1998.

Um dos lemas centrais usados no argumento de Hrushovski vale muito bem a pena estudá-lo por si só: ele dá uma axiomatização modelo-teórica da topologia de Zariski:

Hrushovski, E. and Zilber, B., Zariski geometries. *Journal of American Mathematical Society* **9** (1996), pp. 1–56.

Capítulo 5

O caso de primeira ordem: compacidade

A given species of bird would show the same ability of grasping ... numbers ... but the ability differs with the species. Thus with pigeons it may be five or six according to experimental conditions, with jackdaws it is six and with ravens and parrots, seven.

O. Koehler, The ability of birds to 'count', *Bull. Animal Behaviour* **9** (1950) 41–5.

Aves de rapina, assim podemos ler, podem contar somente até sete. Elas não conseguem diferenciar entre dois números maiores ou iguais a oito. A lógica de primeira ordem é bem semelhante às aves de rapina, exceto que o ponto de corte é bem mais alto: é ω ao invés de 8.

Este capítulo é inteiramente dedicado à teoria dos modelos de linguagens de primeira ordem. A teoria dos modelos de primeira ordem tem sido sempre o coração da teoria dos modelos. A principal razão disso é que a lógica de primeira ordem, por todo seu poder expressivo, é fraca demais para distinguir um número grande de um outro. O resultado é que existem um número de construções que dão modelos de uma teoria de primeira ordem, ou transformam um dado modelo em um novo modelo. Neste capítulo estudamos duas dessas construções. A primeira é uma combinação do teorema da compacidade com diagramas (de Robinson). A segunda é amalgamação; ela pode ser vista como uma aplicação da primeira. A idéia da amalgamação é muito poderosa, e a tenho usado sempre que posso. Tipos sutilmente diferentes de amalgamação produzem teoremas de preservação e teoremas de definibilidade.

A última seção do capítulo demonstra o teorema de Ramsey como uma consequência direta do fato de que a lógica de primeira ordem não consegue reconhecer

ω.

5.1   compacidade para a lógica de primeira ordem

Se um teorema é fundamental em teoria dos modelos de primeira ordem, certamente ele deve ser o teorema da compacidade.

Teorema 5.1.1 (*Teorema da compacidade para a lógica de primeira ordem*). *Seja T uma teoria de primeira ordem. Se todo subconjunto finito de T tem um modelo então T tem um modelo.*

Demonstração.   Seja L uma linguagem de primeira ordem e T uma teoria em L. Assuma primeiramente que todo subconjunto finito de T tem um modelo não-vazio. Mostraremos que T pode ser estendido para um conjunto de Hintikka T^+ (veja seção 2.3 acima) em uma linguagem de primeira ordem maior L^+. Pelo Teorema 2.3.3 segue que alguma L^+-estrutura A é um modelo de T^+, logo o reduto $A^+|L$ será um modelo de T.

Escreva κ para designar a cardinalidade de L. Seja c_i $(i < \kappa)$ constantes distintas que não estão em L; chamamos essas constantes de **testemunhas**. Seja L^+ a linguagem de primeira ordem obtida pela adição das testemunhas c_i à assinatura de L. Então L^+ tem κ sentenças, e podemos listá-las como ϕ_i $(i < \kappa)$. Definiremos uma cadeia crescente $(T_i : i \leqslant \kappa)$ de teorias em L^+, de tal forma que as seguintes condições se verificam. (Supõe-se que todos os modelos são L^+-estruturas.)

(1.1)   Para cada $i \leqslant \kappa$, todo subconjunto finito de T_i tem um modelo

(1.2)   Para cada $i < \kappa$, o número de testemunhas c_k que são usadas em T_i
mas não em $\bigcup_{j<i} T_j$ é finito.

A definição é por indução sobre i. Colocamos $T_0 = T$ e nos ordinais limite δ tomamos $T_\delta = \bigcup_{i<\delta} T_i$. Claramente essas definições respeitam (1.1) e (1.2); (1.1) é verdadeira em T_0 devido à nossa hipótese de que todo subconjunto finito de T tem um modelo não-vazio.

Para ordinais sucessores $i + 1$, primeiramente definimos

(1.3) $$T'_{i+1} = \begin{cases} T_i \cup \{\phi_i\} & \text{se todo subconjunto finito desse conjunto} \\ & \text{tem um modelo} \\ \\ T_i & \text{caso contrário} \end{cases}$$

Se $\phi_i \in T'_{i+1}$ e ϕ_i tem a forma $\exists x \, \psi$ para alguma fórmula $\psi(x)$, então escolhemos a primeira testemunha c_j que não esteja sendo usada em T'_{i+1} (por (1.2) existe tal testemunha), e colocamos

(1.4) $T_{i+1} = T'_{i+1} \cup \{\psi(c_j)\}.$

Se $\phi_i \notin T'_{i+1}$ ou ϕ_i não é da forma $\exists x\,\psi$, colocamos $T_{i+1} = T'_{i+1}$. Essas definições claramente garantem que (1.2) se verifica, mas temos que mostrar que (1.1) permanece verdadeira quando (1.4) se verifica. Seja U um subconjunto finito de T'_{i+1} e seja A uma L^+-estrutura qualquer que é um modelo de $U \cup \{\exists x\,\psi\}$. Então existe um elemento a de A tal que $A \vDash \psi(a)$. Tome tal elemento a, e suponha que B seja a L^+-estrutura que é exatamente como A exceto que $c_j^B = a$. Como a testemunha c_j nunca ocorre em U, B ainda é um modelo de U, e como c_j nunca ocorre em $\psi(x)$, $B \vDash \psi(a)$ e portanto $B \vDash \psi(c_j)$. A condição (1.1) está garantida.

Afirmamos que T_κ é um conjunto de Hintikka para L^+. Pelo Teorema 2.3.4 é suficiente demonstrar três coisas.

(a) Todo subconjunto finito de T_κ tem um modelo. Isso se verifica pela condição (1.1).

(b) Para toda sentença ϕ de L^+, ou ϕ ou $\neg\phi$ pertence a T_κ. Para demonstrar isso, suponha que ϕ seja ϕ_i e que $\neg\phi$ é ϕ_j. Se $\phi \notin T_\kappa$ então $\phi_i \notin T_{i+1}$, e pela condição (1.3) isso significa que existe um subconjunto finito U de T_i tal que $U \cup \{\phi\}$ não tem modelo. Pelo mesmo argumento, se $\neg\phi \notin T_\kappa$ então existe um subconjunto finito U' de T_j tal que $U' \cup \{\neg\phi\}$ não tem modelo. Agora $U \cup U'$ é um subconjunto finito de T_κ, logo ele tem um modelo A. Ou $A \vDash \phi$ ou $A \vDash \neg\phi$, e temos uma contradição em qualquer dos casos. Portanto pelo menos um dos dois, ϕ ou $\neg\phi$ pertence a T_κ.

(c) Para toda sentença $\exists x\,\psi(x)$ em T_κ existe um termo fechado t de L^+ tal que $\psi(t) \in T_\kappa$. Para isso, suponha que $\exists x\,\psi(x)$ seja ϕ_i. Como $\phi_i \in T_\kappa$, (1.4) se aplica, e portanto T_{i+1} contém uma sentença $\psi(c_j)$ onde c_j é uma testemunha. Então $\psi(c_j)$ pertence a T_κ.

Por conseguinte T_κ é um conjunto de Hintikka T^+ para L^+ e contém T; logo T tem um modelo. Isso completa o argumento, exceto no caso anormal em que algum subconjunto finito de T tem apenas o modelo vazio. Nesse caso a L-estrutura vazia tem que ser um modelo de todo T.   □

Corolários da compacidade

Os dois primeiros corolários são imediatos. Na verdade o Corolário 5.1.2 é apenas uma outra maneira de enunciar o teorema. (Veja Exercício 1.)

Corolário 5.1.2. *Se T é uma teoria de primeira ordem, ψ uma sentença de primeira ordem e $T \vdash \psi$, então $U \vdash \psi$ para algum subconjunto finito U de T.*

Demonstração.   Suponha que, ao contrário, $U \not\vdash \psi$ para todo subconjunto finito U de T. Então todo subconjunto finito de $T \cup \{\neg\psi\}$ tem um modelo, logo pelo teorema da compacidade $T \cup \{\neg\psi\}$ tem um modelo. Portanto $T \not\vdash \psi$. $\square$

O próximo corolário é um dos nossos poucos contatos com regras formais de inferência. Se fechamos os olhos ao fato de que os computadores têm memórias finitas, um conjunto é recursivamente enumerável (abreviando: r.e.) se e somente se ele pode ser listado por um computador. (Linguagens recursivas foram definidas na seção 2.3).

Corolário 5.1.3.   *Suponha que L seja uma linguagem recursiva de primeira ordem, e que T seja uma teoria recursivamente enumerável em L. Então o conjunto de consequências de T em L também é recursivamente enumerável.*

Demonstração.   Usando o cálculo de provas favorito, pode-se recursivamente enumerar todas as consequências em L de um conjunto finito de sentenças. Como T é r.e., podemos enumerar recursivamente seus subconjuntos finitos; Corolário 5.1.2 diz que toda consequência de T é uma consequência de um desses subconjuntos finitos. $\square$

Como a lógica de primeira ordem não pode distinguir entre um cardinal infinito e outro, não deveria haver surpresa alguma no fato de que toda estrutura infinita tem extensões elementares arbitrariamente grandes. O teorema da compacidade nos dará o próximo resultado bem rapidamente.

Sigo o costume de se chamar o Corolário 5.1.4 de teorema de Löwenheim–Skolem de-baixo-para-cima. Mas na verdade Skolem nem sequer acreditava nele, pois ele não acreditava na existência de conjuntos incontáveis.

Corolário 5.1.4 (*Teorema de Löwenheim–Skolem de-baixo-para-cima*).   *Seja L uma linguagem de primeira ordem de cardinalidade $\leqslant \lambda$ e A uma L-estrutura infinita de cardinalidade $\leqslant \lambda$. Então A tem uma extensão elementar de cardinalidade λ.*

Demonstração.   Após atribuir um nome a todos os elementos de A, considere o diagrama elementar de A, abreviando: eldiag(A) (veja seção 2.5 acima). Sejam c_i $(i < \lambda)$ λ constantes novas, e seja T a teoria

$$(1.5) \qquad \text{eldiag}(A) \cup \{c_i \neq c_j : i < j < \lambda\}.$$

Afirmamos que todo subconjunto finito de T tem um modelo. Pois suponha que U seja um subconjunto finito de T. Então para algum $n < \omega$, apenas n das novas constantes c_i ocorrem em U. Podemos encontrar um modelo de T tomando n elementos distintos de A e fazendo com que cada uma das novas constantes em U aponte para um desses elementos; isso é possível porque A é infinita.

Segue pelo teorema da compacidade que T tem um modelo B. Como B é um modelo de eldiag(A), existe uma imersão elementar $e : A \to B|L$ (pelo lema do diagrama elementar, Lema 2.5.3). Substituindo os elementos da imagem de e pelos elementos correspondentes de A, fazemos com que $B|L$ seja uma extensão elementar de A. Como $B \vDash T$, temos que $c_i^B \neq c_j^B$ sempre que $i < j < \lambda$, e portanto $B|L$ tem pelo menos λ elementos. Para fazer com que a cardinalidade de $B|L$ desça a exatamente λ, invocamos o teorema de Löwenheim–Skolem de-cima-para-baixo (Corolário 3.1.4). $\qquad\square$

compacidade em linguagens infinitárias?

O teorema da compacidade falha para linguagens infinitárias. Por exemplo, sejam c_i $(i < \omega)$ constantes distintas, e considere a teoria

$$(1.6) \qquad c_0 \neq c_1, c_0 \neq c_2, \ldots, \bigvee_{0 < i < \omega} c_0 = c_i.$$

Essa teoria não tem modelo, mas todos os seus subconjuntos próprios têm modelo.

Exercícios para a seção 5.1

1. Mostre que cada um dos seguintes enunciados é equivalente ao teorema da compacidade para a lógica de primeira ordem. (a) Para toda teoria T e sentença ϕ de uma linguagem de primeira ordem, se $T \vdash \phi$ então para algum U finito tal que $U \subseteq T$, $U \vdash \phi$. (b) Para toda teoria T e toda sentença ϕ de uma linguagem de primeira ordem, se T é equivalente à teoria $\{\phi\}$ então T é equivalente a algum subconjunto finito de T. (c) Para toda teoria T de primeira ordem, toda upla $\bar{x}$ de variáveis distintas e todos os conjuntos $\Phi(\bar{x})$, $\Psi(\bar{x})$ de fórmulas de primeira ordem, se $T \vdash \forall \bar{x}(\bigwedge \Phi \leftrightarrow \bigvee \Psi)$ então existem conjuntos finitos $\Phi' \subseteq \Phi$ e $\Psi' \subseteq \Psi$ tais que $T \vdash \forall \bar{x}(\bigwedge \Phi' \leftrightarrow \bigvee \Psi')$.

2. (a) Seja L uma linguagem de primeira ordem, T uma teoria em L e Φ um conjunto de sentenças de L. Suponha que, para todos os modelos A, B de T, se $A \vDash \phi \Leftrightarrow B \vDash \phi$ para toda $\phi \in \Phi$, então $A \equiv B$. Mostre que toda sentença ψ de L é equivalente módulo T a uma combinação booleana ψ^* de sentenças de Φ. (b) Mostre, além disso, que se L e T são recursivas então ψ^* pode ser efetivamente computada a partir de ψ.

3. (Artifício de Craig) Em uma linguagem recursiva de primeira ordem L seja T uma teoria r.e. Mostre que T é equivalente a uma teoria recursiva T^*. [Escreva ϕ^n para designar $\phi \wedge \ldots \wedge \phi$ (n vezes). Tente $T^* = \{\phi^n : n$ é o número de Gödel de uma computação colocando ϕ em $T\}$.]

4. Seja L uma linguagem de primeira ordem, δ um ordinal limite (por exemplo ω) e $(T_i : i < \delta)$ uma cadeia crescente de teorias em L, tal que para todo $i < \delta$ existe um modelo de T_i que não é modelo de T_{i+1}. Mostre que $\bigcup_{i < \delta} T_i$ não é equivalente a uma sentença de L.

5. Mostre que nenhuma das seguintes classes é definível em primeira ordem (i.e. por uma única sentença; veja seção 2.2). (a) A classe dos conjuntos infinitos. (b) A classe dos grupos abelianos sem torsão. (c) A classe dos corpos algebricamente fechados.

6. Seja L uma linguagem de primeira ordem e T uma teoria em L. (a) Suponha que T tenha modelos de cardinalidades arbitrariamente altas; demonstre que T tem um modelo infinito. (b) Seja $\phi(x)$ uma fórmula de L tal que para todo $n < \omega$, T tem um modelo A com $|\phi(A)| \geqslant n$. Mostre que T tem um modelo B para o qual $\phi(B)$ é infinito.

7. Seja L a linguagem de primeira ordem de corpos e ϕ uma sentença em L. Mostre que se ϕ é verdadeira em todo corpo de característica 0, então existe um inteiro positivo m tal que ϕ é verdadeira em todo corpo de característica $\geqslant m$.

*Recordemos que dizemos que uma teoria T é λ-**categórica** se T tem, a menos de isomorfismo, exatamente um modelo de cardinalidade λ.*
8. (a) Seja L uma linguagem de primeira ordem, T uma teoria em L e λ um cardinal $\geqslant |L|$. Mostre que se T é λ-categórica então T é completa. (b) Use (a) para construir provas rápidas da completude (i) da teoria das ordenações lineares densas (não-vazias) sem extremos e (ii) da teoria de corpos algebricamente fechados de uma característica fixa. Encontre dois outros bons exemplos.

9. Suponha que L seja uma linguagem de primeira ordem, A seja uma L-estrutura e $\phi(x)$ seja uma fórmula de L tal que $\phi(A)$ é infinito. Mostre que para todo cardinal $\lambda \geqslant \max(|A|, |L|)$, existe uma extensão elementar B de A na qual $|\phi(B)| = \lambda$.

10. Suponha que L seja uma linguagem de primeira ordem, A seja uma L-estrutura e λ seja um cardinal $\geqslant \max(|A|, |L|)$. Mostre que A tem uma extensão elementar B de cardinalidade λ tal que para toda fórmula $\phi(x, \bar{y})$ de L e toda upla $\bar{b}$ de elementos de B, $\phi(B, \bar{b})$ tem cardinalidade $= \lambda$ ou $< \omega$. [Essa é uma versão minúscula das construções de extensões elementares saturadas na seção 8.2 adiante. Faça uma iteração da construção do exercício anterior para formar uma cadeia elementar de comprimento λ, usando o teorema de Tarski–Vaught sobre cadeias elementares, Teorema 2.5.2.]

11. Mostre que se L é uma linguagem de primeira ordem de cardinalidade λ e A é uma L-estrutura de cardinalidade $\mu \geqslant \lambda$, então A tem uma extensão elementar B de cardinalidade μ com $|\mathrm{dom}(B) \backslash \mathrm{dom}(A)| = \mu$. Se $\nu < \mu$, dê um exemplo para mostrar que A não precisa ter uma extensão elementar B de cardinalidade μ com $|\mathrm{dom}(B) \backslash \mathrm{dom}(A)| = \nu$.

12. Seja L uma linguagem de primeira ordem e $\phi(x, y)$ uma fórmula de L. Mostre que se A é uma L-estrutura na qual $\phi(A^2)$ é uma boa-ordenação de um conjunto infinito, então existe uma L-estrutura B elementarmente equivalente a A, na qual $\phi(B^2)$ é uma relação de ordenação linear que não é bem-ordenada. [Adapte a demonstração do Corolário 5.1.4.]

O resultado seguinte em geometria algébrica foi primeiro demonstrado por métodos de lógica.

13. Seja L a linguagem de primeira ordem de corpos. (a) Mostre que para todo inteiro positivo n existe uma sentença ϕ_n de L que é $\forall_2$ que expressa (em qualquer corpo K) 'para todo $k, m \leqslant n$, se $\bar{X} = (X_0, \ldots, X_{m-1})$ é uma m-upla de indeterminados e $p_0, \ldots, p_{k-1}, q_0, \ldots, q_{m-1}$ são polinômios quaisquer $\in K[\bar{X}]$ de grau $\leqslant n$ tais que $q_0, \ldots, q_{m-1}$ definem uma função injetora de V em V, onde $V = \{\bar{a} \in K^m : p_0(\bar{a}) = \ldots = p_{k-1}(\bar{a}) = 0\}$, então essa função é sobrejetora'. (b) Mostre que cada sentença ϕ_n é verdadeira em todo corpo finito, e portanto em qualquer união de uma cadeia de corpos finitos. [Veja Teorema 2.4.4.] (c) Mostre que cada sentença ϕ_n é verdadeira em todo corpo algebricamente fechado de característica prima. (d) Mostre que cada sentença ϕ_n é verdadeira em todo corpo algebricamente fechado. (e) Deduza que se V é uma variedade algébrica e F é um morfismo injetor de V em V, então F é sobrejetor.

14. Seja L uma linguagem recursiva de primeira ordem. Mostre que se T é uma teoria recursivamente enumerável em L, e existem apenas um número finito de teorias completas inequivalentes $\supseteq T$ em L, então T é decidível.

15. Seja L uma linguagem recursiva de primeira ordem e T uma teoria em L. Mostre que se T é decidível então existe uma teoria completa decidível $T' \supseteq T$ em L.

16. Seja L uma linguagem recursiva de primeira ordem e T uma teoria consistente recursivamente enumerável em L. Mostre que T é decidível se e somente se existem modelos A_i ($i < \omega$) de T tais que $T = \text{Th}\{A_i : i < \omega\}$, e um algoritmo que determina, para qualquer $i < \omega$ e qualquer sentença ϕ de L, se $A_i \vDash \phi$ ou $A_i \nvDash \phi$. [Para a direção da esquerda para a direita use o Exercício 15.]

5.2 Tipos

O teorema de Löwenheim–Skolem de-baixo-para-cima (Corolário 5.1.4) foi algo em estado demasiadamente bruto. Ele nos disse que uma estrutura infinita A pode ser tomada como base para construção de uma estrutura maior, mas não disse absolutamente nada sobre como são as novas partes da estrutura. Desejamos perguntar por exemplo se essa parte de A pode ser mantida pequena enquanto que aquela parte é expandida, se automorfismos de A estendem a automorfismos da extensão elementar de A, e assim por diante. Questões como essas são frequentemente difíceis de responder, e elas nos manterão ocupados até o Capítulo 9.

A principal noção usada para analisar tais questões é a noção de um **tipo**. Vimos tipos brevemente na seção 2.3. Agora é hora de examiná-los mais sistematicamente. Pode-se pensar em tipos como uma generalização comum de duas noções matemáticas bem conhecidas: a noção de um polinômio mínimo em teoria dos corpos, e a noção de uma órbita em teoria dos grupos de permutação.

Seja L uma linguagem de primeira ordem e A uma L-estrutura. Seja X um conjunto de elementos de A e $\bar{b}$ uma upla de elementos de A. Seja $\bar{a}$ uma sequência listando os elementos de X. O **tipo completo de $\bar{b}$ sobre** X (com respeito a A, nas variáveis $\bar{x}$) é definido como sendo o conjunto de todas as fórmulas $\psi(\bar{x}, \bar{a})$ tal que

$\psi(\bar{x}, \bar{y})$ pertence a L e $A \models \psi(\bar{b}, \bar{a})$. Mais informalmente, o tipo completo de $\bar{b}$ sobre X é tudo o que podemos dizer sobre $\bar{b}$ em termos de X. (Embora $\bar{a}$ seja em geral infinita, cada fórmula $\psi(\bar{x}, \bar{y})$ de L tem apenas um número finito de variáveis livres, daí que apenas uma parte finita de X é mencionada em $\psi(\bar{x}, \bar{a})$.)

Escrevemos o tipo completo de $\bar{b}$ sobre X com respeito a A como $\mathrm{tp}_A(\bar{b}/X)$, ou $\mathrm{tp}_A(\bar{b}/\bar{a})$ onde $\bar{a}$ lista os elementos de X. Os elementos de X são chamados de **parâmetros** do tipo completo. Tipos completos são representados por p, q, r, etc.; escreve-se $p(\bar{x})$ quando se deseja mostrar que as variáveis do tipo são $\bar{x}$. Escrevemos $\mathrm{tp}_A(\bar{b})$ para designar $\mathrm{tp}_A(\bar{b}/\varnothing)$, o tipo de $\bar{b}$ sobre o conjunto vazio de parâmetros. Note que se B é uma extensão elementar de A, então $\mathrm{tp}_B(\bar{b}/X) = \mathrm{tp}_A(\bar{b}/X)$.

Seja $p(\bar{x})$ um conjunto de fórmulas de L com parâmetros de X. Diremos que $p(\bar{x})$ é um **tipo completo sobre** X (com respeito a A, nas variáveis $\bar{x}$) se ele é o tipo completo de alguma upla $\bar{b}$ sobre X com respeito a alguma extensão elementar de A. Colocando informalmente mais uma vez, um tipo completo sobre X é tudo o que podemos dizer em termos de X sobre alguma possível upla $\bar{b}$ de elementos de A – talvez a upla $\bar{b}$ esteja realmente em A, ou talvez ela apenas exista em uma extensão elementar de A.

Um **tipo** sobre X (com respeito a A, nas variáveis $\bar{x}$) é um subconjunto de um tipo completo sobre X. Escreveremos Φ, Ψ, $\Phi(\bar{x})$ etc. para designar tipos. Um tipo é chamado de n-**tipo** ($n < \omega$) se ele tem apenas n variáveis livres. (Alguns autores insistem que essas variáveis deveriam ser $x_0, \ldots, x_{n-1}$ de um estoque de variáveis $x_0, x_1, \ldots$. Não serei tão rígido.)

Diremos que um tipo $\Phi(\bar{x})$ sobre X é **realizado** por uma upla $\bar{b}$ em A se $\Phi \subseteq \mathrm{tp}_A(\bar{b}/X)$. Se Φ não é realizado por qualquer que seja a upla de A, diremos que A **omite** Φ.

O próximo resultado, um corolário do teorema da compacidade, nos diz onde procurar por tipos. Dizemos que um conjunto $\Phi(\bar{x})$ de fórmulas de L com parâmetros em A é **finitamente realizado** em A se para todo subconjunto finito Ψ de Φ, $A \models \exists \bar{x} \bigwedge \Psi$.

Teorema 5.2.1 *Seja L uma linguagem de primeira ordem, A uma L-estrutura, X um conjunto de elementos de A e $\Phi(x_0, \ldots, x_{n-1})$ um conjunto de fórmulas de L com parâmetros de X. Então, escrevendo $\bar{x}$ para designar $(x_0, \ldots, x_{n-1})$,*

(a) *$\Phi(\bar{x})$ é um tipo sobre X com respeito a A se e somente se Φ é finitamente realizado em A.*

(b) *$\Phi(\bar{x})$ é um tipo completo sobre X com respeito a A se e somente se $\Phi(\bar{x})$ é um conjunto de fórmulas de L com parâmetros de X, que é máximo com a propriedade de que ele é finitamente realizado em A.*

Em particular se Φ é finitamente realizado em A, então ele pode ser estendido para um tipo completo sobre X com respeito a A.

Demonstração. (a) Suponha que Φ seja um tipo sobre X com respeito a A. Então existe uma extensão elementar B de A e uma n-upla $\bar{b}$ em B tais que $B \vDash \bigwedge \Phi(\bar{b})$. Logo se Ψ é um subconjunto finito de Φ, então $B \vDash \bigwedge \Psi(\bar{b})$ e portanto $B \vDash \exists \bar{x} \bigwedge \Psi(\bar{x})$. Como $A \preccurlyeq B$ e a sentença é de primeira ordem, isso implica que $A \vDash \exists \bar{x} \bigwedge \Psi(\bar{x})$.

Reciprocamente, suponha que Φ seja finitamente realizado em A. Forme o eldiag(A) e tome uma n-upla de novas constantes distintas $\bar{c} = (c_0, \ldots, c_{n-1})$. Seja T a teoria

$$(2.1) \qquad \text{eldiag}(A) \cup \Phi(\bar{c})$$

Afirmamos que todo subconjunto finito de T tem um modelo. Pois seja U um subconjunto finito de T, e seja Ψ o conjunto de fórmulas $\psi(\bar{x})$ de Φ tais que $\psi(\bar{c}) \in U$. Por hipótese $A \vDash \exists \bar{x} \bigwedge \Psi$, e portanto existem elementos $\bar{a}$ em A tais que $A \vDash \bigwedge \Psi(\bar{a})$. Interpretando as constantes $\bar{c}$ como nomes dos elementos $\bar{a}$, tornamos A um modelo de U. Isso demonstra a afirmação.

Agora pelo teorema da compacidade (Teorema 5.1.1), T tem um modelo C. Como $C \vDash$ eldiag(A), o lema do diagrama elementar (Lema 2.5.3) nos dá uma imersão elementar $e : A \to C|L$, e fazendo as substituições usuais podemos assumir que na verdade $A \preccurlyeq C|L$. Seja $\bar{b}$ a upla $\bar{c}^C$. Então $C \vDash \bigwedge \Phi(\bar{b})$ pois $C \vDash T$. Segue que $\bar{b}$ satisfaz $\Phi(\bar{x})$ em alguma extensão elementar de A, e portanto Φ é um tipo sobre X com respeito a A.

(b) Se Φ é um tipo completo sobre X então Φ contém ϕ ou $\neg\phi$, para cada fórmula $\phi(\bar{x})$ de L com parâmetros de X. Isso implica que Φ é um tipo máximo sobre X com respeito a A. Por outro lado se Φ é um tipo máximo sobre X com respeito a A, então para alguma upla $\bar{b}$ em alguma extensão elementar B de A, $B \vDash \bigwedge \Phi(\bar{b})$, daí que Φ está incluído no tipo completo de $\bar{b}$ sobre X. Pela maximalidade ele deve ser igual a esse tipo completo. $\square$

Por esse teorema, se X é o conjunto vazio de parâmetros, então a questão se Φ é um tipo sobre X com respeito a A depende apenas de Th(A). Tipos sobre o conjunto vazio com respeito a A são também conhecidos como **tipos de** Th(A). Generalizando, seja T uma teoria qualquer em uma linguagem de primeira ordem. Então um **tipo de** T é um conjunto $\Phi(\bar{x})$ de fórmulas de L tal que $T \cup \{\exists \bar{x} \bigwedge \Psi\}$ é consistente para todo subconjunto finito $\Psi(\bar{x})$ de Φ; um **tipo completo** de T é um tipo máximo de T. Se T por acaso for uma teoria completa, então podemos substituir '$T \cup \{\exists \bar{x} \bigwedge \Psi\}$ é consistente' pelo enunciado equivalente '$T \vdash \exists \bar{x} \bigwedge \Psi$'. Tudo isso está de acordo com as definições da seção 2.3.

Suponha que A seja uma L-estrutura, X um conjunto de elementos de A e n um inteiro positivo. Escrevemos $S_n(X; A)$ para designar o conjunto dos n-tipos completos sobre X com respeito a A. Quando A é uma determinada estrutura fixa, escrevemos simplesmente $S_n(X)$. (Alguns autores escrevem $S^n(X)$.) Quando T é uma teoria completa, escrevemos $S_n(T)$ para designar o conjunto de n-tipos completos de T.

Os conjuntos $S_n(X; A)$ são conhecidos como os **espaços de Stone** de A. O nome se refere ao fato de que eles podem ser 'topologizados' para formar os espaços duais de Stone de certas álgebras booleanas de fórmulas. Como todos os espaços de Stone de álgebras booleanas, eles são compactos; é daí que vem o nome 'teorema da compacidade'.

Exercícios para a seção 5.2

1. Seja A uma L-estrutura e B uma extensão de A. Mostre que (a)–(c) são equivalentes. (a) B é uma extensão elementar de A. (b) Para toda upla $\bar{a}$ de elementos de A, $\mathrm{tp}_A(\bar{a}) = \mathrm{tp}_B(\bar{a})$. (c) Para todo conjunto X de elementos de A e todo $n < \omega$, $S_n(X; A) = S_n(X; B)$.

2. Seja A uma L-estrutura, X um conjunto de elementos de A, $\bar{a}$ uma upla de elementos de A e e um automorfismo de A que fixa X ponto-a-ponto. Mostre que $\bar{a}$ e $e\bar{a}$ têm o mesmo tipo completo sobre X com respeito a A.

Para que se tenha um controle sobre os tipos completos de uma teoria, a eliminação de quantificadores é de valor inestimável. Aqui vão três exemplos.
3. Seja A a estrutura $(\mathbb{Q}, <)$ onde $\mathbb{Q}$ é o conjunto dos números racionais e $<$ é a ordenação usual. Descreva os 1-tipos completos sobre $\mathrm{dom}(A)$.

4. Seja A um corpo algebricamente fechado e C um subcorpo de A; para economizar notação escrevo C também para designar $\mathrm{dom}(C)$. (a) Mostre que dois elementos a, b de A têm o mesmo tipo completo sobre C se e somente se eles têm o mesmo polinômio mínimo sobre C. (b) Mostre que para todo n, $|S_n(C; A)| = \omega + |C|$.

5. Seja A um espaço vetorial sobre um corpo k e X um conjunto de elementos de A. Descreva $S_n(X; A)$ para cada $n < \omega$, e demonstre que $|S_n(X; A)| \leqslant |k| + |X| + \omega$.

6. Seja $\mathbb{Z}$ o anel dos inteiros, e $\phi(\bar{x})$ uma fórmula na linguagem de $\mathbb{Z}$ que expressa 'x é um número primo'. (a) Mostre que $\mathbb{Z}$ tem uma extensão elementar na qual algum elemento que não pertence a $\mathbb{Z}$ satisfaz ϕ. [Existe um tipo contendo todas as fórmulas $x > 0$, $x > 1$, ... e ϕ.] *Elementos que não pertencem a $\mathbb{Z}$ que satisfazem ϕ são conhecidos como* **primos não-padrão**, *em contrapartida a* **primos padrão** *(i.e. os primos usuais).* (b) Mostre que $\mathbb{Z}$ tem uma extensão elementar na qual algum elemento não-zero é divisível por todo primo padrão.

7. Suponha que B seja um grupo abeliano e X um subgrupo de B. O grupo B é dito uma **extensão essencial** de X se para todo subgrupo não-trivial A de B, $A \cap X \neq \{0\}$. Mostre que B é uma extensão essencial de X se e somente se B omite o tipo $\{nx \neq a : n \in \mathbb{Z}, a \in X \backslash \{0\}\}$ (que é um 1-tipo sobre X com respeito a B).

Os próximos três exercícios ilustram como podemos usar a realização de tipos para mostrar que certas coisas não são expressíveis em primeira ordem.
8. Seja L a linguagem de grupos. Mostre que não existe fórmula $\phi(x, y)$ de L tal que se G é um grupo e g, h são elementos de G então g tem a mesma ordem que h se e somente se $G \vDash \phi(g, h)$. [Se um grupo G contém elementos g, h de ordens finitas arbitrariamente altas,

tais que $G \vDash \neg\phi(g, h)$, então a compacidade nos dá uma extensão elementar de G com dois elementos g', h' de ordem infinita tais que $G \vDash \neg\phi(g', h')$.]

Um grupo G é **de expoente limitado** *se existe algum $n < \omega$ tal que $g^n = 1$ para todo elemento g de G.*

9. Seja G um grupo. Mostre que as seguintes condições são equivalentes. (a) G não é de expoente limitado. (b) G tem uma extensão elementar na qual algum elemento tem ordem infinita.

10. Mostre que 'grupo simples' não é expressível em primeira ordem, encontrando grupos G, H tais que $G \equiv H$ e G é simples mas H não é simples. [Seja G o grupo simples consistindo de todas as permutações de ω que trocam de lugar apenas um número finito de elementos e são permutações pares. Usando a relativização (veja seção 4.2), tome A como sendo a estrutura que contém G, ω e a ação de G sobre ω, e suponha que B seja uma extensão elementar de A que contém uma extensão H de G na qual algum elemento troca de lugar um número infinito de pontos. O subgrupo de elementos que troca de lugar apenas um número finito de pontos é normal.]

11. Seja L uma linguagem de primeira ordem com apenas um número finito de símbolos de função e de constante e nenhum símbolo de relação, e suponha que V seja um conjunto de variáveis. Assuma que os símbolos de função de L incluem dois símbolos de função 2-ária distintos F e G. Seja A a álgebra de termos de L com base V, como na seção 1.3. Mostre que A tem uma extensão elementar na qual existe (por exemplo) um elemento da forma $F(x, F(x, G(x, F(x, F(x, G(x, \ldots) \ldots))$. *Para programadores em Prolog: qual é a relação entre esse fato e a ausência de 'verificação de ocorrência' no algoritmo da unificação?*

5.3 Amalgamação elementar

Um teorema de amalgamação é um teorema da seguinte forma. Suponha que nos são dados dois modelos B, C de alguma teoria T, e uma estrutura A (não necessariamente um modelo de T) que pode ser imersa tanto em B quanto em C. O teorema enuncia que existe um terceiro modelo D de T tal que ambos B e C são imersíveis em D pelas imersões que concordam sobre A:

(3.1)

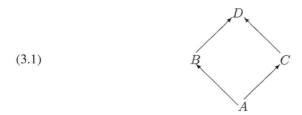

As imersões podem ser necessárias para preservar certas fórmulas.

Foi Roland Fraïssé quem primeiro chamou atenção para o diagrama (3.1). Tudo o que tem acontecido em teoria dos modelos durante os últimos trinta anos tem confirmado o quão importante esse diagrama é. Para ver por que, imagine uma estrutura M e uma pequena parte A de M, e pergunte 'Como M se posiciona em torno de A?' Para a resposta, precisamos conhecer como A pode ser estendido dentro de M para estruturas B, C, etc. Mas então precisamos também saber como quaisquer dessas extensões B, C de A estão relacionadas entre si dentro de M: que fórmulas relacionam os elementos de B aos elementos de C? Um amálgama (3.1) de B e C sobre A responde essa última questão.

Existem duas maneiras de usar essas idéias. Uma é *construir* uma estrutura M tomando as estruturas menores, estendendo-as e então amalgamando as extensões. (Fraïssé fez exatamente isso; veja seção 6.1 adiante, e seção 8.2 sobre estruturas λ-saturadas para uma versão mais geral porém um pouco disfarçada da mesma idéia.) A segunda maneira de usar amalgamação não é construir mas *classificar*. Classificamos todas as maneiras de estender a estrutura menor A, e então classificamos as maneiras de amalgamar essas extensões. Em casos favoráveis isso leva a uma classificação estrutural de todos os modelos de uma teoria. A teoria da estabilidade segue esse caminho; o leitor precisará de olhar em outro livro para saber dos detalhes.

Um teorema de amalgamação é pai do resto. Esse é o teorema da amalgamação elementar, Teorema 5.3.1 abaixo. Os outros resultados de amalgamação da teoria dos modelos de primeira ordem diferem dele de várias maneiras: as funções não são necessariamente imersões elementares, elas mudam a linguagem, o amálgama deve ser forte, e assim por diante. Esta seção estudará as versões em que todas as funções são elementares. As seções 5.4 e 5.5 tratarão os casos remanescentes, até onde eles são considerados resultados gerais da teoria dos modelos. Algumas classes particulares de estruturas têm seu próprio teorema da amalgamação, como veremos na seção 6.1.

Teorema 5.3.1 (*Teorema da amalgamação elementar*).   *Seja L uma linguagem de primeira ordem. Sejam B e C L-estruturas e $\bar{a}$, $\bar{c}$ sequências de elementos de B, C respectivamente, tais que $(B, \bar{a}) \equiv (C, \bar{c})$. Então existe uma extensão elementar D de B e uma imersão elementar $g : C \to D$ tal que $g\bar{c} = \bar{a}$. Em uma figura,*

(3.2)

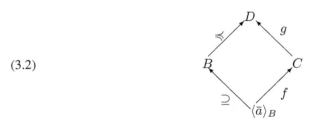

onde $f : \langle \bar{a} \rangle \to C$ é a única imersão que leva $\bar{a}$ em $\bar{c}$ (veja o lema do diagrama, Lema 1.4.2).

Demonstração. Substituindo C por uma cópia isomorfa se necessária, podemos assumir que $\bar{a} = \bar{c}$, e do contrário B e C não têm elementos em comum. Considere a teoria $T = \text{eldiag}(B) \cup \text{eldiag}(C)$, onde cada elemento nomeia a si próprio.

Afirmamos que T tem um modelo. Pelo teorema da compacidade (Teorema 5.1.1), é suficiente mostrar que todo subconjunto finito de T tem um modelo. Seja T_0 um subconjunto finito de T. Então T_0 contém apenas um número finito de sentenças de $\text{eldiag}(C)$. Suponha que $\phi(\bar{a}, \bar{d})$ seja a conjunção dessas sentenças onde $\phi(\bar{x}, \bar{y})$ é uma fórmula de L e $\bar{d}$ consiste de elementos distintos dois a dois que estão em C mas não estão em $\bar{a}$. (É claro que apenas um número finito de variáveis em $\bar{x}$ ocorrem livres em ϕ.) Se T_0 não tem modelo então $\text{eldiag}(B) \vdash \neg\phi(\bar{a}, \bar{d})$. Pelo lema das constantes (Lema 2.3.2), como os elementos $\bar{d}$ são distintos e não estão em B, $\text{eldiag}(B) \vdash \forall \bar{y} \neg\phi(\bar{a}, \bar{y})$. Mas então $(B, \bar{a}) \vDash \forall\bar{y}\neg\phi(\bar{a}, \bar{y})$, e portanto $(C, \bar{c}) \vDash \forall\bar{y}\neg\phi(\bar{c}, \bar{y})$ pela hipótese do teorema. Isso contradiz o fato de que $\phi(\bar{a}, \bar{d})$ pertence a $\text{eldiag}(C)$. A afirmação está demonstrada.

Seja D^+ um modelo de T e suponha que D seja o reduto $D^+|L$. Pelo lema do diagrama elementar (Lema 2.5.3), como $D^+ \vDash \text{eldiag}(B)$, podemos assumir que D é uma extensão elementar de B e que $b^{D^+} = b$ para todos os elementos b de B. Defina $g(d) = d^{D^+}$ para cada elemento d de C. Então novamente pelo lema do diagrama elementar, como $D^+ \vDash \text{eldiag}(C)$, g é uma imersão elementar de C em D. Finalmente $g\bar{c} = \bar{a}^{D^+} = \bar{a}$. $\qquad\square$

Note que a upla $\bar{a}$ pode ser vazia no Teorema 5.3.1. Nesse caso o teorema diz que quaisquer duas estruturas elementarmente equivalentes podem ser elementarmente imersas juntas em alguma estrutura.

Note também que o teorema poder ser refraseado da seguinte forma. Se $(B, \bar{a}) \equiv (C, \bar{c})$ e $\bar{d}$ é uma sequência qualquer de elementos de C, então existe uma extensão elementar B' de B contendo elementos $\bar{b}$ tais que $(B', \bar{a}, \bar{b}) \equiv (C, \bar{c}, \bar{d})$. O capítulo 8 adiante é uma meditação prolongada sobre esse fato.

Uma das mais importantes consequências do teorema da amalgamação elementar é que se A é uma estrutura qualquer, podemos realizar simultaneamente todos os tipos completos com respeito a A em uma mesma extensão elementar de A, da seguinte maneira.

Corolário 5.3.2. *Seja L uma linguagem de primeira ordem e A uma L-estrutura. Então existe uma extensão elementar B de A tal que todo tipo sobre $\text{dom}(A)$ com respeito a A é realizado em B.*

Demonstração. É suficiente realizar todos os tipos máximos sobre $\text{dom}(A)$ com respeito a A. Suponha que esses tipos sejam p_i $(i < \lambda)$ com λ um cardinal. Para cada $i < \lambda$ seja $\bar{a}_i$ uma upla em uma extensão elementar A_i de A, tal que p_i é

$\mathrm{tp}_{A_i}(\bar{a}_i/\mathrm{dom}\ A)$. Defina uma cadeia elementar $(B_i : i \leqslant \lambda)$ por indução da seguinte maneira. B_0 é A, e para cada ordinal limite $\delta \leqslant \lambda$, $B_\delta = \bigcup_{i<\delta} B_i$ (que é uma extensão elementar de cada B_i pelo Teorema 2.5.2). Quando B_i tiver sido definida e $i < \lambda$, escolha B_{i+1} como sendo uma extensão elementar de B_i tal que existe uma imersão elementar $e_i : A_i \to B_{i+1}$ que é a função identidade sobre A; isso é possível, pelo Teorema 5.3.1. Faça $B = B_\lambda$. Então para cada $i < \lambda$, $e_i(\bar{a}_i)$ é uma upla em B_λ que realiza p_i. □

Na seção 8.2 adiante refinaremos esse corolário de várias maneiras.

Amálgamas herdeiro-coherdeiro

Considere o caso do Teorema 5.3.1 onde $\bar{a}$ lista os elementos de uma subestrutura elementar A de B. Nesse caso o teorema nos diz que se A, B e C são L-estruturas e $A \preccurlyeq B$ e $A \preccurlyeq C$, então existem uma extensão elementar D de B e uma imersão elementar $g : C \to D$ tais que, colocando $C' = gC$, o seguinte diagrama de inclusões elementares comuta:

(3.3)

Porém, na verdade podemos dizer mais nesse caso. Chamemos o diagrama comutativo (3.3) de L-estruturas e inclusões elementares de **amálgama herdeiro-coherdeiro** se

(3.4) para toda fórmula de primeira ordem $\psi(\bar{x},\bar{y})$ de L e todas as uplas $\bar{b}$, $\bar{c}$ de B, C' respectivamente, se $D \vDash \psi(\bar{b},\bar{c})$ então existe $\bar{a}$ em A tal que $B \vDash \psi(\bar{b},\bar{a})$.

Dizemos também que (3.3) é um **amálgama herdeiro-coherdeiro de B e C sobre A**; na verdade ele é um **amálgama herdeiro-coherdeiro de B'' e C''' sobre A** sempre que B'' e C''' são extensões elementares de A tais que existem isomorfismos $i : B'' \to B$ e $j : C'' \to C$ que são a identidade em A.

Exemplo 1: *Espaços vetoriais*. Suponha que A seja um espaço vetorial infinito sobre um corpo K, e B e C são espaços vetoriais com A como subespaço. Faça $B = B_1 \oplus A$ e $C = C_1 \oplus A$. Podemos amalgamar B e C sobre A colocando $D = B_1 \oplus C_1 \oplus A$. Suponha que alguma equação $\sum_{i<m} \lambda_i b_i = \sum_{j<n} \mu_j c_j$ se verifique em D, onde os b_i's estão em B e os c_i's estão em C. Seja $\pi : D \to B_1 \oplus A$ a projeção

ao longo de C_1. Então $\sum_{i<m} \lambda_i \pi(b_i) = \sum_{j<n} \mu_j \pi(c_j)$. Mas $\pi(b_i) = b_i$ e $\pi(c_j)$ pertence a A. Portanto (3.4) se verifica quando ψ é a fórmula $\sum_{i<m} \lambda_i x_i = \sum_{j<n} \mu_j y_j$. Na verdade como A é infinita, pode-se demonstrar que (3.4) se verifica sempre que ψ é livre-de-quantificador; porém não verifique isso usando álgebra linear – seguirá quase que trivialmente do próximo teorema. Por eliminação de quantificadores (veja Exercício 2.7.9) segue que D forma um amálgama herdeiro-coerdeiro de B e C sobre A. Este exemplo é típico: amálgamas herdeiro-coerdeiro são 'tão livres quanto possível'.

O próximo teorema diz que amálgamas herdeiro-coerdeiro sempre existem quando B e C são extensões elementares de A.

Teorema 5.3.3. *Sejam A, B e C L-estruturas tais que $A \preccurlyeq B$ e $A \preccurlyeq C$. Então existem uma extensão elementar D de B e uma imersão elementar $g : C \to D$ tais que (3.3) (com $C' = gC$) é um amálgama herdeiro-coerdeiro.*

Demonstração. Muito semelhante à demonstração do Teorema 5.3.1. Como antes, assumimos que $(\mathrm{dom}\ B) \cap (\mathrm{dom}\ C) = \mathrm{dom}(A)$, de tal forma que as constantes se comportam apropriadamente em diagramas. Então tomamos T como sendo a teoria

(3.5) $\mathrm{eldiag}(B) \cup \mathrm{eldiag}(C) \cup$
        $\{\neg\psi(\bar{b}, \bar{c}) : \psi$ é uma fórmula de primeira ordem de L e $\bar{b}$ é uma upla
        em B tal que $B \vDash \neg\psi(\bar{b}, \bar{a})$ para toda $\bar{a}$ em $A\}$.

Se T não tem modelo, então pelo teorema da compacidade existem uma upla $\bar{a}$ de A, uma upla $\bar{d}$ de elementos distintos de C mas não em A, uma upla $\bar{b}$ de elementos de B, uma sentença $\theta(\bar{a}, \bar{d})$ em $\mathrm{eldiag}(C)$ e sentenças $\psi_i(\bar{b}, \bar{a}, \bar{d})$ $(i < k)$ tais que $B \vDash \neg\psi_i(\bar{b}, \bar{a}', \bar{a}'')$ para toda $\bar{a}', \bar{a}''$ em A, e

(3.6) $\mathrm{eldiag}(B) \vdash \theta(\bar{a}, \bar{d}) \to \psi_0(\bar{b}, \bar{a}, \bar{d}) \vee \ldots \vee \psi_{k-1}(\bar{b}, \bar{a}, \bar{d})$.

Quantificando sobre as constantes $\bar{d}$ pelo lema das constantes, temos

(3.7) $B \vDash \forall\bar{y}(\theta(\bar{a}, \bar{y}) \to \psi_0(\bar{b}, \bar{a}, \bar{y}) \vee \ldots \vee \psi_{k-1}(\bar{b}, \bar{a}, \bar{y}))$.

Mas também $C \vDash \exists\bar{y}\theta(\bar{a}, \bar{y})$, logo $A \vDash \exists\bar{y}\theta(\bar{a}, \bar{y})$ e portanto existe uma upla $\bar{a}''$ em A tal que $A \vDash \theta(\bar{a}, \bar{a}'')$ e por isso $B \vDash \theta(\bar{a}, \bar{a}'')$. Aplicando (3.7), deduzimos que $B \vDash \psi_i(\bar{b}, \bar{a}, \bar{a}'')$ para algum $i < k$; contradição. O restante da demonstração é como antes. $\square$

Se (3.3) é um amálgama herdeiro-coerdeiro, então a sobreposição de B e C' em D é precisamente A. Pois suponha que $b = g(c)$ para algum b em B e algum c

em C. Então pela propriedade de herdeiro-coherdeiro, $b = a$ para algum a em A. Amálgamas com essa propriedade de sobreposição mínima são chamados de **fortes**. Nesta terminologia acabamos de demonstrar que a lógica de primeira ordem tem a **propriedade da amalgamação elementar forte**.

Exemplo 1 (*continuação*).   Aqui vai uma demonstração mais abstrata de que D é um amálgama herdeiro-coherdeiro de B e C sobre A. Como A é infinita, $A \preccurlyeq B$ e $A \preccurlyeq C$ por eliminação de quantificadores (Exercício 2.7.9). Logo, pelo teorema, algum espaço vetorial D' forma um amálgama herdeiro-coherdeiro de B e C sobre A. Identificando B e C com suas imagens em D', podemos supor que B e C geram D'; pois se D'' é o subespaço de D' gerado por B e C, então $D'' \preccurlyeq D'$ novamente por eliminação de quantificadores. Agora D' é um amálgama forte de B e C sobre A. Mas isso quer dizer exatamente que $D' = B_1 \oplus C_1 \oplus A$, daí que D' é D. Por conseguinte D é um amálgama herdeiro-coherdeiro de B e C sobre A.

Quando duas extensões de uma estrutura têm um amálgama forte?

Exemplo 2: *Corpos algebricamente fechados*.   Suponha que em (3.1), ambos B e C sejam o corpo dos números complexos, A é o corpo dos reais e D é algum corpo algebricamente fechado que amalgama B e C sobre A. Sejam i, $-$i as raízes quadradas de -1 consideradas como elementos de B, e j, $-$j os mesmos elementos porém imaginados como elementos de C. Então em D, i deve ser identificado com j ou $-$j, e portanto o amálgama não é forte.

O moral da estória (nesse exemplo) é que se $\langle a \rangle_B$ no Teorema 5.3.1 não é algebricamente fechado em B, então em geral não há esperança de se fazer com que o amálgama seja forte naquele teorema. De modo a transformar essa observação de moral a teorema, precisamos formalizar a noção de 'algebricamente fechado'.

Amálgamas fortes e algebricidade

Seja B uma L-estrutura e X um conjunto de elementos de B. Dizemos que um elemento b de B é **algébrico sobre** X se existem uma fórmula de primeira ordem $\phi(x, \bar{y})$ de L e uma upla $\bar{a}$ em X tais que $B \vDash \phi(b, \bar{a}) \wedge \exists_{\leqslant n} x\, \phi(x, \bar{a})$ para algum n finito. Escrevemos $\mathrm{acl}_B(X)$ para designar o conjunto de todos os elementos de B que são algébricos sobre X. Se $\bar{a}$ lista os elementos de X, também escrevemos $\mathrm{acl}_B(\bar{a})$ para designar $\mathrm{acl}_B(X)$. Dizemos que X é **algebricamente fechado** se $X = \mathrm{acl}_B(X)$.

Os seguintes fatos são enunciados de um exercício (Exercício 6):

(3.8) $X \subseteq \mathrm{acl}_B(X)$.

(3.9) $Y \subseteq \mathrm{acl}_B(X)$ implica que $\mathrm{acl}_B(Y) \subseteq \mathrm{acl}_B(X)$.

(3.10)   se $B \preccurlyeq C$ então $\mathrm{acl}_B(X) = \mathrm{acl}_C(X)$.

Devido a (3.10) podemos frequentemente escrever $\mathrm{acl}(X)$ no lugar de $\mathrm{acl}_B(X)$ sem perigo de confusão.

Dizemos que uma upla $\bar{b}$ é **algébrica sobre** X se todo elemento em $\bar{b}$ é algébrico sobre X. Dizemos que um tipo $\Phi(\bar{x})$ sobre um conjunto X com respeito a B é **algébrico** se toda upla que o realiza é algébrica sobre X.

O Teorema 5.3.5 abaixo nos dirá que podemos fazer com que o amálgama no Teorema 5.3.1 seja forte sempre que a estrutura básica $\langle \bar{a} \rangle_B$ é algebricamente fechada em B (ou em C, por simetria).

Lema 5.3.4. *Seja B uma L-estrutura, X um conjunto de elementos de B listados como $\bar{a}$, e b um elemento de B. Suponha que $b \notin \mathrm{acl}(X)$.*

(a) Existe uma extensão elementar A de B com um elemento $c \notin \mathrm{dom}(B)$ tal que $(B, \bar{a}, b) \equiv (A, \bar{a}, c)$.

(b) Existe uma extensão elementar D de B com uma subestrutura elementar C contendo X tal que $b \notin \mathrm{dom}(C)$.

Demonstração. (a) Seja c uma constante nova e seja $p(x)$ o tipo completo de b sobre X. É suficiente mostrar que a teoria

$$(3.11) \qquad \mathrm{eldiag}(B) \cup p(c) \cup \{c \neq d : d \in \mathrm{dom}(B)\}$$

tem um modelo. Mas se não tiver, então pelo teorema da compacidade e pelo lema das constantes, existem um número finito de elementos $d_0, \ldots, d_{n-1}$ de B e uma fórmula $\phi(x)$ de $p(x)$ (observando que $p(x)$ é fechado sob $\wedge$), tais que

$$(3.12) \qquad \mathrm{eldiag}(B) \vdash \forall x(\phi(x) \to x = d_0 \vee \ldots \vee x = d_{n-1}).$$

Portanto $B \vDash \phi(b) \wedge \exists_{\leqslant n} x \, \phi(x)$, de forma que $b \in \mathrm{acl}(X)$; contradição.

(b) Tome A e c como no item (a). Como $(A, \bar{a}, b) \equiv (A, \bar{a}, c)$, o Teorema 5.3.1 nos dá uma extensão elementar D de A e uma imersão elementar $g : A \to D$ tais que $g\bar{a} = \bar{a}$ e $gb = c$. Então D é uma extensão elementar de gB e $gb = c \notin \mathrm{dom}(B)$. Portanto obtemos o lema tomando gB, B por B, C, respectivamente.

$\square$

Teorema 5.3.5 (*Amalgamação elementar forte sobre conjuntos algebricamente fechados*). *Sejam B e C L-estruturas e $\bar{a}$ uma sequência de elementos em ambas B e C tais que $(B, \bar{a}) \equiv (C, \bar{a})$. Então existem uma extensão elementar D de B e uma imersão elementar $g : C \to D$ tais que $g\bar{a} = \bar{a}$ e $(\mathrm{dom}\, B) \cap g(\mathrm{dom}\, C) = \mathrm{acl}_B(\bar{a})$.*

Demonstração. Comecemos repetindo a demonstração do Teorema 5.3.1, porém adicionando a T todas as sentenças '$b \neq c$' onde b pertence a B mas não pertence a $\text{acl}_B(\bar{a})$ e c pertence a C mas não pertence a $\text{acl}_C(\bar{a})$. Escreva T^+ para designar essa teoria aumentada. Suponha que D e g sejam definidas usando T^+ no lugar de T. Então $g\bar{a} = \bar{a}$, e facilmente se conclui que g associa sobrejetivamente $\text{acl}_C(\bar{a})$ a $\text{acl}_B(\bar{a})$. Assim temos $\text{acl}_B(\bar{a}) \subseteq (\text{dom } B) \cap g(\text{dom } C)$, e as sentenças '$b \neq c$' garantem a inclusão na direção oposta. Resta apenas mostrar que T^+ tem um modelo.

Suponha, por contradição, que T^+ não tenha modelo. Então, pelo teorema da compacidade existem subconjuntos finitos Y de $\text{dom}(B) \backslash \text{acl}_B(\bar{a})$ e Z de $\text{dom}(C) \backslash \text{acl}_C(\bar{a})$, tais que para toda extensão elementar D de B e toda imersão elementar $g : C \to D$ com $g\bar{a} = \bar{a}$, $Y \cap g(Z) \neq \varnothing$. Escolha D e g de modo que $Y \cap g(Z)$ seja tão pequeno quanto possível. Para abreviar a notação podemos assumir que g é a função identidade, de tal forma que $C \preccurlyeq D$.

Como $Y \cap Z \neq \varnothing$, existe algum $b \in Y \cap Z$. Pelo Lema 5.3.4, existe uma extensão elementar D' de D com uma subestrutura elementar C' contendo $\bar{a}$ tal que $b \notin \text{dom}(C')$. Aplicando o Teorema 5.3.3 à imersão elementar $C' \preccurlyeq D'$ (a mesma imersão duas vezes), encontramos uma extensão elementar E de D' e uma imersão elementar $e : D' \to E$ que é a identidade em C', tais que $(\text{dom } D') \cap e(\text{dom } D') = \text{dom}(C')$. Agora $Y \cap e(Z) \subseteq Y \cap Z$; pois se $d \in Y \cap e(Z)$ então d pertence a C' e portanto $ed = d$. Mas b pertence a $(Y \cap Z) \backslash (Y \cap e(Z))$; pois como b pertence a D' mas não a C', $b \notin e(\text{dom } D')$ e portanto $b \notin e(Z)$. Portanto e contradiz a escolha de $Y \cap g(Z)$ como mínima.   □

Exercícios para a seção 5.3

1. Seja T a teoria das ordenações lineares densas sem extremos. Descreva os amálgamas herdeiro-coherdeiro de modelos de T. [Em D, qualquer intervalo (b_1, b_2) com b_1, b_2 em B que contém elementos de C deve também conter elementos de A. Se b em B é > que todos os elementos em A, então b é > que todos em C também; igualmente com < no lugar de >.]

2. Seja T a teoria das ordenações lineares dos inteiros. Descreva os amálgamas herdeiro-coherdeiro de modelos de T.

Sejam A, B e D L-estruturas com $A \preccurlyeq B \preccurlyeq D$, e suponha que $\bar{d}$ seja uma upla em D. Seja $p = \text{tp}_D(\bar{d}/A)$ e $p^+ = \text{tp}_D(\bar{d}/B)$. Dizemos que p^+ é um **herdeiro** *de p se para toda fórmula $\phi(\bar{x}, \bar{y})$ de L com parâmetros em A, e toda upla $\bar{b}$ em B tais que $\phi(\bar{x}, \bar{b}) \in p^+$, existe uma upla $\bar{a}$ em A tal que $\phi(\bar{x}, \bar{a}) \in p$. Dizemos que p^+ é um* **coherdeiro** *de p se para toda fórmula $\phi(\bar{x}, \bar{y})$ de L e toda upla $\bar{b}$ em B tais que $\phi(\bar{x}, \bar{b}) \in p^+$, existe uma upla $\bar{a}$ em A tal que $D \vDash \phi(\bar{a}, \bar{b})$.*

3. Mostre que as seguintes condições são equivalentes, dado o amálgama (3.3) acima. (a) O amálgama é herdeiro-coherdeiro. (b) Para toda upla $\bar{b}$ em B, $\text{tp}_D(\bar{b}/C)$ é um herdeiro de $\text{tp}_D(\bar{b}/A)$. (c) Para toda upla $\bar{c}$ em C', $\text{tp}_D(\bar{c}/B)$ é um coherdeiro de $\text{tp}_D(\bar{c}/A)$. *As noções de tipo introduzem uma falsa assimetria entre os dois lados do amálgama. Mas elas realmente nos permitem pensar sobre uma upla a cada vez, e isso pode ser uma vantagem.*

4. Seja $\Phi(\bar{x})$ um tipo sobre um conjunto X com respeito a uma estrutura A. Mostre que as

seguintes condições são equivalentes. (a) Φ é algébrico. (b) Φ contém uma fórmula ϕ tal que $A \vDash \exists_{\leqslant n} \bar{x} \phi(\bar{x})$ para algum n finito. (c) Em toda extensão elementar de A, no máximo um número finito de uplas realizam Φ.

5. Seja L uma linguagem de primeira ordem e A uma L-estrutura. Suponha que X seja um conjunto de elementos de A e $\bar{a}$ seja uma upla de elementos de A, nenhuma das quais seja algébrica sobre A. Mostre que alguma extensão elementar B de A contém um número infinito de uplas disjuntas duas a duas $\bar{a}_i$ $(i < \omega)$ tal que todas realizem $\mathrm{tp}_A(\bar{a}/X)$. [Faça uma iteração do Teorema 5.3.5.]

6. Seja B uma L-estrutura, C uma extensão elementar de B e X, Y conjuntos de elementos de B. (a) Demonstre (3.8), (3.9) e (3.10). (b) Deduza que $\mathrm{acl}_B\mathrm{acl}_B(X) = \mathrm{acl}_B(X)$.

7. Seja A uma L-estrutura e X um conjunto de elementos de A. Mostre que existe uma extensão elementar B de A com uma sequência descendente $(C_i : i < \omega)$ de subestruturas elementares tal que $\mathrm{acl}_A(X) = \bigcap_{i<\omega} \mathrm{dom}(C_i)$. [Use o Teorema 5.3.5 para construir uma cadeia de amálgamas fortes

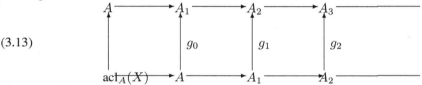

(3.13)

onde os g_i's são imersões elementares e as funções na horizontal são inclusões elementares. Faça $B = \bigcup_{n<\omega} A_n$, $g = \bigcup_{n<\omega} g_n$ e $C_i = g^i B$.]

8. Seja L uma linguagem de primeira ordem e T uma teoria em L. Mostre que as seguintes condições são equivalentes. (a) Se A é um modelo de T, então a interseção de quaisquer duas subestruturas elementares de A é novamente uma subestrutura elementar de A. (b) Se A é um modelo de T, então a interseção de qualquer família de subestruturas elementares de A é novamente uma subestrutura elementar de A. (c) Se A é um modelo de T e $(B_i : i < \gamma)$ é uma cadeia descendente de subestruturas elementares de A então a interseção dos B_i's é novamente uma subestrutura elementar de A. (d) Se A é um modelo qualquer de T e X é um conjunto de elementos de A então $\mathrm{acl}_A(X)$ é uma subestrutura elementar de A. (e) Para qualquer fórmula $\phi(x,\bar{y})$ de L existem uma fórmula $\psi(x,\bar{y})$ de L e um inteiro n tais que $T \vdash \forall x \bar{y}(\phi \rightarrow \exists x(\phi \wedge \psi) \wedge \exists_{\leqslant n} x \psi)$.

5.4 Amalgamação e preservação

Temos uma quantidade razoável de trabalho a fazer nesta seção e na próxima. Mas felizmente a maioria das demonstrações são variações de rotina, ou umas das outras ou dos argumentos da seção 5.3.

Se A e B são L-estruturas, escrevemos $A \Rightarrow_1 B$ para dizer que para toda sentença existencial de primeira ordem ϕ de L, se $A \vDash \phi$ então $B \vDash \phi$. Igualmente escrevemos $A \Rightarrow_1^+ B$ para dizer o mesmo para toda sentença $\exists_1^+$ de primeira ordem de L. Note que $\Rightarrow_1$ implica $\Rightarrow_1^+$. Note também que se $f : \langle \bar{a} \rangle_B \to C$ é um homomorfismo, então a afirmativa $(C, f\bar{a}) \Rightarrow_1^+ (B, \bar{a})$ implica que f é uma imersão.

Teorema 5.4.1 *(Teorema da amalgamação existencial).* *Sejam B e C L-estruturas, $\bar{a}$ uma sequência de elementos de B e $f : \langle \bar{a} \rangle \to C$ um homomorfismo tal que $(C, f\bar{a}) \Rightarrow_1 (B, \bar{a})$. Então existem uma extensão elementar D de B e uma imersão $g : C \to D$ tais que $gf\bar{a} = \bar{a}$. Numa figura,*

(4.1)
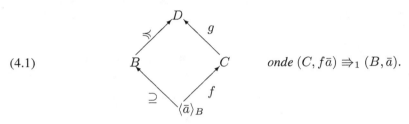
$onde\ (C, f\bar{a}) \Rightarrow_1 (B, \bar{a}).$

Demonstração. As hipóteses implicam que f é uma imersão, de tal forma que podemos substituir C por uma cópia isomorfa e assumir que f é a função identidade sobre $\langle \bar{a} \rangle_B$, e que $\langle \bar{a} \rangle_B$ é a sobreposição de $\mathrm{dom}(B)$ e $\mathrm{dom}(C)$. Pelo mesmo argumento usado no Teorema 5.3.1, basta mostrar que a teoria $T = \mathrm{eldiag}(B) \cup \mathrm{diag}(C)$ tem um modelo. Novamente como na demonstração do Teorema 5.3.1, se T não tem modelo, então pelo teorema da compacidade existe uma conjunção $\phi(\bar{a}, \bar{d})$ de um número finito de sentenças em $\mathrm{diag}(C)$, tal que $(B, \bar{a}) \vDash \neg \exists \bar{y}\, \phi(\bar{a}, \bar{y})$. Como $\phi(\bar{a}, \bar{y})$ é livre-de-quantificador e $(C, \bar{a}) \Rightarrow_1 (B, \bar{a})$, inferimos que $(C, \bar{a}) \vDash \neg \exists \bar{y}\, \phi(\bar{a}, \bar{y})$. Isso contradiz o fato de que $\phi(\bar{a}, \bar{d})$ é verdadeira em C, e portanto a demonstração está completa.   □

Uma vez que admitimos que as estruturas podem ser vazias, a upla $\bar{a}$ no Teorema 5.4.1 pode ser a upla vazia. Isso nos dá o seguinte.

Corolário 5.4.2. *Sejam B e C L-estruturas tais que $C \Rightarrow_1 B$. Então C é imersível em alguma extensão elementar de B.*   □

Teoremas de amalgamação como o Teorema 5.4.1 tendem a dar origem a coisas do tipo: (i) critérios para que uma estrutura seja expansível ou extensível em certas maneiras, (ii) critérios sintáticos para que uma fórmula ou conjunto de fórmulas seja preservado sob certas operações com modelos (resultados desse tipo são chamados de **teoremas de preservação**), (iii) teoremas de interpolação. Deixe-me ilustrar tudo isso.

(i) Vamos dar um critério para que uma estrutura seja extensível a um modelo de uma dada teoria. Se T é uma teoria em uma linguagem de primeira ordem L, então escrevemos $T_\forall$ para designar o conjunto de todas as sentenças $\forall_1$ de L que são consequências de T.

Corolário 5.4.3. *Se T é uma teoria em uma linguagem de primeira ordem L, então os modelos de $T_\forall$ são precisamente as subestruturas de modelos de T.*

Demonstração. Qualquer subestrutura de um modelo de T é certamente um modelo de $T_\forall$, pelo Corolário 2.4.2. Reciprocamente, suponha que C seja um modelo de $T_\forall$. Para mostrar que C é uma subestrutura de um modelo de T, basta encontrar um modelo B de T tal que $C \Rightarrow_1 B$, e então aplicar o Corolário 5.4.2.

Encontramos B da seguinte forma. Seja U o conjunto de todas as sentenças $\exists_1 \phi$ de L tais que $C \vDash \phi$. Afirmamos que $T \cup U$ tem um modelo. Pois, caso contrário, pelo teorema da compacidade existe algum conjunto finito $\{\phi_0, \ldots, \phi_{k-1}\}$ de sentenças em U tais que $T \vdash \neg\phi_0 \vee \ldots \vee \neg\phi_{k-1}$. Agora $\neg\phi_0 \vee \ldots \vee \phi_{k-1}$ é logicamente equivalente a uma sentença $\forall_1 \theta$, e $T \vdash \theta$, de tal forma que $\theta \in T_\forall$ e portanto $C \vDash \theta$. Mas isso é absurdo, pois $C \vDash \phi_i$ para cada $i < k$. Logo $T \cup U$ tem um modelo, como havíamos afirmado. $\square$

(ii) Vamos caracterizar aquelas fórmulas ou conjuntos de fórmulas que são preservadas em subestruturas.

Teorema 5.4.4 (*Teorema de Łoś–Tarski*). *Seja T uma teoria em uma linguagem de primeira ordem L e $\Phi(\bar{x})$ um conjunto de fórmulas de L. (A sequência de variáveis $\bar{x}$ não precisa ser finita.) Então as seguintes condições são equivalentes.*

(a) *Se A e B são modelos de T, $A \subseteq B$, $\bar{a}$ é uma sequência de elementos de A e $B \vDash \bigwedge \Phi(\bar{a})$, então $A \vDash \bigwedge \Phi(\bar{a})$. ('$\Phi$ é preservado em subestruturas para modelos de T.')*

(b) *Φ é equivalente módulo T a um conjunto $\Psi(\bar{x})$ de fórmulas $\forall_1$ de L.*

Demonstração. (b) $\Rightarrow$ (a) se justifica pelo Corolário 2.4.2(a). Para a recíproca, assuma (a). Primeiro demonstramos (b) sob a hipótese que Φ é um conjunto de sentenças. Seja Ψ o conjunto $(T \cup \Phi)_\forall$. Pelo Corolário 5.4.3, nos restringindo a modelos de T, os modelos de Ψ são precisamente as subestruturas de modelos de Φ. Mas pelo item (a), toda tal subestrutura é ela própria um modelo de Φ. Logo Φ e Ψ são equivalentes módulo T.

Para o caso em que $\bar{x}$ não é vazia, forme a linguagem $L(\bar{c})$ adicionando constantes novas $\bar{c}$ a L. Se $\Phi(\bar{x})$ é preservado em subestruturas para L-estruturas que são modelos de T, então não é difícil ver que $\Phi(\bar{c})$ tem que ser preservado em subestruturas para $L(\bar{c})$-estruturas que são modelos de T. Mas $\Phi(\bar{c})$ é um conjunto de sentenças, portanto o argumento anterior mostra que $\Phi(\bar{c})$ é equivalente módulo T a um conjunto $\Psi(\bar{c})$ de sentenças $\forall_1$ de $L(\bar{c})$. Então pelo lema das constantes (Lema 2.3.2), $T \vdash \forall \bar{x}(\bigwedge \Phi(\bar{x}) \leftrightarrow \bigwedge \Psi(\bar{x}))$, de tal forma que $\Phi(\bar{x})$ é equivalente a $\Psi(\bar{x})$ módulo T, na linguagem $L(\bar{c})$ e portanto também na linguagem L. (Se existem L-estruturas vazias, elas satisfazem trivialmente $\forall \bar{x}(\bigwedge \Phi(\bar{x}) \leftrightarrow \bigwedge \Psi(\bar{x}))$.)   □

Se Φ no teorema de Łoś–Tarski é constituído de uma única fórmula, então uma aplicação a mais do teorema da compacidade leva Ψ a uma única fórmula $\forall_1$. Resumindo, módulo qualquer teoria de primeira ordem T, as fórmulas preservadas em subestruturas são precisamente as fórmulas $\forall_1$. O teorema de Łoś–Tarski é frequentemente mencionado dessa forma.

Como fórmulas $\exists_1$ são, a menos de equivalência lógica, justamente as negações de fórmulas $\forall_1$, essa versão do teorema imediatamente implica no seguinte.

Corolário 5.4.5. *Se T é uma teoria numa linguagem de primeira ordem L e ϕ é uma fórmula de L, então as seguintes condições são equivalentes:*
(a) *ϕ é preservada por imersões entre modelos de T;*
(b) *ϕ é equivalente módulo T a uma fórmula $\exists_1$ de L.*   □

Na verdade o dual completo do Teorema 5.4.4 também é verdade, com conjuntos de fórmulas $\exists_1$ ao invés de fórmulas $\exists_1$ individualmente. Isso pode ser um exercício. (Exercício 1).

(iii) O teorema da interpolação associado ao Teorema 5.4.1 é uma elaboração decorada do teorema de Łoś–Tarski (na qual ela obviamente implica, no caso em que as fórmulas são tratadas individualmente).

Teorema 5.4.6. *Seja T uma teoria em uma linguagem de primeira ordem L e suponha que $\phi(\bar{x})$ e $\chi(\bar{x})$ sejam fórmulas de L. Então as seguintes condições são equivalentes.*

(a) *Sempre que $A \subseteq B$, A e B são modelos de T, $\bar{a}$ é uma upla em A e $B \vDash \phi(\bar{a})$, então $A \vDash \chi(\bar{a})$.*

(b) *Existe uma fórmula $\forall_1\, \psi(\bar{x})$ de L tal que $T \vdash \forall \bar{x}(\phi \to \psi) \wedge \forall \bar{x}(\psi \to \chi)$. ($\psi$ é um 'interpolante' entre ϕ e χ.)*

Demonstração. A adaptação óbvia da demonstração do Teorema 5.4.4 funciona. □

Variantes da amalgamação existencial

O Teorema 5.4.1 tem um número infinito de variantes para diferentes classes de fórmulas, com apenas mudanças triviais na demonstração. Cada uma dessas variantes tem seus próprios teoremas de preservação e interpolação; algumas são descritas nos exercícios. Menciono duas variantes do Teorema 5.4.1 sem demonstração.

Teorema 5.4.7. *Seja L uma linguagem de primeira ordem, e suponha que B e C sejam L-estruturas, $\bar{a}$ uma sequência de elementos de C e $f : \langle \bar{a} \rangle_C \to B$ um homomorfismo tal que $(C, \bar{a}) \Rightarrow_1^+ (B, f\bar{a})$. Então existem uma extensão elementar D de B e um homomorfismo $g : C \to D$ que estende f.* $\square$

Seja L uma linguagem de primeira ordem e suponha que A, B sejam L-estruturas. Escrevemos $A \Rightarrow_2 B$ para dizer que para toda sentença $\exists_2 \phi$ de L, se $A \vDash \phi$ então $B \vDash \phi$; equivalentemente, para toda sentença $\forall_2 \phi$ de L, se $B \vDash \phi$ então $A \vDash \phi$.

Teorema 5.4.8. *Seja L uma linguagem de primeira ordem, B e C L-estruturas, $\bar{a}$ uma sequência de elementos de B e $f : \langle \bar{a} \rangle_B \to C$ uma imersão tal que $(C, f\bar{a}) \Rightarrow_2 (B, \bar{a})$. Então existem uma extensão elementar D de B e uma imersão $g : C \to D$ tal que g preserva todas as fórmulas $\forall_1$ de L.* $\square$

O Teorema 5.4.8 é usado para caracterizar as fórmulas que são preservadas em uniões de cadeias.

Teorema 5.4.9 (Teorema de Chang–Łoś–Suszko). *Seja T uma teoria em uma linguagem de primeira ordem L, e $\Phi(\bar{x})$ um conjunto de fórmulas de L. Então as seguintes condições são equivalentes.*

(a) $\bigwedge \Phi$ *é preservado em uniões de cadeias $(A_i : i < \gamma)$ sempre que $\bigcup_{i < \gamma} A_i$ e todos os A_i $(i < \gamma)$ são modelos de T.*

(b) Φ *é equivalente módulo T a um conjunto de fórmulas $\forall_2$ de L.*

Demonstração. (b) $\Rightarrow$ (a) se justifica pelo Teorema 2.4.4. Para a outra direção, assuma (a). Tal qual na demonstração do Teorema 5.4.4, podemos assumir que Φ é um conjunto de sentenças. Seja Ψ o conjunto de todas as sentenças $\forall_2$ de L que são consequências de $T \cup \Phi$. Temos que mostrar que $T \cup \Psi \vdash \Phi$, e para isso será suficiente demonstrar que todo modelo de $T \cup \Psi$ é elementarmente equivalente a uma união de alguma cadeia de modelos de $T \cup \Phi$ que é ela própria um modelo de T.

Seja A_0 um modelo qualquer de $T \cup \Psi$. Construiremos uma cadeia elementar $(A_i : i < \omega)$, extensões $B_i \supseteq A_i$ e imersões $g_i : B_i \to A_{i+1}$, de tal forma que o seguinte diagrama comuta:

(4.2)

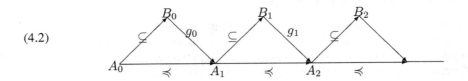

Exigiremos que para cada $i < \omega$,

(4.3) $B_i \vDash T \cup \Phi$, e $(B_i, \bar{a}_i) \Rrightarrow_1 (A_i, \bar{a}_i)$
quando $\bar{a}_i$ lista todos os elementos de A_i.

O diagrama é construído da seguinte maneira. Suponha que A_i tenha sido escolhido. Então, como $A_0 \preccurlyeq A_i$, A_i é um modelo de todas as consequências $\forall_2$ de $T \cup \Phi$. Exatamente pelo mesmo argumento do Corolário 5.4.3 (com $\forall_2$ no lugar de $\forall_1$ e o Teorema 5.4.8 no lugar do Teorema 5.4.1), segue que A_i pode ser estendido para uma estrutura B_i satisfazendo (4.3). Então pelo Teorema 5.4.1 e pela segunda parte de (4.3), existem uma extensão elementar A_{i+1} de A_i e uma imersão $g_i : B_i \to A_{i+1}$ tal que g_i é a função identidade em A_i.

Agora em (4.2) podemos substituir cada B_i por sua imagem sob g_i, e portanto assuma que todas as funções são inclusões. Então $\bigcup_{i<\omega} A_i$ e $\bigcup_{i<\omega} B_i$ são a mesma estrutura C. Pelo teorema de Tarski–Vaught da cadeia elementar (Teorema 2.5.2), $A_0 \preccurlyeq C$. Logo C é um modelo de T e é a união de uma cadeia de modelos B_i de $T \cup \Phi$, e A_0 é elementarmente equivalente a C, como desejávamos. $\qquad\square$

Tal qual no teorema de Łoś–Tarski, compacidade nos dá uma versão finita: uma fórmula ϕ de L é preservada em uniões de cadeias (onde todas as estruturas são modelos de T) se e somente se ϕ é equivalente a uma fórmula $\forall_2$ de L.

Exercícios para a seção 5.4

1. Seja T uma teoria em uma linguagem de primeira ordem L e $\Phi(\bar{x})$ um conjunto de fórmulas de L. Mostre que as seguintes condições são equivalentes. (a) Se A e B são modelos de T, $A \subseteq B$, $\bar{a}$ é uma sequência de elementos de A e $A \vDash \bigwedge \Phi(\bar{a})$, então $B \vDash \bigwedge \Phi(\bar{a})$. (b) Φ é equivalente módulo T a um conjunto de fórmulas $\exists_1$ de L. [Supondo que Φ é um conjunto de sentenças, seja Ψ o conjunto de consequências $\exists_1$ de $T \cup \Phi$. Tome B no Teorema 5.4.1 como sendo um modelo de $T \cup \Psi$, e C um modelo de $T \cup \Phi$ que podemos imergir em alguma extensão elementar de B. Cf. Corolário 8.3.2 para uma demonstração diferente usando modelos λ-saturados.]

2. Seja L uma linguagem de primeira ordem e T uma teoria em L. Suponha que A e B sejam modelos de T. Mostre que as seguintes condições são equivalentes. (a) Existe um modelo C de T tal que A e B podem ser imersos em C. (b) ϕ e ψ são sentenças $\forall_1$ de L tais que $T \vdash \phi \vee \psi$, então (i) A e B são ambos modelos de ϕ, ou (ii) A e B são ambos modelos de ψ.

Seja L uma linguagem de primeira ordem, e suponha que A, B sejam L-estruturas. Para qualquer $n < \omega$, escrevemos $A \preccurlyeq_n B$ para dizer que $A \subseteq B$ e para toda fórmula $\exists_n \phi(\bar{x})$ de L e toda upla $\bar{a}$ de elementos de A, $B \models \phi(\bar{a}) \Rightarrow A \models \phi(\bar{a})$. Uma $\preccurlyeq_n$-cadeia é uma cadeia $(A_i : i < \gamma)$ na qual $i < j < \gamma$ implica que $A_i \preccurlyeq_n A_j$.

3. Seja L uma linguagem de primeira ordem e suponha que A_0, A_1 sejam L-estruturas com $A_0 \subseteq A_1$. Seja n um inteiro positivo. Mostre que $A_0 \preccurlyeq_{2n-1} A_1$ se e somente se existe uma cadeia $A_0 \subseteq \ldots \subseteq A_{2n}$ na qual $A_i \preccurlyeq A_{i+2}$ para cada i:

(4.4)

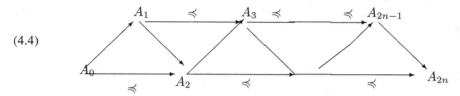

onde todas as setas são inclusões.

4. Seja L uma linguagem de primeira ordem, T uma teoria em L, n um inteiro $\geqslant 2$ e $\phi(\bar{x})$ uma fórmula de L. Mostre que as seguintes condições são equivalentes. (a) ϕ é equivalente módulo T a uma fórmula $\forall_n \psi(\bar{x})$ de L. (b) Se A e B são modelos de T tais que $A \preccurlyeq_{n-1} B$, e $\bar{a}$ é uma upla de elementos de A tais que $B \models \phi(\bar{a})$, então $A \models \phi(\bar{a})$. (c) ϕ é preservada em uniões de $\preccurlyeq_{n-2}$-cadeias de modelos de T. [Atomize todas as fórmulas $\exists_{n-1}$.]

5. Seja L uma linguagem de primeira ordem e T uma teoria em L. Mostre que as seguintes condições são equivalentes. (a) T é equivalente a um conjunto de sentenças de L da forma $\forall x \exists \bar{y} \, \phi(x, \bar{y})$ com ϕ livre-de-quantificador. (b) Se A é uma L-estrutura e para todo elemento a de A existe uma subestrutura de A que contém a e é modelo de T, então A é um modelo de T.

6. Seja L uma linguagem de primeira ordem e T uma teoria em L. Mostre que as seguintes condições são equivalentes. (a) Sempre que A e B são modelos de T com $A \preccurlyeq B$, e $A \subseteq C \subseteq B$, então C também é um modelo de T. (b) Sempre que A e B são modelos de T, com $A \preccurlyeq_2 B$, e $A \subseteq C \subseteq B$, então C também é um modelo de T. (c) T é equivalente a um conjunto de sentenças $\exists_2$.

7. Seja T uma teoria de primeira ordem, e suponha que sempre que um modelo A de T tem subestruturas B e C que também são modelos de T com interseção não-vazia, então $B \cap C$ também é um modelo de T. Mostre que T é equivalente a uma teoria de primeira ordem $\forall_2$. [Seja $(D_i : i < \gamma)$ uma cadeia de modelos de T com união D. Mostre que D é uma subestrutura de um modelo B de T. Seja U a teoria consistindo de T, $\text{diag}(B)$ e sentenças que dizem 'Os elementos satisfazendo Rx são modelos de T', 'Rd' para todo d em D e '$\neg Rb$' para todo b em B mas não em D. Mostre que U tem um modelo A, e tome a interseção de B em A com a estrutura definida por R.]

5.5   Expandindo a linguagem

Continuamos a partir de onde deixamos no final da seção 5.4, exceto que o próximo resultado de amalgamação é sobre expansões ao invés de extensões.

Teorema 5.5.1. *Sejam L_1 e L_2 linguagens de primeira ordem, $L = L_1 \cap L_2$, B uma L_1-estrutura, C uma L_2-estrutura, e $\bar{a}$ uma sequência de elementos de B e de C tal que $(B|L, \bar{a}) \equiv (C|L, \bar{a})$. Então existem uma $(L_1 \cup L_2)$-estrutura D tal que $B \preccurlyeq D|L_1$, e uma imersão elementar $g : C \to D|L_2$, tal que $g\bar{a} = \bar{a}$.*

Demonstração.   Começamos notando que uma alteração quase invisível da demonstração do Teorema 5.3.1 (amalgamação elementar) produz uma versão fraca do teorema que desejamos, viz.: Sob as hipóteses do Teorema 5.5.1, existem uma extensão elementar D de B e uma imersão elementar $g : C|L \to D|L$, tal que $g\bar{a} = \bar{a}$. (Basta mostrar que eldiag$(B) \cup$ eldiag$(C|L)$ tem um modelo.)

Faça $B_0 = B$, $C_0 = C$ e use a versão fraca do teorema, alternando de um lado para outro, para construir um diagrama comutativo

(5.1)
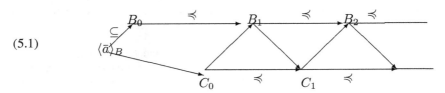

onde as funções de B_i para C_i e de C_i para B_{i+1} são imersões elementares dos L-redutos. O diagrama induz um isomorfismo $e : \bigcup_{i<\omega} B_i|L \to \bigcup_{i<\omega} C_i|L$. Agora $\bigcup_{i<\omega} B_i|L$ e $\bigcup_{i<\omega} C_i|L$ são respectivamente uma L_1-estrutura e uma L_2-estrutura. Use e com $\bigcup_{i<\omega} C_i|L$ como uma base para expandir $\bigcup_{i<\omega} B_i|L$ para uma $(L_1 \cup L_2)$-estrutura D. Pelo teorema da cadeia elementar (Teorema 2.5.2), D é a estrutura desejada. ☐

Interesses mudam. Quando o Teorema 5.5.1 apareceu pela primeira vez nos anos 1950, ele não estava sequer explicitamente enunciado; porém leitores mais atenciosos poderiam extraí-lo de um resultado puramente sintático sobre lógica de primeira ordem (o lema da consistência conjunta de Robinson, Exercício 1 adiante).

Fiel à forma, o Teorema 5.5.1 gera uma ninhada de teoremas de caracterização e interpolação. Se L e L^+ são linguagens de primeira ordem com $L \subseteq L^+$, e T é uma teoria em L^+, escrevemos T_L para designar o conjunto de todas as consequências de T na linguagem L.

Corolário 5.5.2. *Sejam L e L^+ linguagens de primeira ordem com $L \subseteq L^+$ e T uma teoria em L^+. Seja A uma L-estrutura. Então $A \vDash T_L$ se e somente se para algum modelo B de T, $A \preccurlyeq B|L$.*

Demonstração. Da mesma forma que o Corolário 5.4.3 seguiu do Teorema 5.4.1. □

A seguir um teorema de interpolação.

Teorema 5.5.3. *Sejam L_1, L_2 linguagens de primeira ordem, $L = L_1 \cap L_2$ e T_1, T_2 teorias em L_1, L_2 respectivamente, tais que $T_1 \cup T_2$ não tem modelo. Então existe alguma sentença ψ de L tal que $T_1 \vdash \psi$ e $T_2 \vdash \neg\psi$.*

Demonstração. Tome $\Psi = (T_1)_L$. Pelo teorema da compacidade basta mostrar que $\Psi \cup T_2$ não tem modelo. Por contradição seja C um modelo de $\Psi \cup T_2$. Pelo Corolário 5.5.2 existe uma L_1-estrutura B tal que $C|L \preccurlyeq B|L$ e $B \vDash T_1$. Então $B|L \equiv C|L$, e portanto pelo Teorema 5.5.1 existem uma $(L_1 \cup L_2)$-estrutura D tal que $B \preccurlyeq D|L_1$ e uma imersão elementar $g : C \rightarrow D|L_2$. Agora, se por um lado $B \preccurlyeq D|L_1$, de tal forma que $D \vDash T_1$, por outro lado g é elementar, de tal forma que $D \vDash T_2$. Por conseguinte $T_1 \cup T_2$ na verdade tem um modelo; contradição. □

Em particular suponha que ϕ e χ sejam sentenças de L_1 e L_2 respectivamente, tal que $\phi \vdash \chi$. Então existe uma sentença ψ de $L_1 \cap L_2$ tal que $\phi \vdash \psi$ e $\psi \vdash \chi$. Esse caso do teorema é conhecido como **teorema da interpolação de Craig**.

E obviamente existe o esperado teorema da preservação. Ele fala de fórmulas que são preservadas sob a operação de remoção de símbolos e sua posterior recolocação.

Teorema 5.5.4. *Sejam L e L^+ linguagens de primeira ordem com $L \subseteq L^+$, e suponha que T seja uma teoria em L^+ e $\phi(\bar{x})$ uma fórmula de L^+. Então as seguintes condições são equivalentes.*

(a) *Se A e B são modelos de T e $A|L = B|L$, então para todas as uplas $\bar{a}$ em A, $A \vDash \phi(\bar{a})$ se e somente se $B \vDash \phi(\bar{a})$.*

(b) *$\phi(\bar{x})$ é equivalente módulo T a uma fórmula $\psi(\bar{x})$ de L.*

Demonstração. Segue do Teorema 5.5.1 da mesma forma que o Teorema 5.4.4 segue do Teorema 5.4.1. □

Façamos uma pausa por um momento sobre a implicação (a) $\Rightarrow$ (b) no caso em que ϕ é uma fórmula atômica desaninhada $R(x_0, \ldots, x_{n-1})$ ou $F(x_0, \ldots, x_{n-1}) = x_n$.

Esse caso particular do Teorema 5.5.4 é conhecido como **teorema da definibilidade de Beth**.

Em mais detalhes: dizemos que um símbolo de relação R é **definido implicitamente** por T em termos de L se sempre que A e B são modelos de T com $A|L = B|L$, então $R^A = R^B$; e igualmente com um símbolo de função F. Tal qual fizemos na seção 2.6 acima, dizemos que R é **definida explicitamente** por T em termos de L se T tem alguma consequência da forma $\forall \bar{x}(R\bar{x} \leftrightarrow \psi)$, onde $\psi(\bar{x})$ é uma fórmula de L; da mesma forma para F. É imediato que se R (ou F) é definido explicitamente por T em termos de L, então ele é definido implicitamente por T em termos de L. O teorema de Beth enuncia a recíproca. Em forma de *slogan: relativa a uma teoria de primeira ordem, definibilidade implícita é o mesmo que definibilidade explícita.*

A noção de definibilidade implícita faz sentido num contexto mais amplo. Seja L e L^+ linguagens (não necessariamente de primeira ordem), T uma teoria em L^+ e R um símbolo de relação de L^+. Tal qual foi dito acima, dizemos que R é **definida implicitamente** por T em termos de L se sempre que A e B são modelos de T com $A|L = B|L$, então $R^A = R^B$. Uma pessoa que constrói modelos A e B de T com $A|L = B|L$ porém $R^A \neq R^B$ é dito estar usando o **método de Padoa** para demonstrar a indefinibilidade de R por T em termos de L. Havia alguns exemplos na seção 2.6 acima; veja Exercícios 2.6.6 e 2.6.7. Se L e L^+ não são de primeira ordem, o teorema de Beth pode não dar certo.

Teoremas locais

Nosso último teorema ataca a seguinte questão: Se um número suficiente de subestruturas finitamente geradas de uma estrutura A pertencem a uma certa classe **K**, será que A também tem que pertencer a **K**? Teoremas que dizem que a resposta é Sim são conhecidos como **teoremas locais**.

Na seção 4.2 definimos as classes $\mathrm{PE}_\triangle$ e $\mathrm{PE}'_\triangle$. Agora estamos em uma posição em que podemos aplicar o teorema da compacidade a tais classes de estruturas. Muitos dos teoremas locais da teoria dos grupos podem ser demonstrados dessa maneira.

Teorema 5.5.5   *Seja L uma linguagem de primeira ordem e* **K** *uma classe $\mathrm{PE}'_\triangle$ de L-estruturas. Suponha que* **K** *seja fechada sob a operação de se tomar subestruturas. Então* **K** *é axiomatizada por um conjunto de sentenças $\forall_1$ de L.*

Demonstração.   O teorema refina o teorema de Łoś–Tarski (Teorema 5.4.4), e sua demonstração é um refinamento da demonstração correspondente.

Seja **K** a classe $\mathrm{PE}'_\triangle$ definida por $\{B_P : B \vDash U\}$. Escreva T^* para designar o conjunto de todas as sentenças $\forall_1 \, \phi$ de L tais que $B_P \vDash \phi$ sempre que $B \vDash U$. Toda estrutura em **K** é um modelo de T^*. Demonstramos que todo modelo A de T^* pertence a **K**. Para isso, considere a teoria

(5.2) $\text{diag}(A) \cup \{Pa : a \in \text{dom } A\} \cup U.$

Afirmamos que (5.2) tem um modelo. Pois, caso contrário, pelo teorema da compacidade existem uma conjunção $\psi(\bar{x})$ de literais de L, e uma upla $\bar{a}$ de elementos distintos $a_0, \ldots, a_{m-1}$ de A, tais que $A \vDash \psi(\bar{a})$ e $U \vdash Pa_0 \wedge \ldots \wedge Pa_{m-1} \to \neg\psi(\bar{a})$. Pelo lema das constantes,

$$U \vdash \forall\bar{x}(Px_0 \wedge \ldots \wedge Px_{m-1} \to \neg\psi(\bar{x})).$$

Portanto a sentença $\forall\bar{x}\neg\psi(\bar{x})$ pertence a T^*, logo ela deve ser verdadeira em A. Isso contradiz o fato de que $A \vDash \psi(\bar{a})$. A afirmação está demonstrada.

Pela afirmação existe um modelo D de (5.2). Pelo lema do diagrama, A é imersível em D_P. Mas D_P pertence a $\mathbf{K}$ e $\mathbf{K}$ é fechada sob subestruturas. Como $\mathbf{K}$ é obviamente fechada sob cópias isomorfas, segue que A pertence a $\mathbf{K}$.   □

Vamos aplicar imediatamente o Teorema 5.5.5. O próximo resultado foi talvez o primeiro teorema puramente algébrico cuja demonstração (por Mal'tsev em 1940) fez uso essencial de teoria dos modelos. Seja n um inteiro positivo e G um grupo. Dizemos que G tem uma **representação linear n-dimensional fiel** se G é imersível em $\text{GL}_n(F)$, o grupo das matrizes n-por-n inversíveis sobre algum corpo F.

Corolário 5.5.6.   *Seja n um inteiro positivo e G um grupo. Suponha que todo subgrupo finitamente gerado de G tenha uma representação linear n-dimensional fiel. Então G tem uma representação linear n-dimensional fiel.*

Demonstração.   Seja $\mathbf{K}$ a classe dos grupos com representações lineares n-dimensionais fiéis. Notemos que $\mathbf{K}$ é fechada sob subestruturas. Existe uma teoria U em uma linguagem de primeira ordem apropriada, tal que $\mathbf{K}$ é precisamente a classe $\{B_P : B \vDash U\}$. (Se isso não estiver óbvio, consulte o Exemplo 1 da seção 4.2.) Pelo teorema, $\mathbf{K}$ é axiomatizada por uma teoria $\forall_1$, digamos T. Se G não pertence a $\mathbf{K}$, então existe uma sentença $\forall\bar{x}\psi(\bar{x})$ em T, com ψ livre-de-quantificador, tal que $G \vDash \exists\bar{x}\neg\psi(\bar{x})$. Encontre uma upla $\bar{a}$ em G tal que $G \vDash \neg\psi(\bar{a})$; então o subgrupo $\langle\bar{a}\rangle_G$ não pertence a $\mathbf{K}$.   □

Exercícios para a seção 5.5

1. (Lema da consistência conjunta de Robinson.) Seja L_1 e L_2 linguagens de primeira ordem e $L = L_1 \cap L_2$. Sejam T_1 e T_2 teorias consistentes em L_1 e L_2 respectivamente, tais que $T_1 \cap T_2$ é uma teoria completa em L. Mostre que $T_1 \cup T_2$ é consistente.

2. Sejam L e L^+ linguagens de primeira ordem com $L \subseteq L^+$, e $\phi(\bar{x})$ uma fórmula de L^+ e T uma teoria em L^+. Suponha que sempre que A e B são modelos de T e $f : A|L \to B|L$ é

um homomorfismo, f preserve ϕ. Mostre que ϕ é equivalente módulo T a uma fórmula $\exists_1^+$ de L.

3. Sejam L_1 e L_2 linguagens de primeira ordem com $L = L_1 \cap L_2$. Suponha que ϕ e ψ sejam sentenças de L_1 e L_2 respectivamente, tais que $\phi \vdash \psi$. Mostre que se todo símbolo de função ou de constante de L_1 pertence a L_2, e ϕ é uma sentença $\forall_1$ e ψ é uma sentença $\exists_1$, então existe uma sentença livre-de-quantificador θ de L tal que $\phi \vdash \theta$ e $\theta \vdash \psi$. [Se Θ for o conjunto de sentenças livres-de-quantificador θ de L tais que $\phi \vdash \theta$, considere uma L_2-estrutura A qualquer que é um modelo de Θ; escrevendo A_0 para designar a subestrutura de A consistindo de elementos nomeados por termos fechados, defina uma imersão de A_0 em $B|L$ para algum modelo B de ϕ.]

4. Sejam L_1 e L_2 linguagens de primeira ordem com $L = L_1 \cap L_2$. Suponha que ϕ e ψ sejam sentenças de L_1 e L_2 respectivamente, tais que $\phi \vdash \psi$. Mostre que se ϕ e ψ são ambas sentenças $\forall_1$ então existe uma sentença $\forall_1$ θ de L tal que $\phi \vdash \theta$ e $\theta \vdash \psi$.

5. Sejam L e L^+ linguagens de primeira ordem com $L \subseteq L^+$, e suponha que P seja um símbolo de relação 1-ária de L^+. Seja ϕ uma sentença de L^+, e T uma teoria em L^+ tal que para todo modelo A de T, P^A é o domínio de uma subestrutura A^* de $A|L$. Suponha que sempre que A e B são modelos de T com $A \models \phi$ e $f : A^* \to B^*$ é um homomorfismo, então $B \models \phi$. Mostre que ϕ é equivalente módulo T a uma sentença da forma $\exists y_0 \ldots y_{k-1}(\bigwedge_{i<k} Py_i \wedge \psi(\bar{y}))$ onde ψ é uma fórmula positiva livre-de-quantificador de L.

6. Seja L a linguagem de primeira ordem com símbolos de relação para 'x é um filho de y', 'x é uma filha de y', 'x é um pai de y', 'x é uma mãe de y', 'x é um avô de y'. Seja T uma teoria de primeira ordem que relata os fatos biológicos básicos sobre essas relações (e.g. que todo mundo tem uma única mãe, ninguém é ao mesmo tempo um filho e uma filha, etc.). Mostre que (a) em T, 'filho de' é definível a partir de 'pai de', 'mãe de' e 'filha de', (b) em T, 'filho de' não é definível a partir de 'pai de' e 'mãe de', (c) em T, 'pai de' é definível a partir de 'filho de' e 'filha de', (d) em T, 'mãe de' não é definível a partir de 'pai de' e 'avô de', (e) etc. ad lib.

7. Seja L uma linguagem de primeira ordem, L^+ a linguagem obtida a partir de L adicionando-se um novo símbolo de relação R, e ϕ uma sentença de L^+. Suponha que toda L-estrutura possa ser expandida de no máximo uma maneira para um modelo de ϕ. Mostre que existe uma sentença θ de L tal que uma L-estrutura A é um modelo de θ se e somente se A pode ser expandida para um modelo de ϕ.

8. Seja T uma teoria de primeira ordem. Mostre que a classe de grupos $\{G : G$ age fielmente sobre algum modelo de $T\}$ é axiomatizada por uma teoria $\forall_1$ de primeira ordem na linguagem de grupos.

9. Assuma que foi demonstrado que todo mapa sobre o plano, com um número finito de países, pode ser colorido com apenas quatro cores de tal forma que dois países adjacentes nunca têm a mesma cor. Use o teorema da compacidade para demonstrar que o mesmo se verifica mesmo

quando o mapa tem um número infinito de países (porém cada país tem um número finito de vizinhos, obviamente).

10. Um **grupo ordenado** é um grupo cujo conjunto de elementos é linearmente ordenado de tal forma que $a < b$ implica que $c \cdot a < c \cdot b$ e $a \cdot c < b \cdot c$ para todos os elementos a, b, c. Um grupo é **ordenável** se ele pode se tornar um grupo ordenado pela adição de uma ordenação apropriada. (a) Mostre que um grupo ordenável não pode ter elementos de ordem finita, exceto o elemento identidade. (b) Mostre a partir do teorema de estrutura para grupos abelianos finitamente gerados que todo grupo abeliano sem torsão finitamente gerado é ordenável. (c) Usando o teorema da compacidade, demonstre que se G é um grupo e todo subgrupo finitamente gerado de G é ordenável então G é ordenável. (d) Deduza que um grupo abeliano é ordenável se e somente se ele é sem torsão.

5.6 Indiscerníveis

Esta pequena seção introduz um resultado combinatório conhecido como teorema de Ramsey. Teóricos de modelos frequentemente usam o teorema de Ramsey. É menos frequente demonstrá-lo – eles normalmente deixam essa tarefa aos praticantes da combinatória. Mas veremos que ele é uma consequência fácil do teorema da compacidade.

Nas definições que se seguem, lembre-se que um número ordinal é o conjunto de seus predecessores, e esse conjunto carrega consigo uma ordenação linear natural.

Seja X um conjunto, $<$ uma ordenação linear de X e k um inteiro positivo. Escrevemos $[X]^k$ para designar o conjunto de todas as k-uplas $<$-crescentes de elementos de K. Aqui '$<$-crescente' terá sempre o significado 'estritamente crescente na ordenação $(X, <)$'. A notação $[X]^k$ omite $<$; podemos escrever $[(X, <)]^k$ quando precisarmos especificar a ordenação.

Seja f uma função cujo domínio é $[X]^k$. Dizemos que um subconjunto Y de X (ou mais explicitamente uma subordenação $(Y, <)$ de $(X, <)$) é f-**indiscernível** se para quaisquer duas k-uplas $<$-crescentes $\bar{a}, \bar{b}$ de Y, $f(\bar{a}) = f(\bar{b})$; em outras palavras, se f é constante sobre $[Y]^k$.

Aqui está um caso importante. Seja A uma L-estrutura. Seja k um inteiro positivo e Φ um conjunto de fórmulas de L, todas da forma $\phi(x_0, \ldots, x_{k-1})$. Suponha que X seja um conjunto de elementos de A e $<$ uma ordenação linear de X. Então dizemos que $(X, <)$ é uma **sequência Φ-indiscernível** em A se para toda fórmula $\phi(x_0, \ldots, x_{k-1})$ em Φ e todo par $\bar{a}, \bar{b} \in [X]^k$,

(6.1) $$A \vDash \phi(\bar{a}) \to \phi(\bar{b}).$$

Podemos escolher uma função $f : [X]^k \to 2^{|L|}$ de tal forma que

(6.2)   para toda $\bar{a}$ e toda $\bar{b}$ em $[X]^k$,
$$f(\bar{a}) = f(\bar{b}) \Leftrightarrow (6.1) \text{ se verifica para toda fórmula } \phi \text{ em } \Phi.$$

Então $(X, <)$ é f-indiscernível se e somente se ela é Φ-indiscernível.

Exemplo 1: *Bases de espaços vetoriais.* Seja A um espaço vetorial e X uma base de A. Seja $<$ uma ordenação linear qualquer de X. Então X é $\phi(x_0, \ldots, x_{k-1})$-indiscernível para toda fórmula ϕ na linguagem de primeira ordem L de A. Pois tome $\bar{a}, \bar{b}$ como sendo quaisquer duas k-uplas estritamente crescentes de $(X, <)$. Como X é uma base de A, existe um automorfismo de A que leva $\bar{a}$ em $\bar{b}$. Logo $A \vDash \phi(\bar{a})$ implica que $A \vDash \phi(\bar{b})$.

O conjunto X nesse exemplo é indiscernível num sentido bastante forte. Suponha que A seja uma estrutura qualquer, X um conjunto de elementos de A linearmente ordenados por $<$, e $(X, <)$ uma sequência $\{\phi\}$-indiscernível simultaneamente para toda fórmula $\phi(\bar{x})$ de primeira ordem de L (com um número qualquer de variáveis); então dizemos que $(X, <)$ é uma **sequência indiscernível** em A. Dizemos que X é um **conjunto indiscernível** em A se $(X, <)$ é uma sequência indiscernível para toda ordenação linear $<$ de X. (*Advertência*: teóricos de conjuntos chamam uma sequência indiscernível de um **conjunto de indiscerníveis**.)

O Exemplo 1 mostra que uma base de uma álgebra livre em uma variedade é sempre um conjunto indiscernível.

Sejam λ, μ e ν cardinais e k um inteiro positivo. Escrevemos

(6.3) $$\lambda \to (\mu)^k_\nu$$

para dizer que se X é um conjunto linearmente ordenado qualquer de cardinalidade λ, e $f : [X]^k \to \nu$, então existe um subconjunto Y de X de cardinalidade μ tal que f é constante em $[Y]^k$. Fatos da forma (6.3) são conhecidos como **relações de partição de Erdös–Rado**. A notação foi escolhida por Paul Erdös e Richard Rado de tal forma que se (6.3) se verifica, então ela ainda se verifica quando o λ à esquerda é aumentado e μ, ν e k à direita são diminuídos.

A relação de partição mais importante, e a primeira a ser descoberta, funciona da seguinte maneira.

Teorema 5.6.1 (*Teorema de Ramsey, formato infinito*). *Para todos os inteiros positivos k, n temos $\omega \to (\omega)^k_n$.*

Demonstração. Por indução sobre k. Quando $k = 1$, o teorema diz que se ω é particionado em no máximo m partes (com m finito), então pelo menos uma das partes é infinita. Isso é verdadeiro e tem um nome: o princípio do escaninho.

Suponha então que $k > 1$, e que seja dada uma função $f : [\omega]^k \to n$. Seja A a estrutura construída da seguinte maneira:

(6.4) $\text{dom}(A) = \omega$. Existem nomes $0, 1, \ldots$ para os elementos de ω. Existem um símbolo de relação $<$ e um símbolo de função F, para representar a ordenação usual de ω e a função f respectivamente. (Faça $F^A(a_0, \ldots, a_{k-1}) = 0$ quando $(a_0, \ldots, a_{k-1})$ não é uma k-upla crescente.)

Pelo teorema da compacidade existe uma extensão elementar própria B de A. Agora $A \vDash \forall x (F(x) < n)$, e portanto o mesmo se verifica em B. Também $A \vDash$ '$<$ ordena linearmente todos os elementos', e para cada número natural m, $A \vDash$ 'o elemento m tem exatamente m $<$-predecessores'. Logo qualquer elemento de B que não pertence a A deve vir $<$-após todos os elementos de A. Tome tal elemento e chame-o de ∞.

Escolheremos números naturais $m(0)$, $m(1)$, $\ldots$ indutivamente, de tal forma que para cada $i < \omega$,

(6.5) $m(j) < m(i)$ para cada $j < i$,

(6.6)   para todo $j_0 < \ldots < j_{k-2} < i$,
$B \vDash F(m(j_0), \ldots, m(j_{k-2}), m(i)) = F(m(j_0), \ldots, m(j_{k-2}), \infty)$.

Suponha que $m(0), \ldots, m(i-1)$ tenham sido escolhidos. Então podemos escrever uma fórmula de primeira ordem $\phi(x)$, usando as constantes e os símbolos $<$ e F, que expressa que $x > m(i-1)$, e que para todo $j_0 < \ldots < j_{k-2} < i$, o valor de $F^B(m(j_0), \ldots, m(j_{k-2}), x)$ é $F^B(m(j_0), \ldots, m(j_{k-2}), \infty)$. (Existem apenas um número finito de condições aqui, e para cada escolha de $j_0, \ldots, j_{k-2}$ o número $F^B(m(j_0), \ldots, m(j_{k-2}), \infty)$ é $< n$, de modo que ele é nomeado por uma constante.) Agora obviamente $B \vDash \phi(\infty)$, e portanto $B \vDash \exists x \phi(x)$. Como $A \preccurlyeq B$, segue que $A \vDash \phi(m)$ para algum número natural m. Faça $m(i) = m$. Isso completa a escolha dos números $m(i)$. Faça $W = \{m(i) : i < \omega\}$.

Defina uma função $g : [W]^{k-1} \to n$ da seguinte forma

(6.7) $g(\bar{b}) = f(\bar{b}^\wedge c)$ para toda upla $\bar{b}^\wedge c \in [W]^k$.

Por (6.6), g é bem definida. Pela hipótese da indução existe um subconjunto infinito Y de W tal que g é constante sobre $[Y]^{k-1}$. Agora sejam $\bar{a} = (y_0, \ldots, y_{k-1})$ e $\bar{b} = (z_0, \ldots, z_{k-1})$ conjuntos em $[Y]^k$ com $y_0 < \ldots < y_{k-1}$ e $z_0 < \ldots < z_{k-1}$. Tomando qualquer c que seja $> \max(y_{k-1}, z_{k-1})$,

(6.8) $\begin{aligned} f(\bar{a}) &= f(y_0, \ldots, y_{k-2}, c) = g(y_0, \ldots, y_{k-2}) \\ &= g(z_0, \ldots, z_{k-2}) = f(\bar{b}). \end{aligned}$

Logo f é constante sobre $[Y]^k$ como desejávamos. $\square$

Corolário 5.6.2 (*Teorema de Ramsey, formato finito*).   *Para todos os inteiros positivos k, m, n existe um inteiro positivo l tal que $l \to (m)_n^k$.*

Demonstração.   Fixe k e n. Suponha, por contradição, que não existe inteiro positivo l tal que $l \to (m)_n^k$. Seja $\mathbb{N}$ a estrutura dos números naturais, $(\omega, 0, S, +, \cdot)$ (onde S é função sucessor). Seja T a seguinte teoria de primeira ordem, na linguagem de $\mathbb{N}$ aumentada com os símbolos adicionais c e F:

(6.9) $\text{Th}(\mathbb{N}) \cup \{F$ é uma função de $[\{0, \dots, c-1\}]^k$ para $n\} \cup \{$Não existe sequência crescente $\bar{a}$ de m elementos distintos, todos em $\{0, \dots, c-1\}$, tal que F é constante sobre $[\bar{a}]^k\} \cup \{`j < c$': j um número natural$\}$.

Todo subconjunto finito U de T tem um modelo: escolha c como sendo um número natural h maior que todo número mencionado em U, e tome F como sendo uma função que mostra que $h \not\to (m)_n^k$. Logo, pelo teorema da compacidade, (6.9) tem um modelo A. O teorema de Ramsey, formato infinito, aplicado a $F^A : [\{a : A \vDash a < c^A\}]^k \to \{0^A, \dots, n^A - 1\}$ nos dá um conjunto infinito Y tal que F^A é constante sobre $[Y]^k$, o que contradiz (6.9). $\square$

Uma aplicação típica do teorema de Ramsey é a seguinte.

Corolário 5.6.3.   *Seja $(P, \leqslant)$ um conjunto parcialmente ordenado infinito. Então ou P contém um conjunto linearmente ordenado infinito, ou P contém um conjunto infinito de elementos incomparáveis dois a dois.*

Demonstração.   Ordene linearmente os elementos de P de uma maneira qualquer, digamos por uma ordenação $\prec$. Defina a função $F : [P]^2 \to 3$ da seguinte forma, onde quer que $a \prec b$ em P: $F(a, b) = 0$ se $a < b$, $F(a, b) = 1$ se $b < a$, $F(a, b) = 2$ se a e b são incomparáveis. Então aplique o teorema de Ramsey, formato infinito. $\square$

O próximo corolário é menos conhecido. Ele tem várias aplicações em teoria dos modelos. Se G é um grupo e H um subgrupo, escrevemos $(G : H)$ para designar o índice de H em G.

Corolário 5.6.4.   *Seja G um grupo, e sejam $H_0, \dots, H_{n-1}$ subgrupos de G e $a_0, \dots, a_{n-1}$ elementos de G. Suponha que G seja a união do conjunto de classes laterais $X = \{H_0 a_0, \dots, H_{n-1} a_{n-1}\}$, mas não é a união de qualquer subconjunto próprio de X. Então para cada $i < n$, $(G : H_i) < l$ para algum l finito dependendo apenas de n; em particular H_i tem índice finito em G.*

Demonstração. Usando o teorema de Ramsey, formato finito (Corolário 5.6.2), tome l de tal forma que $l \to (3)_n^2$. Suponha, por contradição, que H_0 tenha índice $\geqslant l$ em G. Pela minimalidade de X existe $g \in G$ que pertence a $H_i a_i$ se e somente se $i = 0$. Escolha representantes de classes laterais distintas $y_0, \ldots, y_{l-1}$ de H_0 em G, e defina uma função $f : [l]^2 \to n$ da seguinte maneira:

$$f(i,j) = \text{ o menor } k \text{ tal que } y_i y_j^{-1} g \in H_k a_k.$$

Pela escolha de l existem y_0', y_1', y_2' distintos e k tais que

$$y_0' \in H_k a_k g^{-1} y_1' \text{ e } y_0', y_1' \in H_k a_k g^{-1} y_2'.$$

Esses duas classes laterais de H_k devem ser as mesmas pois ambas contêm y_0'. Logo $y_1' \in H_k a_k g^{-1} y_1'$, donde $g \in H_k a_k$, de tal forma que $k = 0$ e $H_k a_k g^{-1} = H_0$. Mas isso é impossível, pois y_0' e y_1' estavam em classes laterais distintas de H_0. $\square$

Exercícios para a seção 5.6

1. Mostre que $6 \to (3)_2^2$. [Suponha que cada par em $[6]^2$ seja colorido ou de vermelho ou de verde. Renumerando se necessário, podemos supor que $(0,1)$, $(0,2)$ e $(0,3)$ todos têm a mesma cor. Considere as cores de $(1,2)$, $(1,3)$ e $(2,3)$.] *Este resultado sugere um jogo: os jogadores VERMELHO e VERDE jogam um a cada vez colorindo pares em $[6]^2$, e o primeiro jogador a completar um triângulo na sua cor perde o jogo.*

2. Seja A uma estrutura infinita com assinatura relacional finita. Suponha que para todo $n < \omega$, todas as subestruturas de A com n elementos sejam isomorfas. Mostre que existe uma ordenação linear $<$ tal que $(\text{dom}(A), <)$ é uma sequência indiscernível. [Use o teorema da compacidade.]

Uma **árvore** *é um conjunto parcialmente ordenado* $(P, <)$ *onde (i) existe um único elemento* **fundo** *(do inglês,* bottom*) (ii) para cada elemento* p *o conjunto* $p^< = \{q \in P : q < p\}$ *de predecessores de* p *é bem-ordenado por* $<$*. O tipo-ordem de* $p^<$ *é chamado de* **altura** *de* p*. A* **altura** *da árvore é o menor ordinal maior que todas as alturas dos elementos de* P*. Os* **sucessores imediatos** *de* p *são os elementos* $r > p$ *com* $altura(r) = altura(p) + 1$*. Um* **ramo** *da árvore é um subconjunto linearmente ordenado maximal.*

3. Dizemos que uma árvore tem **ramificação finita** se todo elemento da árvore tem no máximo um número finito de sucessores imediatos. Demonstre o **lema da árvore de König**: Toda árvore de altura ω com ramificação finita tem um ramo infinito. [A demonstração usual escolhe os elementos do ramo por indução sobre a altura. Teóricos de modelos devem procurar uma demonstração como aquela do teorema de Ramsey, tomando uma extensão elementar própria da árvore.]

O próximo resultado é intermediário entre os formatos finito e infinito do teorema de Ramsey. Ele pode ser enunciado na linguagem da aritmética de primeira ordem mas não pode ser demonstrado a partir dos axiomas de Peano de primeira ordem.

4. Demonstre que para todos os inteiros positivos k, m, n existe um inteiro positivo l tal que se $[l]^k = P_0 \cup \ldots \cup P_{n-1}$ então existem $i < n$ e um conjunto $X \subseteq l$ de cardinalidade pelo menos m, tal que $[X]^k \subseteq P_i$ e $|X| \geqslant \min(X)$. [Assumindo o contrário para k, m, n fixos, use o lema da árvore de König (Exercício 3) para encontrar uma partição de $[\omega]^k$ em no máximo n partes, tal que todo l é um contra-exemplo para o teorema. Agora aplique o teorema de Ramsey a essa partição.]

Leitura adicional

Este capítulo demonstrou vários resultados fundamentais na teoria dos modelos de linguagens de primeira ordem. Pode-se perguntar até que ponto esses resultados se estendem a outras linguagens, por exemplo linguagens infinitárias ou de alta ordem, ou linguagens com quantificadores pouco usuais. Em poucas palavras a resposta é: muito pouco. Um relato autorizado (se ao menos ele tivesse um índice!) é o volume de 893 páginas:

> Barwise, J. & Feferman, S. (eds) *Model-theoretic logics*. New York: Springer, 1985.

Anatolii Mal'tsev foi a primeira pessoa a enunciar o teorema da compacidade em sua completa generalidade. Ele escreveu vários artigos aplicando-o à teoria dos grupos. Essas não são as únicas razões pelas quais seus trabalhos lógicos reunidos são dignos de consulta:

> Mal'tsev, A. I. *The metamathematics of algebraic systems. Collected papers: 1936–1967*. Amsterdam: North-Holland, 1971.

Um livro que estuda o teorema de Ramsey em um contexto de combinatória:

> Graham, R. L., Rothschild, B. L. & Spencer, J. H. *Ramsey theory*. New York: John Wiley and Sons, 1980.

Capítulo 6

O caso contável

For eightly he rubs himself against a post.
For ninthly he looks up for his instructions.
For tenthly he goes in quest of food.

Christopher Smart (1722–71), Jubilate Agno.

O número cardinal ω é o único cardinal infinito que é um limite de cardinais finitos. Isso nos dá duas razões pelas quais estruturas contáveis são boas de construir. Primeiro, uma estrutura contável pode ser construída como a união de uma cadeia de partes finitas. Segundo, temos um número infinito de chances de garantir que as peças corretas entrem na construção. Nenhum outro cardinal nos permite tamanho controle.

Portanto não é surpreendente que a teoria dos modelos tenha uma rica variedade de métodos para construir estruturas contáveis. O lugar de honra vai para a majestosa construção de Roland Fraïssé, que dá a arrancada neste capítulo. No segundo lugar está a construção da omissão de tipos (seção 6.2); tal construção foi descoberta em várias formas por diversas pessoas.

Além das construções, este capítulo contém uma seção sobre classificação. Na seção 6.3 veremos que as estruturas ω-categóricas contáveis podem ser reconhecidas a partir de seus grupos de automorfismos. Esses grupos de automorfismos tendem a ser muito ricos, e normalmente dão amplo espaço para colaboração entre teóricos de modelos e teóricos de grupos de permutação.

171

6.1 A construção de Fraïssé

Em 1954 Roland Fraïssé publicou um artigo que se tornou um clássico da teoria dos modelos. Ele mostrou que podemos pensar na classe das ordenações lineares finitas como um conjunto de aproximações à ordenação dos racionais, e então descreveu uma maneira de construir os racionais a partir dessas aproximações finitas. A construção de Fraïssé é importante porque ela funciona também em muitos outros casos. Começando de um conjunto apropriado de estruturas finitas, podemos construir o 'limite' de tais estruturas, e algumas das estruturas construídas dessa maneira vieram a se tornar notoriamente interessantes. Algumas delas aparecerão mais adiante neste livro.

Idades

Seja L uma assinatura e D uma L-estrutura. A **idade** de D é a classe **K** de todas as estruturas finitamente geradas que podem ser imersas em D. Na verdade o que nos interessa não são as estruturas em **K** mas seus tipos de isomorfismo. Portanto chamaremos também uma classe **J** de **idade** de D se as estruturas em **J** são, *a menos de isomorfismo*, exatamente as subestruturas finitamente geradas de D. Daí fará sentido dizer, por exemplo, que D tem 'idade contável' – isso significará que D tem apenas um número contável de tipos de isomorfismo de subestrutura finitamente gerada.

Chamamos uma classe de **idade** se ela é a idade de alguma estrutura. Se **K** é uma idade, então claramente **K** é não-vazia e tem as seguintes propriedades.

(1.1)   (**Propriedade hereditária**, abrev.: HP, do inglês *hereditary property*)
         Se $A \in$ **K** e B é uma subestrutura finitamente gerada de A
         então B é isomorfa a alguma estrutura em **K**.

(1.2)   (**Propriedade da imersão conjunta**, abrev.: JEP, do inglês *joint embedding property*)
         Se A, B estão em **K** então existe C em **K** tal que ambas A e B
         são imersíveis em C:

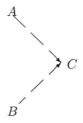

Um dos teoremas de Fraïssé foi uma recíproca disso.

Teorema 6.1.1. *Suponha que L seja uma assinatura e que* **K** *seja um conjunto não-vazio finito ou contável de L-estruturas finitamente geradas que tem a HP e a JEP. Então* **K** *é a idade de alguma estrutura finita ou contável.*

Demonstração. Liste as estruturas em **K**, possivelmente com repetições, como $(A_i : i < \omega)$. Defina uma cadeia $(B_i : i < \omega)$ de estruturas isomorfas às estruturas em **K**, da seguinte maneira. Primeiro ponha $B_0 = A_0$. Quando B_i tiver sido escolhida, uso a propriedade da imersão conjunta para encontrar uma estrutura B' em **K** tal que ambas B_i e A_{i+1} sejam imersíveis em B'. Tome B_{i+1} como sendo uma cópia isomorfa de B' que estende B_i (recordando o Exercício 1.2.4(b)). Finalmente seja C a união $\bigcup_{i<\omega} B_i$. Como C é a união de um número contável de estruturas que são no máximo contáveis, C é no máximo contável. Por construção toda estrutura em **K** é imersível em C. Se A é uma subestrutura finitamente gerada de C, então os geradores (em número finito) de A estão em algum B_i, logo A é isomorfa a uma estrutura em **K** (pela propriedade hereditária). Logo **K** é a idade de C. □

O teorema se verifica mesmo se L não tem símbolos de função. Mas uma forma de garantir que **K** é no máximo contável é assumir que L é uma assinatura finita sem símbolos de função – veja o Exercício 1.2.6 acima. Quando não existem símbolos de função e existe apenas um número finito de símbolos de constante, uma estrutura finitamente gerada é a mesma coisa que uma estrutura finita.

Todas as ordenações lineares têm exatamente a mesma idade, a saber, as ordenações lineares finitas. (Na charmosa terminologia do próprio Fraïssé, quaisquer duas ordenações lineares infinitas são 'mais jovens uma que a outra'.) Em que sentido as ordenações lineares finitas 'tendem para' os racionais, ao invés de para, digamos, a ordenação dos inteiros?

De modo a responder a essa questão, Fraïssé destacou uma outra propriedade das ordenações lineares finitas, para colocar ao lado de HP e JEP. Essa propriedade, a propriedade de amalgamação, tem sido de importância crucial na teoria dos modelos desde então; já nos deparamos com diversas variantes no Capítulo 5.

(1.3) **(Propriedade da amalgamação**, abrev.: AP, do inglês *amalgamation prop.*) Se A, B, C estão em **K** e $e : A \to B$, $f : A \to C$ são imersões, então existem D em **K** e imersões $g : B \to D$ e $h : C \to D$ tais que $ge = hf$:

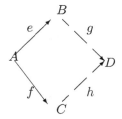

(**Advertência**: Em geral JEP não é um caso especial de AP. Pense em corpos.)

A classe de todas as ordenações lineares finitas tem a propriedade de amalgamação. A maneira mais simples de ver isso é começar com o caso em que A é uma subestrutura de B e C, as funções e, f são inclusões e A é exatamente a sobreposição de B e C. Nesse caso podemos formar D como uma extensão de B, adicionando os elementos de C um a um nos lugares apropriados. (Formalmente, use uma indução sobre a cardinalidade de C.) O caso geral então segue do fato de que o diagrama comuta.

Chamamos uma estrutura D de **ultra-homogênea** se todo isomorfismo entre subestruturas finitamente geradas de D estende a um automorfismo de D. (Usualmente se usa o termo **homogênea**; mas precisaremos dessa palavra para uma noção diferente na seção 8.1.)

A principal conclusão de Fraïssé foi a seguinte.

Teorema 6.1.2 (*Teorema de Fraïssé*). *Seja L uma assinatura contável e* **K** *um conjunto não-vazio finito ou contável de L-estruturas finitamente geradas que tem HP, JEP e AP. Então existe uma L-estrutura D, única a menos de isomorfismo, tal que*

(1.4)   *D tem cardinalidade $\leqslant \omega$,*

(1.5)   **K** *é a idade de D, e*

(1.6)   *D é ultra-homogênea.*

Não parece haver um termo largamente aceito para a estrutura D do teorema. Algumas pessoas, pensando no Lema 6.1.3 adiante, se referem à estrutura como a **estrutura homogênea universal de idade K**. Vou chamá-la de **limite de Fraïssé** da classe **K**. É claro que ela é determinada a menos de isomorfismo.

O resto desta seção é dedicado à demonstração do Teorema 6.1.2.

Prova de unicidade

Começamos dizendo que uma estrutura D é **fracamente homogênea** se ela tem a propriedade

(1.7) se A, B são subestruturas finitamente geradas de D, $A \subseteq B$ e $f : A \to D$ é uma imersão, então existe uma imersão $g : B \to D$ que estende f:

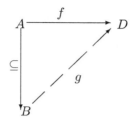

Se D é ultra-homogênea então claramente D é fracamente homogênea.

Lema 6.1.3. *Sejam C e D L-estruturas, ambas no máximo contáveis. Suponha que a idade de C esteja incluída na idade de D, e que D seja fracamente homogênea. Então C é imersível em D; na verdade qualquer imersão de uma subestrutura finitamente gerada de C em D pode ser estendida a uma imersão de C em D.*

Demonstração. Seja $f_0 : A_0 \to D$ uma imersão de uma subestrutura finitamente gerada de C em D. Estenderemos f_0 a uma imersão $f_\omega : C \to D$ da seguinte forma. Como C é no máximo contável, ela pode ser escrita como uma união $\bigcup_{n<\omega} A_n$ de uma cadeia de subestruturas finitamente geradas, começando com A_0. Por indução sobre n definimos uma cadeia crescente de imersões $f_n : A_n \to D$. A primeira imersão f_0 é dada. Suponha que f_n tenha acabado de ser definida. Como a idade de D inclui a de C, existe um isomorfismo $g : A_{n+1} \to B$ onde B é uma subestrutura de D. Então $f_n \cdot g^{-1}$ imerge $g(A_n)$ em D, e devido à sua propriedade de fraca homogeneidade essa imersão estende a uma imersão $h : B \to D$. Tome $f_{n+1} : A_{n+1} \to D$ como sendo hg. Então $f_0 \subseteq f_{n+1}$. Isso define a cadeia de funções f_n. Finalmente tome f_ω como sendo a união de todos os f_n $(n < \omega)$. $\square$

Esse lema justifica a introdução da seguinte terminologia. Dizemos que uma estrutura contável D de idade **K** é **universal** (para **K**) se toda estrutura finita ou contável de idade $\subseteq$ **K** é imersível em D. O Lema 6.1.3 nos diz que estruturas contáveis fracamente homogêneas são universais para suas idades.

Quando C e D são ambas fracamente homogêneas e têm a mesma idade, podemos usar o argumento desse lema tanto de C para D quanto de D para C de modo a provar que C é isomorfa a D.

Lema 6.1.4. (a) *Sejam C e D L-estruturas com a mesma idade. Suponha que C e D sejam ambas no máximo contáveis, e que ambas sejam fracamente homogêneas. Então C é isomorfa a D. Na verdade se A é uma subestrutura finitamente gerada de C e $f : A \to D$ é uma imersão, então f estende a um isomorfismo de C para D.*

(b) *Uma estrutura finita ou contável é ultra-homogênea (e é portanto o limite de Fraïssé de sua idade) se e somente se ela é fracamente homogênea.*

Demonstração.   (a) Expresse C e D como uniões de cadeias $(C_n : n < \omega)$ e $(D_n : n < \omega)$ de subestruturas finitamente geradas. Defina uma cadeia $(f_n : n < \omega)$ de isomorfismos entre subestruturas finitamente geradas de C e D, de tal forma que para cada n, o domínio de f_{2n} inclua C_n e a imagem de f_{2n+1} inclua D_n. O ferramental para se fazer isso é tal qual aquele usado na demonstração do lema anterior. Então a união dos f_n é um isomorfismo de C para D.

Para obter a última sentença de (a), tome C_0 como sendo A e D_0 como sendo $f(A)$.

(b) Já chamamos a atenção para o fato de que estruturas ultra-homogêneas são fracamente homogêneas. A recíproca segue de imediato a partir de (a), tomando-se $C = D$. $\qquad\qquad\qquad\qquad\qquad\qquad\qquad\qquad\qquad\qquad\qquad\qquad\qquad\quad\square$

O que acontece quando C e D não são contáveis? Então parte (a) do lema falha. Por exemplo seja η o tipo-ordem dos racionais, e considere o tipo-ordem $\eta \cdot \omega_1 \,(= \omega_1$ cópias de η dispostos numa fileira) e sua imagem oposta ξ. Ambos $\eta \cdot \omega_1$ e ξ são fracamente homogêneos, e eles têm a mesma idade, a saber o conjunto de todas as ordenações lineares finitas. Mas claramente eles não são isomorfos, pois em $\eta \cdot \omega_1$ mas não em ξ todo elemento tem um número incontável de sucessores. O máximo que podemos dizer é o seguinte.

Lema 6.1.5.   *Suponha que C e D sejam L-estruturas fracamente homogêneas com a mesma idade. Então C é vai-e-vem equivalente a D, de tal forma que $C \equiv_{\infty\omega} D$. Se, além disso, $C \subseteq D$ então para toda upla $\bar{c}$ em C, $(C, \bar{c}) \equiv_{\infty\omega} (D, \bar{c})$, de tal forma que $C \preccurlyeq D$.* $\qquad\qquad\quad\square$

A **demonstração** usa a demonstração do Lema 6.1.4. Use o Teorema 3.2.4 para a conexão com $L_{\infty\omega}$. $\qquad\qquad\qquad\qquad\qquad\qquad\qquad\qquad\qquad\qquad\qquad\qquad\quad\square$

Prova de existência

O Lema 6.1.4 cuida da unicidade dos limites de Fraïssé.

Se a assinatura L é finita e não tem símbolos de função, o enunciado 'A idade de D é um subconjunto de **K**' pode ser escrito como uma teoria $\forall_1$ de primeira ordem T. Para ver isso, tome o conjunto de todas as L-estruturas finitas que *não* ocorrem em **K**, e para cada uma dessas estruturas A escreva uma sentença $\forall_1$, digamos χ_A, que diz 'Nenhuma subestrutura é isomorfa a A'. Então T é o conjunto de todas essas sentenças χ_A.

Se L não é finita, ou tem símbolos de função, não há garantia de que o enunciado 'A idade é um subconjunto de **K**' possa ser escrito como uma teoria de primeira ordem, mesmo quando as estruturas em **K** são todas finitas. (Considere por exemplo a classe **K** de todos os grupos finitos; veja Exemplo 1 adiante.) Isso causará menos dificuldades do que se poderia ter imaginado. Porém nos faz lembrar que estamos trabalhando com uma classe de estruturas para a qual o teorema de Löwenheim–Skolem de-baixo-para-cima não necessariamente se aplica; o Teorema 6.1.2 nos dará uma estrutura de cardinalidade $\leqslant \omega$, mas pode ser muito mais difícil encontrar uma estrutura semelhante de cardinalidade incontável.

Primeiramente chamamos a atenção para um fato óbvio sobre idades.

Lema 6.1.6. *Seja* **J** *um conjunto de L-estruturas finitamente geradas, e* $(D_i : i < \alpha)$ *uma cadeia de L-estruturas. Se para cada* $i < \alpha$ *a idade de* D_i *está incluída em* **J**, *então a idade da união* $\bigcup_{i<\alpha} D_i$ *também está incluída em* **J**. *Se cada* D_i *tem idade* **J**, *então* $\bigcup_{i<\alpha} D_i$ *tem idade* **J**.   □

Daqui por diante assumimos que **K** é não-vazio, tem HP, JEP e AP, e contém no máximo um número contável de tipos de isomorfismo de estrutura. Podemos supor sem perda de generalidade que **K** é fechado sob a operação de se tomar cópias isomorfas.

Construiremos uma cadeia $(D_i : i < \omega)$ de estruturas em **K**, tal que a seguinte condição se verifica:

(1.8) se A e B são estruturas em **K** com $A \subseteq B$, e existe uma imersão $f : A \to D_i$
        para algum $i < \omega$, então existem $j > i$ e uma imersão $g : B \to D_j$ que estende
        f.

Tomamos D como sendo a união $\bigcup_{i<\omega} D_i$. Então a idade de D está incluída em **K** pelo Lema 6.1.6. Na verdade a idade de D é exatamente **K**. Pois suponha que A pertença a **K**; então pela JEP existe B em **K** tal que $A \subseteq B$ e D_0 é imersível em B. Pela condição (1.8) a função identidade sobre D_0 estende a uma imersão de B em algum D_j, de tal forma que B e A pertencem à idade de D. Por conseguinte (1.8) nos diz que D é fracamente homogênea, e portanto pelo Lema 6.1.4(b) ela é ultra-homogênea de idade **K** como desejávamos.

Resta construir a cadeia. Seja **P** um conjunto contável de pares de estruturas (A, B) tal que $A, B \in$ **K** e $A \subseteq B$; podemos escolher **P** de tal maneira que ele inclui um representante de cada tipo de isomorfismo de tais pares. Tome uma bijeção $\pi : \omega \times \omega \to \omega$ tal que $\pi(i, j) \geqslant i$ para todo i e j. Seja D_0 uma estrutura qualquer em **K**. O restante é por indução, como segue. Quando D_k está escolhido, liste da forma $((f_{kj}, A_{kj}, B_{kj}) : j < \omega)$ as triplas (f, A, B) onde $(A, B) \in$ **P** e $f : A \to D_k$. Construa D_{k+1} pela propriedade de amalgamação, de tal forma que se $k = \pi(i, j)$ então f_{ij} estende a uma imersão de B_{ij} em D_{k+1}.   □ Teorema 6.1.2

Todas as condições sobre **K** no Teorema 6.1.2 foram necessárias, segundo o próximo teorema.

Teorema 6.1.7. *Seja L uma assinatura contável e D uma estrutura finita ou contável que é ultra-homogênea. Seja* $\mathbf{K}$ *a idade de D. Então* $\mathbf{K}$ *é não-vazia,* $\mathbf{K}$ *tem no máximo um número contável de tipos de isomorfismo de estrutura, e* $\mathbf{K}$ *satisfaz HP, JEP e AP.*

Demonstração. Já sabemos tudo exceto que $\mathbf{K}$ satisfaz a propriedade de amalgamação. Para isso podemos assumir sem perda de generalidade que $\mathbf{K}$ contém todas as subestruturas finitamente geradas de D. Suponha que A, B, C pertençam a $\mathbf{K}$ e que $e : A \to B$, $f : A \to C$ são imersões. Então existem isomorfismos $i_A : A \to A'$, $i_B : B \to B'$ e $i_C : C \to C'$ onde A', B', C' são subestruturas de D. Logo $i_A \cdot e^{-1}$ imerge $e(A)$ em D, e pela propriedade de homogeneidade fraca existe uma imersão $j_B : B \to D$ que estende $i_A \cdot e^{-1}$, de tal forma que o quadrilátero inferior esquerdo em (1.9) comuta; igualmente com o quadrilátero inferior direito:

(1.9)

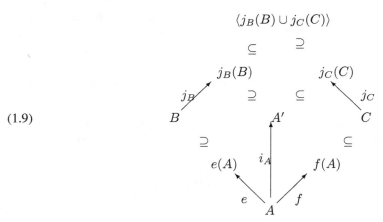

O quadrado superior comuta, e portanto as funções mais externas em (1.9) fornecem o amálgama desejado. □

Retornaremos à construção de Fraïssé com mais alguns exemplos na seção 6.4 adiante, após havermos discutido ω-categoricidade.

Exercícios para a seção 6.1

1. Suponha que $\mathbf{K}$ seja uma classe de L-estruturas, e que $\mathbf{K}$ contém uma estrutura que é imersível em toda estrutura de $\mathbf{K}$. Mostre que se $\mathbf{K}$ tem a AP então $\mathbf{K}$ tem a JEP também.

Os próximos três exercícios dão origem a objetos algébricos que são limites de Fraïssé.
2. Seja p um número primo e suponha que $\mathbf{K}$ seja a classe de todos os corpos finitos de característica p. Mostre que $\mathbf{K}$ tem HP, JEP e AP, e que o limite de Fraïssé de $\mathbf{K}$ é o fecho algébrico

do corpo primo de característica p.

3. Seja $\mathbf{K}$ a classe dos grupos abelianos sem torsão finitamente gerados. Mostre que $\mathbf{K}$ tem HP, JEP e AP, e que o limite de Fraïssé de $\mathbf{K}$ é a soma direta de um número contável de cópias do grupo aditivo dos racionais.

4. Seja $\mathbf{K}$ a classe das álgebras booleanas finitas. Mostre que $\mathbf{K}$ tem HP, JEP e SAP, e que o limite de Fraïssé de $\mathbf{K}$ é a álgebra booleana sem-átomos contável.

5. Mostre que o grupo abeliano $Z(4) \oplus \bigoplus_{i<\omega} Z(2)$ não é elementarmente equivalente a qualquer estrutura ultra-homogênea.

6. Seja L uma assinatura finita sem símbolos de função, e $\mathbf{K}$ uma classe de L-estruturas finitas que tem HP, JEP e AP. Mostre que existe uma teoria de primeira ordem T em L tal que (a) os modelos contáveis de T são exatamente as estruturas ultra-homogêneas contáveis de idade $\mathbf{K}$, e (b) toda sentença em T é $\forall_1$ ou da forma $\forall \bar{x} \exists y\, \phi(\bar{x}, y)$ onde ϕ é livre-de-quantificador.

6.2   Omissão de tipos

Seja L uma linguagem de primeira ordem e T uma teoria em L. Seja $\Phi(\bar{x})$ um conjunto de fórmulas de L, com $\bar{x} = (x_0, \ldots, x_{n-1})$. Tal qual fizemos na seção 2.3, dizemos que Φ é **realizado em** uma L-estrutura A se existe uma upla $\bar{a}$ de elementos de A tal que $A \models \bigwedge \Phi(\bar{a})$; dizemos que A **omite** Φ se Φ não é realizado em A.

Quando é que T tem um modelo que omite Φ?

Suponha por exemplo que

(2.1)   exista uma fórmula $\theta(\bar{x})$ de L tal que $T \cup \{\exists \bar{x}\, \theta\}$ tem um modelo, e para toda fórmula $\phi(\bar{x})$ em Φ, $T \vdash \forall \bar{x}(\theta \to \phi)$.

Se T é uma teoria completa, então (2.1) implica que $T \vdash \exists \bar{x}\, \theta$, e portanto T certamente não tem modelo que omite Φ. Nosso próximo teorema implicará que quando a linguagem L é contável, a recíproca também se verifica, mesmo se T não for uma teoria completa: se todo modelo de T realiza Φ então (2.1) é verdadeiro.

Exemplo 1: *Um tipo omitido.*   Seja L uma linguagem de primeira ordem cuja assinatura consiste de símbolos de relação 1-ária P_i ($i < \omega$). Seja T a teoria em L que consiste de todas as sentenças $\exists x\, P_0(x)$, $\exists x \neg P_0(x)$, $\exists x(P_0(x) \wedge P_1(x))$, $\exists x(P_0(x) \wedge \neg P_1(x))$, $\exists x(\neg P_0(x) \wedge P_1(x))$ etc. (todas as combinações possíveis). Então T é completa. (Pode-se demonstrar isso por eliminação de quantificadores; o Exercício 9 adiante sugere uma outra demonstração.) Se s é um subconjunto qualquer de ω, seja $\Phi_s(x)$ o conjunto $\{P_i(x) : i \in s\} \cup \{\neg P_i(x) : i \notin s\}$. Agora T tem um modelo contável A, que deve omitir pelo menos um de tantos (um número igual à cardinalidade do contínuo) conjuntos Φ_s ($s \subseteq \omega$). Logo, por simetria, se $s \subseteq \omega$ tem que haver um modelo contável de T que omite Φ_s. Entretanto, um modelo de T não pode omitir todos os conjuntos Φ_s, pois assim ele seria vazio.

Note que se Φ é Φ_s para algum $s \subseteq \omega$, então obviamente não existe fórmula θ como a de (2.1) – é preciso um número infinito de fórmulas de primeira ordem para especificar Φ_s.

Quando (2.1) se verifica, dizemos que θ é um **suporte** de Φ sobre T. Quando (2.1) se verifica e θ é uma fórmula em Φ, dizemos que θ **gera** Φ sobre T. Dizemos que um conjunto de fórmulas de primeira ordem $\Phi(\bar{x})$ é um **tipo suportado sobre** T se Φ tem um suporte sobre T; dizemos que Φ é um **tipo principal sobre** T se Φ tem um gerador sobre T. O conjunto Φ é dito **não-suportado** (respectivamente, **não-principal**) sobre T se ele não é um tipo suportado (respectivamente, principal) sobre T.

Note que se $p(\bar{x})$ é um tipo completo sobre o conjunto vazio, então uma fórmula $\phi(\bar{x})$ de L é um suporte de p se e somente se ela gera p; portanto um tipo completo p é principal se e somente se ele é suportado. Dizemos que uma fórmula $\phi(\bar{x})$ é **completa** (para T) se ela gera um tipo completo de T.

Teorema 6.2.1 (*Teorema da omissão de tipos, versão contável*). *Seja L uma linguagem contável de primeira ordem, T uma teoria em L que tem um modelo, e para cada $m < \omega$ suponha que Φ_m seja um conjunto não-suportado sobre T em L. Então T tem um modelo que omite todos os conjuntos Φ_m.*

Demonstração. O teorema é trivial quando T tem um modelo vazio, daí que podemos assumir que T tem um modelo não-vazio. Seja L^+ a linguagem de primeira ordem que resulta de L adicionando-se um número contável de novas constantes c_i ($i < \omega$), a serem chamadas de **testemunhas**. Definiremos uma cadeia crescente $(T_i : i < \omega)$ de conjuntos finitos de sentenças de L^+, tal que para todo i, $T \cup T_i$ tem um modelo. Para dar o pontapé inicial tomamos T_{-1} como sendo a teoria vazia. Então (como T tem um modelo não-vazio) $T \cup T_{-1}$ tem um modelo que é uma L^+-estrutura.

A intenção é fazer com que a união da cadeia, digamos T^+, seja um conjunto de Hintikka para L^+ (veja seção 2.3), e que o modelo canônico das sentenças atômicas em T^+ seja um modelo de T que omite todos os tipos Φ_m. Para ter certeza de que T^+ terá tais propriedades, temos que realizar algumas tarefas à medida que construimos a cadeia. Tais tarefas são as seguintes.

(2.2)   Assegurar que para toda sentença ϕ de L^+, ϕ ou $\neg\phi$ pertence a T^+.

(2.3)$_{\psi(x)}$ (Para cada fórmula $\psi(x)$ de L^+:) Assegurar que se $\exists x\,\psi(x)$ pertence a
              T^+ então existem um número infinito de testemunhas c
              tais que $\psi(c)$ pertence a T^+.

(2.4)$_m$ (Para cada $m < \omega$:) Assegurar que para toda upla $\bar{c}$ (de compri-
              mento apropriado) de testemunhas distintas existe uma fórmula
              $\phi(\bar{x})$ em Φ_m tal que a fórmula $\neg\phi(\bar{c})$ pertence a T^+.

Se essas tarefas forem todas executadas, então o Teorema 2.3.4 nos diz que T^+ será
um conjunto de Hintikka. Escreva A^+ para designar o modelo canônico das sentenças
atômicas em T^+ (veja o Teorema 1.5.2). Então A^+ é um modelo de T^+ no qual
todo elemento é nomeado por um termo fechado. Pelas tarefas (2.3) onde $\psi(x)$ são
as fórmulas $x = t$ (t um termo fechado), todo elemento de A^+ é nomeado por um
número infinito de testemunhas, e portanto toda upla de elementos é nomeada por
uma upla de testemunhas distintas. Isso posto, as tarefas (2.4) asseguram que A^+
omite todos os tipos Φ_m. O modelo desejado de T será o reduto $A^+|L$.

Há um número contável de tarefas na lista: (2.2) é uma, e temos uma tarefa
(2.3)$_{\psi(x)}$ para cada fórmula $\psi(x)$ e uma tarefa (2.4)$_m$ para cada $m < \omega$. Metafo-
ricamente falando, contrataremos um número contável de especialistas e atribuiremos
uma tarefa a cada uma. Particionamos ω em um número infinito de conjuntos infinitos, e atribuimos um desses conjuntos a cada especialista. Quando T_{i-1} tiver sido
escolhida, se i pertence ao conjunto atribuído a uma dada especialista E, então E
escolherá T_i. Resta dizer às especialistas como eles devem trabalhar. (Especialistas
nesse tipo de tarefa são do sexo feminino. Isso se deve a uma convenção útil em jogos
modelo-teóricos; veja as observações que se seguem a esta demonstração.)

Primeiro considere a especialista que realiza a tarefa (2.2), e suponha que X seja
seu subconjunto de ω. Suponha que ela enumere todas as sentenças de L^+ como
$(\phi_i : i \in X)$. Quando T_{i-1} tiver sido escolhida com i em X, a especialista deve
considerar se $T \cup T_{i-1} \cup \{\phi_i\}$ tem um modelo. Se tem, ela deve fazer $T_i = T_{i-1} \cup \{\phi_i\}$.
Se não tem, então todo modelo de $T \cup T_i$ é um modelo de $\neg\phi_i$, e ela pode tomar T_i
como sendo $T_{i-1} \cup \{\neg\phi_i\}$. Dessa maneira ela pode ter certeza de executar sua tarefa
(2.2) antes que a cadeia esteja completa.

Agora considere a especialista que se encarrega da tarefa (2.3)$_\psi$. Ela espera até
que a ela seja entregue um conjunto T_{i-1} que contém $\exists x\,\psi(x)$. Toda vez que isso
acontece, ela procura por uma testemunha c que não é usada em qualquer parte de
T_{i-1}; existe tal testemunha porque T_{i-1} é finita. Então um modelo de $T \cup T_{i-1}$ pode
ser transformado num modelo de $\psi(c)$ escolhendo-se uma interpretação apropriada
para c. Suponha que ela escolha T_i como sendo $T_{i-1} \cup \{\psi(c)\}$. Caso contrário ela não
faria nada. Essa estratégia funciona, pois seu subconjunto de ω contém um número
arbitrariamente grande de números.

Finalmente considere a especialista que se encarrega da tarefa (2.4)$_m$, onde Φ_m

é um tipo em n variáveis. Seja Y o subconjunto de ω atribuído a esta especialista. Ela começa listando todas as n-uplas $\bar{c}$ de testemunhas distintas da seguinte forma: $\{\bar{c}_i : i \in Y\}$. Quando T_{i-1} tiver sido dada, com i em Y, ela escreve $\bigwedge T_{i-1}$ como uma sentença $\chi(\bar{c}_i, \bar{d})$ onde $\chi(\bar{x}, \bar{y})$ pertence a L e $\bar{d}$ lista as testemunhas distintas que ocorrem em T_{i-1} mas não em $\bar{c}_i$. Por hipótese a teoria $T \cup \{\exists \bar{x} \exists \bar{y}\, \chi(\bar{x}, \bar{y})\}$ tem um modelo. Mas Φ_m é um tipo não-suportado, e disso segue que existe uma fórmula $\phi(\bar{x})$ em Φ_m tal que $T \not\vdash \forall \bar{x}(\exists \bar{y}\, \chi(\bar{x}, \bar{y}) \rightarrow \phi(\bar{x}))$. Pelo lema das constantes (Lema 2.3.2) segue que $T \not\vdash \chi(\bar{c}_i, \bar{d}) \rightarrow \phi(\bar{c}_i)$. Logo, ela pode escolher $T_i = T_{i-1} \cup \{\neg\phi(\bar{c}_i)\}$. Portanto ela realiza sua tarefa com sucesso.   □

Na demonstração do Teorema 6.2.1, cada especialista tem que assegurar que a teoria T^+ tem uma propriedade específica π. A demonstração revela que a especialista pode fazer com que T^+ tenha a propriedade π, desde que ela tenha permissão para escolher T_i para um número infinito de i's. Podemos expressar isso em termos de um jogo, digamos $G(\pi, X)$. Existem dois jogadores, $\forall$ (masculino, às vezes chamado de $\forall$belardo) e $\exists$ (feminino, $\exists$loísa), e X é um subconjunto infinito de ω com $\omega \backslash X$ infinito e $0 \notin X$. Os jogadores têm que escolher conjuntos T_i um a cada vez; a jogadora $\exists$ faz a escolha de T_i se e somente se $i \in X$. A jogadora $\exists$ vence se T^+ tem a propriedade π; caso contrário $\forall$ vence. Dizemos que π é **forçável** se a jogadora $\exists$ tem uma estratégia vencedora para esse jogo. (Pode-se mostrar que a questão se π é forçável é independente da escolha de X, desde que ambos X e $X\backslash\omega$ sejam infinitos e que $0 \notin X$.) Algumas propriedades de T^+ são na verdade propriedades do modelo canônico A^+ – por exemplo, a de que todo elemento de A^+ é nomeado por um número infinito de testemunhas. Portanto podemos falar de 'propriedades forçáveis' de A^+ também.

A demonstração do Teorema 6.2.1 se resumiu a mostrar que as propriedades descritas em (2.2), (2.3)$_\psi$ e (2.4)$_m$ são forçáveis. A principal vantagem desse ponto de vista é que ele decompõe a tarefa maior em um número infinito de tarefas menores, e essas últimas podem ser executadas independentemente sem interferir umas com as outras.

Modelos atômicos e primos

Dizemos que uma estrutura A é **atômica** se para toda upla $\bar{a}$ de elementos de A, o tipo completo de $\bar{a}$ em A é principal. Um modelo A de uma teoria T é dito ser **primo** se A é elementarmente imersível em todo modelo de T. (**Advertência**: Não confunda essa noção de modelo primo com a noção de modelo primo de Abraham Robinson usada na seção 7.3 adiante.)

Recordemos da seção 5.2 que $S_n(T)$ é o conjunto dos tipos completos de primeira ordem $p(x_0, \ldots, x_{n-1})$ sobre o conjunto vazio com respeito aos modelos de T.

Teorema 6.2.2. *Seja A uma linguagem contável de primeira ordem e T uma teoria completa em L que tem modelos infinitos.*
(a) *Se para todo* $n < \omega$, $S_n(T)$ *é no máximo contável, então T tem um modelo atômico contável.*
(b) *Se B é uma L-estrutura atômica contável que é um modelo de T, então B é um modelo primo de T.*

Demonstração. (a) Existem apenas um número contável de tipos completos não-principais, portanto pelo Teorema 6.2.1 podemos omitir todos eles em algum modelo A de T. Como T é completa e tem modelos infinitos, A pode ser encontrado com cardinalidade ω.
(b) Seja A um modelo qualquer de T. Mostraremos que

(2.5) se $\bar{a}, \bar{b}$ são n-uplas realizando o mesmo tipo completo em A, B respectivamente, e d é um elemento qualquer de B, então existe um elemento c de A tal que $\bar{a}c$, $\bar{b}d$ realizam o mesmo $(n + 1)$-tipo completo em A, B respectivamente.

Como o tipo completo de $\bar{b}d$ é principal por hipótese, ele tem um gerador $\psi(\bar{x}, y)$. Como $\bar{a}$ e $\bar{b}$ realizam o mesmo tipo completo, e $B \vDash \exists y\, \psi(\bar{b}, y)$, deduzimos que $A \vDash \exists y\, \psi(\bar{a}, y)$, e portanto existe um elemento c em A tal que $A \vDash \psi(\bar{a}, c)$. Então $\bar{a}c$ realiza o mesmo tipo completo que $\bar{b}d$. Isso prova (2.5).
Agora tome $b_0, b_1, \dots$ como a lista de todos os elementos de B. Por indução sobre n, use (2.5) para encontrar elementos $a_0, a_1, \dots$ de A tais que para cada n, $(A, a_0, \dots, a_{n-1}) \equiv (B, b_0, \dots, b_{n-1})$. Então a função $b_i \mapsto a_i$ é uma imersão elementar de B em A, pelo lema do diagrama elementar (Lema 2.5.3). $\square$

Resumindo, se T é completa e todos os conjuntos $S_n(T)$ são contáveis então existe um modelo contável de T que é o 'menor de todos'. Acontece que sob as mesmas hipóteses existe também um modelo contável de T que é o 'maior de todos', no qual todos os outros modelos contáveis de T podem ser imersos; veja Exercício 6.
Enquanto a demonstração do Teorema 6.2.2 está fresquinha na memória, deixe-me adaptá-la para demonstrar um outro resultado útil que não tem nada a ver com estruturas contáveis.

Teorema 6.2.3. *Seja L uma linguagem contável de primeira ordem. Sejam A e B duas L-estruturas elementarmente equivalentes, ambas atômicas. Então A e B são vai-e-vem equivalentes.*

Demonstração. Mostramos que se $\bar{a}$ e $\bar{b}$ são uplas em A e B respectivamente, tais que $(A, \bar{a}) \equiv (B, \bar{b})$, então para todo elemento c de A existe um elemento d de B tal que $(A, \bar{a}, c) \equiv (B, \bar{b}, d)$, e reciprocamente, para todo elemento d de B existe um elemento c de A tal que $(A, \bar{a}, c) \equiv (B, \bar{b}, d)$. O argumento é exatamente o mesmo que o exposto em (2.5) acima.   □

Exercícios para a seção 6.2

As duas primeiras questões se referem a jogos $G(\pi, X)$ descritos após a demonstração do Teorema 6.2.1.

1. Seja X um subconjunto infinito de $\omega \backslash \{0\}$ tal que $\omega \backslash X$ seja infinito, e Y o conjunto de todos os inteiros ímpares. Mostre que a jogadora $\exists$ tem uma estratégia vencedora para o jogo $G(\pi, X)$ se e somente se ela tem uma estratégia para $G(\pi, Y)$.

2. Mostre que se π_i é uma propriedade forçável para cada $i < \omega$, então a propriedade $\bigwedge_{i < \omega} \pi_i$ (que T^+ tem se tem todas as propriedades π_i) também é forçável.

3. Seja T uma teoria completa em uma linguagem contável de primeira ordem, e suponha que T tenha modelos infinitos. Mostre que T tem um modelo contável A tal que para toda upla $\bar{a}$ de elementos de A existe uma fórmula $\phi(\bar{x})$ com $A \vDash \phi(\bar{a})$, tal que (a) ϕ suporta um tipo completo sobre T, ou (b) nenhum tipo completo principal sobre T contém ϕ.

4. (a) Seja A uma estrutura finita ou contável de assinatura contável. Mostre que A é atômica se e somente se A é um modelo primo de $\mathrm{Th}(A)$. (b) Deduza que quaisquer dois modelos primos de uma teoria completa contável são isomorfos.

*Antecipando o Capítulo 8, uma L-estrutura é dita ω-***saturada*** se para toda L-estrutura B e todas as uplas $\bar{a}$, $\bar{b}$ de elementos de A, B, respectivamente, se $(A, \bar{a}) \equiv (B, \bar{b})$ e d é um elemento de B, então existe um elemento c de A tal que $(A, \bar{a}, c) \equiv (B, \bar{b}, d)$.*
5. (a) Mostre que se A e B são estruturas ω-saturadas elementarmente equivalentes então A é vai-e-vem equivalente a B. (b) Mostre que se A é ω-saturada e B é uma estrutura contável elementarmente equivalente a A, então B é elementarmente imersível em A.

6. Mostre que as seguintes condições são equivalentes, para qualquer teoria completa contável de primeira ordem T com modelos infinitos. (a) T tem um modelo ω-saturado contável. (b) T tem um modelo contável A tal que todo modelo contável de T é elementarmente imersível em A. (c) Para todo $n < \omega$, $S_n(T)$ é no máximo contável.

7. Dê um exemplo de uma teoria contável de primeira ordem que tem um modelo primo contável mas nenhum modelo ω-saturado contável. [Tome um número infinito de relações de equivalência E_i tal que E_{i+1} refina E_i.]

8. Seja L uma linguagem contável de primeira ordem, T uma teoria em L, e $\Phi(\bar{y})$ e $\Psi(\bar{x})$ conjuntos de fórmulas de L. Mostre que (a) implica em (b): (a) para toda fórmula $\sigma(\bar{x}, \bar{y})$ de L existe uma fórmula $\psi(\bar{y})$ em Ψ tal que para toda $\phi_1(\bar{x}), \ldots, \phi_n(\bar{x})$ em Φ, se $T \cup \{\exists \bar{x}\bar{y}(\sigma \wedge \phi_1 \wedge \ldots \wedge \phi_n)\}$ tem um modelo então $T \cup \{\exists \bar{x}\bar{y}(\sigma \wedge \phi_1 \wedge \ldots \wedge \phi_n \wedge \neg\psi)\}$ tem um modelo; (b) T tem um modelo que realiza Φ e omite Ψ.

9. Mostre que a teoria T do Exemplo 1 é complete como segue. Se A é um modelo de T e s é um subconjunto de ω, $|\Phi_s(A)|$ é o número de elementos de A que realizam Φ_s. (a) Mostre que se A é um modelo de T, então A é determinado a menos de isomorfismo pelos cardinais $|\Phi_s(A)|$ ($s \subseteq \omega$). (b) Mostre que se $s \subseteq \omega$ e A é um modelo de T de cardinalidade $\leqslant 2^\omega$, então A tem uma extensão elementar B de cardinalidade 2^ω com $|\Phi_s(B)| = 2^\omega$. (c) Iterando (b), demonstre que todo modelo de T de cardinalidade $\leqslant 2^\omega$ tem uma extensão elementar C de cardinalidade 2^ω com $|\Phi_s(C)| = 2^\omega$ para cada $s \subseteq \omega$.

6.3   Categoricidade contável

Uma teoria completa que tem exatamente um modelo contável a menos de isomorfismo é dita ω-**categórica**. Dizemos também que uma estrutura A é ω-**categórica** se $\mathrm{Th}(A)$ é ω-categórica. Pessoas que dispõem de caracteres hebraicos em seu editor de texto às vezes dizem $\aleph_0$-**categóricas**.

Nosso primeiro resultado é um punhado de caracterizações de ω-categoricidade. Ele se apóia no teorema da omissão de tipos, versão contável (Teorema 6.2.1 na seção anterior).

Teorema 6.3.1 *(Teorema de Engeler, Ryll-Nardzewski e Svenonius).* *Seja L uma linguagem contável de primeira ordem e T uma teoria completa em L que tem modelos infinitos. Então as seguintes condições são equivalentes:*

(a) *Quaisquer dois modelos contáveis de T são isomorfos.*

(b) *Se A é um modelo contável qualquer de T, então $\mathrm{Aut}(A)$ é oligomorfo (i.e. para todo $n < \omega$, $\mathrm{Aut}(A)$ tem apenas um número finito de órbitas na sua ação sobre n-uplas de elementos de A).*

(c) *T tem um modelo contável A tal que $\mathrm{Aut}(A)$ é oligomorfo.*

(d) *Algum modelo contável de T realiza apenas um número finito de n-tipos completos para cada $n < \omega$.*

(e) *Para cada $n < \omega$, $S_n(T)$ é finito.*

(f) *Para cada $\bar{x} = (x_0, \ldots, x_{n-1})$, existem apenas um número finito de fórmulas $\phi(\bar{x})$ de L não-equivalentes duas a duas módulo T.*

(g) *Para cada $n < \omega$, todo tipo em $S_n(T)$ é principal.*

Demonstração.   (b) $\Rightarrow$ (c) é imediato, pois T tem um modelo contável (pelo teorema de Löwenheim–Skolem de-cima-para-baixo, Corolário 3.1.4). (c) $\Rightarrow$ (d) também é direto: automorfismos preservam todas as fórmulas.

(d) $\Rightarrow$ (e). Seja A um modelo contável de T realizando apenas um número finito de n-tipos completos para cada $n < \omega$. Para um n fixo, tome $p_0, \ldots, p_{k-1}$ como sendo os tipos distintos em $S_n(T)$ que são realizados em A. Para cada um desses tipos p_i existe uma fórmula $\phi_i(\bar{x})$ de L que pertence a p_i mas não pertence a p_j quando $j \neq i$. Como $A \models \forall \bar{x} \bigvee_{i<k} \phi_i(\bar{x})$, essa sentença $\forall \bar{x} \bigvee_{i<k} \phi_i(\bar{x})$ deve ser uma consequência da teoria completa T. Igualmente se $\psi(\bar{x})$ é uma fórmula qualquer de L, então A é um modelo da sentença $\forall \bar{x}\bar{y}(\phi_i(\bar{x}) \wedge \phi_i(\bar{y}) \rightarrow (\psi(\bar{x}) \leftrightarrow \psi(\bar{y})))$, para todo $i < k$, e essas sentenças devem também ser consequências de T. Segue que $p_0, \ldots, p_{k-1}$ são os únicos tipos em $S_n(T)$.

(e) $\Rightarrow$ (f). Se duas fórmulas $\phi(\bar{x})$ e $\psi(\bar{x})$ de L pertencem a exatamente os mesmos tipos $\in S_n(T)$, então ϕ e ψ devem ser equivalentes módulo T. Logo se $S_n(T)$ tem cardinalidade finita k, então existem no máximo 2^k fórmulas não-equivalentes $\phi(\bar{x})$ de L módulo T.

(f) $\Rightarrow$ (g). Para qualquer $n < \omega$, e $\bar{x} = (x_0, \ldots, x_{n-1})$, tome uma família maximal de fórmulas $\phi(\bar{x})$ de L não-equivalentes duas as duas módulo T. Assumindo (f), essa família é finita. Se p é um tipo qualquer $\in S_n(T)$, seja θ a conjunção de todas as fórmulas da família que também pertence a p. Então θ é um suporte de p.

(a) $\Rightarrow$ (g). Suponha que (g) falhe. Então para algum $n < \omega$, existe um tipo não-principal q em $S_n(T)$. Pelo teorema da omissão de tipos (Teorema 6.2.1), T tem um modelo A que omite q. Pela definição de tipos, T também tem um modelo B que realiza q. Como T é completa e tem modelos infinitos, ambas as estruturas A e B são infinitas. Pelo teorema de Löwenheim–Skolem de-cima-para-baixo podemos supor que ambas A e B são contáveis. Logo T tem dois modelos contáveis que não são isomorfos, e portanto (a) falha.

(g) $\Rightarrow$ (a). Por (g) todos os modelos de T são atômicos, e portanto vai-e-vem equivalentes pelo Teorema 6.2.3. Segue pelo Teorema 3.2.3(b) que todos os modelos contáveis de T são isomorfos.

(g) $\Rightarrow$ (b). Novamente deduzimos de (g) que todos os modelos de T são atômicos. Mas ao invés de usar o Teorema 6.2.3, extraímos parte de sua demonstração:

(3.1)   se A, B são modelos contáveis de T e $\bar{a}$, $\bar{b}$ são n-uplas em
            A, B respectivamente, tais que $(A, \bar{a}) \equiv (B, \bar{b})$, então existe um
            isomorfismo de A para B que leva $\bar{a}$ em $\bar{b}$.

Agora seja A um modelo contável de T e sejam $\bar{a}$, $\bar{b}$ n-uplas que realizam o mesmo tipo completo em A. Então por (3.1), $\bar{a}$ e $\bar{b}$ pertencem à mesma órbita de $\mathrm{Aut}(A)$. Logo para deduzir (b), precisamos apenas mostrar que (g) implica em (e).

Suponha que $S_n(T)$ seja infinito. Suponha que $S_n(T)$ contenha λ tipos principais, e que $\theta_i(\bar{x})$ $(i < \lambda)$ suporte esses tipos. Tome uma n-upla $\bar{c}$ de novas constantes distintas, e tome T' como teoria

(3.2) $\qquad\qquad T \cup \{\neg\theta_i(\bar{c}) : i < \lambda\}.$

Se $(A, \bar{a})$ é um modelo de T', então A é um modelo de T no qual $\bar{a}$ realiza um tipo não-principal. Portanto basta mostrar que T' tem um modelo. Se $\Phi(\bar{x})$ é um subconjunto finito de $\{\theta_i(\bar{x}) : i < \lambda\}$, então como $S_n(T)$ é infinito, existe um tipo $p(\bar{x})$ em $S_n(T)$ distinto dos tipos gerados pelas fórmulas em Φ. Logo, todo subconjunto finito de T' tem um modelo, e o teorema da compacidade faz o resto. $\qquad\square$

Quando estruturas ω-categóricas ocorrem na natureza?

Assim que o Teorema 6.3.1 foi demonstrado, teóricos de modelos foram procurar nos arquivos da matemática exemplos de estruturas ω-categóricas. Era natural perguntar, por exemplo, quais anéis contáveis eram ω-categóricos. Havia também uma boa chance de se chamar a atenção de matemáticos não teóricos de modelos, pois pode-se explicar o que significa $\mathrm{Aut}(A)$ ser oligomorfo sem mencionar quaisquer noções de lógica. O seguinte corolário foi um ponto de partida conveniente.

Corolário 6.3.2. *Se A é uma estrutura ω-categórica, então A é localmente finita. Na verdade existe uma uma (única) função $f : \omega \to \omega$, dependendo apenas de $\mathrm{Th}(A)$, com a propriedade de que para cada $n < \omega$, $f(n)$ é o menor número m tal que toda subestrutura de A de n geradores tem no máximo m elementos.*

Demonstração. Seja $\bar{a}$ uma n-upla de elementos de A. Se c e d são dois elementos distintos da subestrutura $\langle\bar{a}\rangle_A$ gerada por $\bar{a}$, então os tipos completos de $\bar{a}c$ e $\bar{a}d$ sobre o conjunto vazio devem ser diferentes, pois eles dizem como c e d são gerados. Logo, pelo item (e) do teorema para $n + 1$, $\langle\bar{a}\rangle_A$ é finita. Isso prova a primeira sentença.

Agora, seja B a única estrutura contável elementarmente equivalente a A. Pelo item (b) do teorema, para cada $n < \omega$ existem um número finito de órbitas de n-uplas em B; sejam $\bar{b}_0, \ldots, \bar{b}_{k-1}$ representantes dessas órbitas, e escreva m_i para designar o número de elementos da subestrutura $\langle\bar{b}_i\rangle_B$ gerada por $\bar{b}_i$. Então podemos por $f(n) = \max(m_i : i < k)$. Essa escolha de f funciona tanto para A quanto para B, pois A e B realizam exatamente os mesmos tipos em $S_n(T)$, a saber todos eles. $\qquad\square$

Exemplo 1: *grupos ω-categóricos*. Pelo corolário, todo grupo contável ω-categórico é localmente finito e tem expoente finito. Para grupos abelianos, isso é o fim da estória: qualquer grupo abeliano A de expoente finito é a soma direta de grupos cíclicos finitos, e podemos escrever uma teoria de primeira ordem que diz o quão frequentemente cada grupo cíclico ocorre na soma (onde o número de vezes é 0, 1, 2, ... ou infinito).

Portanto um grupo abeliano infinito é ω-categórico se e somente se ele tem expoente finito. Para grupos em geral a situação é muito mais complicada.

Interpretações e estruturas ω-categóricas

No curso da demonstração do Teorema 6.3.1, encontramos a propriedade (3.1). Essa propriedade é digna de se extrair.

Corolário 6.3.3. *Seja L uma linguagem contável de primeira ordem. Seja A uma L-estrutura que é finita, ou contável e ω-categórica. Então para qualquer inteiro positivo n, um par $\bar{a}$, $\bar{b}$ de n-uplas de A estão na mesma órbita sob $\mathrm{Aut}(A)$ se e somente se elas satisfazem as mesmas fórmulas de L.*

Demonstração. Tal qual na demonstração do Teorema 6.3.1, basta mostrar que A é atômica. Sabemos que isso se verifica pelo item (g) do teorema quando A é contável e ω-categórica. Quando A é finita, deduzimos que ela é atômica pelo argumento de (d) $\Rightarrow$ (e) na demonstração do teorema. $\square$

Como existem um número finito de tipos de $S_n(T)$, e todos eles são principais, o Corolário 6.3.3 pode ser reescrito da seguinte maneira (lembrando que uma fórmula é **principal** se ela gera um tipo completo).

Corolário 6.3.4. *Seja L uma linguagem contável de primeira ordem. Seja A uma L-estrutura que é finita, ou contável e ω-categórica. Então para cada n existem um número finito de fórmulas completas $\phi_i(x_0, \ldots, x_{n-1})$ $(i < k_n)$ de L para $\mathrm{Th}(A)$, e as órbitas de $\mathrm{Aut}(A)$ sobre $(\mathrm{dom}\, A)^n$ são exatamente os conjuntos $\phi_i(A^n)$ $(i < k_n)$.* $\square$

Isso nos diz em particular que quase podemos recuperar A do seu grupo de permutações $\mathrm{Aut}(A)$.

Teorema 6.3.5. *Seja A uma L-estrutura contável ω-categórica com domínio Ω, e seja B a estrutura canônica para $\mathrm{Aut}(A)$ sobre Ω (veja seção 4.1 acima). Então as relações sobre Ω que são definíveis em primeira ordem sem parâmetros são exatamente as mesmas que aquelas definíveis em B sem parâmetros; em outras palavras, A e B são definicionalmente equivalentes (veja seção 2.6).*

Demonstração. Por definição da estrutura canônica B, ela tem o mesmo grupo de automorfismos que A; escreva G para designar esse grupo. Escreva L' para designar a linguagem de B; assumimos que ela é disjunta de L. Se R é um símbolo de relação n-ária de L, então R^A é a união de um número finito de órbitas de G sobre Ω, e portanto

R pode ser definido por uma disjunção de fórmulas de L' que definem essas órbitas. O mesmo argumento funciona na direção contrária também. □

Chamamos a atenção para o fato de que interpretações sempre preservam ω-categoricidade:

Teorema 6.3.6. *Sejam K e L linguagens contáveis de primeira ordem, Γ uma interpretação de L em K, e A uma K-estrutura ω-categórica. Então ΓA é ω-categórica.*

Demonstração. Seja A' uma estrutura contável que é elementarmente equivalente a A. Então $\Gamma A' \equiv \Gamma A$ pelo teorema da redução (Teorema 4.3.1), e portanto basta mostrar que $\Gamma A'$ é ω-categórica. Pela construção no Teorema 4.3.2, todo elemento de $\Gamma A'$ é uma classe de equivalência da relação $=_\Gamma$ sobre $\mathrm{dom}(A')$; escreva $\bar{a}^=$ para designar a classe de equivalência contendo a upla $\bar{a}$. Cada automorfismo α de A' induz um automorfismo $\Gamma(\alpha)$ de $\Gamma A'$, pela regra $\Gamma(\alpha)(\bar{a}^=) = (\alpha\bar{a})^=$. Como $\mathrm{Aut}(A')$ é oligomorfo, segue de imediato que $\mathrm{Aut}(\Gamma A')$ também é oligomorfo. □

Em particular, redutos relativizados de estruturas ω-categóricas são ω-categóricas.

Exercícios para a seção 6.3

1. Mostre que se A é uma estrutura infinita e $\bar{a}$ é uma upla de elementos de A, então $\mathrm{Th}(A, \bar{a})$ é ω-categórica se e somente se $\mathrm{Th}(A)$ é ω-categórica.

2. Mostre que se A é uma estrutura contável, então A é ω-categórica se e somente se para toda upla $\bar{a}$ de elementos de A, o número de órbitas de $\mathrm{Aut}(A, \bar{a})$ sobre subconjuntos unitários de A é finito.

3. Mostre que se T é uma teoria de primeira ordem com modelos contáveis, então T é ω-categórica se e somente se todos os modelos de T são vai-e-vem equivalentes dois a dois.

4. Seja T uma teoria de primeira ordem contável e completa. Mostre que T é ω-categórica se e somente se todo modelo contável de T é atômico.

5. Dê um exemplo de uma teoria de primeira ordem ω-categórica T tal que nenhuma skolemização de T é ω-categórica. [Racionais!]

6. Seja B uma álgebra booleana contável. Mostre que B é ω-categórica se e somente se B tem um número finito de átomos.

6.4   Estruturas ω-categóricas pelo método de Fraïssé

A construção de Fraïssé descrita na seção 6.1 tem se revelado uma maneira muito versátil de construir estruturas ω-categóricas.

O truque é assegurar que se **K** for a classe cujo limite de Fraïssé estamos tomando, os tamanhos das estruturas em **K** são mantidos sob controle pelo número de geradores. Para isso, dizemos que uma estrutura A é **uniformemente localmente finita** se existe uma função $f : \omega \to \omega$ tal que

(4.1)   para toda subestrutura B de A, se B tem um conjunto de geradores de cardinalidade $\leqslant n$ então o próprio B tem cardinalidade $\leqslant f(n)$.

Dizemos que uma classe **K** de estruturas é **uniformemente localmente finita** se existe uma função $f : \omega \to \omega$ tal que (4.1) se verifica para toda estrutura A em **K**.

Note que se a assinatura de **K** é finita e não contém símbolos de função, então **K** é uniformemente localmente finita. (Veja Exercício 1.2.6.)

Teorema 6.4.1.   *Suponha que a assinatura L seja finita e que* **K** *seja um conjunto contável uniformemente localmente finito de L-estruturas finitamente geradas com HP, JEP e AP. Seja M o limite de Fraïssé de* **K**, *e seja T a teoria de primeira ordem* $\mathrm{Th}(M)$ *de M.*
(a) *T é ω-categórica,*
(b) *T tem eliminação de quantificadores.*

Demonstração.   Primeiro vamos mostrar que existe uma teoria $\forall_2 \; U$ em L cujos modelos são precisamente as estruturas fracamente homogêneas (veja (1.7) na seção 6.1) de idade **K**. Há dois pontos cruciais aqui. O primeiro é que dadas as nossas suposições sobre L, se A é uma L-estrutura finita qualquer com n geradores $\bar{a}$, então existe uma fórmula livre-de-quantificador $\psi = \psi_{A,\bar{a}}(x_0, \ldots, x_{n-1})$ tal que para qualquer L-estrutura B e n-upla $\bar{b}$ de elementos de B,

(4.2) $B \vDash \psi(\bar{b})$ se e somente se
             existe um isomorfismo de A para $\langle \bar{b} \rangle_B$ que leva $\bar{a}$ em $\bar{b}$.

Na verdade $\psi_{A,\bar{a}}$ é uma conjunção de literais satisfeitos por $\bar{a}$ em A. O segundo é que pela finitude local uniforme, para cada $n < \omega$ existem apenas um número finito de tipos de isomorfismo de estruturas em **K** com n geradores.

Esses dois fatos podem ser verificados por inspeção. Uma vez que eles nos são dados, podemos tomar U_0 como sendo o conjunto de todas as sentenças da forma

(4.3) $\forall \bar{x} (\psi_{A,\bar{a}}(\bar{x}) \to \exists y \, \psi_{B,\bar{a}b}(\bar{x}, y))$

onde B é uma estrutura em **K** gerada por uma upla $\bar{a}b$ de elementos distintos, e A

é a subestrutura gerada por $\bar{a}$. Isso inclui o caso em que $\bar{a}$ é uma upla vazia, de tal forma que a sentença (4.3) se reduz a $\exists y \, \psi_{B,b}(y)$. Tomamos U_1 como sendo o conjunto de todas as sentenças da forma

$$(4.4) \qquad \qquad \forall \bar{x} \bigvee_{A,\bar{a}} \psi_{A,\bar{a}}(\bar{x})$$

onde o índice da disjunção varia sobre todos os pares $A, \bar{a}$ tais que A pertence a **K** e $\bar{a}$ é uma upla de mesmo comprimento que $\bar{x}$ que gera A. A finitude local uniforme implica que essa é uma disjunção finita (a menos de equivalência lógica). Escrevemos U para designar a união $U_0 \cup U_1$. Claramente M é um modelo de U.

Suponha que D seja um modelo contável qualquer de U. Quando $\bar{a}$ é vazia, as sentenças (4.3) dizem que toda estrutura em **K** de 1 gerador é imersível em D. Em geral as sentenças (4.3) dizem que

(4.5)   se A, B são subestruturas finitamente geradas de D, $A \subseteq B$, B vem de A adicionando-se um gerador a mais, e $f : A \to D$ é uma imersão, então existe uma imersão $g : B \to D$ que estende f.

Não é difícil de ver, usando indução sobre o número de geradores, que esses dois fatos implicam que toda estrutura em **K** é imersível em D; logo, juntamente com as sentenças (4.4), eles nos dizem que a idade de D é exatamente **K**. Usando as sentenças (4.3) novamente, uma indução sobre o tamanho de $\mathrm{dom}(B) \backslash \mathrm{dom}(A)$ nos diz que D é fracamente homogênea. Logo, pelo Lema 6.1.4, D é isomorfa a M. Portanto U é ω-categórica, e U é um conjunto de axiomas para T.

Suponha agora que $\phi(\bar{x})$ seja uma fórmula de L com $\bar{x}$ uma upla não-vazia, e suponha que X seja o conjunto de todas as uplas $\bar{a}$ em M tais que $M \vDash \phi(\bar{a})$. Se $\bar{a}$ pertence a X, e $\bar{b}$ é uma upla de elementos tais que existe um isomorfismo $e : \langle \bar{a} \rangle_M \to \langle \bar{b} \rangle_M$ levando $\bar{a}$ em $\bar{b}$, então e se estende a um automorfismo de M, de tal forma que $\bar{b}$ também pertence a X. Segue que ϕ é equivalente módulo T à disjunção de todas as fórmulas $\psi_{\langle \bar{a} \rangle, \bar{a}}(\bar{x})$ com $\bar{a}$ em X. Trata-se de uma disjunção finita de fórmulas livres-de-quantificador. Finalmente se ϕ é uma sentença de L, então como T é completa, ϕ é equivalente módulo T a $\neg\bot$ ou $\bot$. Logo, T tem eliminação de quantificadores. $\square$

Corolário 6.4.2. *Seja L uma assinatura finita e M uma L-estrutura contável. Então as seguintes condições são equivalentes.*
(a) M é ultra-homogênea e uniformemente localmente finita.
(b) $\mathrm{Th}(M)$ é ω-categórica e tem eliminação de quantificadores.

Demonstração.   (a) $\Rightarrow$ (b) se verifica pelo Teorema 6.4.1. (b) $\Rightarrow$ (a) se verifica pelos Corolários 6.3.2 e 6.3.3 acima. $\square$

Existem tantas aplicações interessantes do Teorema 6.4.1 que é difícil saber quais mencionar primeiro. Vou descrever dois exemplos em detalhe e deixar outros para os exercícios.

Primeira aplicação: o grafo aleatório

Um **grafo** é uma estrutura consistindo de um conjunto X com uma relação binária irreflexiva simétrica R definida sobre X (veja Exemplo 1 na seção 1.1). Os elementos de X são chamados **vértices**; uma **aresta** é um par de vértices $\{a, b\}$ tal que aRb. Dizemos que dois vértices a, b são **adjacentes** se $\{a, b\}$ é uma aresta. Um **caminho de comprimento** n é uma sequência de arestas $\{a_0, a_1\}, \{a_1, a_2\}, \ldots, \{a_{n-2}, a_{n-1}\}$, $\{a_{n-1}, a_n\}$; o caminho é um **ciclo** se $a_n = a_0$. Um **subgrafo** de um grafo G é simplesmente uma subestrutura de G. Escrevemos L para designar a linguagem de primeira ordem apropriada para grafos; sua assinatura consiste de apenas um simbolo de relação binária R.

Seja $\mathbf{K}$ a classe de todos os grafos finitos. Os seguintes fatos quase não requerem demonstração.

Lema 6.4.3. *A classe* $\mathbf{K}$ *tem HP, JEP e AP. Também* $\mathbf{K}$ *contém estruturas arbitrariamente grandes e é uniformemente localmente finita. A assinatura de* $\mathbf{K}$ *contém apenas um número finito de símbolos.*   □

Portanto pelos Teoremas 6.1.2 e 6.4.1, $\mathbf{K}$ tem um limite de Fraïssé A; Th(A) é ω-categórica e tem eliminação de quantificadores. A estrutura A é um grafo contável conhecido como o **grafo aleatório**. Designá-lo-emos por Γ.

Alguns limites de Fraïssé são difíceis de descrever em detalhe. Esse aqui não é.

Teorema 6.4.4.   *Seja A um grafo contável. As seguintes condições são equivalentes.*

(a) *A é o grafo aleatório Γ.*

(b) *Sejam X e Y conjuntos finitos disjuntos de vértices de A; então existe um elemento $\notin X \cup Y$ que é adjacente a todos os vértices em X e a nenhum vértice em Y.*

Demonstração.   (a) $\Rightarrow$ (b). Seja A o grafo aleatório Γ e sejam X, Y conjuntos finitos disjuntos de vértices de Γ. Existe um grafo finito G da seguinte maneira: os vértices de G são os vértices em $X \cup Y$ juntamente com um novo vértice v, e vértices em $X \cup Y$ são adjacentes em G se eles são adjacentes em Γ, enquanto que v é adjacente a todos os vértices em X e a nenhum dos vértices em Y. Como Γ é o limite de Fraïssé de $\mathbf{K}$, existe uma imersão $f : G \to \Gamma$. A restrição de f a $X \cup Y$ é um isomorfismo entre subestruturas finitas de Γ, e portanto se estende a um automorfismo g de Γ. Então $g^{-1}f(v)$ é o elemento descrito no item (b).

(b) ⇒ (a). Assuma que (b) se verifica. Fazemos a seguinte afirmação.

(4.6)   Suponha que $G \subseteq H$ sejam grafos finitos e que $f : G \to A$ é uma
imersão. Então f se estende a uma imersão $g : H \to A$.

Isso é demonstrado por indução sobre o número n de vértices que estão em H mas
não estão em G. Claramente precisamos apenas de nos preocupar com o caso em que
$n = 1$. Seja w o vértice que pertence a H mas não pertence a G. Seja X o conjunto
de vértices $f(x)$ tais que x pertence a G e é adjacente a w em H, e seja Y o conjunto
de vértices $f(y)$ tais que y pertence a G mas não é adjacente a w. Pelo item (b) existe
um vértice v de A que é adjacente a todos os vértices em X e a nenhum vértice em Y.
Estendemos f a g colocando $g(w) = v$. Isso demonstra a afirmação.

Tomando G como sendo a estrutura vazia, segue que todo grafo finito é imersível
em A, tal que a idade de A é $\mathbf{K}$. Tomando G como sendo uma subestrutura de A,
segue que A é fracamente homogênea. Logo, pelo Lema 6.1.4, A é o limite de Fraïssé
de $\mathbf{K}$, o que demonstra o item (a).

Segunda aplicação: a estrutura aleatória

O principal interesse do nosso próximo exemplo é que ele leva diretamente a um
teorema sobre modelos finitos. Até recentemente a teoria dos modelos de estruturas
finitas era terra virgem. Um grupo de russos de Gorki plantou a primeira semente
demonstrando o Teorema 6.4.6 em 1969.

Seja L uma assinatura finita não-vazia sem símbolos de função, e seja $\mathbf{K}$ a classe
de todas as L-estruturas finitas. Então claramente $\mathbf{K}$ tem HP, JEP e AP, e (pelo
Exercício 1.2.6) existem apenas um número contável de tipos de isomorfismo de estruturas em $\mathbf{K}$. Portanto $\mathbf{K}$ tem um limite de Fraïssé contável, que é conhecido como
a **estrutura aleatória** de assinatura L. Vamos chamá-la de $\mathrm{Ran}(L)$.

Seja T o conjunto de todas as sentenças de L da forma

(4.7) $$\forall \bar{x}(\psi(\bar{x}) \to \exists y \, \chi(\bar{x}, y))$$

tal que para alguma L-estrutura finita B e alguma sequência de elementos de B sem
repetição, digamos $\bar{b}, c$, a fórmula $\psi(\bar{x})$ (respectivamente $\chi(\bar{x}, y)$) lista os literais satisfeitos por $\bar{b}$ (respectivamente $\bar{b}, c$) em B. Uma simples inspeção mostra que T consiste
exatamente das sentenças (4.3) da demonstração do Teorema 6.4.1. As sentenças (4.4)
da demonstração são trivialmente verdadeiras nesse caso, portanto elas não acrescen-
tam coisa alguma. Segue que T é um conjunto de axiomas para a teoria de $\mathrm{Ran}(L)$.
Em particular T é completa.

Considere um $n < \omega$ qualquer, uma fórmula $\phi(x_0, \ldots, x_{n-1})$ qualquer de L, e
uma upla qualquer $\bar{a}$ de objetos a_i com $i < n$. Escrevemos $\kappa_n(\phi)$ para designar o
número de L-estruturas não-isomorfas B cujos elementos distintos são $a_0, \ldots, a_{n-1}$,

tal que $B \vDash \phi(\bar{a})$. Escrevemos $\mu_n(\phi(\bar{a}))$ para designar a razão $\kappa_n(\phi(\bar{a}))/\kappa_n(\forall x\, x = x)$, i.e. a proporção daquelas L-estruturas com elementos $a_0, \ldots, a_{n-1}$ para as quais $\phi(\bar{a})$ é verdadeira.

Lema 6.4.5.   *Seja ϕ uma sentença qualquer em T. Então $\lim_{n\to\infty} \mu_n(\phi) = 1$.*

Demonstração.   Seja ϕ a sentença $\forall \bar{x}(\psi(\bar{x}) \to \exists y\, \chi(\bar{x}, y))$. Vamos mostrar que $\lim_{n\to\infty} \mu_n(\neg\phi) = 0$. Como $\mu_n(\neg\phi) = 1 - \mu_n(\phi)$, isso demonstrará o lema.

Suponha que $\bar{x}$ seja $(x_0, \ldots, x_{m-1})$, e que $n > m$. Considere aquelas estruturas B cujos elementos distintos são $a_0, \ldots, a_{n-1}$, tais que $B \vDash \psi(a_0, \ldots, a_{m-1})$. Qual é a probabilidade p de que $B \vDash \forall y\, \neg\chi(a_0, \ldots, a_{m-1}, y)$? Deve ser a $(n-1)$-ésima potência da probabilidade de que $B \vDash \neg\chi(a_0, \ldots, a_{m-1}, a_m)$, pois os $n - m$ elementos $a_m, \ldots, a_{n-1}$ têm chances iguais e independentes de servir no lugar de y. Como a assinatura de L não é vazia, existe um real positivo $k < 1$ tal que $B \vDash \neg\chi(a_0, \ldots, a_{m-1}, a_m)$ com probabilidade k, e portanto $p = k^{n-m}$.

A seguir, considere aquelas L-estruturas C cujos elementos distintos são $a_0, \ldots, a_{n-1}$. Estimamos a probabilidade $\mu_n(\neg\phi)$ de que $C \vDash \neg\phi$. Essa probabilidade, digamos q, é no máximo a probabilidade de que $C \vDash \psi(\bar{c}) \wedge \forall y\, \neg\chi(\bar{c}, y)$ para uma upla $\bar{c}$ de elementos distintos de C, vezes o número de maneiras de escolher $\bar{c}$ em C. Portanto $\mu_n(\neg\phi) \leqslant n^m \cdot k^{n-m} = \gamma \cdot n^m \cdot k^n$ onde $\gamma = k^{-m}$.

Agora, como $0 < k < 1$, temos que $n^m \cdot k^n \to 0$ quando $n \to \infty$ (veja Exercício 9). Segue que $\lim_{n\to\infty} \mu_n(\neg\phi) = 0$ como desejávamos. $\square$

Teorema 6.4.6 *(Lei zero-um).*   *Seja ϕ uma sentença qualquer de primeira ordem de uma assinatura finita. Então $\lim_{n\to\infty} \mu_n(\phi)$ é 0 ou 1.*

Demonstração.   Já vimos que T é uma teoria completa. Se ϕ é uma consequência de T, então segue do lema que $\lim_{n\to\infty} \mu_n(\phi)$ é 1. Se ϕ não é uma consequência de T, então T implica em $\neg\phi$, e portanto $\lim_{n\to\infty} \mu_n(\neg\phi)$ é 1, donde $\lim_{n\to\infty} \mu_n(\phi)$ é 0. $\square$

Exercícios para a seção 6.4

1. Mostre que se M é uma estrutura contável ω-categórica, então existe uma expansão definicional de M que é ultra-homogênea. [Atomize.]

2. Seja L a linguagem de primeira ordem cuja assinatura consiste de um símbolo de relação 2-ária R. Para cada inteiro $n \leqslant 2$, seja A_{n-2} a L-estrutura com domínio n, tal que $A_n \vDash \neg R(i, j)$ sse $i + 1 \equiv j \pmod{n}$. Se S é um subconjunto infinito qualquer de ω, escrevemos $\mathbf{J}_S$ para designar a classe $\{A_n : n \in S\}$ e $\mathbf{K}_S$ para designar a classe de todas as L-estruturas finitas C tal que nenhuma estrutura em $\mathbf{J}_S$ é imersível em C. Mostre que (a) para cada $S \subseteq \omega$ infinito, a

classe $\mathbf{K}_S$ tem HP, JEP e AP, e é uniformemente localmente finita, (b) se S e S' são subconjuntos infinitos distintos de ω então os limites de Fraïssé de $\mathbf{K}_S$ e $\mathbf{K}_{S'}$ são L-estruturas contáveis ω-categóricas não-isomorfas, (c) se L é a assinatura com um símbolo de relação binária, existem estruturas ω-categóricas ultra-homogêneas não-isomorfas de assinatura L em igual número à cardinalidade do contínuo.

3. Definimos um grafo A sobre o conjunto de vértices $\{c_i : i < \omega\}$ como segue. Quando $i < j$, primeiro escreva j como uma soma de potências de 2 distintas, e então faça c_i adjacente a c_j sse 2^i ocorre nessa soma. Mostre que A é o grafo aleatório.

4. Mostre que se Γ é o grafo aleatório, então os vértices de Γ podem ser listados como $\{v_i : i < \omega\}$ de tal maneira que para cada i, v_i é ligado a v_{i+1}.

5. Mostre que se o conjunto de vértices do grafo aleatório Γ é particionado em um número finito de conjuntos X_i $(i < n)$, então existe algum $i < n$ tal que a restrição de Γ a X_i é isomorfa a Γ.

O grafo completo sobre n vértices, K_n, é o grafo com n vértices tal que um vértice v é ligado a um vértice w sse $v \neq w$.
6. Seja n um inteiro $\geqslant 3$ e seja $\mathbf{K}_n$ a classe dos grafos finitos que não têm K_n como um subgrafo. (a) Mostre que $\mathbf{K}_n$ tem HP, JEP e AP. (b) Se Γ_n é o limite de Fraïssé de $\mathbf{K}_n$, demonstre que Γ_n é o único grafo contável com as duas seguintes propriedades: (i) todo subgrafo finito de Γ_n pertence a $\mathbf{K}_n$, e (ii) se X e Y são dois subconjuntos finitos disjuntos de vértices de Γ_n, e K_{n-1} não é imersível na restrição de Γ_n a X, então existe um vértice em Γ_n que é ligado a todo vértice em X e a nenhum vértice em Y.

7. Mostre que a lei zero-um (Teorema 6.4.6) ainda se verifica se a assinatura L for vazia.

O Teorema 6.4.6 falha se a linguagem tem símbolos de função.
8. Seja L a linguagem de primeira ordem cuja assinatura consiste de um símbolo de função 1-ária F. Mostre que $\lim_{n \to \infty} \mu_n(\forall x\, F(x) \neq x) = 1/e$. $[\mu_n(\forall x\, F(x) \neq x) = (n-1)^n/n^n.]$

9. Demonstre que se $0 < k < 1$ e m é um inteiro positivo, então $n^m.k^n \to 0$ quando $n \to \infty$. [Faça $k = 1/(1+p)$. Se $n > 2(m+1)$ então considerando o $(m+1)$-ésimo termo na expansão binomial de $(1+p)^n$, $(1+p)^n > ((n/2)^{(m+1)}.p^{(m+1)})/(m+1)!$. Portanto $n^m.k^n < (n^m.(m+1)!)/((n/2)^{(m+1)}.p^{(m+1)}) = \beta/n$ para algum $\beta > 0$ independente de n.]

Leitura adicional

Hoje reconhecemos Roland Fraïssé como um dos principais fundadores da teoria dos modelos. Mas por algumas décadas ele e seu grupo trabalharam em semi-isolamento das principais correntes de estudiosos da época. Isso ajuda a entender o por que de, por um lado, sua visão altamente original, e, por outro lado, sua terminologia pouco usual. Pode-se ter uma amostra de ambas no seu livro:

Fraïssé, R. *Theory of relations*. Amsterdam: North-Holland, 1986.

O influente artigo de Robert Vaught sobre omissão de tipos ainda é um prazer de leitura:

Vaught, R. L. Denumerable models of complete theories. In *Infinitistic methods, Proceedings of a Symposium in Foundations of Mathematics, Warsaw 1959*, pp. 303–321. Warsaw: Państwowe Wydawnictwo Naukowe, 1961.

O artigo anunciou a 'conjectura de Vaught', que diz que o número de modelos contáveis não-isomorfos de uma teoria contável completa de primeira ordem é sempre 2^ω ou $\leq \omega$. Dois artigos relatam o estado atual dessa conjectura, que ainda está aberta:

Steel, J. On Vaught's conjecture. In *Cabal Seminar 76–77*, Kechris, A. S. and Moschovakis, Y. N. (eds), Lecture Notes in Mathematics 689, pp. 193–208. Berlin: Springer, 1978.

Buechler, S. Vaught's conjecture for superstable theories of finite rank. *Annals of Pure and Applied Logic* **155** (3) (2008), 135–172.

Pode-se estudar teorias ω-categóricas através de grupos de automorfismos, que é o mesmo que grupos oligomorfos de permutação sobre conjuntos contáveis:

Cameron, P. J. *Oligomorphic permutation groups*. Cambridge: Cambridge University Press, 1990.

Leis zero-um sobre estruturas finitas têm importância em teoria da computação:

Gurevich, Y. Zero-one laws. *Bulletin of the European Association for Theoretical Computer Science* **46** (1992), 90–106.

Capítulo 7

O caso existencial

J'ay trouvé quelques éléments d'une nouvelle caracteristique, tout à fait différent de l'Algebre, et qui aura des grands avantages pour representer à l'esprit exactement et au naturel, quoyque sans figures, tout ce qui depend de l'imagination, ... L'utilité principale consiste dans les consequences et raisonnements, qui se peuvent fair par les operations des caracteres, qui ne sçauroient exprimer par des figures (et encor mois par des modelles). ... Cette caracteristique servira beaucoup à trouver de belles constructions, parceque le calcul et la construction s'y trouvent tout à la fois.

Leibniz, Letters to Huygens (1679).

Abraham Robinson fez referência a essas cartas de Leibniz na sua palestra no Congresso Internacional de Matemáticos em 1950. Segundo Robinson, Leibniz tocou na ambição do próprio Robinson: tornar lógica útil para a 'verdadeira matemática, mais particularmente para o desenvolvimento de álgebra e ... geometria algébrica'.

Robinson introduziu muitas das noções fundamentais da teoria dos modelos. Ele nos deu a noção de diagramas (seção 1.4), preservação de fórmulas (seção 2.5), modelo-completude e (teorias) companheiras de modelo (ambas as noções definidas neste capítulo), forçação modelo-teórica e métodos não-padrão (esses últimos não são cobertos neste livro). Exploraremos modelo-completude e algumas noções relacionadas. Elas nos permitem desenvolver uma parte bem arrumada da teoria pura dos modelos para benefício da própria teoria dos modelos, e ao mesmo tempo elas se acomodam muito bem em várias partes da 'verdadeira matemática'. Elas frequentemente levam a demonstrações mais claras e mais conceituais de teoremas matemáticos conhecidos.

É claro que nem tudo neste capítulo é fruto do trabalho de Abraham Robinson. A propriedade de eliminação de quantificadores vem lá de atrás dos trabalhos de Skolem

e Tarski nos anos após a primeira guerra mundial. Estruturas existencialmente fechadas constituem-se numa daquelas idéias felizes que ocorrem a vários matemáticos
diferentes em tempos e lugares diferentes, começando com aqueles eruditos do Re-
nascimento que inventaram os números imaginários.

As idéias neste capítulo são talvez os principais métodos da teoria dos modelos
aplicada. Apresento vários exemplos no decorrer do capítulo; porém para se entender
realmente tais coisas deve-se aplicar os métodos vigorosamente a algum ramo con-
creto da matemática. Algumas oportunidades para se fazer isso são enumeradas no
final deste capítulo.

7.1   Estruturas existencialmente fechadas

Tome uma linguagem de primeira ordem L sem símbolos de relação e uma classe **K**
de L-estruturas. Por exemplo, L pode ser a linguagem dos anéis e **K** a classe dos
corpos; ou L pode ser a linguagem dos grupos e **K** a classe dos grupos. Dizemos
que uma estrutura A em **K** é **existencialmente fechada em K** (ou, de forma mais
abreviada, **e.f. em K** se a seguinte condição se verifica:

(1.1)   se E é um conjunto finito de equações e inequações com parâmetros
             de A, e E tem uma solução simultânea em alguma extensão B de A
             com B em **K**, então E tem uma solução que já pertence a A.

Podemos reescrever essa definição para uma forma teórica de modelos. A versão
teórica de modelos tem a vantagem de também cobrir linguagens que têm símbolos de
relação.

Uma fórmula é **primitiva** se ela é da forma $\exists \bar{y} \bigwedge_{i<n} \psi_i(\bar{x}, \bar{y})$, onde n é um inteiro positivo e cada fórmula ψ_i é um literal. (Em uma linguagem sem símbolos de
relação, cada literal é uma equação ou uma inequação; portanto uma fórmula primitiva expressa o fato de que um certo conjunto finito de equações e inequações tem uma
solução.) Dizemos que uma estrutura A na classe **K** de L-estruturas é **e.f. em K** se

(1.2)   para toda fórmula primitiva $\phi(\bar{x})$ de L e toda upla $\bar{a}$ em A,
             se existe uma estrutura B em **K** tal que $A \subseteq B$ e $B \vDash \phi(\bar{a})$,
             então já deveria ser o caso que $A \vDash \phi(\bar{a})$.

Essa definição concorda com (1.1).

Quando **K** é a classe dos corpos, uma estrutura e.f. em **K** é conhecida como um
corpo e.f.; igualmente para **reticulado e.f.**   quando **K** é a classe dos reticulados, e
assim por diante. Quando **K** é a classe de todos os modelos de uma teoria T, vamos
nos referir a estruturas e.f. em **K** como **modelos e.f. de** T.

O lema seguinte explica o termo 'existencialmente fechado'. Se L é uma linguagem de primeira ordem e A, B são L-estruturas, escrevemos $A \preccurlyeq_1 B$ para dizer
que para toda fórmula existencial $\phi(\bar{x})$ de L, e toda upla $\bar{a}$ em A, $B \vDash \phi(\bar{a})$ implica

$A \vDash \phi(\bar{a})$.

Lema 7.1.1. *Seja* $\mathbf{K}$ *a classe de L-estruturas e* A *uma estrutura em* $\mathbf{K}$. *Então* A *é e.f. em* $\mathbf{K}$ *se e somente se* (1.2) *se verifica com 'primitiva' substituída por 'existencial'. Em particular, se* A *e* B *são estruturas em* $\mathbf{K}$, $A \subseteq B$ *e* A *é e.f., então* $A \preccurlyeq_1 B$.

Demonstração. Pela forma normal disjuntiva, toda fórmula $\exists_1$ é logicamente equivalente a uma disjunção de fórmulas primitivas. $\qquad\qquad\square$

Exemplo 1: *Corpos algebricamente fechados.* Que são corpos e.f.? Certamente um corpo e.f. A deve ser algebricamente fechado. Pois suponha que $F(y)$ seja um polinômio de grau positivo com coeficientes em A. Usando a linguagem dos anéis, podemos reescrever $F(y)$ como $p(\bar{a}, y)$ onde $p(\bar{x}, y)$ é um termo e $\bar{a}$ é uma upla de elementos de A. Substituindo F por um fator irredutível se necessário, temos um corpo $B = A[y]/(F)$ que estende A e contém uma raiz de F. Logo, $B \vDash \exists y\, p(\bar{a}, y) = 0$. Como A é um corpo e.f., temos também que $A \vDash \exists y\, p(\bar{a}, y) = 0$, de modo que F já deveria ter uma raiz em A. Por conseguinte todo corpo e.f. é algebricamente fechado.

A recíproca também se verifica, usando resultados demonstrados adiante:

(1.3)   se A é um corpo algebricamente fechado, então todo sistema finito de equações e inequações sobre A que é solúvel em algum corpo estendendo A já tem uma solução em A.

Essa é uma das formas do *Nullstellensatz* de Hilbert; cf. Exercício 9 para uma outra forma. Se $E(\bar{x})$ é um sistema finito de equações e inequações sobre A, então podemos escrever o enunciado 'E tem uma solução' como uma fórmula primitiva $\phi(\bar{a})$ onde $\bar{a}$ são os coeficientes de E em A. Para demonstrar (1.3), suponha que E tenha uma solução em algum corpo B que estende A. Estenda B para um corpo e.f. C pelo Teorema 7.2.1 adiante. Então $B \vDash \phi(\bar{a})$ por hipótese, portanto $C \vDash \phi(\bar{a})$ pois $\phi(\bar{a})$ é uma fórmula $\exists_1$ (veja o Teorema 2.4.1). Mas C é algebricamente fechado pelo argumento do parágrafo anterior, e o Exemplo 2 na seção 7.4 adiante nos diz que a teoria dos corpos algebricamente fechados é modelo-completa. Como $A \subseteq C$, segue que $A \vDash \phi(\bar{a})$, e portanto E já tem uma solução em A. Em resumo, *os corpos e.f. são precisamente os corpos algebricamente fechados.*

Uma observação de Rabinowitsch é digna de nota nesse ponto. Note inicialmente que toda equação com parâmetros $\bar{a}$ de um corpo A pode ser escrita da forma $p(\bar{a}, \bar{y}) = 0$ onde $p(\bar{x}, \bar{y})$ é um polinômio cujos indeterminados são variáveis de $\bar{x}$, $\bar{y}$, com coeficientes inteiros. Portanto podemos assumir que qualquer fórmula primitiva tem a forma

(1.4) $\exists \bar{y}(p_0(\bar{a}, \bar{y}) = 0 \wedge \ldots \wedge p_{k-1}(\bar{a}, \bar{y}) = 0$

$$\wedge\, q_0(\bar{a}, \bar{y}) \neq 0 \wedge \ldots \wedge q_{m-1}(\bar{a}, \bar{y}) \neq 0).$$

Em um corpo, $x \neq 0$ diz o mesmo que $\exists z\, x \cdot z = 1$. Portanto (e essa é a observação de Rabinowitsch) podemos eliminar as inequações em (1.4), empurrando os novos quantificadores existenciais $\exists z$ para junto de $\exists \bar{y}$. Isso reduz (1.4) à forma

(1.5) $\exists \bar{y}(p_0(\bar{a}, \bar{y}) = 0 \wedge \ldots \wedge p_{k-1}(\bar{a}, \bar{y}) = 0).$

Em resumo: para mostrar que um corpo A é existencialmente fechado, precisamos apenas considerar *equações* na definição (1.1), e não ambas equações e inequações. Mas isso é apenas um boa notícia sobre corpos; em geral precisa-se conviver com as inequações em (1.1).

Existem modelos e.f. de outras teorias além da teoria dos corpos que sejam interessantes? Sim, certamente existem. Na próxima seção veremos dois métodos bem gerais de demonstrar a existência de modelos e.f. Mas antes disso, permita-me chamar a atenção para o fato de que já nos encontramos com um bocado de modelos e.f. no Capítulo 6.

Exemplo 2: *Limites de Fraïssé.*   Seja L uma assinatura contável e $\mathbf{J}$ um conjunto contável de L-estruturas finitamente geradas que tem HP, JEP e AP (veja a seção 6.1). Seja $\mathbf{K}$ a classe de todas as L-estruturas com idade $\subseteq \mathbf{J}$, e seja A o limite de Fraïssé de $\mathbf{K}$. Então A é existencialmente fechada em $\mathbf{K}$. Pois, suponha que B pertença a $\mathbf{K}$, $A \subseteq B$, $\bar{a}$ seja uma upla de elementos de A e $\psi(\bar{x}, \bar{y})$ seja uma conjunção de literais de L tais que $B \vDash \exists \bar{y}\, \psi(\bar{a}, \bar{y})$. Tome uma upla $\bar{b}$ em B tal que $B \vDash \psi(\bar{a}, \bar{b})$; seja C a subestrutura de A gerada por $\bar{a}$, e D a subestrutura de B gerada por $\bar{a}\bar{b}$. Então $C \subseteq D$, e ambas C e D pertencem à idade $\mathbf{J}$ de A. Como A é fracamente homogênea (veja (1.7) na seção 6.1), a função inclusão $f : C \to A$ se estende a uma imersão $g : D \to A$. Logo, $A \vDash \psi(\bar{a}, g\bar{b})$, e portanto $A \vDash \exists \bar{y}\, \psi(\bar{a}, \bar{y})$ como desejávamos. Não é difícil de mostrar que se $\mathbf{J}$ acima é um conjunto de estruturas finitas, então o limite de Fraïssé de $\mathbf{J}$ é a única estrutura e.f. contável em $\mathbf{K}$ (veja Exercício 1).

A influência da JEP e da AP

O Exemplo 2 acima é interessante porque é atípico. JEP e AP são propriedades bastante fortes, e veremos que existe uma variedade de exemplos de estruturas e.f. em classes onde as estruturas finitamente geradas deixam de ter uma ou outra dessas propriedades. Ambas JEP e AP exercem uma forte influência sobre o comportamento de estruturas e.f. Este é um momento conveniente para demonstrar dois teoremas que ilustram a observação.

Se T é uma teoria de primeira ordem, dizemos que T tem a **propriedade da imersão conjunta** (JEP) se, dados dois modelos quaisquer A, B de T, existe um modelo de T no qual A e B são imersíveis.

Teorema 7.1.2. *Seja L uma linguagem de primeira ordem e T uma teoria em L. Suponha que T tenha JEP, e sejam A, B modelos e.f. de T. Então toda sentença $\forall_2$ de L que é verdadeira em A é verdadeira em B também.*

Demonstração. Por hipótese existe um modelo C de T no qual ambas A e B são subestruturas de C. Como A é e.f. na classe dos modelos de T, temos $A \preccurlyeq_1 C$. Segue pelo teorema da amalgamação existencial (Teorema 5.4.1) que existe uma extensão elementar D de A com $C \subseteq D$. Suponha que $A \vDash \forall \bar{x} \exists \bar{y} \, \phi(\bar{x}, \bar{y})$ onde ϕ é uma fórmula de L livre-de-quantificador, e seja $\bar{b}$ uma upla de elementos de B. Temos que mostrar que $B \vDash \exists \bar{y} \, \phi(\bar{b}, \bar{y})$. Mas $D \vDash \exists \bar{y} \, \phi(\bar{b}, \bar{y})$ pois $A \preccurlyeq D$. Agora B é um modelo e.f., daí que $B \preccurlyeq_1 D$, e portanto $B \vDash \exists \bar{y} \, \phi(\bar{b}, \bar{y})$ tal qual desejávamos. $\qquad\square$

Teorema 7.1.3. *Seja L uma linguagem de primeira ordem. Seja $\mathbf{K}$ uma classe de L-estruturas que é fechada sob cópias isomorfas, e suponha que a classe de todas as subestruturas de estruturas em $\mathbf{K}$ tenha AP. Então para toda $\exists_1$-fórmula $\phi(\bar{x})$ de L existe uma fórmula livre-de-quantificador $\chi(\bar{x})$ (possivelmente infinitária) que é equivalente a ϕ em todas as estruturas e.f. em $\mathbf{K}$. Em particular se existe uma teoria de primeira ordem T tal que estruturas e.f. em $\mathbf{K}$ são exatamente os modelos de T, então ϕ é equivalente módulo T a uma fórmula de L livre-de-quantificador.*

Demonstração. Vamos dizer que um par $(A, \bar{a})$ é **bom** se A é uma estrutura e.f. em $\mathbf{K}$, $\bar{a}$ é uma upla de elementos de A, e $A \vDash \phi(\bar{a})$. Para cada par bom $(A, \bar{a})$, seja $\theta_{(A,\bar{a})}(\bar{x})$ a conjunção $\bigwedge \{\psi(\bar{x}) : \psi$ é um literal de L e $A \vDash \psi(\bar{a})\}$. Seja $\chi(\bar{x})$ a disjunção de todas as fórmulas $\theta_{(A,\bar{a})}$ onde $(A, \bar{a})$ varia sobre o conjunto de pares bons. Claramente se B é uma estrutura e.f. qualquer em $\mathbf{K}$ e $\bar{b}$ uma upla em B tal que $B \vDash \phi(\bar{b})$, então $B \vDash \chi(\bar{b})$ pois $(B, \bar{b})$ é um par bom. Reciprocamente se B é uma estrutura e.f. em $\mathbf{K}$ e $B \vDash \chi(\bar{b})$, então existe um par bom $(A, \bar{a})$ com um isomorfismo $e : \langle \bar{a} \rangle_A \to B$ levando $\bar{a}$ em $\bar{b}$. Pela propriedade da amalgamação para a classe de subestruturas de estruturas em $\mathbf{K}$, existe uma estrutura C em $\mathbf{K}$ com imersões $g : A \to C$ e $h : B \to C$ tal que $g\bar{a} = h\bar{b}$. Como $\mathbf{K}$ é fechada sob cópias isomorfas, podemos supor que h é uma função inclusão. Agora $A \vDash \phi(\bar{a})$ por hipótese, logo $C \vDash \phi(g\bar{a})$ pois ϕ é uma fórmula $\exists_1$. Segue que $B \vDash \phi(\bar{b})$ pois B é e.f. em $\mathbf{K}$.

Finalmente suponha que os modelos de T sejam exatamente as estruturas e.f. em $\mathbf{K}$. Então $T \vdash \forall \bar{x} (\phi \leftrightarrow \chi)$. Duas aplicações do teorema da compacidade reduzem χ a uma fórmula de primeira ordem livre-de-quantificador. $\qquad\square$

Advertência. O Teorema 7.1.3 é falso se excluírmos estruturas vazias. Considere a teoria $\forall xy (P(x) \leftrightarrow P(y))$, e seja ϕ a fórmula $\exists x \, P(x)$. Leitores que de fato excluem as estruturas vazias podem recuperar o teorema exigindo que ϕ tenha pelo menos uma variável livre. Veja o Exercício 7 para mais detalhes.

O Teorema 7.1.3 dá informação útil. Seja **K** a classe dos corpos. Graças ao Exemplo 1, já sabemos que a classe dos corpos e.f. é axiomatizável em primeira ordem. É fato bem conhecido de álgebra que **K** tem a propriedade da amalgamação. Disso facilmente concluimos que a classe dos domínios integrais também tem a propriedade da amalgamação (tomando-se corpos de frações). Mas na assinatura dos anéis, uma subestrutura de um corpo é a mesma coisa que um domínio integral. Daí temos o seguinte:

Corolário 7.1.4.   *Seja T a teoria dos corpos algebricamente fechados. Então T tem eliminação de quantificadores.*

Demonstração.   Pelo Teorema 7.1.3, o argumento acima mostra que toda fórmula $\exists_1$ é equivalente módulo T a uma fórmula livre-de-quantificador. Isso basta, pelo Lema 2.3.1. $\square$

Voltaremos a aplicações do Teorema 7.1.3 nas seções 7.2 e 7.4 adiante.

Exercícios para a seção 7.1

1. Seja L uma assinatura com apenas um número finito de símbolos, e **J** um conjunto no máximo contável de L-estruturas finitas (Obs.: não simplesmente finitamente geradas) que tem HP, JEP e AP. Seja **K** a classe de L-estruturas cuja idade é $\subseteq$ **J**. Se C é uma estrutura finita ou contável que pertence a **K**, mostre que C é existencialmente fechada em **K** se e somente se C é o limite de Fraïssé de **J**.

2. Mostre que existe uma única ordenação linear e.f. contável, a saber a ordenação dos racionais.

3. Mostre que (a) um domínio integral e.f. é a mesma coisa que um corpo e.f., (b) um corpo e.f. nunca é um anel comutativo e.f.

4. Mostre que se A é um grupo abeliano e.f., então A é divisível e tem um número infinito de parcelas de soma direta p-ária para cada p primo. [Não tente demonstrar que existem um número infinito de parcelas de soma direta sem torsão – é falso!]

5. Dê um exemplo de uma teoria de primeira ordem com modelos e.f., onde existem modelos e.f. que satisfazem diferentes sentenças livres-de-quantificador. [Tente a teoria dos corpos.]

6. Seja T a teoria $\forall x \neg (\exists y\, Rxy \wedge \exists y\, Ryx)$. Descreva os modelos e.f. de T. Dê um exemplo de uma fórmula $\exists_1$ de primeira ordem que não é equivalente a uma fórmula livre-de-quantificador

em modelos e.f. de T.

Dizemos que uma classe **K** *tem* **amalgamação sobre estruturas não-vazias** *se a propriedade de amalgamação se verifica sempre que as estruturas envolvidas são todas não-vazias.*
7. No Teorema 7.1.3, suponha que enfraquecêssemos a suposição da AP para amalgamação sobre estruturas não-vazias. Mostre que a conclusão ainda se verifica, desde que exigíssemos que ϕ tivesse ao menos uma variável livre.

O exemplo seguinte é aberrante, mas incluo-o aqui para evitar conjecturas descuidadas.
8. Seja T a aritmética completa de primeira ordem, i.e. a teoria de primeira ordem dos números naturais com símbolos 0, 1, $+$, $\cdot$. Mostre que os números naturais formam um modelo e.f. de T.

9. Usando argumentos puramente algébricos, mostre que a equivalência entre (1.3) acima e a seguinte forma do *Nullstellensatz* de Hilbert. Suponha que A seja um corpo algebricamente fechado, I é um ideal no anel de polinômio $A[x_0, \ldots, x_{n-1}]$ e $p(x_0, \ldots, x_{n-1})$ é um polinômio $\in A[x_0, \ldots, x_{n-1}]$ tal que para toda upla $\bar{a}$ em A, se $q(\bar{a}) = 0$ para todo $q \in I$ então $p(\bar{a}) = 0$. Então para algum inteiro positivo k, $p^k \in I$. [$\Rightarrow$: senão, existe um ideal primo P de $A[x_0, \ldots, x_{n-1}]$ que contém I e não contém p; considere o corpo de frações do domínio integral $A[x_0, \ldots, x_{n-1}]/P$. $\Leftarrow$: use Rabinowitsch para eliminar as inequações, e transforme as equações em geradores de um ideal I de $A[x_0, \ldots, x_{n-1}]$; se as equações não têm solução em A então não existe $\bar{a}$ em A tal que $q(\bar{a}) = 0$ para todo $q \in I$.]

7.2 Construindo estruturas e.f.

Nesta seção descrevemos uma maneira de encontrar estruturas e.f. Ela é baseada na demonstração de Steinitz de que todo corpo tem uma extensão algebricamente fechada.

Seja L uma assinatura e **K** uma classe de L-estruturas. Dizemos que **K** é **indutiva** se (1) **K** é fechada sob a operação de tomar uniões de cadeias, e (2) (em nome da clareza e da limpeza) toda estrutura isomorfa a uma estrutura em **K** também pertence a **K**.

Por exemplo se T é uma teoria $\forall_2$ de primeira ordem em L e **K** é a classe de todos os modelos de T, então o Teorema 2.4.4 diz que **K** é indutiva. Por conseguinte a classe de todos os grupos é indutiva, assim como a classe de todos os corpos.

Propriedades locais nos dão alguns exemplos mais. Seja π uma propriedade estrutural que uma L-estrutura pode ter. Dizemos que uma L-estrutura A **tem** π **localmente** se todas as subestruturas de A finitamente geradas têm propriedade π. Então a classe de todas as L-estruturas que têm π localmente é uma classe indutiva. Daí por exemplo uma estrutura é **localmente finita** se todas as suas subestruturas finitamente geradas são finitas. A classe de todos os grupos localmente finitos é indutiva. Igualmente a classe de todos os grupos sem elementos de ordem infinita é indutiva. Nenhuma dessas duas classes é axiomatizável em primeira ordem.

Teorema 7.2.1.   *Seja* **K** *uma classe indutiva de L-estruturas e A uma estrutura em* **K**. *Então existe uma estrutura e.f. B em* **K** *tal que* $A \subseteq B$.

Demonstração.   Começamos mostrando um resultado mais fraco: existe uma estrutura A^* em **K** tal que $A \subseteq A^*$, e se $\phi(\bar{x})$ é uma fórmula $\exists_1$ de L, $\bar{a}$ uma upla em A e existe uma estrutura C em **K** tal que $A^* \subseteq C$ e $C \vDash \phi(\bar{a})$, então $A^* \vDash \phi(\bar{a})$.

Enumere da forma $(\phi_i, \bar{a}_i)_{i < \lambda}$ todos os pares $(\phi, \bar{a})$ onde ϕ é uma fórmula $\exists_1$ de L e $\bar{a}$ é uma upla em A. Por indução sobre i, defina uma cadeia de estruturas $(A_i : i \leqslant \lambda)$ em **K** da seguinte forma

(2.1) $A_0 = A,$

(2.2)   quando δ é um ordinal limite $\leqslant \lambda$, $A_\delta = \bigcup_{i < \delta} A_i,$

(2.3) $A_{i+1} = \begin{cases} \text{alguma estrutura } C \text{ em } \mathbf{K} \text{ tal que } A_i \subseteq C \\ \quad \text{e } C \vDash \phi_i(\bar{a}_i), \text{ se existe tal estrutura } C, \\ A_i \text{ caso contrário.} \end{cases}$

Faça $A^* = A_\lambda$. Para mostrar que A^* é tal qual desejávamos, tome uma fórmula $\exists_1$ qualquer $\phi(\bar{x})$ de L e uma upla qualquer $\bar{a}$ de elementos de A. Então $(\phi, \bar{a})$ é $(\phi_i, \bar{a}_i)$ para algum $i < \lambda$. Suponha que C seja uma estrutura que pertence a **K** tal que $A^* \subseteq C$ e $C \vDash \phi(\bar{a})$. Então $A_i \subseteq C$, e portanto $A_{i+1} \vDash \phi(\bar{a})$ pela condição (2.3). Como ϕ é uma fórmula $\exists_1$ e $A_{i+1} \subseteq A^*$, concluimos pelo Teorema 2.4.1 que $A^* \vDash \phi(\bar{a})$.

Agora defina uma cadeia de estruturas $A^{(n)}$ $(n < \omega)$ em **K** da seguinte maneira, por indução sobre n:

(2.4) $A^{(0)} = A,$

(2.5) $A^{(n+1)} = A^{(n)*}.$

Faça $B = \bigcup_{n < \omega} A^{(n)}$. Então B pertence a **K** pois **K** é indutiva, e certamente $A \subseteq B$. Suponha que $\phi(\bar{x})$ seja uma fórmula $\exists_1$ de L e que $\bar{a}$ é uma upla de elementos de B, tal que $C \vDash \phi(\bar{a})$ para alguma estrutura C que pertença a **K** e que estenda B. Como $\bar{a}$ é finita, ela pertence a $A^{(n)}$ para algum $n < \omega$. Daí $A^{(n+1)} \vDash \phi(\bar{a})$ pois $A^{(n+1)}$ é $A^{(n)*}$. Mas ϕ é uma fórmula $\exists_1$ e $A^{(n+1)} \subseteq B$, de tal forma que novamente segue que $B \vDash \phi(\bar{a})$. $\square$

Frequentemente podemos dizer mais sobre o tamanho da estrutura e.f.

Corolário 7.2.2.   *Seja* **K** *uma classe indutiva, A uma estrutura em* **K** *e λ um cardinal infinito $\geqslant |A|$. Suponha também que para toda estrutura C em* **K** *e todo conjunto*

X *de* $\leqslant \lambda$ *elementos de* C, *exista uma estrutura* B *em* **K** *tal que* $X \subseteq \mathrm{dom}(B)$, $B \preccurlyeq C$ *e* $|B| \leqslant \lambda$. *(Por exemplo, suponha que* **K** *seja a classe de todos os modelos de alguma teoria* $\forall_2$ *em uma linguagem de primeira ordem de cardinalidade* $\leqslant \lambda$.*) Então existe uma estrutura e.f.* B *em* **K** *tal que* $A \subseteq B$ *e* $|B| \leqslant \lambda$.

Demonstração. Contando o número de pares $(\phi, \bar{a})$, chegamos à conclusão que podemos usar λ como o cardinal λ na demonstração do teorema. Na definição (2.3) daquela demonstração, escolha cada estrutura A_{i+1} de tal forma que ela tenha cardinalidade $\leqslant \lambda$. Por exemplo se existe uma estrutura C em **K** tal que $A_i \subseteq C$ e $C \vDash \phi_i(\bar{a}_i)$, escolha A_{i+1} em **K** tal que $A_{i+1} \preccurlyeq C$, $\mathrm{dom}(A_i) \subseteq \mathrm{dom}(A_{i+1})$ e $|A_{i+1}| \leqslant \lambda$. Então $A_i \subseteq A_{i+1}$ e $A_{i+1} \vDash \phi_i(\bar{a}_i)$ tal qual se desejava. Com essas escolhas, A^* também tem cardinalidade $\leqslant \lambda$, e o mesmo acontece com B no teorema. $\square$

Modelos e.f. de teorias de primeira ordem

O Teorema 7.2.1 e seu corolário esgotam, até certo ponto, o que se pode dizer sobre estruturas e.f. em classes indutivas arbitrárias. Portanto para o resto desta seção vamos nos voltar para o caso mais interessante, a saber os modelos e.f. de uma teoria $\forall_2$ de primeira ordem T.

Na seção 5.4, $T_\forall$ foi definida como sendo o conjunto de todas as $\forall_1$-sentenças ϕ de L tais que $T \vdash \phi$. Pelo Corolário 5.4.3, todo modelo de $T_\forall$ pode ser estendido a um modelo de T.

Corolário 7.2.3. *Seja* L *uma linguagem de primeira ordem,* T *uma teoria* $\forall_2$ *em* L *e* A *um modelo infinito de* $T_\forall$. *Então existe um modelo e.f.* B *de* T *tal que* $A \subseteq B$ *e* $|B| = \max(|A|, |L|)$.

Demonstração. Pelo Corolário 5.4.3 existe um modelo C de T tal que $A \subseteq C$. Pelo teorema de Löwenheim–Skolem de-cima-para-baixo podemos tomar C como sendo de cardinalidade $\max(|A|, |L|)$. O resto segue do Corolário 7.2.2. $\square$

Há uma grande quantidade de informação sobre modelos e.f. de teorias $\forall_2$ de primeira ordem. Nosso próximo resultado nos leva direto ao âmago desses modelos. Ele diz que em tal modelo, nenhuma fórmula $\exists_1$ chega a ser falsa a menos que alguma fórmula $\exists_1$ que é verdadeira a obrigue a ser.

Teorema 7.2.4. *Seja* L *uma linguagem de primeira ordem,* T *uma teoria* $\forall_2$ *em* L *e* A *um modelo de* T. *Então as seguintes condições são equivalentes.*

(a) A *é um modelo e.f. de* T.

(b) A é um modelo de $T_\forall$, e para toda $\exists_1$-fórmula $\phi(\bar{x})$ de L e toda upla $\bar{a}$ de A, se $A \vDash \neg\phi(\bar{a})$ então existe uma $\exists_1$-fórmula $\chi(\bar{x})$ de L tal que $A \vDash \chi(\bar{a})$ e $T \vdash \forall\bar{x}(\chi \to \neg\phi)$.

(c) A é um modelo e.f. de $T_\forall$.

Demonstração. (a) $\Rightarrow$ (b). Assuma (a). Então certamente A é um modelo de $T_\forall$. Suponha que $\phi(\bar{x})$ seja uma fórmula $\exists_1$ de L e $\bar{a}$ uma upla em A tal que $A \vDash \neg\phi(\bar{a})$. Então, como A é um modelo e.f. de T, segue que não existe modelo C de T tal que $A \subseteq C$ e $C \vDash \phi(\bar{a})$. Acrescente novas constantes $\bar{c}$ à linguagem para servir de nomes para os elementos de $\bar{a}$. Como não existe modelo C tal qual descrito, o lema do diagrama (Lema 1.4.2) nos diz que a teoria

(2.6) $\text{diag}(A) \cup T \cup \{\phi(\bar{c})\}$

não tem modelo. Logo, pelo teorema da compacidade (Teorema 5.1.1) existem uma upla $\bar{d}$ de elementos distintos de A e uma fórmula livre-de-quantificador $\theta(\bar{x}, \bar{y})$ de L tal que $A \vDash \theta(\bar{c}, \bar{d})$ e

(2.7) $T \vdash \theta(\bar{c}, \bar{d}) \to \neg\phi(\bar{c})$.

Agora use o lema das constantes (Lema 2.3.2), observando que mesmo se a upla $\bar{a}$ contiver repetições, tivemos a preocupação de introduzir uma upla $\bar{c}$ de constantes distintas. O resultado é que $T \vdash \forall\bar{x}(\exists\bar{y}\,\theta(\bar{x}, \bar{y}) \to \neg\phi(\bar{x}))$. Para chegar a (b), ponha χ como $\exists\bar{y}\,\theta$.

(b) $\Rightarrow$ (c). Assuma (b). Então A é um modelo de $T_\forall$. Suponha que $\phi(\bar{x})$ seja uma fórmula $\exists_1$ de L e que $\bar{a}$ seja uma upla em A tal que para algum modelo C de $T_\forall$, $A \subseteq C$ e $C \vDash \phi(\bar{a})$. Temos que mostrar que $A \vDash \phi(\bar{a})$. Caso contrário, pela hipótese (b) existe uma $\exists_1$-fórmula $\chi(\bar{x})$ de L tal que $A \vDash \chi(\bar{a})$ e $T \vdash \forall\bar{x}(\chi \to \neg\phi)$. Como χ é $\exists_1$ e $A \subseteq C$, temos que $C \vDash \chi(\bar{a})$. A sentença $\forall\bar{x}(\chi \to \neg\phi)$ é $\forall_1$ (após alguns rearranjos triviais), e portanto pertence a $T_\forall$. Como C é um modelo de $T_\forall$, concluímos que $C \vDash \neg\phi(\bar{a})$; contradição.

(c) $\Rightarrow$ (a). Assuma (c). Primeiro temos que mostrar que A é um modelo de T. Como T é uma teoria $\forall_2$, uma sentença típica em T pode ser escrita da forma $\forall\bar{x}\exists\bar{y}\,\psi(\bar{x}, \bar{y})$ com ψ livre-de-quantificador. Seja $\bar{a}$ uma upla qualquer em A; temos que mostrar que $A \vDash \exists\bar{y}\,\psi(\bar{a}, \bar{y})$. Pelo Corolário 5.4.3, como $A \vDash T_\forall$ existe um modelo C de T tal que $A \subseteq C$. Então $C \vDash \exists\bar{y}\,\psi(\bar{a}, \bar{y})$, e portanto $A \vDash \exists\bar{y}\,\psi(\bar{a}, \bar{y})$ pois A é um modelo e.f. de $T_\forall$. Por conseguinte A é um modelo de T. Segue facilmente que A é um modelo e.f. de T, pois todo modelo de T estendendo A é na verdade um modelo de $T_\forall$ também. $\square$

Resultantes

Quais sistemas de equações e inequações sobre A podem ser resolvidos em alguma extensão de A? Nosso próximo lema responde essa questão, pelo menos em termos gerais. É claro que, para tipos específicos de estruturas (corpos, grupos, etc.) tem-se que trabalhar mais para se obter uma resposta específica.

Seja T uma teoria $\forall_2$ em uma linguagem L de primeira ordem, e $\phi(\bar{x})$ uma fórmula $\exists_1$ de L. Escrevemos $\mathrm{Res}_\phi(\bar{x})$ para designar o conjunto de todas as $\forall_1$-fórmulas $\psi(\bar{x})$ de L tais que $T \vdash \forall \bar{x}(\phi \to \psi)$. O conjunto Res_ϕ é chamado de **resultante** de ϕ.

Lema 7.2.5. *Seja L uma linguagem de primeira ordem, T uma teoria $\forall_2$ em L e A uma L-estrutura. Suponha que $\phi(\bar{x})$ seja uma fórmula $\exists_1$ de L e $\bar{a}$ uma upla de A. Então as seguintes condições são equivalentes.*
(a) *Existe um modelo B de T tal que $A \subseteq B$ e $B \vDash \phi(\bar{a})$.*
(b) $A \vDash \bigwedge \mathrm{Res}_\phi(\bar{a})$.

Demonstração. (a) $\Rightarrow$ (b). Suponha que (a) se verifique, e suponha que $\psi(\bar{x})$ seja uma fórmula em Res_ϕ. Então $B \vDash \psi(\bar{a})$ pois B é um modelo de T. Mas ψ é uma fórmula $\forall_1$ e $A \subseteq B$, portanto $A \vDash \psi(\bar{a})$.

(b) $\Rightarrow$ (a). Assumindo que (a) falha, vamos contradizer (b). Introduza uma upla $\bar{c}$ de novas constantes distintas para nomear os elementos $\bar{a}$. O lema do diagrama (Lema 1.4.2) nos diz que se (a) falha, então a seguinte teoria não tem modelo:

$$(2.8) \qquad T \cup \mathrm{diag}(A) \cup \{\phi(\bar{c})\}.$$

Portanto pelo teorema da compacidade existem uma fórmula livre-de-quantificador $\theta(\bar{x}, \bar{y})$ de L e elementos distintos $\bar{d}$ de A tais que $A \vDash \theta(\bar{a}, \bar{d})$ e

$$(2.9) \qquad T \vdash \phi(\bar{c}) \to \neg\theta(\bar{c}, \bar{d}).$$

Aplicando o lema das constantes (Lema 2.3.2), encontramos

$$(2.10) \qquad T \vdash \forall \bar{x}(\phi \to \forall \bar{y}\, \neg\theta)$$

de tal forma que $\forall \bar{y}\, \neg\theta$ é uma fórmula em Res_ϕ. Mas isso contradiz (b), pois $A \vDash \exists \bar{y}\, \theta(\bar{a}, \bar{y})$. $\qquad\qquad \square$

A fórmula $\bigwedge \mathrm{Res}_\phi(\bar{x})$ no item (b) do lema é geralmente uma fórmula infinitária. O exemplo a seguir é típico.

Exemplo 1: *Elementos nilpotentes em anéis comutativos*. Seja A um anel comutativo e a um elemento de A. Quando é que existe um anel comutativo $B \supseteq A$ contendo um elemento não-nulo idempotente b (i.e. $b^2 = b$) que é divisível por a? Em outras palavras, quando é que A pode ser estendido para um anel comutativo B no qual a fórmula $\exists z\, (az \neq 0 \wedge (az)^2 = az)$ é verdadeira? A resposta é que existe um tal anel B se e somente se a não é nilpotente (i.e. se e somente se não existe $n < \omega$ tal que $a^n = 0$). Numa direção, se $ab \neq 0$ e $(ab)^2 = ab$, então para todo inteiro positivo n, $0 \neq (ab)^n = a^n b^n$ e portanto $a^n \neq 0$. Na outra direção, se a não é nilpotente, considere o anel $A[x]/I$ onde I é o ideal gerado por $a^2 x^2 - ax$. Para mostrar que $A[x]/I$ servirá como o tal B com x/I como b, precisamos garantir que I não contém ax nem qualquer elemento não-nulo de A. Suponha por exemplo que

$$(2.11) \qquad\qquad ax = \left(\sum_{i<n} c_i x^i\right)(a^2 x^2 - ax).$$

Distribuindo a multiplicação, obtemos $(-c_0 a - 1)x + \sum_{2 \leqslant i \leqslant n+1}(c_{i-2}a^2 - c_{i-1}a)x^i + c_n a^2 x^{n+2} = 0$. Disso obtemos

$$(2.12) \qquad c_0 a = -1,\, c_{i-2}a^2 = c_{i-1}a\; (2 \leqslant i \leqslant n+1),\, c_n a^2 = 0.$$

Então $0 = c_n a^2 = c_{n-1}a^3 = \ldots = c_0 a^{n+2} = -a^{n+1}$, contradição. O argumento para mostrar que $A \cap I = \{0\}$ é semelhante porém mais fácil.

Portanto, em anéis comutativos o resultante da fórmula $\exists z(xz \neq 0 \wedge (xz)^2 = xz)$ é um conjunto de fórmulas $\forall_1$ que é equivalente (módulo a teoria de anéis comutativos) ao conjunto $\{x^n \neq 0 : n > \omega\}$. Não haverá problema algum em identificarmos o resultante com esse conjunto, ou com a fórmula infinitária $\bigwedge_{n<\omega} x^n \neq 0$.

Teorema 7.2.6. *Seja L uma linguagem de primeira ordem, T uma teoria $\forall_2$ em L e A um modelo de T. As seguintes condições são equivalentes.*
(a) *A é um modelo e.f. de T.*
(b) *Para toda $\exists_1$-fórmula $\phi(\bar{x})$ de L, $A \models \forall\bar{x}(\phi(\bar{x}) \leftrightarrow \bigwedge \mathrm{Res}_\phi(\bar{x}))$.*

Demonstração. Pela definição de Res_ϕ, todo modelo de T satisfaz a implicação $\forall\bar{x}(\phi(\bar{x}) \rightarrow \bigwedge \mathrm{Res}_\phi(\bar{x}))$. A implicação na outra direção é apenas uma reescrita da cláusula (b) no Teorema 7.2.4. $\square$

Exemplo 1: *continuação*. Pelo teorema, se A é um anel comutativo e.f., então um elemento de A é nilpotente se e somente ele não divide qualquer elemento não-nulo idempotente. Segue que a condição 'x é nilpotente' pode ser expressa em A por uma fórmula *de primeira ordem*, e além do mais a mesma fórmula de primeira ordem funciona para qualquer outro anel comutativo e.f. Essa condição não é de primeira ordem para anéis comutativos em geral (veja Exercício 10).

As formas de resultantes são intimamente relacionadas a outras propriedades da teoria T, como atesta o próximo teorema. Dizemos que uma teoria T tem a **propriedade da amalgamação** (AP) se a classe de modelos de T tem AP (cf. seção 6.1).

Teorema 7.2.7. *Seja T uma teoria $\forall_2$ em uma linguagem de primeira ordem L. Então as seguintes condições são equivalentes.*

(a) $T_\forall$ *tem a propriedade de amalgamação.*

(b) *Para toda $\exists_1$-fórmula $\phi(\bar{x})$ de L, Res_ϕ é equivalente módulo T a um conjunto $\Phi(\bar{x})$ de fórmulas livres-de-quantificador de L.*

Demonstração. A direção (a) $\Rightarrow$ (b) segue do Exercício 13 e Teorema 7.1.3. Na outra direção, assuma (b) e suponha que A, B e C sejam modelos de $T_\forall$ e que A seja uma subestrutura de ambas B e C. Podemos estender B e C para modelos e.f. de T; chame-os de B' e C' respectivamente. Suponha que $\phi(\bar{x})$ seja uma fórmula $\exists_1$ de L e que $\bar{a}$ seja uma upla em A tal que $C \models \phi(\bar{a})$. Então, $A \models \bigwedge \mathrm{Res}_\phi(\bar{a})$, e portanto $B' \models \bigwedge \mathrm{Res}_\phi(\bar{a})$ pois Res_ϕ é livre-de-quantificador. Então $B' \models \phi(\bar{a})$, e o teorema da amalgamação existencial (Teorema 5.4.1) faz o resto. $\qquad\square$

Exercícios para a seção 7.2

1. Se $\mathbf{K}$ é uma classe indutiva de L-estruturas, e $\mathbf{J}$ é a classe de estruturas e.f. em $\mathbf{K}$, mostre que $\mathbf{J}$ é fechada sob uniões de cadeias.

2. Um **espaço quase-linear** é uma estrutura com dois tipos de elementos, 'pontos' e 'retas', e uma relação binária simétrica de 'incidência' relacionando pontos e retas de tal forma que (i) qualquer reta é incidente a pelo menos dois pontos, e (ii) quaisquer dois pontos distintos são incidentes a no máximo uma linha. O espaço quase-linear é um **plano projetivo** se (ii$'$) quaisquer dois pontos distintos são incidentes a exatamente uma reta, e além do mais (iii) quaisquer duas retas distintas são incidentes a pelo menos um ponto, e (iv) existe um conjunto de quatro pontos, de modo que nenhuma tripla dos quais reúne três pontos todos incidentes a uma reta. (a) Mostre que a classe de espaços quase-lineares é indutiva. (b) Mostre que todo espaço quase-linear e.f. é um plano projetivo. (c) Deduza que todo espaço quase-linear pode ser imerso em um plano projetivo.

3. Mostre que no Teorema 7.2.4(b) podemos substituir '$\exists_1$' por 'primitiva' (duas vezes).

4. Seja L uma linguagem de primeira ordem e T uma teoria $\forall_2$ em L. (a) Mostre que se B é um modelo de T e $A \preccurlyeq_1 B$, então A é um modelo de T. (b) Mostre que se B é um modelo e.f. de T e $A \preccurlyeq_1 B$, então A é um modelo e.f. de T.

5. Seja L uma linguagem de primeira ordem, T uma teoria $\forall_2$ em L e A uma L-estrutura. Mostre que as seguintes condições são equivalentes. (a) A é um modelo e.f. de T; (b) A é um

modelo de $T_\forall$, e para todo modelo C de T tal que $A \subseteq C$, temos $A \preccurlyeq_1 C$. (c) Para algum modelo B de T, $A \preccurlyeq_1 B$.

6. Seja L uma linguagem contável de primeira ordem e T uma teoria $\forall_2$ em L. Mostre que existe uma sentença ϕ de $L_{\omega_1 \omega}$ tal que os modelos de ϕ são exatamente os modelos e.f. de T.

7. Seja L uma linguagem de primeira ordem e T uma teoria $\forall_2$ em L. (a) Mostre que se A é um modelo e.f. de T e B é um modelo de T com $A \subseteq B$, então para toda $\forall_2$-fórmula $\phi(\bar{x})$ de L e toda upla $\bar{a}$ em A, se $B \vDash \phi(\bar{a})$ então $A \vDash \phi(\bar{a})$. (b) Mostre que se B em (a) também é um modelo e.f. de T então o mesmo se verifica com $\forall_3$ no lugar de $\forall_2$.

8. Seja L uma linguagem de primeira ordem e U uma teoria $\forall_2$ em L. Mostre que entre as $\forall_2$-teorias T em L tais que $T_\forall = U_\forall$, existe uma única maximal sob a ordenação $\subseteq$. Escrevendo U_0 para essa T maximal, mostre que U_0 é o conjunto daquelas sentenças $\forall_2$ de L que são verdadeiras em todo modelo e.f. de U. (U_0 é conhecida como a **envoltória de Kaiser** de U.)

Um modelo A de uma teoria T é dito **simples** *se para todo homomorfismo* $h : A \to B$ *com B um modelo de T, ou h é uma imersão ou h é uma função constante. É sabido que todo grupo pode ser imerso em um grupo simples.*

9. Seja L uma linguagem de primeira ordem (não necessariamente contável) e T uma teoria $\forall_2$ em L. (a) Mostre que se todo modelo de T é imersível em um modelo simples, então todo modelo e.f. de T é simples. [Suponha que A seja um modelo e.f. e que o homomorfismo $h : A \to B$ seja um contraexemplo para a conclusão. Por hipótese A se estende a um modelo simples C. Agora use o Teorema 5.4.7 para encontrar um homomorfismo contradizendo a simplicidade de C.] (b) Deduza que todo grupo e.f. é simples.

10. Em anéis comutativos, escreva $(*)$ para a condição 'Para cada inteiro positivo n, existe um elemento a tal que $a^n = 0$ porém $a^i \neq 0$ para todo $i < n$'. (a) Mostre que se A é um anel comutativo no qual $(*)$ se verifica, e $\phi(x)$ é uma fórmula qualquer (talvez com parâmetros de A) tal que $\phi(A)$ é o conjunto de elementos nilpotentes em A, então A tem uma extensão elementar na qual algum elemento não-nilpotente satisfaz ϕ. (b) Iterando (a) para formar uma cadeia elementar, mostre que existe um anel comutativo no qual o conjunto dos elementos nilpotentes não é definível em primeira ordem com parâmetros. (c) Mostre que todo anel comutativo e.f. satisfaz $(*)$.

11. Seja A um anel comutativo, a um elemento de A e n um inteiro positivo. Mostre que as seguintes condições são equivalentes. (a) Para todo elemento b de A, se $ba^{n+1} = 0$ então $ba^n = 0$. (b) Existe um anel comutativo B que estende A e contém um elemento b tal que $(a^2 b - a)^n = 0$.

12. Mostre que a propriedade de amalgamação falha para a classe dos anéis comutativos sem nilpotentes não-zero. [Suponha que A seja $\mathbb{Q}[x]$; seja B um corpo contendo A, e suponha que C seja $A[y]/(xy)$. Um divisor e zero não pode nunca ser amalgamado com um elemento inversível.]

O próximo exercício é um inverso parcial do Teorema 7.2.6.

13. Seja T uma teoria $\forall_2$ em uma linguagem de primeira ordem L. Suponha que $\phi(\bar{x})$ seja uma fórmula $\exists_1$ de L, e que $\chi(\bar{x})$ seja uma fórmula livre-de-quantificador de $L_{\infty\omega}$ tal que para todo modelo e.f. A de T, $A \vDash \forall\bar{x}(\phi \leftrightarrow \chi)$. Mostre que χ é equivalente a Res_ϕ módulo T, e que portanto Res_ϕ é equivalente módulo T a um conjunto de fórmulas livres-de-quantificador de L.

7.3 Modelo-completude

No início dos anos 1950 Abraham Robinson notou que certas funções estudadas por algebristas são na verdade imersões. Se você escolher uma função aleatoriamente, as chances de que ela seja uma imersão elementar são desprezíveis. Daí Robinson chegou à conclusão que deveria haver uma razão sistemática para a aparição dessas imersões elementares, e então procurou encontrar qual era essa razão. No curso de sua investigação ele introduziu as noções de teorias modelo-completas, teorias companheiráveis e companheiras de modelos. Essas noções têm se tornado ferramentas essenciais para a teoria dos modelos da álgebra. Nesta seção vamos examiná-las.

Modelo-completude

Na seção 2.6 definimos uma teoria T numa linguagem de primeira ordem L como sendo **modelo-completa** se toda imersão entre L-estruturas que são modelos elementares de T é elementar.

Teorema 7.3.1. *Seja T uma teoria em uma linguagem de primeira ordem L. As seguintes condições são equivalentes.*

(a) *T é modelo-completa.*

(b) *Todo modelo de T é um modelo e.f. de T.*

(c) *Se L-estruturas A, B são modelos de T e $e : A \to B$ é uma imersão então existem uma extensão elementar D de A e uma imersão $g : B \to D$ tais que ge é a identidade sobre A.*

(d) *Se $\phi(\bar{x}, \bar{y})$ é uma fórmula de L que é uma conjunção de literais, então $\exists\bar{y}\,\phi$ é equivalente módulo T a uma $\forall_1$-fórmula $\psi(\bar{x})$ de L.*

(e) *Toda fórmula $\phi(\bar{x})$ de L é equivalente módulo T a uma $\forall_1$-fórmula $\psi(\bar{x})$ de L.*

Demonstração. (a) $\Rightarrow$ (b) é imediato da definição de modelo e.f.

(b) $\Rightarrow$ (c). Assuma (b). Seja $e : A \to B$ uma imersão entre modelos de T, e suponha que $\bar{a}$ seja uma sequência listando todos os elementos de A. Então $(B, e\bar{a}) \Rightarrow_1 (A, \bar{a})$ pois A é um modelo e.f. de T. (Veja seção 5.4 sobre a noção

$\Rightarrow_1$.) A conclusão de (c) segue pelo teorema de amalgamação existencial, Teorema 5.4.1.

(c) $\Rightarrow$ (d). Primeiro afirmamos que se (c) se verifica, então toda imersão entre modelos de T preserva fórmulas $\forall_1$ de L. Pois se $e : A \to B$ é uma tal imersão, $\bar{a}$ pertence a A e $\phi(\bar{x})$ é uma fórmula $\forall_1$ de L tal que $A \vDash \phi(\bar{a})$, então tomando D e g como no item (c) temos $D \vDash \phi(ge\bar{a})$ e portanto $B \vDash \phi(e\bar{a})$ pois ϕ é uma fórmula $\forall_1$. Isso prova a afirmação. Segue pelo Corolário 5.4.5, tomando negações, que toda $\exists_1$-fórmula $\phi(\bar{x})$ de L é equivalente módulo T a uma fórmula $\psi(\bar{x})$ de L; daí, (d) se verifica.

(d) $\Rightarrow$ (e). Assuma (d), e suponha que $\phi(\bar{x})$ seja uma fórmula qualquer de L; podemos assumir que ϕ está na forma prenex, digamos tal qual $\exists \bar{x}_0 \forall \bar{x}_1 \ldots \forall \bar{x}_{n-2}$ $\exists \bar{x}_{n-1} \theta_n(\bar{x}_0, \bar{x}_1, \ldots, \bar{x}_{n-1}, \bar{x})$ onde θ_n é livre-de-quantificador. Pelo item (d), $\exists \bar{x}_{n-1} \theta_n(\bar{x}_0, \bar{x}_1, \ldots, \bar{x}_{n-1}, \bar{x})$ é equivalente módulo T a uma fórmula $\forall \bar{z}_{n-1}$ $\theta_{n-1}(\bar{x}_0, \bar{x}_1, \ldots, \bar{x}_{n-2}, \bar{z}_{n-1}, \bar{x})$ com θ_{n-1} livre-de-quantificador, e portanto ϕ é equivalente a $\exists \bar{x}_0 \forall \bar{x}_1 \ldots \forall \bar{x}_{n-2} \bar{z}_{n-1} \theta_{n-1}(\bar{x}_0, \bar{x}_1, \ldots, \bar{x}_{n-2}, \bar{z}_{n-1}, \bar{x})$. Novamente pelo item (d), tomando negações, a fórmula $\forall \bar{x}_{n-2} \bar{z}_{n-1} \theta_{n-1}(\bar{x}_0, \bar{x}_1, \ldots, \bar{x}_{n-2}, \bar{z}_{n-1}, \bar{x})$ é equivalente módulo T a uma fórmula $\exists \bar{z}_{n-2} \theta_{n-2}(\bar{x}_0, \bar{x}_1, \ldots, \bar{z}_{n-2}, \bar{x})$ com θ_{n-2} livre-de-quantificador, de modo que ϕ é equivalente módulo T a $\exists \bar{x}_0 \forall \bar{x}_1 \ldots \exists \bar{x}_{n-3} \bar{z}_{n-2} \theta_{n-2}(\bar{x}_0, \bar{x}_1, \ldots, \bar{z}_{n-2}, \bar{x})$. Depois de n passos nesse estilo, todos os quantificadores terão sido reunidos em um quantificador universal $\forall \bar{z}_0$.

(e) $\Rightarrow$ (a) segue do fato (Corolário 2.4.2(a)) que fórmulas $\forall_1$ são preservadas em subestruturas. $\square$

Corolário 7.3.2 (Teste de Robinson).   *Para a teoria de primeira ordem T ser modelo-completa, é necessário e suficiente que se A e B são dois modelos quaisquer de T com $A \subseteq B$ então $A \preccurlyeq_1 B$.*

Demonstração.   Isto é um re-enunciado do item (b) do teorema. $\square$

O próximo fato é elementar, mas deve ser mencionado.

Teorema 7.3.3.   *Seja T uma teoria modelo-completa em uma linguagem de primeira ordem L. Então T é equivalente a uma teoria $\forall_2$ em L.*

Demonstração.   Toda cadeia de modelos de T é elementar, e portanto sua união é um modelo de T pelo Teorema 2.5.2. Logo T é equivalente a uma teoria $\forall_2$ pelo teorema de Chang–Łoś–Susko, Teorema 5.4.9. $\square$

Maneiras de provar modelo-completude

Como se mostra na prática que uma teoria é modelo-completa? Não é uma propriedade que pode ser checada por inspeção; trabalho matemático sério pode estar envolvido.

Um método já está à disposição. Seja L uma linguagem de primeira ordem e T uma teoria em L. Dizemos que T **tem eliminação de quantificadores** se para toda fórmula $\phi(\bar{x})$ de L existe uma fórmula livre-de-quantificador $\phi^*(\bar{x})$ de L que é equivalente a ϕ módulo T. Toda fórmula livre-de-quantificador é uma fórmula $\forall_1$. Logo pela condição (e) no Teorema 7.3.1, *toda teoria com eliminação de quantificadores é modelo-completa*.

Essa observação nos dá um bocado de exemplos, graças à técnica de eliminação de quantificadores da seção 2.7 acima. Portanto a teoria dos espaços vetoriais infinitos sobre um corpo fixo é modelo-completa (Exercício 2.7.9); o mesmo acontece com a teoria dos corpos real-fechados na linguagem dos corpos ordenados (Teorema 2.7.2); idem para a teoria das ordenações lineares densas sem extremos (Teorema 2.7.1).

Esse método está à disposição, mas é também bem pesado. Entretanto, existem outros métodos. Um dos mais simples – quando se aplica – é a abordagem de Per Lindström. Recordemos que uma teoria é λ-**categórica** se ela tem modelos de cardinalidade λ e todos os seus modelos de cardinalidade λ são isomorfos.

Teorema 7.3.4. *(Teste de Lindström).* *Seja L uma linguagem de primeira ordem e T uma teoria $\forall_2$ em L que não tem modelos finitos. Se T é λ-categórica para algum cardinal $\lambda \geqslant |L|$ então T é modelo-completa.*

Demonstração. Usamos o teste de Robinson. Suponha que $\lambda \geqslant |L|$ e que T seja λ-categórica, e, por contradição, assuma que T tem modelos A e B tais que $A \subseteq B$, porém existem uma $\exists_1$-fórmula $\phi(\bar{x})$ de L e uma upla $\bar{a}$ em A tais que $A \vDash \neg\phi(\bar{a})$ e $B \vDash \phi(\bar{a})$. Estenda L para uma linguagem L^+ adicionando um novo símbolo de relação 1-ária P, e expanda B para uma L^+-estrutura B^+ interpretando P como $\mathrm{dom}(A)$. Seja T^+ a teoria $\mathrm{Th}(B^+)$. Note que T^+ contém a sentença

(3.1) $$\exists\bar{x}(P(x_0) \wedge \ldots \wedge P(x_{n-1}) \wedge \phi(\bar{x}) \wedge \neg\phi^P(\bar{x}))$$

pelo teorema da relativização (Teorema 4.2.1).

Como $|L^+| \leqslant \lambda$ e T não tem modelos finitos, um argumento simples usando o teorema da compacidade (veja e.g. Exercício 5.1.10) mostra que T^+ tem um modelo D^+ de cardinalidade λ tal que $|P^{D^+}| = \lambda$. Seja D o reduto $D^+|L$. Como $D^+ \equiv B^+$, existe uma L-estrutura C com domínio P^{D^+} tal que $C \subseteq D$. Usando o teorema da relativização, C é um modelo de T de cardinalidade λ. Mas, pelo Corolário 7.2.3, existe um modelo e.f. de T de cardinalidade λ, e portanto C é um modelo e.f. de T

pois T é λ-categórica. Segue que para toda upla $\bar{c}$ em C, se $D \vDash \phi(\bar{c})$ então $C \vDash \phi(\bar{c})$. Isso contradiz o fato de que D^+ é um modelo de (3.1).   □

Por exemplo, a teoria das ordenações lineares densas sem extremos ((2.32) na seção 2.2) é $\forall_2$ por inspeção e ω-categórica pelo Exemplo 3 na seção 3.2. Portanto, pelo teste de Lindström, ela é modelo-completa.

Completude

Uma prova de modelo-completude pode às vezes ser o primeiro passo de uma prova de completude.

Seja L uma linguagem de primeira ordem e T uma teoria em L. Dizemos que um modelo A de T é um modelo **algebricamente primo** se A é imersível em todo modelo de T. (Abraham Robinson dizia simplesmente 'primo', mas essa terminologia entra em conflito com a noção de um modelo primo em teoria da estabilidade.)

Teorema 7.3.5. *Seja L uma linguagem de primeira ordem e T uma teoria em L. Se T é modelo-completa e tem um modelo algebricamente primo então T é completa.*

Demonstração. Sejam A e B dois modelos quaisquer de T, e C um modelo algebricamente primo de T. Então C é imersível em A e em B. Como A e C são ambos modelos de T e T é modelo-completa, segue que $C \preccurlyeq A$. De forma semelhante, $C \preccurlyeq B$. Segue que $A \equiv C \equiv B$.   □

Os resultados acima não dizem nada se a teoria T é decidível. Mas existe um argumento geral fácil para mostrar que se T é completa e tem um conjunto recursivamente enumerável de axiomas, então T é decidível – simplesmente listamos as consequências de T e esperamos que a sentença relevante ou sua negação apareça (veja Exercício 5.1.14). Deve-se evitar tentar impressionar estudiosos da teoria dos números com esse tipo de algoritmo: trata-se de um algoritmo desafortunadamente ineficiente.

Companheiras de modelo

Seja T uma teoria numa linguagem de primeira ordem L. Dizemos que uma teoria U em L é uma **companheira de modelo** de T se

(3.2) U é modelo-completa,

(3.3)   todo modelo de T tem uma extensão que é um modelo de U,

e

(3.4)   todo modelo de U tem uma extensão que é um modelo de T.

(Pelo Corolário 5.4.3, (3.3) e (3.4) juntas são equivalentes à equação $T_\forall = U_\forall$.) É possível que T não tenha companheira de modelo; caso ela de fato tenha uma, dizemos que T é **companheirável**.

Nosso próximo teorema mostra que companheiras de modelo estão intimamente relacionadas com modelos e.f.

Teorema 7.3.6.   *Seja T uma teoria $\forall_2$ em uma linguagem de primeira ordem L.*

(a) T é companheirável se e somente se a classe de modelos e.f. de T é axiomatizável por uma teoria em L.

(b) Se T é companheirável, então, a menos de equivalência de teorias, sua companheira de modelo é única e é a teoria da classe de modelos e.f. de T.

Demonstração.   Suponha inicialmente que T seja companheirável, com uma companheira de modelo T'. Mostramos que os modelos e.f. de T são precisamente os modelos de T'. Primeiro assuma que A é um modelo de T'. Então pelo Teorema 7.2.1 alguma extensão B de A é um modelo e.f. de T. Como T' é uma companheira de modelo de T, alguma extensão C de B é um modelo de T', e $A \preccurlyeq C$. Se $\phi(\bar{x})$ é uma fórmula $\exists_1$ de L e $\bar{a}$ é uma upla de elementos de A tais que $B \vDash \phi(\bar{a})$, então $C \vDash \phi(\bar{a})$ pois $B \subseteq C$, e portanto $A \vDash \phi(\bar{a})$ pois $A \preccurlyeq C$. Logo $A \preccurlyeq_1 B$, e segue (veja Exercício 7.2.4(b)) que A é um modelo e.f. de T. Reciprocamente, se A é um modelo e.f. de T, então alguma extensão B de A é um modelo de T'. Como T' é equivalente a uma teoria $\forall_2$ (pelo Teorema 7.3.3), facilmente segue que A é um modelo de T' (veja Exercício 7.2.7(a)).

Isso demonstra (b) e a direção da-esquerda-para-a-direita em (a). Para a outra direção em (a), suponha que a classe dos modelos e.f. de T seja a classe de todos os modelos de uma teoria U em L. Então (3.3) e (3.4) se verificam, de modo que $T_\forall = U_\forall$. Como a classe dos modelos e.f. de T é fechada sob uniões de cadeias, podemos assumir pelo teorema de Chang–Łoś–Suszko (Teorema 5.4.9) que U é uma teoria $\forall_2$. Todo modelo A de U é um modelo e.f. de T, e portanto de $T_\forall$ e de U aplicando-se duas vezes o Teorema 7.2.4. Pelo Teorema 7.3.1(a $\Leftrightarrow$ b) segue que U é modelo-completa. Logo U é uma companheira de modelo de T. $\qquad\square$

Corolário 7.3.7.   *Seja L uma linguagem de primeira ordem e T uma teoria $\forall_2$ em L com uma companheira de modelo T^*. Então para toda $\exists_1$-fórmula $\phi(\bar{x})$ de L, o resultante $\mathrm{Res}_\phi(\bar{x})$é equivalente módulo T^* a uma única $\forall_1$-fórmula $\psi(\bar{x})$ de L.*

Demonstração.   Isso segue do teorema anterior e do Teorema 7.2.6. Note que em geral $\mathrm{Res}_\phi(\bar{x})$ não será equivalente a uma única fórmula $\forall_1$ de L módulo T; O

Exercício 12 dá um contra-exemplo.   □

Na prática, verifica-se frequentemente que a maneira mais fácil de mostrar que uma teoria T não é companheirável é mostrar que algum modelo e.f. tem uma extensão elementar que não é e.f. Por exemplo, no Exemplo 1 da seção 7.2 vimos que um elemento de um anel comutativo e.f. é nilpotente se e somente se ele não divide nenhum idempotente não-nulo. Mas o Exercício 7.2.10 mostrou que todo anel comutativo e.f. tem uma extensão elementar onde essa equivalência falha. Logo a propriedade de ser um anel comutativo e.f. não é preservada por extensão elementar, e portanto pelo Teorema 7.3.6 a teoria dos anéis comutativos não é companheirável.

O exemplo clássico de uma companheira de modelo é a teoria dos corpos algebricamente fechados, que é companheira de modelo da teoria dos corpos. (Na verdade ela é a completação de modelo, uma noção mais forte com a qual nos defrontaremos na próxima seção.) Abraham Robinson tinha esperanças de que a noção seria útil para identificar classes de estrutura que fazem o papel de corpos algebricamente fechados em outras áreas da álgebra. Essa esperança deu seu melhor fruto na teoria dos modelos de corpos.

Exercícios para a seção 7.3

1. Mostre que se L é uma linguagem de primeira ordem, T e U são teorias em L, $T \subseteq U$ e T é modelo-completa, então U também é modelo-completa.

2. Mostre que se uma teoria de primeira ordem T é modelo-completa e tem a propriedade da imersão conjunta, então T é completa.

3. Na linguagem de primeira ordem cuja assinatura consiste de um símbolo de função 1-ária F, seja T a teoria que consiste das sentenças $\forall x\, F^n(x) \neq x$ (para todos os inteiros positivos n) e $\forall x \exists_{=1} y\, F(y) = x$. Aplique o teste de Lindström para mostrar que T é modelo-completa.

4. Seja T a teoria das ordenações lineares (não-vazias) nas quais cada elemento tem um predecessor imediato e um sucessor imediato, numa linguagem com símbolos de relação $<$ para a ordenação e $S(x, y)$ para a relação 'y é o sucessor imediato de x'. Mostre que T pode ser escrita como uma teoria $\forall_2$. Mostre pelo teste de Lindström que T é modelo-completa. Deduza que T é completa.

5. Dê um exemplo de uma teoria T numa linguagem L, tal que T não é modelo-completa mas toda teoria completa em L contendo T é modelo-completa.

6. Suponha que T seja uma teoria numa linguagem de primeira ordem, e que toda completação de T seja equivalente a uma teoria da forma $T \cup U$ para algum conjunto U de sentenças $\exists_1$. Suponha também que toda completação de T seja modelo-completa. Mostre que T é modelo-completa.

7. Dê um exemplo de uma teoria T numa linguagem contável de primeira ordem, tal que T tenha 2^ω modelos algebricamente primos não-isomorfos dois a dois. [Seja Ω uma assinatura consistindo de um número contável de símbolos de função 1-ária. Escreva uma teoria T que diz que para cada $i < \omega$, o conjunto de elementos satisfazendo $P_i(x)$ é uma álgebra de termos de Ω. Em um modelo A de T, considere o número de componentes de cada P_i^A.]

Existem muitos exemplos de teorias não-companheiráveis, mas a maioria deles dependem de muita matemática. Aqui vai um exemplo elementar.

8. Seja T a teoria que diz o seguinte. Todos os elementos satisfazem exatamente um dos dois: $P(x)$ ou $Q(x)$; para todo elemento a satisfazendo $P(x)$ existem elementos b e c únicos tais que $R(b,a)$ e $R(a,c)$; $R(x,y)$ implica $P(x)$ e $P(y)$; não existem R-ciclos finitos; $S(x,y)$ implica $P(x)$ e $Q(y)$; se $R(x,y)$ e $Q(z)$ então $S(x,z)$ sse $S(y,z)$. Mostre que em um modelo e.f. de T, elementos a, b satisfazendo $P(x)$ são conectados por R se e somente se não existe elemento c tal que $S(a,c) \leftrightarrow \neg S(b,c)$. Deduza que T tem modelos e.f. com extensões elementares que não são e.f., e que portanto T não é companheirável.

9. Seja G um grupo e a, b dois elementos de G. (a) Mostre que as seguintes condições são equivalentes. (i) Existe um grupo $H \supseteq G$ com um elemento h tal que $h^{-1}ah = b$. (ii) Os elementos a e b têm a mesma ordem. (b) Explique isso como uma instância do Lema 7.2.5. (c) Prove que a teoria dos grupos não é companheirável.

10. Dê um exemplo de uma teoria ω_1-categórica T em uma linguagem contável de primeira ordem L, tal que nenhuma expansão definicional de T pela adição de um número finito de símbolos é modelo-completa. [$T = \mathrm{Th}(A)$, onde $\mathrm{dom}(A) = \omega$ e A carrega relações de equivalência E_i ($i < \omega$) da seguinte forma: as classes de E_i são $\{0, \ldots, 2^{i+1} - 2\}$ e $\{(2^{i+1} - 1) + 2^{i+1}k, \ldots, (2^{i+1} - 1) + 2^{i+1}(k+1) - 1\}$ ($k < \omega$).]

11. Dê um exemplo de uma teoria ω_1-categórica contável de primeira ordem que não é companheirável. [Primeiro considere a seguinte estrutura A. Os elementos são os pares (m,n) de números naturais com $m \geqslant -1$ e $n \geqslant 0$. Existe um símbolo de relação 1-ária $Diagonal$ tomando os elementos (m,m). Existem dois símbolos de relação 2-ária simétricos $Horizontal$ e $Vertical$. A relação $Horizontal$ é uma relação de equivalência; suas classes são os conjuntos $\{(m,b) : m \geqslant -1\}$ com b fixo. A relação $Vertical$ se verifica entre (m,n) e (m,m) onde quer que $m, n \geqslant 0$. Note que A tem extensões elementares B e C tais que $B \subseteq C$ porém C não é uma extensão elementar de B. A teoria desejada é $\mathrm{Th}(A, \bar{a})$ onde $\bar{a}$ é uma sequência listando todos os elementos de A. Suponha que T seja uma companheira de modelo. Então T diz que um número infinito de elementos nomeados não são pareados com outros elementos por $Vertical$, logo todo modelo de T tem uma extensão elementar com novos elementos desses.]

12. Dê um exemplo de uma teoria $\forall_1$ companheirável T em uma linguagem de primeira ordem L, e uma $\exists_1$-fórmula $\phi(\bar{x})$ em L tais que Res_ϕ não é equivalente módulo T a nenhum conjunto finito de fórmulas $\forall_1$. [Considere o conjunto de sentenças $\forall xy \, \neg(P_0 x \wedge P_i x)$ ($0 < i < \omega$), e suponha que ϕ seja a sentença $\exists x \, P_0 x$.]

7.4 Eliminação de quantificadores revisitada

Uma teoria T em uma linguagem de primeira ordem L é dita ter **eliminação de quantificadores** se toda fórmula $\phi(\bar{x})$ de L é equivalente módulo T a uma fórmula livre-de-quantificador $\psi(\bar{x})$ de L. Na seção 2.7 descrevemos um procedimento que pode ser usado para mostrar que certas teorias T têm eliminação de quantificadores. A idéia principal do procedimento é encontrar uma fórmula que tenha uma certa forma e seja equivalente módulo T a uma dada fórmula.

Abraham Robinson lançou uma abordagem diferente. Para muitas teorias T interessantes, temos uma enormidade de boas informações estruturais sobre os modelos de T: por exemplo teoremas de decomposição, fatos sobre fechos algébricos ou outros tipos de fechos de conjuntos de elementos, ou resultados sobre imersão de um modelo em outro. É difícil usar esses fatos em um argumento que se concentra na dedutibilidade a partir de T no cálculo de predicados de primeira ordem.

Portanto a mensagem de Robinson foi: para provar eliminação de quantificadores, use teoria dos modelos ao invés de sintaxe, quando você puder encaixar a teoria dos modelos na conhecida teoria da estrutura algébrica. É claro que só nos resta seguí-lo quando conhecemos alguns critérios teóricos de modelos para que uma teoria tenha eliminação de quantificadores. O próximo teorema enuncia alguns.

Critérios para eliminação de quantificadores

Se A e B são L-estruturas, escrevemos $A \equiv_0 B$ para dizer que exatamente as mesmas sentenças livres-de-quantificador de L são verdadeiras em A assim como em B; tal qual anteriormente, escrevemos $A \Rightarrow_1 B$ para dizer que para toda $\exists_1$-sentença ϕ de L, se $A \vDash \phi$ então $B \vDash \phi$. Recordemos que $T_\forall$ é o conjunto das consequências de primeira ordem $\forall_1$ de T.

Dizemos que uma teoria de primeira ordem T tem a **propriedade da amalgamação** (AP, do inglês, *amalgamation property*) se a classe **K** de todos os modelos de T tem a AP; em outras palavras, se a seguinte condição se verifica:

(4.1)   se A, B, C são modelos de T e $e : A \to B$, $f : A \to C$ são
           imersões, então existem D em **K** e imersões
           $g : B \to D$ e $h : C \to D$ tais que $ge = hf$.

(Cf. (1.3) na seção 6.1.)

Teorema 7.4.1. *Seja L uma linguagem de primeira ordem e T uma teoria em L. As seguintes condições são equivalentes.*

(a) *T tem eliminação de quantificadores.*

(b) *Se A e B são modelos de T, e $\bar{a}$, $\bar{b}$ são uplas de A, B respectivamente tais que $(A, \bar{a}) \equiv_0 (B, \bar{b})$, então $(A, \bar{a}) \Rightarrow_1 (B, \bar{b})$.*

(c) *Se A e B são modelos de T, $\bar{a}$ uma sequência de A e $e : \langle\bar{a}\rangle_A \to B$ é uma imersão, então existem uma extensão elementar D de B e uma imersão $f : A \to D$ que estende e:*

(4.2)

(d) *T é modelo-completa e $T_\forall$ tem a propriedade de amalgamação.*

(e) *Para toda fórmula livre-de-quantificador $\phi(\bar{x}, y)$ de L, $\exists y\, \phi$ é equivalente módulo T a uma fórmula livre-de-quantificador $\psi(\bar{x})$.*

Demonstração. (a) $\Rightarrow$ (b). é imediato.

(b) $\Rightarrow$ (c). Assuma (b). Para toda upla $\bar{a}'$ dentro de $\bar{a}$, a hipótese de (c) implica que $(A, \bar{a}') \equiv_0 (B, e\bar{a}')$ e portanto $(A, \bar{a}') \Rrightarrow_1 (B, e\bar{a}')$. Como toda sentença de $L(\bar{a})$ (L com parâmetros $\bar{a}$ adicionados) menciona apenas um número finito de elementos, segue que $(A, \bar{a}) \Rrightarrow_1 (B, e\bar{a})$. Logo a conclusão de (c) se verifica pelo teorema da amalgamação existencial (Teorema 5.4.1).

(c) $\Rightarrow$ (d). Assuma (c). Se $e : B \to A$ é uma imersão qualquer entre modelos de T, ponha $\langle\bar{a}\rangle_A = B$ em (4.2) e deduza que T é modelo-completa pelo Teorema 7.3.1(c) (com A, B trocados um pelo outro). Para provar que $T_\forall$ tem a propriedade de amalgamação, seja $g : C \to A'$ e $e : C \to B'$ imersões entre modelos de $T_\forall$. Pelo Corolário 5.4.3, A' e B' podem ser estendidos a modelos A, B de T respectivamente. Agora aplique (c) com a imersão $C \to A$ no lugar da inclusão $\langle\bar{a}\rangle_A \subseteq A$.

(d) $\Rightarrow$ (e) é demonstrado pelo Teorema 7.1.3, tomando **K** como sendo a classe de todos os modelos de T, e notando que todos os modelos de T são e.f. pelo Teorema 7.3.1. (e) $\Rightarrow$ (a) segue do Lema 2.3.1. $\qquad\Box$

Advertência. O teorema falha se L não tem símbolos de constante e exigimos que toda L-estrutura seja não-vazia. (Veja as observações após o Teorema 7.1.3.)

Uma L-estrutura A é dita ser **quantificador-eliminável** (abreviando, **q.e.**) ou **ter eliminação de quantificadores** se A é um modelo de uma teoria em L que tem eliminação de quantificadores; isso é equivalente a dizer que $\mathrm{Th}(A)$ tem eliminação de quantificadores. Se a estrutura A é finita, o corolário abaixo dá um critério puramente algébrico para A ser q.e. Tal qual na seção 6.1, dizemos que uma estrutura A é **ultra-homogênea** se todo isomorfismo entre subestruturas finitamente geradas de A se estende a um automorfismo de A.

Corolário 7.4.2. *Seja A uma L-estrutura finita. Então A é q.e. se e somente se A é ultra-homogênea.*

Demonstração. Como A é finita, $\text{Th}(A)$ diz quantos elementos A tem. Logo em (4.2) com $A = B$, D deve ser A e f deve ser um isomorfismo. $\square$

Vamos colocar essas técnicas em prática demonstrando que algumas teorias têm eliminação de quantificadores. Em nossas duas primeiras ilustrações, o teste de Lindström (Teorema 7.3.4) dá uma prova rápida de que a teoria é modelo-completa, e usamos (d) do Teorema 7.4.1 para saltar de modelo-completude para eliminação de quantificadores. O terceiro exemplo tem que trabalhar mais para demonstrar a modelo-completude, mas ele também conclui o argumento mencionando (d) do Teorema 7.4.1.

Exemplo 1: *Espaços vetoriais*. Seja R um corpo e T a teoria dos espaços vetoriais infinitos (à esquerda) sobre R. Os axiomas de T consistem de (2.21) da seção 2.2 juntamente com as sentenças $\exists_{\geqslant n} x\, x = x$ para cada inteiro positivo n; uma inspeção mostra que esses axiomas são sentenças $\forall_2$ de primeira ordem. Certamente T é λ-categórica para qualquer cardinal infinito $\lambda > |R|$, e por definição T não tem modelos finitos. Logo, pelo teste de Lindström, T é modelo-completa. Álgebra elementar mostra que $T_\forall$, que é a teoria dos espaços vetoriais sobre R, tem a propriedade de amalgamação. Daí, pelo item (d) do teorema, T tem eliminação de quantificadores.

Agora, pelo Corolário 7.4.2, todo espaço vetorial finito é q.e.; logo, mostramos que *todo espaço vetorial é q.e.*

Exemplo 2: *Corpos algebricamente fechados e corpos finitos*. Por um teorema de Steinitz, quaisquer dois corpos algebricamente fechados da mesma característica e de mesma cardinalidade incontável são isomorfos. Também, corpos algebricamente fechados são infinitos. Logo, pelo teste de Lindström, a teoria dos corpos algebricamente fechados de uma característica fixa é modelo-completa, donde (veja Exercício 7.3.6) a teoria dos corpos algebricamente fechados é modelo-completa. Já vimos no Corolário 7.1.4 como isso implica que todo corpo algebricamente fechado é q.e.; é a mesma demonstração que a prova através do Teorema 7.4.1 (d $\Rightarrow$ e).

Corpos finitos são q.e. também – em outras palavras, pelo Corolário 7.4.2, eles são ultra-homogêneos. Seja A um corpo finito; sejam B e C subcorpos de A com $f : B \to C$ um isomorfismo. Temos que mostrar que f se estende a um automorfismo de A. Como B e C têm a mesma cardinalidade, seus grupos multiplicativos são o mesmo subgrupo do grupo multiplicativo de A, que é um grupo cíclico finito; segue que $B = C$. Por conseguinte precisamos apenas mostrar que todo automorfismo de B se estende a um automorfismo de A. Fazemos isso através de um argumento de contagem. Escreva D para designar o corpo primo da mesma característica p de B. Então D é rígido, portanto o grupo de Galois $\text{Gal}(B/D)$ é $\text{Aut}(B)$; igualmente $\text{Gal}(A/D)$ é

$\text{Aut}(A)$. Escreva H para designar o grupo de todos aqueles automorfismos de B que se estendem a um automorfismo de A. Então usando a teoria de Galois,

$$|\text{Aut}(A)_{(B)}| \cdot H = |\text{Aut}(A)| = (A : D) = (A : B) \cdot (B : D)$$
$$= |\text{Aut}(A)_{(B)}| \cdot |\text{Aut}(B)|.$$

Logo $|\text{Aut}(B)| = |H|$. Como $H \subseteq \text{Aut}(B)$, isso prova que $H = \text{Aut}(B)$, i.e. todo automorfismo de B se estende a um automorfismo de A.

Nosso terceiro exemplo requer um argumento mais substancial e um novo subtítulo.

Corpos real-fechados

As condições necessárias e suficientes do Teorema 7.4.1 não são sempre o melhor caminho para uma demonstração de eliminação de quantificadores. Às vezes uma condição suficiente encaixa melhor com a álgebra conhecida. Por exemplo, temos o seguinte.

Corolário 7.4.3. *Seja L uma linguagem de primeira ordem e T uma teoria em L. Suponha que T satisfaça as seguintes condições.*

(a) *Para quaisquer dois modelos A e B de T, se $A \subseteq B$, $\phi(\bar{x}, y)$ for uma fórmula livre-de-quantificador de L e $\bar{a}$ for uma upla de elementos de A tais que $B \vDash \exists y\, \phi(\bar{a}, y)$, então $A \vDash \exists y\, \phi(\bar{a}, y)$. ('T é 1-modelo-completa')*

(b) *Para todo modelo A de T e toda subestrutura C de A existe um modelo A' de T tal que (i) $C \subseteq A' \subseteq A$, e (ii) se B for um outro modelo de T com $C \subseteq B$ então existe uma imersão de A' em B sobre C.*

Então T tem eliminação de quantificadores.

Demonstração. Assumindo (a) e (b), demonstramos o Teorema 7.4.1(b). Suponha que A e B sejam modelos de T, $\bar{a}$ e $\bar{b}$ sejam uplas de elementos de A e B respectivamente, e que $(A, \bar{a}) \equiv_0 (B, \bar{b})$. Seja $\phi(\bar{x}, \bar{y})$ uma fórmula livre-de-quantificador de L tal que $A \vDash \exists \bar{y}\, \phi(\bar{a}, \bar{y})$; temos que mostrar que $B \vDash \exists \bar{y}\, \phi(\bar{b}, \bar{y})$. Sem perda de generalidade podemos supor que $\bar{b}$ é $\bar{a}$.

Para isso, suponha que $A \vDash \phi(\bar{a}, \bar{c})$ onde $\bar{c}$ seja $(c_0, \ldots, c_{k-1})$. Afirmamos que existe um elemento d_0 em alguma extensão elementar B_0 de B, tal que $(A, \bar{a}, c_0) \equiv_0 (B_0, \bar{a}, d_0)$.

Escreva $\Psi_0(\bar{x}, y)$ para designar o conjunto de todas as fórmulas livres-de-quantificador $\psi(\bar{x}, y)$ tal que $A \vDash \psi(\bar{a}, c_0)$. Como $(A, \bar{a}) \equiv_0 (B, \bar{a})$, podemos escrever $C = \langle \bar{a} \rangle_A = \langle \bar{a} \rangle_B$. Pelo item (b) existe um modelo A' de T tal que $C \subseteq A' \subseteq A$ e existe uma imersão de A' em B sobre C; sem perda de generalidade podemos supor que A'

é uma subestrutura de B. Como $\bar{a}$ pertence a A' e cada fórmula $\psi(\bar{a}, y)$ em $\Psi_0(\bar{a}, y)$ tem apenas uma variável livre, deduzimos pelo item (a) que $A' \vDash \exists y\, \psi(\bar{a}, y)$, pois $A \vDash \exists y\, \psi(\bar{a}, y)$. Porém como $A' \subseteq B$, segue que $B \vDash \exists y\, \psi(\bar{a}, y)$ também. Portanto todo subconjunto finito de $\Psi_0(\bar{a}, y)$ é satisfeito por um elemento de B. Pelo teorema da compacidade segue que existe uma extensão elementar B_0 de B com um elemento d_0 que realiza o tipo $\Psi_0(\bar{a}, y)$. Por conseguinte $(A, \bar{a}, c_0) \equiv_0 (B_0, \bar{a}, d_0)$, provando a afirmação.

Agora repetimos o processo para encontrar uma extensão elementar B_1 de B_0 com um elemento d_1 tal que $(A, \bar{a}, c_0, c_1) \equiv_0 (B_0, \bar{a}, d_0, d_1)$, e assim por diante. Em algum momento atingiremos uma extensão elementar B_{n-1} de B e elementos $\bar{d}$ tais que $(A, \bar{a}, \bar{c}) \equiv_0 (B_{n-1}, \bar{a}, \bar{d})$. Em particular temos $B_{n-1} \vDash \phi(\bar{a}, \bar{d})$, e portanto $B_{n-1} \vDash \exists \bar{y}\, \phi(\bar{a}, \bar{y})$. Logo, $B \vDash \exists \bar{y}\, \phi(\bar{a}, \bar{y})$ como desejávamos. $\square$

Para ilustrar isso, vamos dar uma demonstração no estilo de Robinson de um resultado de Tarski que foi mencionado sem prova como Teorema 2.7.2.

Teorema 7.4.4. *A teoria T dos corpos real-fechados na linguagem de primeira ordem L dos corpos ordenados tem eliminação de quantificadores.*

Demonstração. A demonstração pede emprestado dois fatos dos algebristas.

Fato 7.4.5. *O teorema do valor intermediário se verifica nos corpos real-fechados para todas as funções definidas por polinômios $p(x)$, possivelmente com parâmetros. (I.e. se $p(a) \cdot p(b) < 0$ então $p(c) = 0$ para algum c estritamente entre a e b.)*

Fato 7.4.6. *Se A é um corpo real-fechado e C um subcorpo ordenado de A, então existe um corpo real-fechado mínimo tal que $C \subseteq B \subseteq A$. Mais ainda, se A' é um corpo real-fechado qualquer $\supseteq C$ então B é imersível em A' sobre A. (A' é chamado* **real-fecho de** C **em** A.)

Usamos o Corolário 7.4.3. Primeiro demonstramos (a). Sejam A e B corpos real-fechados com $A \subseteq B$, e suponha que $\phi(x)$ seja uma fórmula livre-de-quantificador de L com parâmetros de A tal que $B \vDash \exists x\, \phi$. Temos que mostrar que $A \vDash \exists x\, \phi$. Após transformar ϕ para a forma normal disjuntiva e distribuir o quantificador através da fórmula nesse último formato, podemos assumir que ϕ é uma conjunção de literais. Agora $y \neq z$ é equivalente a $y < z \vee z < y$, e $\neg y < z$ é equivalente a $y = z \vee z < y$. Portanto podemos supor que ϕ tem o formato

(4.3) $p_0(x) = 0 \wedge \ldots \wedge p_{k-1}(x) = 0 \wedge q_0(x) > 0 \wedge \ldots \wedge q_{m-1}(x) > 0$

onde $p_0, \ldots, p_{k-1}, q_0, \ldots, q_{m-1}$ são polinômios com coeficientes em A.

Se ϕ contém uma equação não-trivial $p_i(x) = 0$, então qualquer elemento de B satisfazendo ϕ é algébrico sobre A e portanto já pertence a A. Suponha, por outro lado, que $k = 0$. Existem um número finito de pontos $c_0 < \ldots < c_{n-1}$ em A que são zeros de um ou mais polinômios q_j $(j < m)$. Pela propriedade do valor intermediário (Fato 7.4.5), nenhum dos q_j muda de sinal exceto nos pontos c_j $(i < n)$. Logo, basta tomar um ponto b de B tal que $B \vDash \phi(b)$, e escolher um ponto a de A que esteja situado no mesmo intervalo dos c_j's que b. Isso prova o item (a) do Corolário 7.4.3.

A seguir demonstramos o item (b). Sejam A e B corpos real-fechados e C uma subestrutura comum de A e B. Então C é um domínio de integridade ordenado. Não é difícil mostrar que o corpo quociente de C em A é isomorfo sobre C ao corpo quociente de C em B; logo, podemos identificar esses corpos quociente e supor que o próprio C é um corpo ordenado. Pelo Fato 7.4.6 podemos tomar A' como sendo o real-fecho de C em A, e (b) está demonstrado. $\square$

Exercícios para a seção 7.4

1. No Teorema 7.4.1, mostre que T tem eliminação de quantificadores se e somente se a condição (c) se verifica sempre que $\bar{a}$ é uma upla de elementos de A.

2. Mostre que no Corolário 7.4.3, a condição (a) pode ser substituída por (a′): se B é um modelo de T e A é uma subestrutura própria de B, então existem um elemento b de B que não pertence a A, e um conjunto $\Phi(x)$ de fórmulas livres-de-quantificador de L com parâmetros em A, tais que $B \vDash \bigwedge \Phi(b)$, Φ determina o tipo livre-de-quantificador de b sobre A, e para todo subconjunto finito Φ_0 de Φ, $A \vDash \exists x \bigwedge \Phi_0$.

Na seção 3.3 acima vimos uma maneira de usar jogos de Ehrenfeucht–Fraïssé para encontrar conjuntos de eliminação. O seguinte exercício traduz aquela discussão em um critério para eliminação de quantificadores.
3. Seja L uma linguagem de primeira ordem com assinatura finita, e T uma teoria em L. Mostre que as seguintes condições são equivalentes. (a) T tem eliminação de quantificadores. (b) Se A e B são dois modelos quaisquer de T, então para cada $n < \omega$, quaisquer pares de uplas $(\bar{a}, \bar{b})$ de A, B respectivamente, tais que $(A, \bar{a}) \equiv_0 (B, \bar{b})$, se constituem numa posição vencedora para a jogadora $\exists$ no jogo $G_n[A, B]$.

Este exercício mostra a ligação entre o teste de vai-e-vem do Exercício 3 e o critério de amalgamação do Teorema 7.4.1(c). Ele usa a noção de λ-saturação, que está definida na seção 8.1 adiante.
4. Seja L uma linguagem de primeira ordem e T uma teoria em L. Mostre que as seguintes condições são equivalentes. (a) T tem eliminação de quantificadores. (b) Se A e B são dois modelos ω-saturados quaisquer de T e $\bar{a}$ é uma upla de elementos de T tal que $(A, \bar{a}) \equiv_0 (B, \bar{a})$, então $(A, \bar{a})$ e $(B, \bar{a})$ são vai-e-vem equivalentes. (c) Se A é um modelo de T, B é um modelo λ-saturado de T para algum cardinal infinito $\lambda > |A|$, e $\bar{a}$ é uma upla de elementos de T tal que $(A, \bar{a}) \equiv_0 (B, \bar{a})$, então existe uma imersão elementar $f : A \to B$ tal que $f\bar{a} = \bar{b}$.

5. Seja L uma linguagem de primeira ordem, T uma teoria em L e $\phi(\bar{x})$ uma fórmula de L. Mostre que as seguintes condições são equivalentes. (a) ϕ é equivalente módulo T a uma fórmula $\psi(\bar{x})$ livre-de-quantificador. (b) Se A e B são dois modelos quaisquer de T e $\bar{a}, \bar{b}$ são uplas de elementos de A, B respectivamente tais que $(A, \bar{a}) \equiv_0 (B, \bar{b})$, então $A \vDash \phi(\bar{a})$ implica em $B \vDash \phi(\bar{b})$. (c) Se A e B são dois modelos quaisquer de T, $\bar{a}$ é uma upla de elementos de A tal que $A \vDash \phi(\bar{a})$, e $f : \langle \bar{a} \rangle_A \to B$ é uma imersão, então $B \vDash \phi(f\bar{a})$. [(b) e (c) são maneiras diferentes de dizer exatamente a mesma coisa.]

O próximo exercício assume a existência de extensões elementares fortemente ω-homogêneas; veja seção 8.2 adiante.
6. Seja L uma linguagem de primeira ordem e T uma teoria completa em L. Mostre que T tem eliminação de quantificadores se e somente se todo modelo de T tem uma extensão elementar ultra-homogênea.

7. Seja A um domínio de integridade. Mostre que se A é q.e. então A é um corpo. [Se A é infinito, use o Exercício 6.] *Na verdade todo corpo q.e. é finito ou algebricamente fechado.*

8. Seja T uma teoria de primeira ordem com uma companheira de modelo U. Mostre que U tem eliminação de quantificadores se e somente se $T_\forall$ tem a propriedade de amalgamação.

9. Seja T uma teoria numa linguagem de primeira ordem L, e U uma companheira de modelo de T. Mostre que as seguintes condições são equivalentes. (a) T tem a propriedade de amalgamação. (b) Para todo modelo A de T, $U \cup \mathrm{diag}(A)$ é uma teoria completa em $L(A)$. (Uma teoria satisfazendo (a) ou (b) é chamada de **modelo-completação** de T.)

10. Seja L a linguagem de primeira ordem cuja assinatura consiste de um símbolo de função 1-ária. Mostre que a teoria vazia em L tem uma modelo-completação.

11. Um **grupo abeliano ordenado** é um grupo abeliano com um símbolo de relação 2-ária $\leqslant$ satisfazendo as leis '$\leqslant$ é uma ordenação linear' e $\forall xyz(x \leqslant y \to x + z \leqslant y + z)$. Seja T_{ao} a teoria de primeira ordem dos grupos abelianos ordenados, e T_{aod} a teoria de primeira ordem dos grupos abelianos ordenados que são divisíveis como grupos abelianos. (a) Mostre que T_{aod} é a companheira de modelo de T_{ao}. (b) Mostre que T_{aod} tem eliminação de quantificadores e é completa. (c) Mostre que $T_{\mathrm{aod}} = \mathrm{Th}(\mathbb{Q}, \leqslant)$ onde $\mathbb{Q}$ é o grupo aditivo dos racionais e $\leqslant$ é a ordenação usual.

12. Na notação do exercício anterior, mostre que todos os grupos abelianos ordenados satisfazem as mesmas sentenças $\exists_1$ de primeira ordem. [Mostre isso para $(\mathbb{Q}, \leqslant)$ e para $(\mathbb{Z}, \leqslant)$, e capture todos os outros grupos entre esses dois.]

13. Seja L uma linguagem de primeira ordem e T uma teoria $\forall_1$ em L. Mostre que se $\phi(\bar{x})$ é uma fórmula de L tal que ambas ϕ e $\neg\phi$ são preservadas por todas as imersões entre modelos de T, então ϕ é equivalente módulo T a uma fórmula $\psi(\bar{x})$ livre-de-quantificador.

O próximo resultado é conhecido por aqueles que trabalham com programação em lógica (e por outros) como teorema de Herbrand.

14. Seja L uma linguagem de primeira ordem, T uma teoria $\forall_1$ em L e $\phi(\bar{x})$ uma fórmula livre-de-quantificador de L. Mostre que se $T \vdash \exists \bar{x} \phi$, então para algum $m < \omega$ existem uplas de termos $\bar{t}_0(\bar{y}), \ldots, \bar{t}_{m-1}(\bar{y})$ tais que $T \vdash \forall \bar{y} \bigvee_{i<m} \phi(\bar{t}_i(\bar{y}))$. *Em particular os termos podem ser escolhidos como sendo termos fechados quando L tem pelo menos um símbolo de constante; nesse caso o resultado é uma espécie de teorema da interpolação, encontrando um interpolante livre-de-quantificador entre uma premissa $\forall_1$ e uma conclusão $\exists_1$.*

Leitura adicional

Para modelo-completude em geral o *survey* de Macintyre ainda vale muito a pena ser lido:

Macintyre, A. Model completeness. In *Handbook of Mathematical Logic*, ed. Barwise, pp. 139–180. Amsterdam: North-Holland, 1977.

Depois disso deve-se buscar material em tipos particulares de estruturas. Uma boa fonte onde estudar eliminação de quantificadores para corpos real-fechados é:

Prestel, A. *Lectures on Formally Real Fields*. Lecture Notes in Mathematics 1093. Berlin: Springer-Verlag, 1984.

Pode-se ler sobre teoria dos modelos de alguns outros tipos de corpos nos seguintes artigos, e também no artigo de van den Dries mencionado no final do Capítulo 2 acima.

Chatzidakis, Z., van den Dries, L. and Macintyre, A. Definable sets over finite fields. *J. reine und angewandte Math.* **427** (1992) 107–135.

Delon, F. Idéaux et types sur les corps séparablement clos. *Supplément au Bulletin de la Société Mathématique de France*, Mémoire 33, 1988.

Wilkie, A. Model completeness results for expansions of the ordered field of real numbers by restricted Pfaffian functions and the exponential function. *Journal of the American Mathematical Society* 9 (1996) 1051–1094.

A principal omissão neste capítulo é forçação modelo-teórica, que Robinson introduziu em 1970. Ela tornou-se uma ferramenta poderosa para a construção e a análise de grupos e.f. O registro definitivo é:

Ziegler, M. Algebraisch abgeschlossene Gruppen. In *Word problems II, The Oxford book*, ed. Adian *et al.*, pp. 449–576. Amsterdam: North-Holland, 1980.

Há também uma exposição de forçação e suas aplicações em

Hodges, W. *Building models by games*. Cambridge: Cambridge University Press, 1985.

Capítulo 8

Saturação

I have made numerous composites of various groups of convicts ... The first set of portraits are those of criminals convicted of murder, manslaughter, or robbery accompanied with violence. It will be observed that the features of the composites are much better looking than those of the components. The special villainous irregularities have disappeared, and the common humanity that underlies them has prevailed.

Francis Galton, Inquiries into human faculty and its development (1907)

Um modelo saturado de uma teoria completa T é um modelo 'mais típico' de T. Ele não possui qualquer assimetria evitável; ao contrário do homem de Devizes, ele não é curto de um lado e longo do outro. (Ou como o homem do rio Nore, é do mesmo jeito por trás e pela frente.) Criamos modelos saturados amalgamando num só todos os possíveis modelos, bem no espírito da construção de Fraïssé da seção 6.1.

Embora num certo sentido esses são modelos típicos, em um outro sentido todo modelo saturado A tem algumas propriedades bem marcantes. Todo modelo suficientemente pequeno de T é elementarmente imersível em A – isso é chamado de *universalidade*. Toda função entre subconjuntos pequenos de A que preserva tipos estende a um automorfismo de A – isso é *homogeneidade forte*. Podemos expandir A para um modelo de qualquer teoria consistente com $\mathrm{Th}(A)$ – isso é uma forma de *resplandescência*.

Essas propriedades, particularmente a resplandescência e a homogeneidade forte, fazem com que modelos saturados sejam uma ferramenta valiosa para demonstrar fatos sobre a teoria T. Por exemplo, modelos saturados podem ser usados para provar teoremas de preservação e interpolação. A universalidade faz com que modelos saturados sejam adequados como espaços de trabalho: escolhemos um modelo saturado grande M, e todos os outros modelos que consideramos são tomados como subestruturas elementares de M. Um modelo M usado como espaço de trabalho é chamado de modelo *grande* ou modelo *monstro* de T.

Infelizmente não há garantia de que T tenha um modelo saturado, a menos que T seja estável. Uma resposta a isso é se declarar um formalista e anunciar que de qualquer forma matemática infinitária não tem significado. Para aqueles entre nós que não estejam dispostos a seguir essa fácil rota escapatória, é mais sensato enfraquecer a noção de saturação, e a primeira forma natural de fazer isso é pensar em modelos λ-*saturados*. Como é explicado na seção 8.1, esses modelos são saturados com respeito a qualquer conjunto com menos que λ parâmetros. A boa notícia é que toda estrutura tem extensões elementares λ-saturadas, para qualquer cardinal λ. A má notícia é que λ-saturação é fraca demais para muitas aplicações; ela não garante resplandescência ou qualquer grau de homogeneidade forte.

Logo, temos que tentar novamente, procurando chegar em algum lugar entre saturação e λ-saturação. Neste capítulo descrevo λ-*grandeza*, que se situa na área certa. O profissional da teoria dos modelos precisa saber sobre *modelos especiais*, que também se situam nesse terreno intermediário; infelizmente não há espaço para incluí-los aqui.

8.1   O grande e o bom

Em argumentos que envolvem várias estruturas e funções entre elas, as coisas usualmente caminham mais suavemente quando as funções são inclusões. Existem pelo menos duas boas razões matemáticas para isso. Primeiro, *se todas as funções são inclusões, então diagramas automaticamente comutam*. E segundo, *se A é uma subestrutura de B, então podemos especificar A dando B e* dom(A); *não há necessidade de descrever as relações de A tão bem quanto as de B*.

Idéias desse tipo têm conduzido ao uso de *modelos grandes*, às vezes conhecidos como *modelos monstros*. Informalmente, um modelo grande é uma estrutura M tal que todo diagrama comutativo de estruturas e funções que desejamos considerar é isomorfo a um diagrama de inclusões entre subestruturas de M. É claro que uma estrutura M com essa propriedade não pode existir. Ela teria de conter cópias isomorfas de todas as estruturas, e portanto seu domínio seria uma classe própria e não um conjunto.

Daí, seguramos nossas pontas e pedimos algo de menos. No momento vamos dizer que M é **esplêndido** se a seguinte condição se verifica:

(1.1)   Suponha que L^+ seja uma linguagem de primeira ordem obtida pela adição de um novo símbolo de relação R a L.
Se N é uma L^+-estrutura tal que $M = N|L$, então podemos interpretar R por uma relação S sobre o domínio de M tal que $(M, S) \equiv N$.

Informalmente isso diz que M é compatível com quaisquer características estruturais extras que sejam consistentes com $\text{Th}(M)$.

Exemplo 1: *Relações de equivalência.* Seja M uma estrutura consistindo de uma relação de equivalência com duas classes de equivalência, cujas cardinalidades são ω e ω_1. Então M não é um modelo esplêndido porque podemos tomar uma extensão elementar N na qual as duas classes de equivalência têm o mesmo tamanho, e adicionar uma bijeção entre essas classes.

Para qualquer cardinal λ, diremos que M é λ-**grande** se $(M, \bar{a})$ é esplêndido sempre que $\bar{a}$ é uma sequência de menos de λ elementos de M. Por conseguinte esplêndido = 1-grande.

Pode-se definir um **modelo grande** (ou **modelo monstro**) como sendo um modelo que é λ-grande para algum cardinal λ que seja 'suficientemente grande para cobrir tudo que é interessante'. Isso é vago, mas na prática não há necessidade de torná-lo mais preciso. Em teoria da estabilidade o interesse é por modelos de alguma teoria completa de primeira ordem T; o procedimento usual é escolher um modelo grande de T sem especificar o quão grande λ é.

Ficará claro que toda estrutura tem extensões elementares λ-grandes para qualquer λ. A demonstração é tecnicamente elaborada e não ilumina o uso dessas estruturas. Portanto vou adiá-la para a próxima seção, e me voltar para algumas propriedades importantes que estão intimamente relacionadas a grandeza.

λ-saturação e λ-homogeneidade

Recordo algumas definições da seção 5.2. Seja A uma L-estrutura e X um conjunto de elementos de A; escreva $L(X)$ para designar a linguagem de primeira ordem formada a partir de L adicionando-se constantes para os elementos de X. Se $n < \omega$, então um n-**tipo completo** sobre X com respeito a A é um conjunto da forma $\{\phi(x_0, \ldots, x_{n-1}) : \phi \text{ pertence a } L(X) \text{ e } B \vDash \phi(\bar{b})\}$ onde B é uma extensão elementar de A e $\bar{b}$ é uma n-upla de elementos de B. Escrevemos $\text{tp}_B(\bar{b}/X)$ para designar esse n-tipo, e dizemos que $\bar{b}$ **realiza** esse n-tipo **em** B. Escrevemos $S_n(X; A)$ para designar o conjunto de todos os n-tipos completos sobre X com respeito a A. Um **tipo** é um n-tipo para algum $n < \omega$.

Agora suponha que λ seja um cardinal. Dizemos que A é λ-**saturado** se

(1.2)   para todo conjunto X de elementos de A, se $|X| < \lambda$ então todos os 1-tipos completos sobre X com respeito a A são realizados por elementos de A.

Dizemos que A é **saturado** se A é $|A|$-saturado. Dizemos que A é λ-**homogêneo** se

(1.3)   para todo par de sequências $\bar{a}$, $\bar{b}$ de comprimento menor que λ, se
$(A, \bar{a}) \equiv (A, \bar{b})$ e d é um elemento qualquer de A, então existe um
elemento c tal que $(A, \bar{a}, c) \equiv (A, \bar{b}, d)$.

Dizemos que A é **homogêneo** se A é $|A|$-homogêneo.

A literatura contém um número demasiado de conceitos diferentes que se chamam
homogeneidade, e confusões têm ocorrido. Dever-se-ia provavelmente se referir a estruturas λ-homogêneas como **elementarmente λ-homogêneas**. Mas isso é um pouco
demais, e neste capítulo não há perigo de confusão.

Finalmente dizemos que A é λ-**universal** se

(1.4)   se B uma L-estrutura qualquer de cardinalidade $< \lambda$ e $B \equiv A$,
então B é elementarmente imersível em A.

Imediatamente das definições, temos o seguinte.

Lema 8.1.1. *Suponha que A seja λ-grande e que $\kappa < \lambda$. Então A é κ-grande.
Igualmente com '-saturado', '-homogêneo' ou '-universal' no lugar de '-grande'.*

□

As ligações mais simples entre esses conceitos se realizam da seguinte maneira:

(1.5) λ-grande $\longrightarrow$ λ-saturado
$\nearrow$ λ-homogêneo
$\searrow$ λ-universal

Vamos demonstrar tais implicações. (Pode-se dizer mais. Por exemplo, se A é saturado então A é $|A|$-grande. O Exercício 14 demonstrará isso sob uma pequena
suposição.)

Teorema 8.1.2. *Suponha que A seja λ-grande. Então A é λ-saturado.*

Demonstração.   Suponha que A seja uma L-estrutura λ-grande. Seja $\bar{a}$ uma sequência
de menos que λ elementos de A; suponha que B seja uma extensão elementar de A
e que b seja um elemento de A. Temos que mostrar que $\operatorname{tp}_B(b/\bar{a})$ é realizado em
A. Suponha que L^+ seja a linguagem de primeira ordem formada adicionando-se um
símbolo de relação 1-ária R a L, e faça de B uma L^+-estrutura B^+ interpretando R
como o conjunto unitário $\{b\}$. Pela λ-grandeza existe uma relação S sobre o domínio
de A, tal que $(A, S, \bar{a}) \equiv (B^+, \bar{a})$. Agora $B^+ \vDash$ 'Exatamente um elemento satisfaz Rx',
e portanto S é um conjunto unitário $\{c\}$. Claramente c realiza $\operatorname{tp}_B(b/\bar{a})$.   □

Nosso próximo lema mostra que λ-saturação é um fortalecimento de λ-homogeneidade.

Lema 8.1.3. *Seja A uma L-estrutura e λ um cardinal. As seguintes condições são equivalentes.*

(a) *A é λ-saturado.*

(b) *Para toda L-estrutura B e todo par de sequências $\bar{a}, \bar{b}$ de elementos de A, B respectivamente, se $\bar{a}$ e $\bar{b}$ têm o mesmo comprimento $< \lambda$ e $(A, \bar{a}) \equiv (B, \bar{b})$, e d for um elemento qualquer de B, então existe um elemento c de A tal que $(A, \bar{a}, c) \equiv (B, \bar{b}, d)$.*

Demonstração. (a) $\Rightarrow$ (b). Assuma (a), e suponha que $\bar{a}, \bar{b}$ sejam tais como na hipótese do item (b). Pela amalgamação elementar (Teorema 5.3.1) existem uma extensão elementar D de A e uma imersão elementar $f : B \to D$ tal que $f\bar{b} = \bar{a}$. Agora se d é um elemento qualquer de B, então $(D, \bar{a}, fd) \equiv (B, \bar{b}, d)$ pois f é elementar. Mas $\bar{a}$ contém menos que λ elementos e A é λ-saturado, de forma que A contém um elemento c tal que $\mathrm{tp}_A(c/\bar{a}) - \mathrm{tp}_D(fd/\bar{a})$. Então $(A, \bar{a}, c) \equiv (D, \bar{a}, fd) \equiv (B, \bar{b}, d)$ como desejávamos.

A implicação (b) $\Rightarrow$ (a) é imediata das definições. $\qquad\square$

Teorema 8.1.4. *Se A é λ-saturado então A é λ-homogêneo.*

Demonstração. A definição de λ-homogeneidade é o caso especial do Lema 8.1.3(b) no qual $A = B$. $\qquad\square$

O Lema 8.1.3 pode ser aplicado várias vezes, de modo a construir funções entre estruturas, da seguinte forma.

Lema 8.1.5. *Seja L uma linguagem de primeira ordem e A uma L-estrutura.*

(a) *Suponha que A seja λ-saturada, B seja uma L-estrutura e que $\bar{a}, \bar{b}$ sejam sequências de elementos de A, B respectivamente tais que $(A, \bar{a}) \equiv (B, \bar{b})$. Suponha que $\bar{a}, \bar{b}$ tenham comprimento $< \lambda$, e suponha que $\bar{d}$ seja uma sequência de elementos de B, de comprimento $\leqslant \lambda$. Então existe uma sequência $\bar{c}$ de elementos de A tal que $(A, \bar{a}, \bar{c}) \equiv (B, \bar{b}, \bar{d})$.*

(b) *O mesmo se verifica se substituirmos 'λ-saturada' por 'λ-homogênea' e adicionarmos a suposição de que $A = B$.*

Demonstração. Vamos demonstrar (a); a prova de (b) é semelhante. Por indução definiremos uma sequência $\bar{c} = (c_i : i < \lambda)$ de elementos de A tal que

(1.6) $\qquad$ para cada $i \leqslant \lambda$, $(A, \bar{a}, \bar{c}|i) \equiv (B, \bar{b}, \bar{d}|i)$.

Para $i = 0$, (1.6) diz que $(B, \bar{b}) \equiv (A, \bar{a})$, que é dado por hipótese. Não há nada a fazer em ordinais limite, pois qualquer fórmula de L tem apenas um número finito de variáveis. Suponha então que $\bar{c}|i$ tenha acabado de ser escolhida e que $i < \lambda$. Como A é λ-saturada e $\bar{c}|i$ tem comprimento $< \lambda$, o Lema 8.1.3 nos dá um elemento c_i de A tal que $(A, \bar{a}, \bar{c}|i, c_i) \equiv (B, \bar{b}, \bar{d}|i, d_i)$. □

Teorema 8.1.6. *Seja L uma linguagem de primeira ordem e A uma L-estrutura λ-saturada. Então A é λ^+-universal.*

Demonstração. Temos que mostrar que se B é uma L-estrutura de cardinalidade $\leqslant \lambda$ e $B \equiv A$, então existe uma imersão elementar $e : B \to A$. Liste os elementos de B como $\bar{d} = (d_i : i < \lambda)$; repetições são permitidas. Pelo lema existe uma sequência $\bar{c}$ de elementos de A tal que $(B, \bar{d}) \equiv (A, \bar{c})$. Segue pelo lema do diagrama elementar (Lema 2.5.3) que existe uma imersão elementar de B em A levando $\bar{d}$ em $\bar{c}$. □

Na verdade λ-saturação é exatamente λ-homogeneidade mais λ-universalidade. Deixo isso como um exercício (Exercício 7 adiante).

O Lema 8.1.5 implica que quando λ é infinito, a definição de λ-saturação não precisa ser limitada a tipos de uma variável.

Teorema 8.1.7. *Seja L uma linguagem de primeira ordem, A uma L-estrutura, λ um cardinal infinito e $\bar{y}$ uma upla qualquer de variáveis. Suponha que A seja λ-saturada. Seja $\bar{a}$ uma sequência de menos que λ elementos de A, e $\Phi(\bar{x}, \bar{y})$ um conjunto de fórmulas de L tal que para cada subconjunto finito Ψ de Φ, $A \vDash \exists \bar{y} \bigwedge \Psi(\bar{a}, \bar{y})$. Então existe uma upla $\bar{b}$ de elementos de A tal que $A \vDash \bigwedge \Phi(\bar{a}, \bar{b})$.*

Demonstração. Pelo teorema da compacidade (veja Teorema 5.2.1(a)) existe certamente uma extensão elementar B de A contendo uma upla $\bar{d} = (d_0, \ldots, d_{m-1})$ tal que $B \vDash \bigwedge \Phi(\bar{a}, \bar{d})$. Agora $(A, \bar{a}) \equiv (B, \bar{a})$, e como λ é infinito, a sequência $\bar{d}$ tem menos que λ elementos. Logo, pelo Lema 8.1.5 existe uma upla $\bar{c}$ de elementos de A tal que $(A, \bar{a}, \bar{c}) \equiv (B, \bar{a}, \bar{d})$. Portanto $A \vDash \bigwedge \Phi(\bar{a}, \bar{c})$ como desejávamos. □

A idéia do Lema 8.1.5 pode ser levada e trazida entre as duas estruturas.

Teorema 8.1.8. *Sejam A e B duas L-estruturas elementarmente equivalentes com a mesma cardinalidade λ.*

(a) *Se A e B são ambas saturadas então $A \cong B$.*

(b) *Se A e B são ambas homogêneas e realizam os mesmos n-tipos sobre $\varnothing$ para cada $n < \omega$, então $A \cong B$.*

Demonstração. (a) Primeiro assuma que λ é infinito. Liste os elementos de A da forma $(a_i : i < \lambda)$ e os de B da forma $(b_i : i < \lambda)$. Afirmamos que existem sequências $\bar{c}$, $\bar{d}$ de elementos de A e B respectivamente, ambas de comprimento λ, tais que para cada $i \leqslant \lambda$,

(1.7) $$(A, \bar{a}|i, \bar{c}|i) \equiv (B, \bar{d}|i, \bar{b}|i).$$

A prova é por indução sobre i. Novamente o caso $i = 0$ é dado no teorema por hipótese, e não há nada a fazer em ordinais limite. Quando (1.7) tiver sido estabelecido para algum $i < \lambda$, menos que λ parâmetros terão sido escolhidos (pois λ é infinito). Usamos a saturação de B para encontrar d_i tal que $(A, \bar{a}|i, a_i, \bar{c}|i) \equiv (B, \bar{d}|i, d_i, \bar{b}|i)$; então usamos a saturação de A para encontrar c_i tal que $(A, \bar{a}|i, a_i, \bar{c}|i, c_i) \equiv (B, \bar{d}|i, d_i, \bar{b}|i, b_i)$. Ao final da construção, o lema do diagrama nos dá uma imersão $f : A \to B$ tal que $f\bar{a} = \bar{d}$ e $f\bar{c} = \bar{b}$. A imersão é sobrejetora em B pois $\bar{b}$ inclui todos os elementos de B.

Quando λ é finito, o Teorema 8.1.6 nos diz que existe uma imersão elementar $f : A \to B$. Então f tem que ser um isomorfismo pois A e B ambas têm cardinalidade λ.

(b) O argumento aqui é semelhante porém com uns poucos detalhes a mais. Podemos assumir que λ é infinito. Começamos por estabelecer que

(1.8) se $i < \lambda$ e $\bar{b}$ é uma sequência em B de comprimento i, então existe uma sequência $\bar{a}$ de elementos de A tal que $(A, \bar{a}) \equiv (B, \bar{b})$.
(E o mesmo colocando A e B uma no lugar da outra.)

A prova é por indução sobre i. Como as hipóteses são simétricas em A e B, precisamos apenas demonstrar (1.8) uma vez só.

Quando i é finito, (1.8) é dado pela hipótese do teorema. Quando i é infinito distinguimos dois casos. Primeiro suponha que i seja um cardinal. Então construimos $\bar{a}$ de tal forma que para cada $j < i$,

(1.9) $$(A, \bar{a}|j) \equiv (B, \bar{b}|j).$$

A hipótese do teorema já garante o caso $j = 0$. Quando j é um ordinal limite não há nada a fazer. Dado (1.9) para j, encontramos a_j da seguinte maneira. Pela hipótese da indução, como $|j + 1| < i$, existe uma sequência $\bar{c} = (c_k : k \leqslant j)$ em A tal que $(A, \bar{c}) \equiv (B, \bar{b}|(j + 1))$. Então $(A, \bar{a}|j) \equiv (A, \bar{c}|j)$, e portanto pela homogeneidade de A existe a_j tal que $(A, \bar{a}|j, a_j) \equiv (A, \bar{c}) \equiv (B, \bar{b}|(j + 1))$, o que nos dá (1.9) para $j + 1$. Isso estabelece (1.8) quando i é um cardinal. Finalmente quando i não é um cardinal, reduzimos ao caso em que ele é um cardinal rearranjando os elementos de $\bar{b}$ de forma a obter uma sequência de tipo-ordem $|i|$.

Para demonstrar o teorema, fazemos uma ida e volta tal qual fizemos em (a). Por exemplo, para encontrar d_i primeiro usamos (1.8) para escolher uma sequência $\bar{e}$ em B tal que $(A, \bar{a}|i, a_i, \bar{c}|i) \equiv (B, \bar{e})$, e então usamos a homogeneidade de B para encontrar d_i tal que $(B, \bar{e}) \equiv (B, \bar{d}|i, d_i, \bar{b}|i)$. $\square$

Exemplos

Exemplo 2: *Estruturas finitas*.   Se a estrutura A é finita, então qualquer estrutura elementarmente equivalente a A é isomorfa a A. Segue que A é λ-grande para todos os cardinais λ. Em particular A é saturada e homogênea. Esse é um caso anormal, mas explica por que a palavra 'infinito' continuará aparecendo neste capítulo.

Exemplo 3: *Espaços vetoriais*.   Seja K um corpo, λ um cardinal infinito $\geqslant |K|$ e A um espaço vetorial de dimensão λ sobre K. Então A é λ-grande. Para isso, suponha que L seja a linguagem de A, e que L^+ seja a linguagem obtida adicionando-se um símbolo de relação R. Seja $\bar{a}$ uma sequência de menos que λ elementos de A, e B uma L^+-estrutura com elementos $\bar{b}$ tal que $(B|L, \bar{b}) \equiv (A, \bar{a})$. A linguagem de $(B, \bar{b})$ tem cardinalidade no máximo λ, e portanto usando a compacidade e o teorema de Löwenheim–Skolem de-cima-para-baixo podemos supor sem perda de generalidade que $B|L$ também é um espaço vetorial de cardinalidade $|A|$ e dimensão λ sobre K. (Se $|A| > |K|$ basta obter $|B| = |A|$, pois então B deve ter também dimensão λ sobre K. Se $|A| = |K|$, precisamos realizar λ tipos de elementos linearmente independentes em B, o que podemos fazer por compacidade.) Então álgebra linear mostra que $(B|L, \bar{b}) \cong (A, \bar{a})$, e o isomorfismo transporta R^B até A tal qual desejávamos.

Se A é infinito mas tem dimensão menor que λ, então A não é mais λ-saturado: considere uma base $\bar{a}$ de A e um conjunto de fórmulas que expressam 'x não é linearmente dependente sobre $\bar{a}$'. Entretanto, todo espaço vetorial é ω-homogêneo, pois um isomorfismo entre subespaços de dimensão finita sempre estendem a um automorfismo do espaço total.

Exemplo 4: *Corpos algebricamente fechados*.   Um argumento como o do Exemplo 3 mostra que todo corpo algebricamente fechado A de grau de transcendência infinito sobre o corpo primo é $|A|$-grande e portanto saturado. (Quando o grau de transcendência é finito, o corpo é homogêneo mas não é saturado.) André Weil propôs usar corpos algebricamente fechados de grau de transcendência infinito como modelos grandes para a teoria dos corpos; ele os chamou **domínios universais**. Na verdade sua proposta apenas codificou o que já era prática comum – quando adicionamos raízes de um polinômio, de onde é que elas devem vir?

Exemplo 5: *Estruturas ω-categóricas contáveis*.   O Exercício 6.2.6 mostrou que toda estrutura ω-categórica contável é saturada.

Exemplo 6: *Ordenações lineares densas sem extremos.* O exemplo anterior mostra que toda ordenação linear densa sem extremos é ω-saturada. Suponha que A seja uma ordenação linear densa sem extremos. Então A é certamente ω-saturada (veja Exercício 8 adiante). Suponha que na verdade A seja ω_1-saturada. Então A tem um elemento x em cada intervalo da forma

$$(1.10) \qquad a_0 \leqslant a_1 \leqslant a_2 \leqslant \ldots < x < \ldots \leqslant b_2 \leqslant b_1 \leqslant b_0$$

onde a_i e b_i ($i < \omega$) são elementos de A. Agora, segue pelo famoso argumento de Cantor para os reais que A tem que ter pelo menos 2^ω elementos. Uma inspeção mais cuidadosa mostra que A não é tal qual a ordenação dos reais. Nenhuma sequência estritamente crescente $(a_i : i < \omega)$ de elementos de A tem um supremo em A. Pois se b fosse seu supremo, poderíamos obter uma contradição tomando $b_i = b$ para cada $i < \omega$ em (1.10). Ordenações lineares densas saturadas sem extremos, de cardinalidade ω_α, são conhecidas como η_α-**conjuntos**.

Exercícios para a seção 8.1

1. Suponha que λ seja um cardinal infinito e que A seja uma L-estrutura λ-saturada. Mostre que se E é uma relação de equivalência sobre n-uplas de elementos de A que seja definível em primeira ordem com parâmetros, então o número de classes de equivalência de E é finito ou $\geqslant \lambda$. (Em particular se X é um subconjunto de $\mathrm{dom}(A)$ que é definível em primeira ordem com parâmetros, então $|X|$ é finito ou $\geqslant \lambda$.)

2. Seja A uma L-estrutura e λ um cardinal $> |A|$. Mostre que as seguintes condições são equivalentes. (a) A é λ-grande. (b) A é λ-saturada. (c) A é finita.

3. Definimos λ^- como sendo μ se λ é um cardinal sucessor μ^+, e λ caso contrário. Mostre que se uma L-estrutura A não for λ-saturada, então para todo κ com $\max(|L|, \lambda^-) \leqslant \kappa < |A|$ existem subestruturas elementares de A de cardinalidade κ que não são λ-saturadas.

Uma estrutura A é dita **fortemente λ-homogênea** *se para todo par de sequências $\bar{a}$, $\bar{b}$ de menos que λ elementos de A, se $(A, \bar{a}) \equiv (A, \bar{b})$ então existe um automorfismo de A que leva $\bar{a}$ em $\bar{b}$.*

4. (a) Mostre que se A é λ-grande então A é fortemente λ-homogênea. [Basta encontrar uma extensão elementar A' de A com um automorfismo levando $\bar{a}$ em $\bar{b}$. Isso pode ser feito com aplicações repetidas da amalgamação elementar (Teorema 5.3.1) indo e vindo.] (b) Mostre que se A é fortemente homogênea então A é λ-homogênea. (c) Mostre que se A é $|A|$-homogênea então A é fortemente $|A|$-homogênea.

Suponha que L seja uma linguagem de primeira ordem, A uma L-estrutura, X um conjunto de elementos de A e a um elemento de A. Dizemos que a é **definível sobre** X *em A se existe uma fórmula $\phi(x)$ de L com parâmetros de X, tal que $A \vDash \phi(a) \wedge \exists_{=1} x \, \phi(x)$.*

5. Seja λ um cardinal infinito, A uma estrutura λ-saturada e X um conjunto de menos que λ elementos de A. Mostre que (a) se um elemento a de A não é algébrico sobre X, então um número infinito de elementos de A realiza $\mathrm{tp}_A(a/X)$, (b) se um elemento a de A não é definível sobre X, então pelo menos dois elementos de A realizam $\mathrm{tp}_A(a/X)$.

6. Mostre que se A é uma L-estrutura λ-grande e $\bar{a}$ é uma sequência de menos que λ elementos de A, então $(A, \bar{a})$ é λ-grande. Mostre que o mesmo se verifica para λ-saturação, λ-homogeneidade e λ-homogeneidade forte.

7. Mostre que as seguintes condições são equivalentes, onde λ, μ são cardinais quaisquer com $\min(\lambda, \omega) \leqslant \mu \leqslant \lambda^+$. (a) A é λ-saturada. (b) A é λ-homogênea e μ-universal. [Para (b) $\Rightarrow$ (a), adapte a prova do Teorema 8.1.8(b).]

8. Mostre que se A e B são estruturas elementarmente equivalentes e A é ω-saturada, então B é ω-saturada se e somente se ela for vai-e-vem equivalente a A.

9. Mostre que se $(A_i : i < \kappa)$ é uma cadeia elementar de estruturas λ-saturadas e $\mathrm{cf}(\kappa) \geqslant \lambda$ então $\bigcup_{i < \kappa} A_i$ é λ-saturada. Mostre o mesmo para λ-homogeneidade.

10. Mostre que o resultado do Exercício 9 falha para λ-grandeza e λ-homogeneidade forte. [Tome uma estrutura contável consistindo de uma relação de equivalência com apenas duas classes de equivalência, ambas infinitas. Forme uma cadeia de extensões de comprimento ω_1, adicionando elementos a apenas uma das classes de equivalência.]

11. Mostre que se L e L^+ são linguagens com $L \subseteq L^+$, e A é uma L^+-estrutura λ-grande, então $A|L$ é uma L-estrutura λ-grande. Mostre o mesmo para λ-saturação. Por outro lado, mostre que se A é fortemente λ-homogênea, não é necessário que $A|L$ seja λ-homogênea. [Para λ-grande, use o Teorema 5.5.1.]

12. Mostre que se L, L^+ são linguagens de primeira ordem com $L \subseteq L^+$, A é uma L^+-estrutura, $A|L$ é λ-grande e A é uma expansão definicional de $A|L$ (veja seção 2.6), então A é λ-grande. Mostre que o mesmo se verifica para λ-saturação, λ-homogeneidade e λ-homogeneidade forte.

13. Seja L uma linguagem de primeira ordem. Mostre que se A é uma L-estrutura λ-grande e $\phi(x)$ é uma fórmula de L tal que $\phi(A)$ é o domínio de uma subestrutura B de A, então B é λ-grande. Mostre que o mesmo se verifica para λ-saturação, λ-homogeneidade e λ-homogeneidade forte.

14. Mostre que se A e B são estruturas λ-grande, então a soma disjunta de A e B (veja Exercício 3.2.8) é λ-grande. Mostre o mesmo para λ-saturação, λ-homogeneidade e λ-homogeneidade forte.

15. Seja L uma linguagem de primeira ordem e A uma L-estrutura saturada de cardinalidade $> |L|$. Mostre que A é $|A|$-grande. [Faça $\lambda = |A|$. Como A continua saturada após adicionar

menos que λ parâmetros, basta mostrar que A é esplêndida. Tome L^+ como na definição (1.1), e uma L^+-estrutura B de cardinalidade λ com $B|L \equiv A$. Escreva B como a união de uma cadeia $(B_i : i < \lambda)$ de subestruturas elementares com $|B_i| = |L| + |i|$. Por indução sobre i, construa uma cadeia elementar $(A_i : i < \lambda)$ com $|A_i| = |B_i|$, e uma cadeia elementar $(C_i : i < \lambda)$ de L^+-estruturas com uma família de imersões elementares $f_i : B_i \to C_i$ tal que as funções comutam, de modo que $A_i = C_i|L$. A cada passo de sucessor, primeiro forme um amálgama C_i' de C_i e B_{i+1} sobre B_i, e então use o Teorema 5.5.1 para amalgamar C_i' e A sobre C_i; daí diminua para o tamanho desejado.]

*Uma estrutura A é dita λ-**compacta** se todo tipo (não necessariamente completo) de cardinalidade $< \lambda$ sobre um conjunto de elementos de A é realizado em A.*

16. (a) Mostre que se L é uma linguagem de primeira ordem e $\lambda > |L|$, então uma L-estrutura A é λ-saturada se e somente se ela for λ-compacta. (b) Mostre que toda estrutura é ω-compacta. (c) Mostre que para todo cardinal infinito λ, uma estrutura λ-saturada é λ-compacta. (d) Dê um exemplo de uma L-estrutura $|L|$-compacta que não é $|L|$-saturada.

17. Suponha que a L-estrutura A seja λ-compacta, $\bar{a}$ seja uma upla de A, $\psi(\bar{x}, \bar{y})$ seja uma fórmula de L e $\Phi(\bar{x}, \bar{y})$ seja um conjunto de menos que λ fórmulas de L. Mostre que se $A \models \forall\bar{x}(\bigwedge \Phi(\bar{x}, \bar{a}) \to \psi(\bar{x}, \bar{a}))$, então existe um subconjunto finito Φ_0 de Φ tal que $A \models \forall\bar{x}(\bigwedge \Phi_0(\bar{x}, \bar{a}) \to \psi(\bar{x}, \bar{a}))$.

18. Seja L uma linguagem contável de primeira ordem e A uma L-estrutura atômica contável. Mostre que A é homogênea.

O último exercício mostra que uma extensão natural da noção de λ-grande – nos permitindo expandir para um modelo de uma teoria com muitos símbolos novos – não é exatamente uma extensão de forma alguma.
19. Sejam L e L^+ linguagens de primeira ordem com $L \subseteq L^+$. Seja λ um cardinal infinito tal que o número de símbolos na assinatura de L^+ mas não em L é menor que λ. Mostre que se A é uma L^+-estrutura e B é uma L-estrutura λ-grande tal que $A|L \equiv B$, então B pode ser expandida para uma estrutura $B' \equiv A$. [Adicionando uma função de pareamento a L^+, podemos supor que todos os outros símbolos novos de L^+ são símbolos unários de relação. Eles podem então ser codificados por um único símbolo de relação 2-ária e um conjunto de menos que λ constantes.]

8.2 Modelos grandes existem

Mostraremos que para toda estrutura A e todo cardinal λ, existe uma extensão elementar de A que é λ-grande. A prova vai ilustrar um truque comum em teoria dos modelos: nomeamos os elementos de uma estrutura antes de construir a estrutura. Isso ajuda a planejar a construção antecipadamente.

O cardinal $\mu^{<\lambda}$ é a soma de todos os cardinais μ^κ com $\kappa < \lambda$; daí, por exemplo, se $\lambda = \kappa^+$ então $\mu^{<\lambda}$ é justamente μ^κ. (Veja o final do capítulo para uma referência sobre aritmética cardinal.)

Existência de modelos λ-grandes

Teorema 8.2.1. *Seja L uma linguagem de primeira ordem, A uma L-estrutura e λ um cardinal regular $> |L|$. Então A tem uma extensão elementar λ-grande B tal que $|B| \leqslant |A|^{<\lambda}$.*

Demonstração. Se A é finita então A já é λ-grande para qualquer cardinal λ. Portanto podemos assumir daqui por diante que A é infinita.

Sejam C e D estruturas. Diremos que D é uma **extensão elementar expandida** de C se D é uma expansão de alguma extensão elementar de C. Uma **cadeia elementar expandida** é uma cadeia $(C_i : i < \kappa)$ de estruturas tal que sempre que $i < j < \kappa$, C_j é uma extensão elementar expandida de C_i. Usando o teorema de Tarski–Vaught sobre cadeias elementares (Teorema 2.5.2) não é difícil de ver que cada cadeia elementar expandida tem uma união D que é uma extensão elementar expandida de toda estrutura na cadeia. Escrevemos $\bigcup_{i<\kappa} C_i$ para designar a união da cadeia elementar expandida $(C_i : i < \kappa)$.

Faça $\mu = (|A| + |L|^+)^{<\lambda}$. Então $\mu = \mu^{<\lambda} \geqslant \lambda$. O ordinal $\mu^2 \cdot \lambda$ consiste de $\mu \cdot \lambda$ cópias de μ coladas uma após a outra. O objetivo será construir B (ou, a bem da verdade, uma expansão de B) como a união de uma cadeia elementar expandida $(A_i : 0 < i < \mu \cdot \lambda)$ onde para cada $i < \mu \cdot \lambda$ o domínio de A_i é o ordinal $\mu \cdot i$. Então B terá cardinalidade $|\mu^2 \cdot \lambda| = \mu$ como desejávamos. Os ordinais $< \mu^2 \cdot \lambda$ serão chamados **testemunhas**. Podemos considerá-los ou como elementos da estrutura a ser construída, ou como novas constantes que serão usadas como nomes de si próprias.

Como A é infinita, podemos supor sem perda de generalidade que A tem cardinalidade μ (pelo teorema de Löwenheim–Skolem de-baixo-para-cima, Corolário 5.1.4). Então podemos identificar dom(A) com o ordinal $\mu \cdot 1 = \mu$ e colocar $A_1 = A$. Nos ordinais limite $\delta < \mu$ colocamos $A_\delta = \bigcup_{0<i<\delta} A_i$. Resta definir A_{i+1} quando A_i tiver sido definida; aqui é o onde o trabalho é realizado.

Suponha que L_0 seja uma linguagem de primeira ordem e que L', L'' sejam linguagens de primeira ordem obtidas adicionando novos símbolos de relação R', R'' respectivamente a L_0. Dizemos que teorias T', T'' em L', L'' respectivamente são **conjugadas** se T'' vem de T' pela substituição de R' por R'' onde quer que ele ocorra em T'. Podemos listar como $((X_i, T_i) : 0 < i < \mu \cdot \lambda)$ o conjunto de 'todos' os pares (X_i, T_i) onde X_i é um conjunto de menos que λ testemunhas, e T_i é uma teoria completa na linguagem de primeira ordem L_i formada adicionando a L as testemunhas em X_i e um novo símbolo de relação R_i. Aqui 'todos' significa que para cada tal par (X, T) existe um par (X_i, T_i) com $X = X_i$ e T conjugada a T_i. Para checar a aritmética, note primeiro que para cada cardinal $\nu < \lambda$, o número de conjuntos X consistindo de ν testemunhas é $\mu^\nu = \mu$, e o número de teorias completas T (a menos de conjugação) na linguagem obtida pela adição de X e de um novo símbolo de relação R a L é no máximo $2^{|L|+\nu} \leqslant \mu^{<\lambda} = \mu$. Portanto o número total de pares de que precisamos é no máximo $\mu \cdot \lambda = \mu$. A listagem pode ser feita de tal forma que

(2.1)   os símbolos de relação R_i são todos distintos, e

(2.2)   a menos de conjugação, cada possível par (X, T) aparece como
          (X_i, T_i) com frequência cofinal na listagem.

Na verdade $\mu \cdot \lambda$ consiste de λ blocos de comprimento μ; podemos fazer com que cada (X, T) apareça pelo menos uma vez – a menos de conjungação – em cada um desses blocos.

Agora definimos A_{i+1} indutivamente, assumindo que A_i tenha sido definida com domínio $\mu \cdot i$. Considere o par (X_i, T_i). Se alguma testemunha $\geq \mu \cdot i$ aparece em X_i, então tomamos A_{i+1} como sendo uma extensão elementar arbitrária de A_i com domínio $\mu \cdot (i + 1)$ (o que é possível pelo Exercício 5.1.11).

Suponha então que toda testemunha em X_i seja um elemento de A_i. Se a teoria T_i é inconsistente com o diagrama elementar de A_i, então novamente tomamos A_{i+1} como sendo uma extensão elementar arbitrária de A_i com domínio $\mu \cdot (i + 1)$.

Finalmente suponha que toda testemunha em X_i seja um elemento de A_i, e que T_i seja consistente com o diagrama elementar de A_i. Pelo teorema de Löwenheim–Skolem de-cima-para-baixo podemos supor que D tem cardinalidade μ, e portanto novamente (após adicionar no máximo μ elementos se necessário) podemos identificar os elementos de D com os ordinais $< \mu \cdot (i + 1)$. Feito isso, tomamos A_{i+1} como sendo D.

Por conseguinte a cadeia $(A_i : 0 < i < \mu \cdot \lambda)$ está definida, e colocamos $B^+ = \bigcup_{0 < i < \mu \cdot \lambda} A_i$ e $B = B^+|L$. A estrutura B é uma extensão elementar de A. Como B é a união de uma cadeia de comprimento μ na qual toda estrutura tem cardinalidade μ, B tem cardinalidade μ.

Resta mostrar que B é λ-grande. Suponha que $\bar{a}$ seja uma sequência de menos que λ elementos de B, e que C seja uma estrutura com um novo símbolo de relação R, tal que $(C|L, \bar{c}) \equiv (B, \bar{a})$ para alguma sequência $\bar{c}$ em C. Ajustando C, podemos supor sem perda de generalidade que $\bar{c}$ é $\bar{a}$. Como $\mu \cdot \lambda$ é um ordinal de cofinalidade λ e λ é regular, existe algum $j < \mu \cdot \lambda$ tal que todas as testemunhas em $\bar{a}$ são menores que j, e por conseguinte $(C|L, \bar{a}) \equiv (A_j, \bar{a})$. Por (2.2) existe algum $i \geq j$ tal que T_i é conjugada a $\mathrm{Th}(C, \bar{a})$. Então $\mathrm{Th}(A_i|L, \bar{a}) \cup T_i$ é consistente, e portanto devido a (2.1) e ao Teorema 5.5.1, T_i é consistente com o diagrama elementar de A_i. Logo por construção A_{i+1} é um modelo de T_i, e por isso B^+ também o é. Por conseguinte B expande para um modelo de T_i como desejávamos.   □

Deduzimos o seguinte.

Corolário 8.2.2. *Seja A uma L-estrutura e λ um cardinal $\geq |L|$. Então A tem uma extensão elementar λ^+-grande (e consequentemente λ^+-saturada) de cardinalidade $\leq |A|^\lambda$.*

Demonstração. Direto do teorema.   □

Na seção 5.3 foi dado um aviso antecipado de um resultado dizendo que se pode realizar muitos tipos completos juntos. O Corolário 8.2.2 estabelece isso. Vale a pena observar que se desejamos apenas λ^+-saturação, mas não λ^+-grandeza, então o teorema da amalgamação elementar pode ser usado no lugar do Teorema 5.5.1.

Corolário 8.2.3. *Seja λ um cardinal qualquer. Então toda estrutura é elementarmente equivalente a uma estrutura λ-grande.*

Demonstração. Isso segue do Corolário 8.2.2 e Lema 8.1.1.   □

O Corolário 8.2.3 é importante. Ele nos diz que se desejamos classificar os modelos de uma teoria de primeira ordem T a menos de equivalência elementar, é suficiente escolher um cardinal λ e classificar os modelos λ-grandes a menos de equivalência elementar. Como os modelos λ-grandes de T podem formar uma coleção muito mais bem comportada que os modelos de T em geral, isso é um progresso real. Por exemplo se R é um anel infinito, R-módulos à esquerda $|R|^+$-saturados são algebricamente compactos. Uma boa teoria de estrutura é conhecida para tais módulos.

Se a hipótese generalizada do contínuo (HGC) se verifica, então $\lambda^{<\lambda} = \lambda$ para todo cardinal regular λ. Logo, pelo Teorema 8.2.1, se λ é um cardinal regular $> |L|$ e A é uma L-estrutura de cardinalidade $\leqslant \lambda$, então A tem uma extensão elementar λ-grande B de cardinalidade no máximo λ. Em particular, temos o seguinte.

Corolário 8.2.4. *Se a HGC se verifica, toda estrutura tem uma extensão elementar saturada.*

Existência de modelos λ-homogêneos

Como toda estrutura λ-grande é λ-homogênea, o Teorema 8.2.1 também cria extensões elementares λ-homogêneas. Mas se tudo o que desejamos é λ-homogeneidade, podemos em geral obtê-la com uma estrutura menor que aquela que o Teorema 8.2.1 oferece. Isso é útil.

Teorema 8.2.5. *Seja L uma linguagem de primeira ordem, A uma L-estrutura e λ um cardinal regular. Então A tem uma extensão elementar λ-homogênea C tal que $|C| \leqslant (|A| + |L|)^{<\lambda}$.*

Demonstração.   Pelo Teorema 8.2.1 temos uma extensão elementar λ-grande B de A; não importa sua cardinalidade. Escreva ν para designar $(|A| + |L|)^{<\lambda}$, observando que $\nu \geqslant \lambda$. (Do contrário $\nu = \nu^{<\lambda} = (\nu^{<\lambda})^\nu \geqslant 2^\nu > \nu$.) Se D for uma subestrutura elementar qualquer de B com cardinalidade no máximo ν, podemos encontrar uma estrutura D^* com $D \preccurlyeq D^* \preccurlyeq B$ tal que

(2.3) se $\bar{a}$ e $\bar{b}$ são duas sequências de elementos de D, ambas de comprimento $< \lambda$, e $(D, \bar{a}) \equiv (D, \bar{b})$, então para todo elemento c de D existe um elemento d de D^* tal que $(D, \bar{a}, c) \equiv (D, \bar{b}, d)$.

Podemos encontrar D^* como a união de uma cadeia de subestruturas elementares de B, tomando tal subestrutura para cada tripla $(\bar{a}, \bar{b}, c)$ tal que $(D, \bar{a}) \equiv (D, \bar{b})$ e c pertence a D. Tal cadeia é automaticamente elementar. À medida que progredimos na montagem da cadeia, escolhemos a próxima estrutura de forma que ela contenha algum d com $(D, \bar{a}, c) \equiv (D, \bar{b}, d)$. Isso é possível pois B é λ-homogênea. O número de triplas $(\bar{a}, \bar{b}, c)$ é no máximo $\nu^{<\lambda} = \nu$, e cada estrutura na cadeia pode ser escolhida de cardinalidade no máximo ν; logo a união D^* pode ser encontrada com cardinalidade no máximo ν.

Agora construimos uma cadeia $(A_i : i < \lambda)$ de subestruturas elementares de B, tal que para cada $i < \lambda$, A_{i+1} é A_i^*. Nos ordinais limite tomamos uniões. Tome C como sendo $\bigcup_{i \leq \lambda} A_i$. Então C tem cardinalidade no máximo $\nu \cdot \lambda = \nu$. Se $(C, \bar{a}) \equiv (C, \bar{b})$ onde $\bar{a}$ e $\bar{b}$ são sequências de comprimento $< \lambda$ em C, e c é um elemento de C, então como λ é regular, tudo em $\bar{a}$, $\bar{b}$ e c deve pertencer a algum A_i, de tal forma que A_{i+1} contém d com $(C, \bar{a}, c) \equiv (A_{i+1}, \bar{a}, c) \equiv (A_{i+1}, \bar{b}, d) \equiv (C, \bar{b}, d)$. Por conseguinte C é λ-homogênea como desejávamos. $\square$

Esse teorema aparece com mais frequência como (a) do corolário abaixo. Estritamente falando (b) não é um corolário mas um análogo. Começamos com o Exercício 8.1.4(a) e formamos uma cadeia tal qual na demonstração do Teorema 8.2.5, adicionando tantos elementos quanto necessário para permitir os automorfismos desejados. Deixo os detalhes como Exercício 5.

Corolário 8.2.6.   *Seja A uma L-estrutura infinita e μ um cardinal $\geqslant |A| + |L|$.*

(a) *A tem uma extensão elementar ω-homogênea de cardinalidade μ. Em particular toda teoria de primeira ordem completa e contável com modelos infinitos tem um modelo homogêneo contável.*

(b) *A tem uma extensão elementar B de cardinalidade μ que é fortemente ω-homogênea (i.e. se $\bar{a}$, $\bar{b}$ são uplas em B tais que $(B, \bar{a}) \equiv (B, \bar{b})$, então existe um automorfismo de B levando $\bar{a}$ para $\bar{b}$).* $\square$

Exercícios para a seção 8.2

Os três primeiros exercícios fornecem consequências do fato de que teorias completas contáveis têm modelos homogêneos contáveis.

1. (a) Seja T uma teoria contável de primeira ordem com modelos infinitos. Mostre que T tem um modelo contável fortemente ω-homogêneo. (b) Mostre que se a hipótese do contínuo falha, então existe uma teoria contável de primeira ordem com modelos infinitos porém sem qualquer modelo fortemente ω_1-homogêneo de cardinalidade ω_1. [Considere uma árvore muito simétrica com 2^ω ramos.]

2. Seja T uma teoria completa em uma linguagem contável de primeira ordem. Suponha que T tenha modelos infinitos, e que exista um conjunto finito de tipos de T, tal que todos os modelos contáveis de T realizando esses tipos sejam isomorfos. Mostre que T é ω-categórica. [Existe um modelo contável fortemente ω-homogêneo no qual todos esses tipos são realizados; portanto temos uma teoria ω-categórica obtida adicionando um número finito de parâmetros a T.]

3. Mostre que se T é uma teoria contável completa de primeira ordem, então o número de modelos contáveis de T, a menos de isomorfismo, não é 2. [Se não é 1, então pelo teorema de Engeler, Ryll–Nardzewski e Svenonius (Teorema 6.3.1), T tem um tipo não-principal $p(\bar{x})$ sobre o conjunto vazio. Se é 2, então aplique o exercício anterior.]

4. Mostre que se $2 < n < \omega$ então existe uma teoria contável completa de primeira ordem T tal que, a menos de isomorfismo, T tem exatamente n modelos contáveis. [Comece com a teoria de uma ordenação linear densa sem extremos. Para obter três modelos, adicione constantes para alguma sequência de elementos de tipo-ordem ω. Todas as soluções conhecidas para esse exercício são variantes desta.]

5. Mostre que o Teorema 8.2.5 se verifica com 'fortemente λ-homogênea' no lugar de 'λ-homogênea'. (Isso é compreensivelmente mais difícil que o Teorema 8.2.5, embora a dificuldade adicional seja principalmente 'trabalho braçal'.)

6. Seja L uma linguagem de primeira ordem, T uma teoria $\forall_2$ em L, A uma L-estrutura que é um modelo de T e λ um cardinal regular $> |L|$. Mostre que existe um modelo e.f. B de T tal que $A \subseteq B, |B| \leqslant |A|^{<\lambda}$ e

(2.4)   para toda sequência $\bar{b}$ de $< \lambda$ elementos de B, todo modelo e.f. C de T
          estendendo B, e todo elemento c de C, existe um elemento d de B
          tal que $(B, \bar{b}, d) \equiv_1 (C, \bar{b}, c)$.

[Combine as demonstrações do Teorema 8.2.1 e do Teorema 7.2.1.] *Na terminologia de Abraham Robinson, um modelo e.f. de T que satisfaz (2.4) quando $\lambda = \omega$ é dito ser* **existencialmente universal**. *Um modelo* **infinito-genérico** *de T é um modelo que é uma subestrutura elementar de um modelo existencialmente universal.*

7. Seja T uma teoria $\forall_2$ em uma linguagem de primeira ordem L. (a) Mostre que todo modelo de T pode ser imerso em algum modelo infinito-genérico de T. (b) Mostre que se A e B são modelos infinito-genéricos de T com $A \subseteq B$ então $A \preccurlyeq B$. [Na verdade se $\bar{a}$ é uma upla

qualquer de elementos de A, então $(A, \bar{a})$ e $(B, \bar{a})$ são vai-e-vem equivalentes.] (c) Mostre que se T é companheirável, então os modelos infinito-genéricos de T são exatamente os modelos e.f. de T.

8.3   Caracterizações sintáticas

O Lema 8.1.5 é útil para estabelecer funções entre estruturas λ-saturadas. Algumas vezes essas funções fornecem demonstrações intuitivas de teoremas de preservação. Dois exemplos servirão (com mais nos Exercícios). Depois desses exemplos vamos extrair alguns princípios gerais para obtenção de caracterizações sintáticas a partir de modelos saturados. Os princípios tomam a forma de um jogo de comprimento infinito.

Nosso primeiro exemplo mostra como imergir uma estrutura em uma estrutura λ-saturada. Recordemos que se A e B são L-estruturas, então '$A \Rrightarrow_1 B$' significa que para toda sentença $\exists_1$ de primeira ordem ϕ de L, se $A \vDash \phi$ então $B \vDash \phi$.

Teorema 8.3.1.   *Seja L uma linguagem de primeira ordem. Sejam A e B L-estruturas, e suponha que B seja $|A|$-saturada e que $A \Rrightarrow_1 B$. Então A é imersível em B.*

Demonstração.   Liste os elementos de A da forma $\bar{a} = (a_i : i < \lambda)$ onde $\lambda = |A|$. Afirmamos que existe uma sequência $\bar{b} = (b_i : i < \lambda)$ de elementos de B tal que

(3.1)   para cada $i \leqslant \lambda$, $(A, \bar{a}|i) \Rrightarrow_1 (B, \bar{b}|i)$.

A prova é por indução sobre i. Quando $i = 0$, $A \Rrightarrow_1 B$ por hipótese. Quando i é um ordinal limite, (3.1) se verifica em i desde que ele se verifique em todos os ordinais menores.

Fica faltando o caso em que i é um ordinal sucessor $j + 1$. Seja $\bar{x}$ a sequência de variáveis $(x_\alpha : \alpha < i)$, e suponha que $\Phi(\bar{x}, y)$ seja o conjunto de todas as fórmulas $\exists_1 \phi(\bar{x}, y)$ de L tais que $A \vDash \phi(\bar{a}|i, a_i)$. Para cada conjunto finito de fórmulas $\phi_0, \ldots,$ ϕ_{n-1} de Φ, temos que $A \vDash \exists y \bigwedge_{k<n} \phi_k(\bar{a}|i, y)$. Mas $\exists y \bigwedge_{k<n} \phi_k$ é equivalente a uma fórmula $\exists_1$, e portanto $B \vDash \exists y \phi(\bar{b}|j, y)$ pela hipótese da indução. Segue pelo Teorema 5.2.1(a) que $\Phi(\bar{b}|j, y)$ é um tipo com respeito a B. Como $j < \lambda$ e B é λ-saturada, esse tipo é realizado em B, digamos por um elemento b_j. Então $(A, \bar{a}|i) \Rrightarrow_1 (B, \bar{b}|i)$ como desejávamos. Isso prova a afirmação.

Daí $(A, \bar{a}) \Rrightarrow_1 (B, \bar{b})$. Segue pelo lema do diagrama que existe uma imersão $f : A \to B$ tal que $f\bar{a} = \bar{b}$. $\square$

Esse teorema leva imediatamente a uma nova demonstração do dual do teorema de Łoś–Tarski (cf. Exercício 5.4.1).

Corolário 8.3.2.   *Seja L uma linguagem de primeira ordem, T uma teoria em L e*
$\Phi(\bar{x})$ *um conjunto de fórmulas de L (onde a sequência $\bar{x}$ pode ser infinita). Suponha*
que sempre que A e B são modelos de T com $A \subseteq B$, e $\bar{a}$ é uma sequência de
elementos de A tal que $A \vDash \bigwedge \Phi(\bar{a})$, temos que $B \vDash \bigwedge \Phi(\bar{a})$. Então Φ é equivalente
módulo T a um conjunto $\Psi(\bar{x})$ de fórmulas $\exists_1$ de L.

Demonstração.   Colocando novas constantes para as variáveis $\bar{x}$, podemos supor
que as fórmulas em Φ sejam sentenças. Seja Ψ o conjunto de todas as sentenças $\exists_1$
ψ de L tal que $T \cup \Phi \vdash \psi$. Basta mostrar que $T \cup \Psi \vdash \bigwedge \Phi$. Se $T \cup \Psi$ não tem
modelos então isso se verifica trivialmente. Se $T \cup \Psi$ tem modelos, suponha que B'
seja um deles. Pelo Corolário 8.2.2, B' é elementarmente equivalente a uma estrutura
λ-saturada B onde $\lambda \geqslant |L|$. Escreva U para designar o conjunto de todas as sentenças
$\forall_1$ de L que são verdadeiras em B. Então $T \cup \Phi \cup U$ tem um modelo. (Pois do
contrário pelo teorema da compacidade existe um subconjunto finito $\{\theta_0, \ldots, \theta_{m-1}\}$
de U tal que $T \cup \Phi \vdash \neg\theta_0 \vee \ldots \vee \neg\theta_{m-1}$. Então $\neg\theta_0 \vee \ldots \vee \neg\theta_{m-1}$ é equivalente
a uma sentença em Ψ, e portanto é verdadeira em B' e B; contradição.) Seja A um
modelo de $T \cup \Phi \cup U$ de cardinalidade $\leqslant |L|$. Pela escolha de U, $A \Rightarrow_1 B$. Logo A
é imersível em B pelo Teorema 8.3.1, e segue que $B \vDash \bigwedge \Phi$ pois Φ é um conjunto de
sentenças $\exists_1$. Por conseguinte $B' \vDash \bigwedge \Phi$ como desejávamos. $\square$

Teorema de Lyndon

Nossa segunda aplicação é um resultado de preservação útil sobre ocorrências positivas de símbolos de relação em fórmulas.

   Seja $f : A \to B$ um homomorfismo de L-estruturas e R um símbolo de relação de
L. Diremos que f **fixa** R se para toda upla $\bar{a}$ de elementos de A, $A \vDash R\bar{a}$ se e somente
se $B \vDash Rf\bar{a}$. Nessa definição permitimos que R seja o símbolo de igualdade $=$.
Portanto f fixa $=$ se e somente se f é injetora; f fixa todos os símbolos de relação se
e somente se f é uma imersão. Que fórmulas são preservadas por um homomorfismo
que fixa certas relações mas não outras?

   Seja ϕ uma fórmula e R um símbolo de relação. Dizemos que R é **positivo em**
ϕ se ϕ pode ser trazido para a forma normal negativa (veja Exercício 2.6.2) de tal
maneira que não existam subfórmulas da forma $\neg R\bar{t}$.

   Note que a menos de equivalência lógica, uma fórmula ϕ é positiva (no sentido
definido na seção 2.4) se e somente se todo símbolo de relação, incluindo $=$, é positivo
em ϕ. (Veja Exercícios 2.4.10 e 2.6.3.)

   Objetivamos demonstrar o seguinte.

Teorema 8.3.3.   *Seja L uma linguagem de primeira ordem, Σ um conjunto de símbolos*
de relação de L (possivelmente incluindo $=$) e $\phi(\bar{x})$ uma fórmula de L na qual todo
símbolo de relação em Σ é positivo.

(a) *Se* $f : A \to B$ *é um homomorfismo sobrejetor de L-estruturas, e f fixa todos os símbolos de relação (incluindo possivelmente* =*) que não pertencem a* Σ*, então f preserva* ϕ*.*

(b) *Suponha que todo homomorfismo sobrejetor entre modelos de T que fixa todos os símbolos de relação que não pertencem a* Σ *preserve* ϕ*. Então* ϕ *é equivalente módulo T a uma fórmula* $\psi(\bar{x})$ *de L na qual todo símbolo de relação em* Σ *é positivo.*

Demonstração. (a) é uma variante imediata do Teorema 2.4.3. Para demonstrar (b), começamos na mesma trilha da demonstração do Corolário 8.3.2. Substituindo as variáveis $\bar{x}$ por novas constantes distintas, podemos assumir que ϕ é uma sentença. Seja Θ o conjunto de todas as fórmulas de L nas quais todo símbolo de relação em Σ é positivo.

Usaremos Θ da mesma maneira que usamos $\exists_1$ no Teorema 8.3.1. Por conseguinte se C e D são L-estruturas quaisquer, escrevemos $(C, \bar{c}) \Rightarrow_\Theta (D, \bar{d})$ para dizer que se $\theta(\bar{x})$ é uma fórmula qualquer em Θ tal que $C \vDash \theta(\bar{c})$, então $D \vDash \theta(\bar{d})$. Em particular $C \Rightarrow_\Theta D$ significa que toda sentença em Θ que é verdadeira em C é também verdadeira em D. No lugar do Teorema 8.3.1, mostraremos o seguinte.

Lema 8.3.4. *Sejam L,* Σ *e* Θ *como no teorema. Seja* λ *um cardinal* $\geqslant |L|$*, e suponha que A e B sejam estruturas* λ*-saturadas tais que* $A \Rightarrow_\Theta B$*. Então existem subestruturas elementares* A'*,* B' *de A, B respectivamente, e um homomorfismo sobrejetor* $f : A' \to B'$ *que fixa todos os símbolos de relação que não pertencem a* Σ*.*

Demonstração do lema. Construiremos sequências $\bar{a}$, $\bar{b}$ de elementos de A, B respectivamente, ambas de comprimento λ, de tal maneira que

(3.2)   para todo $i \leqslant \lambda$, $(A, \bar{a}|i) \Rightarrow (B, \bar{b}|i)$, e

(3.3) $\bar{a}$ (respectivamente, $\bar{b}$) é o domínio de uma subestrutura elementar de A (respectivamente, de B).

A construção será por indução sobre i, como na demonstração do Teorema 8.3.1.

Há uma diferença principal em relação à demonstração do Teorema 8.3.1. Naquela demonstração, cada a_j era dado e tínhamos que encontrar um elemento b_j para casar. Aqui algumas vezes escolheremos o b_j primeiro e então procuraremos por um a_j correspondente. Pode-se pensar no processo como um jogo de vai-e-vem de comprimento λ entre A e B: o jogador $\forall$ escolhe um elemento a_j (ou b_j), e a jogadora $\exists$ tem que encontrar um elemento correspondente b_j (ou a_j). A jogadora $\exists$ ganha se e somente se (3.2) se verifica após λ passos.

Mostraremos que a jogadora $\exists$ pode sempre ganhar esse jogo. No início do jogo, $A \Rightarrow_\Theta B$ por hipótese. Se i for um ordinal limite e $(A, \bar{a}|j) \Rightarrow_\Theta (B, \bar{b}|j)$ para todo $j < i$, então $(A, \bar{a}|i) \Rightarrow_\Theta (B, \bar{b}|i)$ pois todas as fórmulas são finitas. Logo novamente somos levados ao caso em que i é um ordinal sucessor $j + 1$. Existem duas situações, conforme a escolha do jogador $\forall$ seja de A ou de B.

Suponha primeiro que o jogador $\forall$ tenha acabado de escolher a_j de A. Seja $\Phi(\bar{x}, y)$ o conjunto de todas as fórmulas $\phi(\bar{x}, y)$ em Θ tais que $A \vDash \phi(\bar{a}|j, a_j)$. Como Θ é fechado sob conjunção e quantificação existencial, exatamente o mesmo argumento da demonstração do Teorema 8.3.1 mostra que $\Phi(\bar{b}|j, y)$ é um tipo sobre $\bar{b}|j$ com respeito a B, e portanto existe um elemento b em B tal que $(A, \bar{a}|j, a_j) \Rightarrow_{\Theta} (B, \bar{b}|i, b)$ como desejávamos. Suponha que a jogadora $\exists$ escolha b_j como sendo o elemento b.

Segundo, suponha que o jogador $\forall$ escolha b_j de B, de tal forma que a jogadora $\exists$ tem que encontrar um a_j apropriado. O argumento é exatamente o mesmo porém da direita para a esquerda, usando o conjunto $\{\neg\theta : \theta \in \Theta\}$ no lugar de Θ.

Logo a jogadora $\exists$ pode ter certeza de ganhar. Isso cuida de (3.2). Para fazer com que (3.3) seja verdadeiro também, damos algumas instruções ao jogador $\forall$. À medida que a partida prossegue, ele deve tomar nota de todas as fórmulas da forma $\phi(\bar{a}|i, y)$, com ϕ em L, tal que $A \vDash \exists y\, \phi(\bar{a}|i, y)$. Para cada fórmula dessa ele deve assegurar que em algum estágio j posterior a i, ele escolhe a_j de tal forma que $A \vDash \phi(\bar{a}|i, a_j)$. Ele deve fazer o mesmo com B. No final da partida, (3.3) se verificará pelo critério de Tarski–Vaught, Teorema 2.5.1.

Finalmente suponha que o jogo seja jogado, e sequências $\bar{a}$, $\bar{b}$ satisfazendo (3.2) e (3.3) tenham sido encontradas. Sejam A', B' as subestruturas de A, B com domínios listados por $\bar{a}$, $\bar{b}$ respectivamente. Como todas as fórmulas atômicas de L pertencem a Θ, o lema do diagrama nos dá um homomorfismo $f : A' \to B'$ tal que $f\bar{a} = \bar{b}$. Claramente f é sobrejetor. Se R é um símbolo de relação que não pertence a Σ, então a fórmula $\neg R\bar{z}$ pertence a Θ, e portanto (3.2) implica que f fixa R. $\square$ Lema.

O restante do argumento é muito semelhante ao da demonstração do Corolário 8.3.2, e deixo-o ao leitor. $\square$ Teorema.

Provavelmente o corolário mais conhecido do Teorema 8.3.3 é a seguinte recíproca do Teorema 2.4.3(b).

Corolário 8.3.5. (Teorema de preservação de Lyndon). *Seja T uma teoria numa linguagem L de primeira ordem e $\phi(\bar{x})$ uma fórmula de L que é preservada por todos os homomorfismos sobrejetores entre modelos de T. Então ϕ é equivalente módulo T a uma fórmula positiva $\psi(\bar{x})$ de L.*

Demonstração. Suponha que Σ no teorema seja o conjunto de todos os símbolos de relação de L, incluindo o símbolo $=$. $\square$

Usando o mesmo argumento, podemos substituir ϕ e ψ nesse corolário por conjuntos Φ, Ψ de fórmulas; veja o Exercício 1 adiante.

Jogos de Keisler

Em vários dos argumentos desta seção e da seção 8.1, construimos indutivamente uma sequência $\bar{a}$ de elementos de uma estrutura A, usando alguma propriedade de saturação de A. A sequência $\bar{a}$ tinha que satisfazer certas condições. Jogos se constituem numa maneira fácil de organizar argumentos desse tipo.

Em um jogo de Keisler sobre uma estrutura A, os dois jogadores $\forall$ e $\exists$ escolhem um a cada vez elementos de A. O objetivo da jogadora $\exists$ é definir algumas relações novas sobre A, e essas relações novas devem satisfazer algumas condições que dependem da escolha do jogador $\forall$.

Seja L uma linguagem de primeira ordem e λ um cardinal infinito. Uma **sentença de Keisler** de comprimento λ em L é uma expressão infinitária da forma

$$(3.4) \qquad Q_0 x_0 Q_1 x_1 \ldots Q_i x_i \, (i < \lambda) \, \ldots \bigwedge \Phi$$

onde cada Q_i é $\forall$ ou $\exists$, e Φ é um conjunto de fórmulas $\phi(x_0, x_1, \ldots)$ de L. Se χ é a sentença de Keisler (3.4) e A é uma L-estrutura, então o **jogo de Keisler** $G(\chi, A)$ é jogado da seguinte maneira. Existem λ passos. No i-ésimo passo, um dos jogadores escolhe um elemento a_i de A; o jogador $\forall$ faz a escolha se Q_i é $\forall$, e o jogador $\exists$ a faz, caso contrário. No final da partida, a jogadora $\exists$ ganha se $A \vDash \bigwedge \Phi(a_0, a_1, \ldots)$. Definimos

$$(3.5) \qquad A \vDash \chi$$

de modo a significar que a jogadora $\exists$ tem uma estratégia vencedora para o jogo $G(\chi, A)$.

Uma **aproximação finita** para a sentença de Keisler (3.4) é uma sentença $\overline{Q} \bigwedge \Psi$, onde Ψ é um subconjunto finito de Φ e $\overline{Q}$ é uma subsequência finita do prefixo de quantificadores em (3.4), contendo quantificadores para ligar todas as variáveis livres de Ψ. Escrevemos $\mathrm{app}(\chi)$ para designar o conjunto de todas as aproximações finitas para a sentença de Keisler χ.

Essas definições adaptam-se de maneira óbvia para **fórmulas de Keisler** $\chi(\bar{w})$ e jogos $G(\chi(\bar{w}), A, \bar{c})$. Por conseguinte $A \vDash \chi(\bar{c})$ se verifica se a jogadora $\exists$ tem uma estratégia vencedora para $G(\chi(\bar{w}), A, \bar{c})$. Em particular, suponha que χ seja a sentença de Keisler (3.4) e que α seja um ordinal $< \lambda$. Então escrevemos $\chi^{\alpha}(x_i : i < \alpha)$ para designar a fórmula de Keisler obtida de χ removendo-se os quantificadores $Q_i x_i \, (i < \alpha)$.

O lema seguinte nos diz que podemos separar o quantificador mais à esquerda $Q_0 x_0$ de uma sentença de Keisler e tratá-lo exatamente como um quantificador comum. É claro que o lema pode ser generalizado para fórmulas de Keisler $\chi(\bar{w})$ também.

Lema 8.3.6. *Com a notação acima, temos*

(3.6) $$A \vDash \chi \qquad sse \qquad A \vDash Q_0 x_0 \chi^1(x_0).$$

Demonstração. Suponha primeiro que Q_0 seja $\forall$. Se $A \vDash \chi$, então a posição inicial em $G(\chi, A)$ é vencedora para a jogadora $\exists$, de modo que toda escolha a do jogador $\forall$ põe a jogadora $\exists$ em posição vencedora em $G(\chi^1, A, a)$, donde $A \vDash \chi^1(a)$; logo $A \vDash \forall x_0 \chi^1(x_0)$. A recíproca, e os argumentos correspondentes para o caso $Q_0 = \exists$, são semelhantes. $\square$

O próximo teorema faz a conexão crucial entre jogos de Keisler e saturação.

Teorema 8.3.7. *Seja A uma L-estrutura não-vazia, λ um cardinal infinito e χ uma sentença de Keisler de L de comprimento λ.*
(a) *Se $A \vDash \chi$ então $A \vDash \bigwedge \mathrm{app}(\chi)$.*
(b) *Se $A \vDash \bigwedge \mathrm{app}(\chi)$ e A é λ-saturada então $A \vDash \chi$.*

Demonstração. (a) Mostramos que se $\alpha < \lambda$ e $\theta(x_i : i < \alpha)$ é uma aproximação finita para χ^α, e $\bar{a}$ é uma sequência de elementos de A tal que $A \vDash \chi^\alpha(\bar{a})$, então $A \vDash \theta(\bar{a})$. A prova é por indução sobre o número n de quantificadores no prefixo de quantificadores de θ. Escrevemos χ tal qual em (3.4).

Se $n = 0$ então θ é uma conjunção de fórmulas $\phi(x_i : i < \alpha)$ de Φ. Se $A \vDash \chi^\alpha(\bar{a})$ então a jogadora $\exists$ tem uma estratégia vencedora para $G(\chi^\alpha, A, \bar{a})$, e segue que $A \vDash \theta(\bar{a})$.

Suponha que $n > 0$ e que o prefixo de quantificadores de θ começa com um quantificador universal $\forall x_\beta$. Então $\beta \geqslant \alpha$ e podemos escrever θ como $\forall x_\beta \theta'(x_i : i \leqslant \beta)$. (Note que nenhuma das variáveis x_i com $i > \alpha$ são livres em θ.) Se $A \vDash \chi^\alpha(\bar{a})$, então a jogadora $\exists$ tem uma estratégia vencedora para $G(\chi^\alpha, A, \bar{a})$; suponha que os jogadores joguem esse jogo através dos passos $Q_i x_i$ ($\alpha \leqslant i < \beta$), com a jogadora $\exists$ usando sua estratégia vencedora, e suponha também que $\bar{b}$ seja a sequência de elementos escolhidos. (Isso é possível porque a estrutura A não é vazia.) Então $A \vDash \chi^\beta(\bar{a}, \bar{b})$, e portanto $A \vDash \forall x_\beta \chi^{\beta+1}(\bar{a}, \bar{b}, x_\beta)$ pelo Lema 8.3.6. Logo para todo elemento c de A, $A \vDash \chi^{\beta+1}(\bar{a}, \bar{b}, c)$ que pela hipótese da indução implica em $A \vDash \theta'(\bar{a}, \bar{b}, c)$. Por conseguinte $A \vDash \theta(\bar{a})$. O argumento quando θ começa com um quantificador existencial é semelhante.

Finalmente colocando $\alpha = 0$, temos o item (a) do teorema.

(b) Assuma que A é λ-saturada e que $A \vDash \bigwedge \mathrm{app}(\chi)$. Então a jogadora $\exists$ deve adotar a seguinte regra para jogar $G(\chi, A)$: sempre escolher de tal forma que para cada $\alpha < \lambda$, se $\bar{b}$ é a sequência de elementos escolhidos antes do α-ésimo passo, então $A \vDash \bigwedge \mathrm{app}(\chi^\alpha)(\bar{b})$. Se ela for bem sucedida seguindo essa regra até o fim do jogo, quando uma sequência $\bar{a}$ de comprimento λ tiver sido escolhida, então $A \vDash \bigwedge \Phi(\bar{a})$, logo ela vence. Temos apenas que mostrar que ela pode seguir a regra.

Suponha então que ela tenha seguido essa regra até a escolha de $\bar{b} = (b_i : i < \alpha)$, tal que $A \vDash \bigwedge \text{app}(\chi^\alpha)(\bar{b})$. Primeiro suponha que Q_α seja $\exists$. Sem perda de generalidade escreva qualquer aproximação finita θ para χ^α como $\exists x_\alpha \theta'(x_i \leqslant \alpha)$. Para manter a regra, a jogadora $\exists$ tem que escolher um elemento b_α tal que $A \vDash \theta'(\bar{b}, b_\alpha)$ para cada $\theta \in \text{app}(\chi^\alpha)$. Agora A é λ-saturada e $\bar{b}$ tem comprimento menor que λ. Daí precisamos apenas mostrar que se $\{\theta_0, \ldots, \theta_{n-1}\}$ é um conjunto finito de fórmulas em $\text{app}(\chi^\alpha)$, então $A \vDash \exists x_\alpha (\theta'_0 \wedge \ldots \wedge \theta'_{n-1})(\bar{b}, x_\alpha)$. Porém claramente existe alguma aproximação finita θ para χ^α que começa com $\exists x_\alpha$ e é tal que θ' implica em $\theta'_0, \ldots, \theta'_{n-1}$. Por hipótese $A \vDash \theta(\bar{b})$, em outras palavras $A \vDash \exists x_\alpha \theta'(\bar{b}, x_\alpha)$. Isso completa o argumento quando Q_α é $\exists$.

A seguir suponha que Q_α seja $\forall$, e que $\theta'(x_i : i \leqslant \alpha)$ seja uma aproximação finita para $\chi^{\alpha+1}$. Então $\forall x_\alpha \theta'$ é uma aproximação finita para χ^α, e portanto por hipótese $A \vDash \forall x_\alpha \theta'(\bar{b}, x_\alpha)$. Daí $A \vDash \theta'(\bar{b}, b_\alpha)$ independentemente da escolha de b_α. Logo o jogador $\forall$ nunca pode quebrar a regra da jogadora $\exists$.

O leitor pode checar que ordinais limites não apresentam ameaça à regra da jogadora $\exists$. Logo ela pode seguir a regra e vencer. Por conseguinte $A \vDash \chi$. □

O Teorema 8.3.7 pode ser facilmente generalizado para fórmulas de Keisler $\chi(\bar{w})$ com menos que λ variáveis livres $\bar{w}$. Nesse caso, parte (a) do teorema fica

(3.7)   Se $A \vDash \chi(\bar{b})$ então $A \vDash (\bigwedge \text{app}(\chi))(\bar{b})$,

e igualmente para a parte (b).

Colocaremos os jogos de Keisler em bom uso na próxima seção. Porém, no momento, veja como o Teorema 8.3.7 se relaciona com o Teorema 8.3.1. Sob as hipóteses do Teorema 8.3.1, liste os elementos de A da forma $\bar{a} = (a_i : i \leqslant \lambda)$. Seja $\bar{x}$ a sequência de variáveis $(x_i : i < \lambda)$, e escreva Θ para designar o conjunto de fórmulas $\exists_1 \theta(\bar{x})$ de L tais que $A \vDash \theta(\bar{a})$. Seja χ a sentença

(3.8) $\exists_0 x_0 \exists_1 x_1 \ldots \bigwedge \Theta$,

Então $\bigwedge \text{app}(\chi)$ é uma conjunção de sentenças $\exists_1$ verdadeiras em A, e portanto $B \vDash \bigwedge \text{app}(\chi)$ pois $A \Rightarrow_1 B$. Pelo Teorema 8.3.7(b) segue que $B \vDash \chi$, e podemos ver imediatamente que A é imersível em B.

Exercícios para a seção 8.3

1. Seja T uma teoria em uma linguagem de primeira ordem L e $\Phi(\bar{x})$ um conjunto de fórmulas de L tal que se $f : A \to B$ é um homomorfismo sobrejetor qualquer entre modelos A, B de T e $A \vDash \bigwedge \Phi(\bar{a})$ então $B \vDash \bigwedge \Phi(\bar{b})$. Mostre que Φ é equivalente módulo T a um conjunto $\Psi(\bar{x})$

de fórmulas positivas de L.

O próximo exercício extrai os fatos cruciais sobre saturação usados nas construções no Teorema 8.3.1 e no Lema 8.3.4.

2. Seja L uma linguagem de primeira ordem e Θ um conjunto de fórmulas de L. Se A, B são L-estruturas, escrevemos $(A, \bar{a}) \Rrightarrow_\Theta (B, \bar{b})$ para indicar que para toda fórmula θ em Θ, se $A \vDash \theta(\bar{a})$ então $B \vDash \theta(\bar{b})$. Mostre que (a) se Θ é fechado sob conjunção, disjunção e quantificação universal e existencial, e A e B são L-estruturas λ-saturadas com $\lambda \geqslant |L|$ tais que $A \Rrightarrow_\Theta B$, então existem sequências $\bar{a}$, $\bar{b}$ em A, B respectivamente, ambas de comprimento λ, tais que $\bar{a}$, $\bar{b}$ listam os domínios de subestruturas elementares A', B' de A, B respectivamente, e $(A, \bar{a}) \Rrightarrow_\Theta (B, \bar{b})$, (b) se Θ é fechado sob conjunção e quantificação existencial, e A e B são L-estruturas tais que $A \Rrightarrow_\Theta B$ e B é $|A|$-saturada, então existem sequências $\bar{a}$, $\bar{b}$ em A, B respectivamente tais que $\bar{a}$ lista o domínio de A e $(A, \bar{a}) \Rrightarrow_\Theta (B, \bar{b})$.

3. Seja L uma linguagem de primeira ordem contendo um símbolo de relação 1-ária P. Sejam A e B L-estruturas elementarmente equivalentes de cardinalidade λ. Suponha que B seja saturada, porém assuma a seguinte hipótese mais fraca sobre A: se X é um conjunto qualquer de menos que λ elementos de A, e $\Theta(x)$ é um tipo sobre X com respeito a A, que contém a fórmula $P(x)$, então Θ é realizado em A. Mostre que existe uma imersão elementar $f : A \to B$ que é uma bijeção de P^A para P^B.

4. Seja L uma linguagem de primeira ordem, A e B L-estruturas $|L|$-saturadas, e suponha que toda sentença de $\mathrm{Th}(A)$ que seja positiva ou $\forall_1$ pertence a $\mathrm{Th}(B)$. Mostre que existem subestruturas elementares A', B', de A, B respectivamente, um homomorfismo sobrejetor $f : A' \to B'$ e uma imersão $e : B' \to A$. [Construa sequências $\bar{a}$, $\bar{b}$, $\bar{c}$, tais que os devidos relacionamentos se verifiquem entre $(A, \bar{a})$, $(B, \bar{b})$ e $(A, \bar{c})$.]

5. Seja L uma linguagem de primeira ordem e T uma teoria em L. Mostre que as seguintes condições são equivalentes, para toda sentença ϕ de L. (a) Para todo modelo A de T e endomorfismo $e : A \to A$, se ϕ é verdadeira em A então ϕ é verdadeira na imagem de A. (b) ϕ é equivalente módulo T a uma combinação booleana positiva de sentenças positivas de L e sentenças $\forall_1$ de L. [Use o exercício anterior.]

6. Seja L uma linguagem de primeira ordem cujos símbolos incluem um símbolo de relação 2-ária $<$, e suponha que T seja uma teoria em L e $\phi(\bar{x})$ uma fórmula de L. Na terminologia do Exercício 2.4.5, mostre que as seguintes condições são equivalentes. (a) Se A e B são modelos de T e A é uma extensão-por-extremidade de B, então para toda upla $\bar{b}$ de elementos de B, $B \vDash \phi(\bar{b})$ implica $A \vDash \phi(\bar{a})$. (b) ϕ é equivalente módulo T a uma fórmula $\Sigma_1^0 \, \psi(\bar{x})$ de L.

7. Seja L uma linguagem de primeira ordem cujos símbolos incluem um símbolo de relação 2-ária $<$, e suponha que T seja uma teoria em L que implique em '$<$ ordena linearmente o conjunto de todos os elementos, porém não contém elemento último'. Recordemos do Exercício 2.4.9 a noção de uma **subestrutura cofinal**; suponha que Φ seja definido como naquele exercício, exceto que as fórmulas em Φ sejam obrigatoriamente de primeira ordem. Mostre que (a) se A e B são modelos de T, A e B são $|L|$-saturados e $A \Rrightarrow_\Phi B$, então existe uma imersão de uma

subestrutura elementar A' de A sobre uma subestrutura cofinal de uma subestrutura elementar B' de B, (b) se ϕ é uma fórmula de L, e f preserva ϕ sempre que f é uma imersão de um modelo de T sobre uma subestrutura cofinal de um modelo de T, então ϕ é equivalente módulo T a uma fórmula em Φ.

8. Seja L uma linguagem de primeira ordem cujos símbolos incluem um símbolo de relação 2-ária R, e suponha que T seja uma teoria em L. Suponha também que T implica que R expressa uma relação reflexiva simétrica. Se A é um modelo de T, definimos uma relação $\sim$ sobre $\mathrm{dom}(A)$ por '$\sim$ é a menor relação de equivalência contendo R^A'. Uma subestrutura **fechada** de A é uma subestrutura cujo domínio é uma união de classes de equivalência de $\sim$. Definimos Θ como sendo o menor conjunto de fórmulas de L tal que (i) Θ contém todas as fórmulas livres de quantificador, (ii) Θ é fechado sob disjunção, conjunção e quantificação existencial, e (iii) se $\phi(\bar{x}yz)$ pertence a Θ, e y ocorre livre em ϕ, então a fórmula $\forall z(Ryz \to \phi)$ pertence a Θ. Mostre que (a) se A e B são modelos de T, A e B são $|L|$-saturados e $A \Rightarrow_\Theta B$, então existe uma imersão de uma subestrutura elementar A' de A sobre uma subestrutura fechada de uma subestrutura elementar B' de B, (b) se ϕ é uma fórmula de L, e f preserva ϕ sempre que f é uma imersão de um modelo de T sobre uma subestrutura fechada de um modelo de T, então ϕ é equivalente módulo T a uma fórmula que pertence a Θ.

Compare o próximo exercício com o Corolário 5.4.3.
9. Seja ϕ a sentença $\exists xy(Rxy \land \forall z(Rxz \to \exists t(Rxt \land Rzt)))$. Mostre que (a) se uma estrutura A é uma imagem homomórfica de um modelo de ϕ, então A contém elementos a_i ($i < \omega$), não necessariamente distintos, tais que $A \models R(a_0, a_i) \land R(a_i, a_{i+1})$ sempre que $0 < i < \omega$, (b) se uma estrutura B contém sequências finitas arbitrariamente longas como a sequência de comprimento ω em (a), então alguma extensão elementar de B é uma imagem homomórfica de um modelo de ϕ, (c) por (a) e (b), a classe de imagens homomórficas de modelos de uma sentença de primeira ordem não precisa ser fechada sob equivalência elementar.

8.4 Teoremas de um-cardinal e de dois-cardinais

Um **teorema de dois-cardinais** é um teorema que nos diz que sob certas condições, uma teoria tem um modelo A no qual os subconjuntos $\varnothing$-definíveis $\phi(A)$, $\psi(A)$ definidos por duas fórmulas dadas $\phi(x)$, $\psi(x)$, têm cardinalidades diferentes. Um **teorema de um-cardinal** é um teorema com a conclusão oposta. Por exemplo se κ e λ são dois cardinais infinitos quaisquer com $\kappa \leqslant \lambda$, então existe um grupo G de cardinalidade λ cujo centro tem cardinalidade κ; esse é um teorema de dois-cardinais. Mas se G é um grupo linear geral de dimensão finita sobre um corpo infinito, então G tem a mesma cardinalidade que seu centro; esse é um teorema de um-cardinal.

O teorema seguinte, um resultado memorável de Vaught, foi o primeiro teorema de dois-cardinais da teoria dos modelos a ser demonstrado. Sua demonstração usa a noção de estruturas homogêneas como na seção 8.1 acima.

Teorema 8.4.1 (*Teorema de dois-cardinais de Vaught*). *Seja L uma linguagem*

*contável de primeira ordem, $\phi(x)$ e $\psi(x)$ duas fórmulas de L e T uma teoria em
L. Então as seguintes condições são equivalentes.*
(a) *T tem um modelo A no qual $|\phi(A)| \leqslant \omega$ mas $|\psi(A)| = \omega_1$.*
(b) *T tem um modelo A no qual $|\phi(A)| < |\psi(A)| \geqslant \omega$.*
(c) *T tem modelos A, B tais que $B \preccurlyeq A$ e $\phi(A) = \phi(B)$ mas $\psi(A) \neq \psi(B)$.*

Demonstração.   (a) $\Rightarrow$ (b) é trivial. (b) $\Rightarrow$ (c): assumindo (b), quando $|\phi(A)|$ é
infinito, seja B uma subestrutura elementar qualquer de A que contém $\phi(A)$ e tem
cardinalidade $|\phi(A)|$.

(c) $\Rightarrow$ (a). Assuma (c). Forme uma linguagem de primeira ordem L^+ adicionando
a L um símbolo de relação 1-ária P, e suponha que A^+ seja a L^+-estrutura obtida a
partir de A interpretando P como dom(B). Isso nos coloca na situação da seção 4.2;
na notação daquela seção $(A^+)_P = B$. Agora A é infinita pois $\psi(A) \neq \psi(B)$ e $B \preccurlyeq$
A. Daí A^+ tem uma subestrutura elementar C de cardinalidade ω. Pelo teorema da
relativização (Teorema 4.2.1), C_P está bem definida, $C_P \preccurlyeq C|L$, $\phi(C_P) = \phi(C|L)$ e
$\psi(C_P) \neq \psi(C|L)$, pois todos esses fatos são registrados em Th(C).

Afirmamos que C tem uma extensão elementar D tal que $D|L$ e D_P são ho-
mogêneos, e para todo $n < \omega$, cada n-tipo sobre $\varnothing$ que é realizado em $D|L$ também é
realizado em D_P. (Isso faz sentido pois $D_P \preccurlyeq D|L$).

Para construir D montamos uma sequência contável $C = C_0 \preccurlyeq C_1 \preccurlyeq \ldots$ da seguinte forma. Quando C_i tiver sido construída, encontramos uma extensão elementar
contável C_{i+1} de C_i tal que

(4.1)   se $\bar{a}, \bar{b}$ são uplas de elementos de C_i com $(C_i|L, \bar{a}) \equiv (C_i|L, \bar{b})$,
             e d é um elemento qualquer de C_i, então existe um elemento c de
             C_{i+1} tal que $(C_{i+1}|L, \bar{a}, c) \equiv (C_{i+1}|L, \bar{b}, d)$,

(4.2)   se $\bar{a}, \bar{b}$ são uplas de elementos de $(C_i)_P$ com $(C_i|L, \bar{a}) \equiv (C_i|L, \bar{b})$,
             e d é um elemento qualquer de C_i, então existe um elemento c de
             $(C_{i+1})_P$ tal que $(C_{i+1}|L, \bar{a}, c) \equiv (C_{i+1}|L, \bar{b}, d)$.

Daí, suponha que E seja uma extensão elementar ω-saturada de C_i; então $E|L$ e
E_P são extensões elementares ω-saturadas de $C_i|L$ e $(C_i)_P$ respectivamente, devido
aos Exercícios 8.1.11 e 8.1.13. Logo podemos escolher C_{i+1} como sendo uma subestrutura elementar adequada de E. Finalmente colocamos $D = \bigcup_{i<\omega} C_i$, e imediatamente segue que $D_P = \bigcup_{i<\omega}(C_i)_P$. Ambas D e D_P são contáveis. Por (4.1) e (4.2)
respectivamente, $D|L$ e D_P são ambas homogêneas. Por (4.2) e por indução sobre n,
toda n-upla sobre $\varnothing$ que é realizada em $D|L$ também é realizada em D_P. A afirmação
está demonstrada.

Se D é tal qual na afirmação acima, então o Teorema 8.1.8(b) nos diz que $D|L$ e
D_P são isomorfas. Mudando de notação, escreva A para designar $D|L$ e B para D_P.
Como D era uma extensão elementar de C, a cláusula (c) do teorema agora se verifica

com A e B contáveis, ω-homogêneas e isomorfas.

Montamos uma cadeia elementar $(A_i : i < \omega_1)$ da seguinte maneira, de tal forma que cada estrutura A_i seja isomorfa à estrutura A. Colocamos $A_0 = B$. Quando A_i tiver sido definida, escolhemos A_{i+1} e um isomorfismo $f : A \to A_{i+1}$ de modo que a imagem de B sob f seja A_i. Em um ordinal limite δ colocamos $A_\delta = \bigcup_{i<\delta} A_i$. A definição de homogeneidade implica imediatamente que a união de uma cadeia elementar contável de estruturas homogêneas contáveis é homogênea; logo A_δ é homogênea, e claramente ela realiza os mesmos tipos sobre $\varnothing$ que as estruturas A_i ($i < \delta$). Logo pelo Teorema 8.1.8(b) novamente, $A_\delta \cong A$.

Faça $A_{\omega_1} = \bigcup_{i<\omega_1} A_i$. Pela construção, $\phi(A_{\omega_1}) = \phi(A_i)$ para cada $i < \omega_1$, de modo que $\phi(A_{\omega_1})$ é no máximo contável. Porém para cada $i < \omega_1$, $\psi(A_i) \subset \psi(A_{i+1})$, e portanto $\psi(A_{\omega_1})$ é incontável. Isso demonstra o item (a) do teorema.

$\square$

Suponha que T seja uma teoria numa linguagem L. Uma fórmula $\phi(x)$ de L é dita ser de **dois-cardinais** para T se existe um modelo A de T tal que $|A|$ e $|\phi(A)|$ são distintos; caso contrário ela é de **um-cardinal** para T. Dizemos que a teoria T é de **dois-cardinais** se existe uma fórmula de dois-cardinais ϕ para T tal que $\phi(A)$ é infinito em todo modelo A de T; caso contrário T é de **um-cardinal**. Um **par de Vaught** para a fórmula ϕ é um par de estruturas A, B tais que $B \preccurlyeq A$, $B \neq A$ e $\phi(A)$, $\phi(B)$ são infinitos e iguais. Para uma teoria completa contável de primeira ordem T, a implicação (c) $\Rightarrow$ (b) no teorema de dois-cardinais de Vaught nos diz que se alguma fórmula $\phi(x)$ tem um par de Vaught de modelos de T, então ϕ é de dois-cardinais para T e T é uma teoria de dois-cardinais.

Estratificações em camadas

Até o final desta seção, L é uma linguagem de primeira ordem e T é uma teoria em L. Se $\phi(x)$ e $\psi(x)$ são fórmulas de L, escrevemos $\psi \leqslant \phi$ para indicar que para todo par de modelos A, B de T com $B \preccurlyeq A$, se $\phi(A) = \phi(B)$ então $\psi(A) = \psi(B)$. Vamos dar uma caracterização sintática da relação $\leqslant$. (Recordemos que já vimos a relação $\leqslant$ no Teorema 8.4.1 acima. Porém o que segue é independente daquele teorema, e, ao contrário daquele teorema, não é limitado a linguagens contáveis.)

Se $\phi(x)$ é uma fórmula de L, escrevemos $(\forall x \in \phi)\chi$ e $(\exists x \in \phi)\chi$ para designar $\forall x(\phi \to \chi)$ e $\exists x(\phi \land \chi)$ respectivamente. Uma **estratificação em camadas por** $\phi(x)$ é uma fórmula $\theta(x)$ da seguinte forma, para algum inteiro positivo n:

(4.3) $\quad (\exists y_0 \in \phi)\forall z_0((\exists z_0\eta_0 \to \eta_0) \to$
$\quad\quad\quad (\exists y_1 \in \phi)\forall z_1((\exists z_1\eta_1 \to \eta_1) \to$

$\quad\quad\quad\quad \cdots$

$\quad\quad\quad\quad (\exists y_{n-1} \in \phi)\forall z_{n-1}((\exists z_{n-1}\eta_{n-1} \to \eta_{n-1}) \to$
$\quad\quad\quad\quad x = z_0 \lor \ldots \lor x = z_{n-1}) \ldots),$

onde cada η_i é uma fórmula $\eta_i(y_0, z_0, y_1, \ldots, y_i, z_i)$ de L.

Teorema 8.4.2. *Sejam L e T como acima, e suponha que $\phi(x)$, $\psi(x)$ sejam fórmulas de L tais que $T \vdash \exists x \, \phi$. Então $\psi \leqslant \phi$ se e somente se existe uma estratificação em camadas $\theta(x)$ por ϕ tal que $T \vdash \forall x(\psi \to \theta)$.*

Demonstração. A direção fácil é a da direita para a esquerda. Suponha que A, B sejam modelos de T com $B \preccurlyeq A$, e que θ seja uma estratificação em camadas por ϕ tal que $T \vdash \forall x(\psi \to \theta)$. Suponha também que $\phi(A) = \phi(B)$. Seja a um elemento qualquer de $\psi(A)$; temos que mostrar que a pertence a $\psi(B)$. Agora por indução sobre $i < n$, onde n é tal qual em (4.3), podemos escolher elementos b_i em $\phi(A) = \phi(B)$ e c_i em B tais que

$$(4.4) \qquad\qquad B \vDash (\exists z_i \eta_i \to \eta_i) b_0, c_0, \ldots, b_i, c_i).$$

(Isso é trivial. Como $T \vdash \exists x \, \phi$, podemos encontrar elementos b_i em $\phi(A)$. Quando $b_0, \ldots, b_i$ tiverem sido escolhidos, se $B \vdash \exists z_i \eta_i(b_0, \ldots, b_i)$ temos c_i desejado; caso contrário, qualquer elemento c_i em B servirá.) Como $A \vDash \theta(a)$, segue que a é um dos $c_0, \ldots, c_{n-1}$, de modo que a pertence a B. Como $\psi(B) = \text{dom}(B) \cap \psi(A)$, temos que $\psi(A) = \psi(B)$.

Para a recíproca usamos jogos de Keisler, com uma pequena adaptação. Assuma que $\psi \leqslant \phi$, e suponha que λ seja um número limite forte $> |L|$. Em (3.4) da seção 8.3, suponha que cada um dos quantificadores $Q_i x_i$ tenha uma das formas $\forall x_i$, $\exists x_i$, $(\forall x_i \in \phi)$, $(\exists x_i \in \psi)$. Já sabemos o que os dois primeiros tipos de quantificador significam no jogo correspondente sobre uma estrutura A. Quando $Q_i x_i$ é $(\forall x_i \in \phi)$ (respectivamente, $(\exists x_i \in \psi)$), o jogador $\forall$ (respectivamente, $\exists$) escolhe o elemento a_i no passo i, mas agora a_i deve ser um elemento de $\phi(A)$ (respectivamente, $\psi(A)$). O resto é tal qual anteriormente.

Precisaremos de variáveis distintas y_i, z_i $(i < \lambda)$. Precisaremos também de uma lista $(\eta_i : i < \lambda)$ de fórmulas de L tal que

(4.5) \qquad cada η_i é da forma $\chi_i(y_0, z_0, y_1, z_1, \ldots, y_i, z_i)$,

(4.6) \qquad se $\bar{y}$ (respectivamente, $\bar{z}$) é uma upla de variáveis y_j (respectivamente, z_j) e $\eta(x, \bar{y}, \bar{z})$ é uma fórmula qualquer de L, então existe $i < \lambda$ tal que $\eta(z_i, \bar{y}, \bar{z})$ é η_i e z_i não pertence a $\bar{z}$.

Está claro que tal lista pode ser feita.

Seja χ a sentença de Keisler

(4.7) $(\exists x \in \psi)(\forall y_0 \in \phi)\exists z_0 \dots (\forall y_i \in \phi)\exists z_i \dots$

$$\left(\bigwedge_{i<\lambda}(x \neq z_i) \wedge \bigwedge_{i<\lambda}(\exists z_i\, \eta_i \to \eta_i) \right).$$

Afirmamos que $T \cup \mathrm{app}(\chi)$ não tem modelo.

Assuma por contradição que $T \cup \mathrm{app}(\chi)$ tem um modelo. Para tornar as coisas mais simples, assuma também a hipótese generalizada do contínuo (HGC), de tal forma que pelo Corolário 8.2.4, $T \cup \mathrm{app}(\chi)$ tem um modelo saturado A. (Veja no final do capítulo as formas de se eliminar a HGC.) Então pelo Teorema 8.3.7(b), a jogadora $\exists$ tem uma estratégia vencedora no jogo $G(\chi, A)$. Vamos por os dois jogadores para jogar esse jogo; suponha que a jogadora $\exists$ jogue para vencer, e que o jogador $\forall$ escolha de tal forma que suas jogadas exaurem $\phi(A)$. Suponha que a partida resultante seja da forma

(4.8) $a, b_0, c_0, \dots, b_i, c_i, \dots$

e suponha que X seja o conjunto $\{c_i : i < \lambda\}$. Por (4.6) e a segunda conjunção em χ, se $\eta(z)$ é uma fórmula qualquer com parâmetros entre os b_i e os c_i, e $A \vDash \exists z\, \eta$, então $A \vDash \eta(c)$ para algum $c \in X$. Portanto X é o domínio de uma subestrutura elementar B de A (usando o critério de Tarski–Vaught, Exercício 2.5.1). Daí também todo b_i pertence a X, e portanto $\phi(B) = \phi(A)$ em vista das jogadas do jogador $\forall$. Mas pela primeira conjunção em χ, $a \notin X$ e portanto $\psi(B) \neq \psi(A)$. Por conseguinte $\psi \not\leqslant \phi$; contradição. A afirmação está demonstrada.

Logo por compacidade existem sentenças $\xi_0, \dots, \xi_{m-1}$ em $\mathrm{app}(\chi)$ tais que $T \vdash \neg(\xi_0 \wedge \dots \wedge \xi_{m-1})$. Mas pela definição de $\mathrm{app}(\chi)$, existe uma determinada sentença ξ em $\mathrm{app}(\chi)$ que implica todas as $\xi_0, \dots, \xi_{m-1}$, de modo que $T \vdash \neg\xi$. Uma rearrumação simples de $\neg\xi$ pode trazê-la à forma $\forall x(\psi \to \theta)$ onde θ é uma estratificação em camadas por ϕ.

Exercícios para a seção 8.4

1. Seja L uma linguagem contável de primeira ordem, T uma teoria em L e $\phi(x)$, $\psi(x)$ fórmulas de L. Suponha que para todo modelo A de T, $|\psi(A)| \leqslant |\psi(A)| + \omega$. Mostre que existe um polinômio $p(x)$ com coeficientes inteiros, tal que para todo modelo A de T, se $|\phi(A)| = m < \omega$ então $|\psi(A)| \leqslant p(m)$. [Use Teorema 8.4.2.]

2. Seja L uma linguagem de primeira ordem, T uma teoria completa em L com modelos infinitos, e $\phi(x)$, $\psi(x)$ fórmulas de L. Por uma **estratificação** de ψ sobre ϕ em um modelo A de T queremos dizer uma fórmula $\sigma(x, y)$ de L com parâmetros de A, tal que $A \vDash \forall x(\psi(x) \leftrightarrow \exists y(\sigma(x, y) \wedge \phi(y)))$; chamamos a estratificação σ de **algébrica** se para todo elemento b de $\phi(A)$, o conjunto $\{a : A \vDash \sigma(a, b)\}$ é finito. Mostre que (a) mesmo quando $\psi \leqslant \phi$, não é necessário que exista uma estratificação algébrica de ψ sobre ϕ em qualquer modelo de T, (b) se A é um modelo de T, $\psi \leqslant \phi$ e $\psi(A)$ é infinito, então existem uma fórmula $\rho(x)$ de L com parâmetros de A tal que $\rho(A)$ é um subconjunto infinito de $\psi(A)$, e uma estratificação algébrica de ρ sobre

ϕ em A. [Com relação à fórmula $\theta(x)$ de (4.3), escreva $\theta_k(x, y_0, z_0, y_1, \ldots, z_{k-1}, y_k)$ para designar a fórmula que resulta se removermos tudo até ($\exists y_k \in \phi$) incluindo esta última. *Caso 1*. Para cada $b \in \phi(A)$ existe apenas um número finito de $a \in \psi(A)$ tais que $A \vDash \theta_0(a, b)$. Então ponha $\rho = \psi$ e $\sigma(x, y) = \theta_0(x, y)$. *Caso 2*. Existe $b_0 \in \phi(A)$ tal que o conjunto $X_0 = \{a : A \vDash \theta_0(a, b_0)\}$ é infinito, mas para cada $b \in \phi(A)$ existe apenas um número finito de $a \in X_0$ tais que $A \vDash \theta_1(a, b_0, c_0, b)$ (onde c_0 é um elemento fixo de A tal que $A \vDash \eta_0(b_0, c_0)$ se é que existe tal elemento). Então ponha $\rho(x) = \theta_0(x, b_0)$ e $\sigma(x, y) = \theta_1(x, b_0, c_0, y)$. Etc. até o caso n.]

8.5   Ultraprodutos e ultrapotências

Ultraprodutos se constituem num método para construir novas estruturas a partir de outras estruturas. Os ingredientes são uma família $(A_i : i \in I)$ de L-estruturas, para alguma assinatura L, e um conjunto $\mathcal{U}$ conhecido como um ultrafiltro sobre I. O resultado é uma nova L-estrutura que é escrita $\prod_{i \in I} A_i/\mathcal{U}$, e conhecida como o ultraproduto de $(A_i : i \in I)$ sobre $\mathcal{U}$.

A construção do ultraproduto tem quatro características destacáveis que a tornam diferente de qualquer outra coisa neste livro. A primeira é que o ultraproduto é definido diretamente em termos das estruturas A_i e do ultrafiltro; a definição não usa qualquer indução sobre os ordinais nem qualquer fórmula lógica. Os algebristas tendem a gostar de ultraprodutos por essa razão. Porém não se deve deixar levar: as características mais enroladas da teoria dos modelos ainda estão lá, escondidos na escolha do ultrafiltro. Na prática é frequente chegarmos à conclusão que a construção do ultrafiltro usa fórmulas lógicas ou indução sobre ordinais, ou ambos.

Em segundo lugar, existe uma regra simples que determina a teoria completa de primeira ordem de $\prod_{i \in I} A_i/\mathcal{U}$ em termos de $\mathcal{U}$ e as teorias completas de primeira ordem $(\mathrm{Th}(A_i) : i \in I)$. Esse é o Teorema de Łos's, Teorema 8.5.3 adiante.

Em terceiro lugar, ultraprodutos geralmente realizam um grande número de tipos. Na verdade existem maneiras de escolher o ultrafiltro $\mathcal{U}$ de tal forma que $\prod_{i \in I} A_i/\mathcal{U}$ é garantidamente saturada – embora que não consideraremos esse caso aqui.

Em quarto lugar, 'formar ultraprodutos comuta com formar redutos'. O que isso significa é que a interpretação de cada símbolo de L em $\prod_{i \in I} A_i/\mathcal{U}$ é independente das interpretações dos outros símbolos, de modo que podemos adicionar ou remover símbolos na assinatura sem afetar o restante do ultraproduto. Esse fato tem muitas aplicações. Uma delas é que podemos construir extensões elementares nas quais as cardinalidades de certos conjuntos definíveis são controladas independentemente umas das outras. Na verdade isso leva a alguns resultados, como os Corolários 8.5.8 e 8.5.9 adiante, que não dispõem de nenhuma demonstração conhecida exceto por ultraprodutos.

Afora esses corolários e uns poucos resultados como eles, ultraprodutos são pouco mais que uma maneira de usar o teorema da compacidade – eles não nos dizem nada que não pudéssemos provar com a mesma facilidade por outros meios. Essa é a razão pela qual reservei-lhes apenas uma seção.

Ultraprodutos definidos

A definição do ultraproduto $\prod_{i \in I} A_i / \mathcal{U}$ é em duas etapas. Primeiro definimos o produto direto $\prod_{i \in I} A_i$, e então formamos uma imagem homomorfa fatorando $\mathcal{U}$. De modo a prevenir algum mal comportamento nos produtos diretos, assumimos para o restante desta seção que *o conjunto de índices I não é vazio, e nenhuma das estruturas A_i é vazia.*

Seja L uma assinatura e I um conjunto não-vazio. Suponha que para cada $i \in I$ uma L-estrutura A_i seja dada. Definimos o **produto direto** $\prod_{i \in I} A_i$ (ou $\prod_I A_i$, abreviando) como sendo a L-estrutura B definida no próximo parágrafo. Produtos diretos também são conhecidos como **produtos Cartesianos**; em nome da brevidade normalmente usaremos simplesmente **produtos**.

Escreva X para designar o conjunto de todas as funções $a : I \to \bigcup_{i \in I} \mathrm{dom}(A_i)$ tais que para cada $i \in I$, $a(i) \in \mathrm{dom}(A_i)$. Colocamos $\mathrm{dom}(B) = X$. Para cada constante c de L tomamos c^B como sendo o elemento a de X tal que $a(i) = c^{A_i}$ para cada $i \in I$. Para cada símbolo de função n-ária F de L e n-upla $\bar{a} = (a_0, \ldots, a_{n-1})$ de X, definimos $F^B(\bar{a})$ como sendo o elemento b de X tal que para cada $i \in I$, $b(i) = F^{A_i}(a_0(i), \ldots, a_{n-1}(i))$. Para cada símbolo de relação n-ária R de L e n-upla $\bar{a}$ de X, colocamos $\bar{a}$ em R^B sse para todo $i \in I$, $(a_0(i), \ldots, a_{n-1}(i)) \in R^{A_i}$. Então B é uma L-estrutura, e definimos $\prod_I A_i$ como sendo B. A estrutura A_i é chamada de i-ésimo **fator** do produto. Se $I = \{0, \ldots, n-1\}$ escrevemos $A_0 \times \ldots \times A_{n-1}$ para designar $\prod_I A_i$.

Se $\bar{a}$ é uma sequência de elementos $(a_0, a_1, \ldots)$ do produto $\prod_I A_i$, então $\bar{a}(i)$ sempre significará $(a_0(i), a_1(i), \ldots)$, e nunca a_i.

Em álgebra se define vários tipos de produto, e esses frequentemente acabam sendo idênticos a produtos diretos como os definimos. Por exemplo um produto de grupos é exatamente um produto direto no nosso sentido. A teoria dos modelos tem muito a dizer sobre produtos diretos; porém eles não fazem parte das nossas preocupações aqui. Ao contrário, vamos nos voltar à segunda (e mais longa) parte da definição de ultraprodutos.

Por um **filtro** sobre o conjunto I queremos dizer um conjunto não-vazio $\mathcal{F}$ de subconjuntos de I tal que

(5.1) $X, Y \in \mathcal{F} \Rightarrow X \cap Y \in \mathcal{F}; X \in \mathcal{F}, X \subseteq Y \subseteq I \Rightarrow Y \in \mathcal{F}; \text{e } \emptyset \notin \mathcal{F}.$

Em particular $I \in \mathcal{F}$ pela segunda parte de (5.1) e pelo fato de que $\mathcal{F}$ não é vazio. Um filtro $\mathcal{F}$ é chamado de **ultrafiltro** se ele tem a propriedade adicional

(5.2)   Para todo conjunto $X \subseteq I$, exatamente um de X, $I \backslash X$ pertence a $\mathcal{F}$.

Logo mais encontraremos uma maneira de construir ultrafiltros interessantes. Mas é muito fácil encontrar ultrafiltros desinteressantes. Seja i um elemento qualquer de I, e $\mathcal{U}$ o conjunto de todos os subconjuntos X de I tais que $i \in X$. Então $\mathcal{U}$ é um ultrafiltro sobre I. Ultrafiltros dessa forma são ditos **principais**.

Seja $\phi(\bar{x})$ uma fórmula de L e $\bar{a}$ uma upla de elementos do produto $\prod_I A_i$. Definimos o **valor booleano** de $\phi(\bar{a})$, em símbolos $\|\phi(\bar{a})\|$, como sendo o conjunto $\{i \in I : A_i \vDash \phi(\bar{a}(i))\}$.

Essa definição é tirada quase que diretamente da primeira monografia lógica de George Boole, publicada em 1847. Essencialmente, ele destacou as leis

(5.3) $\|\phi \wedge \psi\| = \|\phi\| \cap \|\psi\|, \quad \|\phi \vee \psi\| = \|\phi\| \cup \|\psi\|, \quad \|\neg\phi\| = I \backslash \|\phi\|,$

e usou-as para mostrar que lógica e teoria dos conjuntos provêem interpretações de seu cálculo booleano.

O análogo de (5.3) para o quantificador existencial deveria dizer que $\|\exists x\, \phi(x)\|$ é a união dos conjuntos $\|\phi(a)\|$ com a em $\prod_I A_i$. Mas na verdade algo mais forte é verdadeiro, tanto para $\prod_I A_i$ quanto para alguma das suas subestruturas C. Dizemos que C **respeita** $\exists$ se para toda fórmula $\phi(x)$ de L com parâmetros de C.

(5.4) $\|\exists x\, \phi(x)\| = \|\phi(a)\|$ para algum elemento a de C.

É claro que $\prod_I A_i$ respeita $\exists$: para cada $i \in \|\exists x\, \phi(x)\|$, escolha um elemento a_i tal que $A_i \vDash \phi(a_i)$, e tome o elemento a de $\prod_I A_i$ tal que $a(i) = a_i$ para cada $i \in \|\exists x\, \phi(x)\|$. (Aqui invocamos o axioma da escolha.)

Seja I um conjunto não-vazio, $(A_i : i \in I)$ uma família de L-estruturas não-vazias e $\mathcal{F}$ um filtro sobre I. Formamos o produto $\prod_I A_i$, e usando $\mathcal{F}$ definimos uma relação de equivalência $\sim$ sobre dom $\prod_I A_i$ da seguinte forma

(5.5) $a \sim b \quad$ sse $\quad \|a = b\| \in \mathcal{F}.$

Vamos verificar que $\sim$ é uma relação de equivalência. Reflexiva: para cada elemento a de $\prod_I A_i$, $\|a = a\| \in \mathcal{F}$. Simetria é clara. Transitiva: $\|a = b\| \cap \|b = c\| \subseteq \|a = c\|$, de modo que se $\|a = b\|, \|b = c\| \in \mathcal{F}$, então $\|a = c\| \in \mathcal{F}$ por (5.1). Por conseguinte $\sim$ é uma relação de equivalência. Escrevemos $a/\mathcal{F}$ para designar a classe de equivalência do elemento a.

Definimos uma L-estrutura D da seguinte maneira. O domínio dom(D) é o conjunto das classes de equivalência $a/\mathcal{F}$ com $a \in$ dom $\prod_I A_i$. Para cada símbolo de constante c de L colocamos

(5.6) $c^D = a/\mathcal{F} \quad$ onde $a(i) = c^{A_i}$ para cada $i \in I$.

A seguir suponha que F seja um símbolo de função n-ária de L, e que $a_0, \ldots, a_{n-1}$ sejam elementos de $\prod_I A_i$. Definimos

(5.7) $F^D(a_0/\mathcal{F}, \ldots, a_{n-1}/\mathcal{F}) = b/\mathcal{F}$
onde $b(i) = F^{A_i}(a_0(i), \ldots, a_{n-1}(i))$ para cada $i \in I$.

É preciso checar se (5.7) é uma definição segura. Suponha que $a_j \sim a'_j$ para cada $j < n$. Então por (5.1) existe um conjunto $X \in \mathcal{F}$ tal que $X \subseteq \|a_j = a'_j\|$ para cada $j < n$. Segue que $X \subseteq \|F(a_0, \ldots, a_{n-1}) = F(a'_0, \ldots, a'_{n-1})\|$, o que justifica a definição. Finalmente se R é um símbolo de relação n-ária de L e $a_0, \ldots, a_{n-1}$ são elementos de $\prod_I A_i$, então colocamos

(5.8) $(a_0/\mathcal{F}, \ldots, a_{n-1}/\mathcal{F}) \in R^D$ sse $\|R(a_0, \ldots, a_{n-1})\| \in \mathcal{F}$.

Novamente (5.1) mostra que essa definição é segura.

Definimos então uma L-estrutura D. Essa estrutura é chamada de **produto reduzido** de $(A_i : i \in I)$ sobre $\mathcal{F}$, em símbolos $\prod_I A_i/\mathcal{F}$. Quando $\mathcal{F}$ é um ultrafiltro, a estrutura é chamada de **ultraproduto** de $(A_i : i \in I)$ sobre $\mathcal{F}$. O efeito das definições (5.6)–(5.8) é que para toda fórmula atômica desaninhada $\phi(\bar{x})$ de L e toda upla $\bar{a}$ de elementos de $\prod_I A_i$.

(5.9) $\displaystyle\prod_I A_i/\mathcal{F} \vDash \phi(\bar{a}/\mathcal{F})$ sse $\|\phi(\bar{a})\| \in \mathcal{F}$.

Note que $\prod_I A_i$ propriamente dito é simplesmente o produto reduzido $\prod_I A_i/\{I\}$, de modo que todo produto direto é um produto reduzido.

Nosso primeiro resultado diz que tomar produtos reduzidos comuta com tomar redutos relativizados.

Teorema 8.5.1. *Sejam L e L^+ assinaturas e P um símbolo de relação 1-ária de L^+. Seja $(A_i : i \in I)$ uma família não-vazia de L^+-estruturas não-vazias tal que $(A_i)_P$ esteja definido (veja seção 4.2) e $\mathcal{F}$ um filtro sobre I. Então $(\prod_I A_i/\mathcal{F})_P = \prod_I((A_i)_P)/\mathcal{F}$.*

Demonstração. Defina $f : \prod_I((A_i)_P)/\mathcal{F} \to \prod_I A_i/\mathcal{F}$ levando qualquer elemento $a/\mathcal{F}$ de $\prod_I((A_i)_P)/\mathcal{F}$ ao elemento correspondente $a/\mathcal{F}$ de $\prod_I A_i/\mathcal{F}$. Pode-se verificar a partir da definição de produtos reduzidos que essa definição é segura, e que f é uma imersão com imagem $(\prod_I A_i/\mathcal{F})_P$. $\square$

Quando todas as estruturas A_i forem iguais a uma estrutura fixada A, chamamos $\prod_I A_i/\mathcal{F}$ a **potência reduzida** $A^I/\mathcal{F}$; se $\mathcal{F}$ é um ultrafiltro, chamamos a estrutura de **ultrapotência** de A sobre $\mathcal{F}$. Existe uma imersão $e : A \to A^I/\mathcal{F}$ definida por $e(b) = a/\mathcal{F}$ onde $a(i) = b$ para todo $i \in I$. O fato de que e é uma imersão segue do próximo lema, porém é fácil verificar diretamente. Chamamos e de a **imersão diagonal**.

Recordemos que uma fórmula **primitiva positiva (p.p.)** é uma fórmula de primeira ordem da forma $\exists \bar{y} \bigwedge \Phi$ onde Φ é um conjunto de fórmulas atômicas.

Lema 8.5.2. *Seja L uma assinatura e $\phi(\bar{x})$ uma fórmula p.p. de L. Seja $(A_i : i \in I)$ uma família não-vazia de L-estruturas não-vazias e $\bar{a}$ uma upla de elementos de $\prod_I A_i$. Seja $\mathcal{F}$ um filtro sobre I. Então*

$$(5.10) \qquad \prod_I A_i/\mathcal{F} \vDash \phi(\bar{a}/\mathcal{F}) \qquad se\ e\ somente\ se \qquad \|\phi(\bar{a})\| \in \mathcal{F}.$$

Demonstração. Procedemos por indução sobre a complexidade de ϕ. Como $\|\psi\| = \|\chi\|$ sempre que ψ e χ são logicamente equivalentes, podemos usar o Corolário 2.6.2 e assumir que ϕ é desaninhada. Então (5.10) para fórmulas atômicas é simplesmente (5.9).

Se (5.10) se verifica para fórmulas $\phi(\bar{x})$, $\psi(\bar{x})$ então também se verifica para a conjunção delas. Da esquerda para a direita, suponha que $\prod_I A_i/\mathcal{F} \vDash (\phi \wedge \psi)(\bar{a}/\mathcal{F})$. Então por hipótese $\|\phi(\bar{a})\|$ e $\|\psi(\bar{a})\|$ ambos pertencem a $\mathcal{F}$. Segue que $\|(\phi \wedge \psi)(\bar{a})\| \in \mathcal{F}$ devido à primeira parte de (5.3) e (5.1). Da esquerda para a direita, se $\|(\phi \wedge \psi)(\bar{a})\| \in \mathcal{F}$ então $\|\phi(\bar{a})\| \in \mathcal{F}$ devido à segunda parte de (5.1), pois $\|(\phi \wedge \psi)(\bar{a})\| \subseteq \|\phi(\bar{a})\|$. O restante está claro.

Se (5.10) se verifica para $\psi(\bar{x}, \bar{y})$ então também se verifica para $\exists \bar{y}\, \psi(\bar{x}, \bar{y})$. Da esquerda para a direita, suponha que $\prod_I A_i/\mathcal{F} \vDash \exists \bar{y}\, \psi(\bar{a}/\mathcal{F}, \bar{y})$. Então existem elementos $\bar{b}$ de $\prod_I A_i$ tais que $\prod_I A_i/\mathcal{F} \vDash \psi(\bar{a}/\mathcal{F}, \bar{b}/\mathcal{F})$, de modo que $\|\psi(\bar{a}, \bar{b})\| \in \mathcal{F}$ por hipótese. Como $\|\psi(\bar{a}, \bar{b})\| \subseteq \|\exists \bar{y}\, \psi(\bar{a}, \bar{y})\|$, segue que $\|\exists \bar{y}\, \psi(\bar{a}, \bar{y})\| \in \mathcal{F}$ por (5.1). Reciprocamente, suponha que $\|\exists \bar{y}\, \psi(\bar{a}, \bar{y})\| \in \mathcal{F}$. Como $\prod_I A_i$ respeita $\exists$, existem elementos $\bar{b}$ de $\prod_I A_i$ tais que $\|\psi(\bar{a}, \bar{b})\| = \|\exists \bar{y}\, \psi(\bar{a}, \bar{y})\|$; donde $\prod_I A_i/\mathcal{F} \vDash \psi(\bar{a}/\mathcal{F}, \bar{b}/\mathcal{F})$ por hipótese. Logo $\prod_I A_i \vDash \exists \bar{y}\, \psi(\bar{a}/\mathcal{F}, \bar{y})$. $\qquad\square$

Teorema 8.5.3. *(Teorema de Łoś).* *Seja L uma linguagem de primeira ordem, $(A_i : i \in I)$ uma família não-vazia de L-estruturas não-vazias e $\mathcal{U}$ um ultrafiltro sobre I. Então para qualquer fórmula $\phi(\bar{x})$ de L e upla $\bar{a}$ de elementos de $\prod_I A_i$,*

$$(5.11) \qquad \prod_I A_i/\mathcal{U} \vDash \phi(\bar{a}/\mathcal{U}) \qquad se\ e\ somente\ se \qquad \|\phi(\bar{a})\| \in \mathcal{U}.$$

Demonstração. Procedemos por indução sobre a complexidade de ϕ. Comparando com a demonstração do Lema 8.5.2, vemos que apenas mais uma coisa é necessária: supondo que a condição (5.11) se verifica para ϕ, temos que deduzí-la para $\neg \phi$ também. Mas isso é fácil devido a (5.2):

(5.12) $\qquad \prod_I A_i/\mathcal{U} \models \neg\phi(\bar{a}/\mathcal{U}) \Leftrightarrow \|\phi(\bar{a})\| \notin \mathcal{U} \Leftrightarrow \|\neg\phi(\bar{a})\| \in \mathcal{U}.$ $\qquad\qquad$ □

Corolário 8.5.4. *Se $A^I/\mathcal{U}$ é uma ultrapotência de A, então a função diagonal e : $A \to A^I/\mathcal{U}$ é uma imersão elementar.*

Demonstração. Imediata. $\qquad\qquad\qquad\qquad\qquad\qquad\qquad\qquad\qquad\qquad$ □

Através da manipulação usual (veja Exercício 1.2.4(b)), o Corolário 8.5.4 nos permite considerar A como uma subestrutura elementar de $A^I/\mathcal{U}$. Logo ultrapotências dão origem a extensões elementares. Pelo Exercício 1 adiante, isso é útil apenas quando o ultrafiltro é não-principal; já é tempo de encontrarmos ultrafiltros não-principais.

Encontrando ultrafiltros

Seja I um conjunto não-vazio e W um conjunto de subconjuntos de I. Dizemos que I tem a **propriedade da interseção finita** se para todo conjunto finito $X_0, \dots, X_{m-1}$ de elementos de W, a interseção $X_0 \cap \dots \cap X_{m-1}$ é não-vazia. Note que todo filtro sobre I tem a propriedade da interseção finita.

Lema 8.5.5. *Seja I um conjunto não-vazio e W um conjunto de subconjuntos de I com a propriedade da interseção finita. Então existe um ultrafiltro $\mathcal{U}$ sobre I tal que $W \subseteq \mathcal{U}$.*

Demonstração. Seja L a linguagem de primeira ordem com a seguinte assinatura: cada subconjunto de I é uma constante, e existe um símbolo de relação 1-ária P. Seja T a teoria

(5.13) $\quad \{P(a) \to P(b) : a \subseteq b\}$
$\qquad \cup \{P(a) \wedge P(b) \to P(c) : a \cap b = c\}$
$\qquad \cup \{P(a) \leftrightarrow \neg P(b) : b = I \backslash a\} \cup \{P(a) : a \in W\}.$

Afirmamos que T tem um modelo. Pois, suponha que não. Então pelo teorema da compacidade (Teorema 5.1.1), algum subconjunto finito U de T não tem modelo. Suponha que $X_0, \dots, X_{m-1}$ sejam os elementos a de W tais que '$P(a)$'$\in U$. Como W tem a propriedade da interseção finita, existe um elemento $i \in I$ tal que $i \in X_0 \cap \dots \cap X_{m-1}$. Suponha que $\mathcal{V}$ seja o ultrafiltro principal consistindo de todos os subconjuntos de I que contêm i. Então formamos um modelo de U interpretando cada subconjunto de I como um nome de si próprio, e lendo '$P(c)$' como '$c \in \mathcal{V}$'. Isso prova a afirmação.

Agora suponha que B seja um modelo de T. Defina um conjunto $\mathcal{U}$ de subconjuntos de I colocando $b \in \mathcal{U}$ se e somente se $B \vDash P(b)$. Então podemos ler de (5.13) que $\mathcal{U}$ é um ultrafiltro contendo a totalidade de W.   □

Supondo que I é infinito, esse lema nos dá um ultrafiltro não-principal se tomarmos W como sendo o conjunto de todos os subconjuntos cofinitos de I (i.e. conjuntos $I \backslash X$ onde X é finito). Porém um enunciado muito mais forte está em nosso alcance.

Lema 8.5.6. *Seja I um conjunto infinito. Então existe um ultrafiltro $\mathcal{U}$ sobre I contendo conjuntos X_j ($j \in I$) tais que para cada $i \in I$ o conjunto $\{j : i \in X_j\}$ é finito.*

Demonstração. Claramente é bastante se demonstrarmos o lema para algum conjunto J da mesma cardinalidade que I. Seja J o conjunto de todos os subconjuntos finitos de I. Para cada $i \in I$, suponha que $X(i)$ seja $\{j \in J : i \in j\}$, de tal forma que $j \in X(i) \Leftrightarrow i \in j$. Se $i_0, \ldots, i_{n-1}$ pertencem a I então $X(i_0) \cap \ldots \cap X(i_{n-1})$ é não-vazio, pois trata-se do conjunto de todos os $j \in J$ com $i_0, \ldots, i_{n-1} \in j$. Logo pelo Lema 8.5.5 existe um ultrafiltro $\mathcal{U}$ sobre J que contém $X(i)$ para cada $i \in I$. Use uma bijeção entre I e J para renomear os conjuntos $X(i)$ para X_j ($j \in J$).   □

Um ultrafiltro $\mathcal{U}$ com a propriedade do Lema 8.5.6 é dito **regular**. Ele é obviamente não-principal.

Teorema 8.5.7. *Seja L uma linguagem de primeira ordem, A uma L-estrutura, I um conjunto infinito e $\mathcal{U}$ um ultrafiltro regular sobre I.*
   (a) *Se $\phi(x)$ é uma fórmula de L tal que $|\phi(A)|$ é infinito, então $|\phi(A^I/\mathcal{U})| = |\phi(A)|^{|I|}$.*
   (b) *Se $\Phi(\bar{x})$ é um tipo sobre $\mathrm{dom}(A)$ com respeito a A, e $|\Phi| \leqslant |I|$, então alguma upla $\bar{a}$ em $A^I/\mathcal{U}$ realiza Φ.*

Demonstração. (a) Primeiro demonstramos $\leqslant$. Pelo teorema de Łoś (Teorema 8.5.3) cada elemento de $\phi(A^I/\mathcal{U})$ é da forma $b/\mathcal{U}$ para algum b tal que $\|\phi(b)\| \in \mathcal{U}$. Como podemos mudar b em qualquer lugar fora de um conjunto de $\mathcal{U}$ sem afetar $b/\mathcal{U}$, podemos escolher b de tal forma que $\|\phi(b)\| = I$. Isso estabelece uma injeção de $\phi(A^I/\mathcal{U})$ para o conjunto $\phi(A)^I$ de todas as funções de I para $\phi(A)$.
   A seguir demonstramos $\geqslant$. Como $\mathcal{U}$ é regular, existem conjuntos X_i ($i \in I$) em $\mathcal{U}$ tais que para cada $j \in I$ o conjunto $Z_j = \{i \in I : j \in X_i\}$ é finito. Para cada $j \in I$, suponha que μ_j seja uma bijeção levando o conjunto $\phi(A)^{Z_j}$ (de todas as funções de Z_j para $\phi(A)$) para $\phi(A)$. Tal μ_j existe já que $\phi(A)$ é infinito. Para cada função $f : I \to \phi(A)$, defina f^μ como sendo a função de I para $\phi(A)$ tal que

(5.14) para cada $j \in I$, $f^\mu(j) = \mu_j(f|Z_j)$.

Cada função $f^\mu : I \to \phi(A)$ é um elemento de A^I, e pelo teorema de Łoś $f^\mu/\mathcal{U} \in \phi(A^I/\mathcal{U})$. Logo resta apenas mostrar que se f, g são funções distintas de I para $\phi(A)$ então $f^\mu/\mathcal{U} \neq g^\mu/\mathcal{U}$. Suponha então que $f(i) \neq g(i)$ para algum $i \in I$. Segue que $f|Z_j \neq g|Z_j$ sempre que $i \in Z_j$, i.e. sempre que $j \in X_i$. Logo $X_i \subseteq \|f^\mu \neq g^\mu\|$, e portanto $f^\mu/\mathcal{U} \neq g^\mu/\mathcal{U}$ pois $X_i \in \mathcal{U}$.

(b) Como $\mathcal{U}$ é regular, existe uma família $\{X_\phi : \phi \in \Phi\}$ de conjuntos em $\mathcal{U}$, tal que para cada $i \in I$ o conjunto $Z_i = \{\phi \in \Phi : i \in X_\phi\}$ é finito. Como Φ é um tipo sobre dom(A), para cada $i \in I$ existe uma upla $\bar{a}_i$ em A que satisfaz Z_i. Suponha que $\bar{a}$ seja a upla em A^I tal que $\bar{a}(i) = \bar{a}_i$ para cada i. Então para cada fórmula ϕ em Φ, se $i \in X_\phi$ então $\phi \in Z_j$ e portanto $A \vDash \phi(\bar{a}_i)$. Por conseguinte $X_\phi \subseteq \|\phi(\bar{a})\|$, e pelo teorema de Łoś (Teorema 8.5.3) deduzimos que $A^I/\mathcal{U} \vDash \phi(\bar{a})$. $\square$

O Corolário 8.5.4 e o Teorema 8.5.7(a) nos fornecem extensões elementares arbitrariamente grandes de qualquer estrutura infinita A. Eles também nos fornecem o seguinte enunciado mais forte, para o qual nenhuma outra demonstração é conhecida.

Corolário 8.5.8. *Seja L uma linguagem de primeira ordem, A uma L-estrutura e κ um cardinal infinito. Então A tem uma extensão elementar B tal que para toda fórmula $\phi(\bar{x})$ de L, $|\phi(B)|$ é finito ou igual a $|\phi(A)|^\kappa$.*

A próxima aplicação também não tem outra demonstração conhecida. É mais complicada que o Corolário 8.5.8, mas também mais útil. A propriedade da envoltória finita foi definida na seção 4.4 (e será usada na seção 9.5).

Corolário 8.5.9. *Seja L uma linguagem de primeira ordem e T uma teoria completa em L que tem modelos infinitos. Suponha que T seja λ-categórica para algum $\lambda \geqslant \max((2^\omega)^+, |L|)$. Então T não tem a propriedade da envoltória finita.*

Demonstração. Uso a definição de Shelah da propriedade da envoltória finita, tal qual na seção 4.4. A demonstração adapta-se imediatamente à definição de Keisler (dada no Exercício 4.4.3).

Seja A um modelo de T de cardinalidade pelo menos λ. Se T tem a propriedade da envoltória finita, então existe uma fórmula $\phi(\bar{x}, \bar{y}, \bar{z})$ de L tal que para cada upla $\bar{c}$ em A, $\phi(\bar{x}, \bar{y}, \bar{c})$ define uma relação de equivalência $E_{\bar{c}}$, e para cada $n < \omega$ existe uma upla $\bar{c}_n$ tal que o número de classes de equivalência de $E_{\bar{c}_n}$ é finito e pelo menos igual a n. Em alguma fatia finita apropriada B de A^{eq}, as classes de equivalência de cada $E_{\bar{c}}$ formam um conjunto de elementos $X_{\bar{c}}$; $X_{\bar{c}}$ é definível em termos de $\bar{c}$.

Seja $\mathcal{U}$ um ultrafiltro regular sobre ω e $(X_m : m < \omega)$ uma cadeia descendente de conjuntos em $\mathcal{U}$ com interseção vazia. Escolha uma upla $\bar{c}/\mathcal{U}$ em $B^\omega/\mathcal{U}$ tal que para cada $i < \omega$, se $i \in X_n \backslash X_{n+1}$ então $\bar{c}(i) = \bar{c}_n$. Para todo $n < \omega$, o conjunto

(5.15) $\|\phi(\bar{x}, \bar{y}, \bar{c})\|$ define uma relação de equivalência cujo conjunto $X_{\bar{c}}$ de
           classes de equivalência tem mais de n elementos$\|$

contém todos (porém em número finito) $i \in \omega$. Logo pelo teorema de Łoś, $X_{\bar{c}}$ é um conjunto infinito consistindo das classes de equivalência de $\phi(\bar{x}, \bar{y}, \bar{c})$ em $B^\omega / \mathcal{U}$. Mas $X_{\bar{c}}$ também é um produto relativizado de $B^\omega / \mathcal{U}$ (com parâmetros $\bar{c}$). Logo podemos aplicar o Teorema 8.5.1 para concluir que $|X_{\bar{c}}| = |\prod_\omega X_{\bar{c}(i)}/\mathcal{U}| \leqslant \prod_\omega |X_{\bar{c}(i)}| \leqslant 2^\omega$. Portanto em $A^\omega / \mathcal{U}$, o número de classes de equivalência de $\phi(\bar{x}, \bar{y}, \bar{c})$ é infinito porém $\leqslant 2^\omega$.

Agora pelo teorema de Löwenheim–Skolem de-cima-para-baixo, $A^\omega / \mathcal{U}$ tem uma subestrutura elementar de cardinalidade λ na qual o número de classes de equivalência de $\phi(\bar{x}, \bar{y}, \bar{c})$ é infinito porém $\leqslant 2^\omega$. Mas aplica-se facilmente o teorema da compacidade para construir um modelo de T de cardinalidade λ no qual para toda upla $\bar{d}$, o número de classes de equivalência de $\phi(\bar{x}, \bar{y}, \bar{d})$ é finito ou pelo menos λ (veja Exercício 6.1.10). Isso contradiz a hipótese de que T é λ-categórica.   □

Equivalência elementar

Teorema 8.5.10. *(Teorema de Keisler–Shelah).   Seja L uma assinatura e suponha que A, B sejam L-estruturas. As seguintes condições são equivalentes.*
(a) $A \equiv B$.
(b) *Existem um conjunto I e um ultrafiltro $\mathcal{U}$ sobre I tais que $A^I / \mathcal{U} \cong B^I / \mathcal{U}$.*

Demonstração.   A demonstração usa algo de combinatória bem difícil. Ela pode ser encontrada na demonstração (porém não no enunciado) do Teorema 6.1.15 no livro *Model theory* de Chang e Keisler (veja as referências bibliográficas no final deste capítulo).   □

O teorema de Keisler–Shelah foi uma solução impressionante de um problema natural. Porém não tem levado a tanta informação nova. A aplicação seguinte é típica de duas maneiras: ela usa o Teorema 8.5.1, e existe uma demonstração imediata através de meios elementares (veja Exercício 5.5.1).

Corolário 8.5.11. *(Lema da consistência conjunta de Robinson).   Sejam L_1 e L_2 linguagens de primeira ordem e $L = L_1 \cap L_2$. Sejam T_1 e T_2 teorias consistentes em L_1 e L_2 respectivamente, tais que $T_1 \cap T_2$ é uma teoria completa em L. Então $T_1 \cup T_2$ é consistente.*

Demonstração.   Sejam A_1, A_2 modelos de T_1, T_2 respectivamente. Então como $T_1 \cap T_2$ é completa, $A_1|L \equiv A_2|L$. Pelo teorema de Keisler–Shelah existe um ultrafiltro $\mathcal{U}$ sobre um conjunto I tal que $(A_1|L)^I/\mathcal{U} \cong (A_2|L)^I/\mathcal{U}$. O Corolário 8.5.4 nos diz que $A_1^I/\mathcal{U} \vDash T_1$ e $A_2^I/\mathcal{U} \vDash T_2$. Pelo Teorema 8.5.1, $A_1^I/\mathcal{U}$ é uma expansão de $(A_1|L)^I/\mathcal{U}$. Mas o Teorema 8.5.1 nos diz também que $A_2^I/\mathcal{U}$ é uma expansão de uma cópia isomorfa de $(A_1|L)^I/\mathcal{U}$. Logo podemos usar $A_2^I/\mathcal{U}$ como uma base para expandir $A_1^I/\mathcal{U}$ para um modelo de T_2. $\qquad\square$

Seja L uma linguagem de primeira ordem, e suponha que S seja o conjunto de todas as teorias em L que são da forma $\mathrm{Th}(A)$ para alguma L-estrutura A. Seja X um subconjunto de S e T um conjunto de sentenças de L. Vamos chamar T de um **ponto limite de** X se

(5.16)   para toda sentença ϕ de L, exatamente uma de ϕ, $\neg\phi$ pertence a T, e

(5.17)   para todo T_0 finito tal que $T_0 \subseteq T$ existe $T' \in X$ com $T_0 \subseteq T'$.

O próximo teorema é uma maneira de mostrar que tal conjunto T é na verdade um elemento de S. Leitores que conhecem a topologia de Stone sobre S podem ler (5.17) como se dissesse que T é um ponto limite de X naquela topologia.

Teorema 8.5.12. *Seja L uma linguagem de primeira ordem, $\mathbf{K}$ uma classe de L-estruturas e T um ponto limite de $\{\mathrm{Th}(A) : A \in \mathbf{K}\}$. Então T é $\mathrm{Th}(B)$ para algum ultraproduto B de estruturas em $\mathbf{K}$.*

Demonstração.   A demonstração é uma variante daquela do Teorema 8.5.7(b). Seja $\mathcal{U}$ um ultrafiltro regular sobre o conjunto T. Então existe uma família $\{X_\phi : \phi \in T\}$ de conjuntos em $\mathcal{U}$, tal que para cada $i \in T$ o conjunto $Z_i = \{\phi \in T : i \in X_\phi\}$ é finito. Como T é um ponto limite de $\{\mathrm{Th}(A) : A \in \mathbf{K}\}$, para cada $i \in T$ existe uma estrutura $A_i \in \mathbf{K}$ tal que $A_i \vDash Z_i$. Faça $B = \prod_T A_i/\mathcal{U}$. Se $i \in X_\phi$ então $\phi \in Z_i$ e portanto $A_i \vDash \phi$; logo $X_\phi \subseteq \|\phi\|$ para cada sentença ϕ em T. Segue pelo teorema de Łoś (Teorema 8.5.3) que $B \vDash T$, e portanto $T = \mathrm{Th}(B)$ por (5.16). $\qquad\square$

Leitores que gostam de andar em círculos devem parar um pouco e deduzir o teorema da compacidade a partir do Teorema 8.5.12. O restante de nós prosseguirá para deduzir um critério para axiomatizabilidade em primeira ordem.

Corolário 8.5.13. *Seja L uma linguagem de primeira ordem e $\mathbf{K}$ uma classe de L-estruturas. Então as seguintes condições são equivalentes.*

(a) $\mathbf{K}$ *é axiomatizável por um conjunto de sentenças de L.*

(b) $\mathbf{K}$ *é fechada sob ultraprodutos e cópias isomorfas, e se A é uma L-estrutura tal que alguma ultrapotência de A pertence a $\mathbf{K}$, então A pertence a $\mathbf{K}$.*

Demonstração.   (a) ⇒ (b) segue de imediato do Teorema 8.5.3 e Corolário 8.5.4.

Reciprocamente, suponha que (b) se verifique, e suponha que T seja o conjunto de todas as sentenças de L que são verdadeiras em toda estrutura de $\mathbf{K}$. Para demonstrar (a) basta mostrar que qualquer modelo A de T pertence a $\mathbf{K}$.

Começamos mostrando que $\mathrm{Th}(A)$ é um ponto limite de $\{\mathrm{Th}(C) : C \in \mathbf{K}\}$. Para isso, suponha que U seja um conjunto finito de sentenças de L que são verdadeiras em A. Então $\bigwedge U$ é uma sentença ϕ que é verdadeira em A, e portanto $\neg\phi \notin T$ pois A é um modelo de T. Segue pela definição de T que alguma estrutura em $\mathbf{K}$ é um modelo de ϕ. Por conseguinte $\mathrm{Th}(A)$ é um ponto limite de $\{\mathrm{Th}(C) : C \in \mathbf{K}\}$. Pelo Teorema 8.5.12 deduzimos que A é elementarmente equivalente a algum ultraproduto de estruturas em $\mathbf{K}$, e daí (por (b)) a alguma estrutura B em $\mathbf{K}$. Pelo teorema de Keisler–Shelah (Teorema 8.5.10) segue que alguma ultrapotência de A é isomorfa a uma ultrapotência de B, e consequentemente por (b) novamente, A pertence a $\mathbf{K}$.   □

Exercícios para a seção 8.5

Em todos esses exercícios assumimos que todas as estruturas são não-vazias.

1. Mostre que se $\mathcal{U}$ é um ultrafiltro principal então o ultraproduto $\prod_I A_i/\mathcal{U}$ é isomorfo a um dos A_i.

2. Mostre que se $|A_i| \leqslant |B_i|$ para todo $i \in I$ então $|\prod_I A_i/\mathcal{U}| \leqslant |\prod_I B_i/\mathcal{U}|$.

Um ultrafiltro $\mathcal{U}$ sobre um conjunto I é λ-completo se para todo conjunto X de menos que λ conjuntos em $\mathcal{U}$, a interseção $\cap X$ também pertence a $\mathcal{U}$. Todo ultrafiltro é ω-completo. Se existem alguns ultrafiltros não-principais ω_1-completos, então um cardinal mensurável existe.
3. Mostre que nenhum ultrafiltro regular sobre um conjunto infinito é ω_1-completo.

4. Mostre que se o ultrafiltro $\mathcal{U}$ não é ω_1-completo, então todo ultraproduto $\prod_I A_i/\mathcal{U}$ tem cardinalidade $< \omega$ ou $\geqslant 2^\omega$.

5. Mostre que se B é um ultraproduto de estruturas finitas então $|B|$ é finito ou $\geqslant 2^\omega$.

6. Mostre que as seguintes condições sobre um ultrafiltro $\mathcal{U}$ sobre I são equivalentes. (a) $\mathcal{U}$ não é ω_1-completo. (b) Existem conjuntos não-vazios disjuntos $X_i \subseteq I$ ($i < \omega$) tais que para cada $n < \omega$, $\bigcup_{i \geqslant n} X_i \in \mathcal{U}$. (c) A ultrapotência $(\omega, <)^I/\mathcal{U}$ não é bem-ordenada.

7. Um ultrafiltro sobre um conjunto I é dito ser **uniforme** se todo conjunto no ultrafiltro tem cardinalidade $|I|$. Mostre que todo ultrafiltro regular sobre um conjunto infinito é uniforme.

8. (Teorema de Frayne) Mostre que duas L-estruturas A e B são elementarmente equivalentes se e somente se A é elementarmente imersível em alguma ultrapotência de B. (Dê uma demonstração direta sem usar o teorema de Keisler–Shelah.)

9. Seja **K** uma classe de L-estruturas. Mostre que (a) **K** é axiomatizável em primeira ordem se e somente se **K** é fechada sob ultraprodutos e sob equivalência elementar, (b) **K** é definível em primeira ordem se e somente se ambos **K** e seu complemento na classe de L-estruturas são fechadas sob ultraprodutos e equivalência elementar.

10. Use o teorema da compacidade para deduzir um do outro: o lema da consistência conjunta de Robinson (Corolário 8.5.11) e o teorema da interpolação de Craig (Teorema 5.5.3).

11. Seja L uma assinatura, **K** uma classe de L-estruturas e A uma L-estrutura. Mostre que as seguintes condições são equivalentes. (a) Toda sentença $\forall_1$ em Th(**K**) é verdadeira em A. (b) A é imersível em um ultraproduto de estruturas de **K**.

12. Mostre que se $\mathcal{U}$ é um ultrafiltro regular sobre um conjunto I de cardinalidade κ então a estrutura $(\kappa^+, <)$ é imersível em $(\omega, <)^I / \mathcal{U}$.

13. Seja $\mathcal{U}$ um ultrafiltro sobre um conjunto I de cardinalidade κ. Mostre que $\mathcal{U}$ é regular se e somente se para toda assinatura L com $|L| \leqslant \kappa$ e toda L-estrutura A, $A^I / \mathcal{U}$ é κ^+-universal. [Da direita para a esquerda, considere uma estrutura A e um tipo $\Phi(x)$ sobre $\varnothing$ com respeito a A, tal que Φ tem cardinalidade κ e não é realizado em A. Se b realiza Φ em $A^I / \mathcal{U}$, para cada fórmula ϕ em Φ considere $\{i \in I : A \vDash \phi(b(i))\}$.]

Por uma **fórmula básica de Horn** *queremos designar uma fórmula da forma $\bigwedge \Phi \to \psi$ onde Φ é um conjunto de fórmulas atômicas e ψ é atômica ou $\bot$. Permitimos que Φ seja vazio; nesse caso a fórmula básica de Horn é simplesmente ψ. Uma* **fórmula de Horn** *é uma fórmula consistindo de uma cadeia finita (possivelmente vazia) de quantificadores, seguida de uma conjunção de fórmulas básicas de Horn. Uma teoria consistindo de fórmulas de Horn é dita ser uma* **teoria de Horn**.

14. Mostre que se T é uma teoria de Horn numa linguagem de primeira ordem L, $\mathcal{F}$ é um filtro sobre I e $(A_i : i \in I)$ é uma família de L-estruturas que são modelos de T, então o produto reduzido $\prod_I A_i / \mathcal{F}$ também é um modelo de T. [Comece do Lema 8.5.2.] *Portanto por exemplo um produto reduzido de grupos é sempre um grupo, e igualmente para grupos abelianos sem torsão.*

Leitura adicional

O texto

Chang, C. C. and Keisler, H. J. *Model theory*, third edition. Amsterdam: North-Holland 1990.

tem tratamentos muito bons tanto de estruturas saturadas quanto de ultraprodutos. O referido texto também discute maneiras de eliminar a hipótese generalizada do contínuo de demonstrações que assumem a existência de modelos saturados. Muitos aspectos da saturação dependem de propriedades de números cardinais infinitos; uma referência para essas propriedades é

Levy, A. *Basic set theory*. Berlin: Springer-Verlag 1979.

Modelos saturados se constituem numa ferramenta útil para estudar definibilidade; veja por exemplo

Kueker, D. W. Generalized interpolation and definability. *Ann. Math. Logic*, **1** (1970), 423–468.

O artigo de Kueker foi um precursor da teoria da saturação recursiva, que pode ser estudada em:

Kaye, R. *Models of Peano arithmetic*. Oxford: Oxford University Press 1991.

O artigo a seguir é um apanhado altamente legível sobre aplicações de ultraprodutos, embora a maior parte dos exemplos de Eklof não precisam realmente de ultraprodutos.

Eklof, P. C. Ultraproducts for algebraists. In *Handbook of mathematical logic*, ed. K. J. Barwise, pp. 105–137. Amsterdam: North-Holland 1977.

Produtos reduzidos e as noções relacionadas de 'produtos booleanos' são de interesse em álgebra universal:

Burris, S. and Sankappanavar, H. P. *A course in universal algebra*. New York: Springer-Verlag 1981.

Para ver como a teoria dos modelos forma um ambiente natural para muitas questões sobre a estrutura de módulos, uma boa referência é:

Prest, M. *Model theory and modules*. Cambridge: Cambridge University Press 1988.

Capítulo 9

Estrutura e categoricidade

William Byrd, Non vos relinquam.

Alguns dos melhores cursos introdutórios em teoria dos modelos estabelecem como seu objetivo chegar ao teorema de Morley sobre teorias incontavelmente categóricas. O enunciado do teorema não é grande coisa; o valor está em duas outras coisas. Estas são: primeiro, as técnicas que se desenvolve de modo a demonstrar o teorema, e segundo, a elegante teoria de estrutura que emerge da demonstração.

O corpo da demonstração está na seção 9.5. Chamei a atenção nos vários lugares em que a demonstração se apóia em teorias anteriores. A maior parte dos pré-requisitos estão reunidos nas primeiras quatro seções do capítulo. Existe provavelmente material em demasia para um curso introdutório em teoria dos modelos, mas espero que o instrutor não encontre dificuldades para fazer uma seleção. Certamente um primeiro curso não pode ir tão a fundo na teoria de estrutura; alguns livros relevantes são relacionados no final do capítulo.

A passagem do cântico de Byrd reproduzida acima é – qualidades artísticas à parte – uma sequência de indiscerníveis de comprimento quatro. Esticada até ω, ela representa a lenda de que Jesus subiu aos céus. Sir Michael Tippett colocou uma sequência de indiscerníveis semelhante de comprimento três no climax do movimento final *A Spiritual* no seu oratório *A child of our time*, baseada nas palavras 'Walk into heaven'.[1]

9.1   Modelos de Ehrenfeucht–Mostowski

Andrzej Ehrenfeucht e Andrzej Mostowski tiveram a engenhosa idéia de construir estruturas em torno de conjuntos ordenados, de tal forma que propriedades dos conjuntos linearmente ordenados controlariam as propriedades das estruturas resultantes. Para os leitores familiarizados com categorias, uma maneira natural de descrever a construção de Ehrenfeucht–Mostowski é um funtor da categoria das ordenações lineares para a categoria de L-estruturas para alguma assinatura L. Porém a discussão abaixo não presumirá qualquer coisa da teoria das categorias.

Definição de funtores EM

Um conjunto linearmente ordenado, ou **ordenação linear** como diremos em nome da brevidade, é um par ordenado $(\eta, <^\eta)$ onde η é um conjunto e $<^\eta$ é uma ordenação linear irreflexiva de η. Frequentemente nos referiremos ao par simplesmente como η. Usamos variáveis η, ζ, ξ para designar ordenações lineares. Como na seção 5.6, escrevemos $[\eta]^k$ para designar o conjunto de todas as k-uplas crescentes de η (i.e. todas as sequências finitas $(a_0, \ldots, a_{k-1})$ de elementos de η tais que $a_0 <^\eta \ldots <^\eta a_{k-1}$). Uma **imersão** da ordenação linear η na ordenação linear ξ é uma função f de η para ξ tal que $x <^\eta y$ implica $fx <^\xi fy$.

Diremos que a estrutura A **contém** a ordenação linear η se todo elemento de η é um elemento de A; não é necessário que haja qualquer outra conexão entre a relação de ordenação $<^\eta$ e a estrutura A.

Seja L uma linguagem (por exemplo uma linguagem de primeira ordem, ou uma linguagem da forma $L_{\infty\omega}$). Um **funtor de Ehrenfeucht–Mostowski** em L, ou simplesmente **funtor EM**, é definido como sendo uma função F que leva cada ordenação linear η numa L-estrutura $F(\eta)$ de tal forma que os três seguintes axiomas são satisfeitos.

---

[1] 'Caminhada para o céu'.

(1.1)   Para cada ordenação linear η, a estrutura $F(\eta)$ contém
          η como um conjunto de geradores.

(1.2)   Para cada imersão $f : \eta \to \xi$ existe uma imersão
          $F(f) : F(\eta) \to F(\xi)$ que estende f.

(1.3) F é funtorial; i.e. para todas as imersões $f : \eta \to \xi$ e $g : \xi \to \zeta$,
          $F(gf) = F(g) \cdot F(f)$, e para toda ordenação η, $F(1_\eta) = 1_{F(\eta)}$.

Por exemplo, se f é um automorfismo da ordenação linear η então $F(f) : F(\eta) \to F(\eta)$ é um automorfismo estendendo f. O grupo de automorfismos de η está imerso no grupo de automorfismos de $F(\eta)$.

Por (1.1), $F(\eta)$ contém η. Chamamos η de **espinha dorsal** de $F(\eta)$. Como a espinha dorsal gera $F(\eta)$, todo elemento de $F(\eta)$ é da forma $t^{F(\eta)}(\bar{a})$ para algum termo $t(x_0, \dots, x_{k-1})$ de L e alguma upla crescente $\bar{a} \in [\eta]^k$.

As duas propriedades centrais de funtores EM são conhecidas na área como **deslizamento** (i.e. podemos fazer com que elementos subam e desçam na espinha dorsal sem notar) e **alongamento** (i.e. podemos fazer com que a espinha dorsal fique uma ordenação tão longa quanto desejamos). Os Teoremas 9.1.1 e 9.1.4 tornarão isso mais preciso.

Teorema 9.1.1 (Deslizamento). *Seja F um funtor EM em L, e suponha que $\bar{a}, \bar{b}$ sejam k-uplas crescentes de ordenações lineares η, ξ respectivamente. Então para toda fórmula livre-de-quantificador $\phi(x_0, \dots, x_{k-1})$ de L temos $F(\eta) \vDash \phi(\bar{a}) \Leftrightarrow F(\xi) \vDash \phi(\bar{b})$.*

Demonstração. Encontre uma ordenação linear ζ e imersões $f : \eta \to \zeta$ e $g : \xi \to \zeta$ tais que $f\bar{a} = g\bar{b}$. Considere o diagrama

(1.4) $$F(\eta) \xrightarrow{F(f)} F(\zeta) \xleftarrow{F(g)} F(\xi).$$

Assumindo que $F(\eta) \vDash \phi(\bar{a})$ e lembrando que imersões preservam fórmulas livres-de-quantificadores (Teorema 2.4.1), temos que $F(\zeta) \vDash \phi(f\bar{a})$ por $F(f)$. Logo $F(\zeta) \vDash \phi(g\bar{b})$, e portanto $F(\xi) \vDash \phi(\bar{b})$ por $F(g)$.   □

Na seção 5.6 definimos 'sequência ϕ-indiscernível'.

Corolário 9.1.2. *Se F é um funtor EM e ζ uma ordenação, então ζ é uma sequência ϕ-indiscernível em $F(\zeta)$ para toda fórmula livre-de-quantificador ϕ.*   □

Suponha que A seja uma L-estrutura e η uma ordenação linear contida em A. Definimos a **teoria** de η em A, $\mathrm{Th}(A, \eta)$, como sendo o conjunto de todas as fórmulas de primeira ordem $\phi(x_0, \ldots, x_{n-1})$ de L tais que $A \vDash \phi(\bar{a})$ para toda n-upla crescente $\bar{a}$ de η. (Se fórmulas de $L_{\omega_1\omega}$ fôssem permitidas, escreveríamos $\mathrm{Th}_{\omega_1\omega}(A, \eta)$, e assim por diante.) A **teoria** do funtor EM F em L, $\mathrm{Th}(F)$, é definida como sendo o conjunto de todas as fórmulas de primeira ordem $\phi(x_0, \ldots, x_{n-1})$ de L tais que para *toda* ordenação linear η e toda n-upla crescente $\bar{a}$ de η, $F(\eta) \vDash \phi(\bar{a})$.

Como toda fórmula de primeira ordem tem apenas um número finito de variáveis livres, o Teorema 9.1.1 nos diz que $\mathrm{Th}(F)$ contém exatamente as mesmas fórmulas livres-de-quantificadores que $\mathrm{Th}(F(\eta), \eta)$ para qualquer ordenação linear infinita η. Podemos dizer mais.

Lema 9.1.3. *Seja F um funtor EM na linguagem de primeira ordem L; suponha que η seja uma ordenação linear infinita e que ϕ seja uma sentença $\forall_1$ de L que é verdadeira em $F(\eta)$. Então $\phi \in \mathrm{Th}(F)$.*

Demonstração. Suponha que ϕ seja $\forall \bar{x} \psi(\bar{x})$ com ψ livre-de-quantificador. Seja ζ uma ordenação linear qualquer e $\bar{a}$ uma upla de elementos de $F(\zeta)$; temos que mostrar que $F(\zeta) \vDash \psi(\bar{a})$. Como ζ gera $F(\zeta)$, existe uma sub-ordenação finita ζ_0 de ζ com $\bar{a}$ em $F(\zeta_0)$. Como η é infinita, existe uma imersão $f : \zeta_0 \to \eta$. Por hipótese $F(f)\bar{a}$ satisfaz ψ em $F(\eta)$, logo $F(\zeta_0) \vDash \psi(\bar{a})$ pois ψ é livre-de-quantificador; então $F(\zeta) \vDash \psi(\bar{a})$ igualmente. $\qquad\square$

O Lema 9.1.3 implica que muito de $\mathrm{Th}(F)$ é recuperável de $\mathrm{Th}(F(\omega), \omega)$. Porém na verdade a íntegra de F é recuperável a menos de isomorfismo de $F(\omega)$.

Teorema 9.1.4 (Alongamento). *Seja L uma assinatura; seja A uma L-estrutura qualquer contendo a ordenação linear ω como um conjunto de geradores. Se ω é uma sequência ϕ-indiscernível em A para todas as fórmulas atômicas ϕ de L, então existe um funtor EM F em L tal que $A = F(\omega)$. Esse funtor F é único a menos de isomorfismo natural de funtores (i.e. se G é um outro EM funtor qualquer com essa propriedade, então para cada ordenação linear η existe um isomorfismo $i_\eta : F(\eta) \to G(\eta)$ que é a identidade em η).*

Demonstração. Para construir F, tome uma ordenação qualquer η e escreva $L(\eta)$ para designar L com os elementos de η adicionados como novas constantes. Definiremos um conjunto $S(\eta)$ de sentenças atômicas de $L(\eta)$. Seja ϕ uma sentença atômica qualquer de $L(\eta)$. Então ϕ pode ser escrita como $\psi(\bar{c})$ para alguma fórmula atômica $\psi(\bar{x})$ de L e alguma upla crescente $\bar{c}$ de η. Colocamos ϕ em $S(\eta)$ se $\psi(\bar{x}) \in \mathrm{Th}(A, \omega)$. A escolha de ψ aqui não é única (poderia haver variáveis redundantes em $\bar{x}$), mas um argumento fácil envolvendo o deslocamento de variáveis mostra que a definição é segura.

Afirmamos que $S(\eta)$ é =-fechado em $L(\eta)$ (veja seção 1.5). Claramente $S(\eta)$ contém $t = t$ para cada termo fechado t, pois $x_0 = x_0 \in \mathrm{Th}(A, \omega)$. Suponha que $S(\eta)$ contenha ambas $\psi(s(\bar{c}), \bar{c})$ e $s(\bar{c}) = t(\bar{c})$, onde $\psi(s(\bar{x}), \bar{x})$ é uma fórmula atômica de L e $\bar{c}$ é crescente em η. Então para toda upla crescente $\bar{a}$ de ω, $A \vDash \psi(s(\bar{a}), \bar{a}) \wedge s(\bar{a}) = t(\bar{a})$, de modo que $\psi(t(\bar{x}), \bar{x}) \in \mathrm{Th}(A, \omega)$ e portanto $\psi(t(\bar{c}), \bar{c}) \in S(\eta)$. Isso prova a afirmação.

Agora defina $F(\eta)$ como sendo o L-reduto do modelo canônico de $S(\eta)$. Como $x_0 = x_1 \notin \mathrm{Th}(A, \omega)$, os elementos $a^{F(\eta)}$ com a em η são disjuntos dois a dois, e portanto podemos identificar cada $a^{F(\eta)}$ com a. Então $F(\eta)$ contém η como um conjunto de geradores. Seja $f : \eta \to \xi$ uma imersão de ordenações lineares. Então para cada fórmula atômica $\psi(\bar{x})$ de L e cada upla crescente $\bar{a}$ de η,

(1.5) $$F(\eta) \vDash \psi(\bar{a}) \Leftrightarrow \psi(\bar{x}) \in \mathrm{Th}(A, \omega) \Leftrightarrow F(\xi) \vDash \psi(f\bar{a}).$$

Segue pelo lema do diagrama (Lema 1.4.2) que podemos definir uma imersão $F(f) :$ $F(\eta) \to F(\xi)$ fazendo $F(f)(t^{F(\eta)}\bar{a}) = t^{F(\xi)}f\bar{a}$, para cada termo $t(\bar{x})$ de L e cada upla crescente $\bar{a}$ de η. Essa definição satisfaz (1.3), de modo que F é um funtor EM.

Construimos F de tal maneira que $\mathrm{Th}(F)$ concorda com $\mathrm{Th}(A, \omega)$ em todas as fórmulas atômicas de L. Seja G um outro funtor EM qualquer com essa propriedade. Então para toda ordenação linear η, toda fórmula atômica $\psi(\bar{x})$ de L e toda upla crescente $\bar{a}$ de η, $F(\eta) \vDash \psi(\bar{a})$ se e somente se $G(\eta) \vDash \psi(\bar{a})$. Como η gera ambos $F(\eta)$ e $G(\eta)$, segue que podemos definir um isomorfismo $i_\eta : F(\eta) \to G(\eta)$ fazendo $i_\eta(t^{F(\eta)}\bar{a}) = t^{G(\eta)}\bar{a}$. Tomando t como sendo x_0, i_η é a identidade sobre η.

Pelo mesmo argumento, $F(\omega)$ pode ser identificada com A. $\qquad\qquad\square$

Encontrando modelos de Ehrenfeucht–Mostowski

Se T é uma teoria, um **modelo de Ehrenfeucht–Mostowski** de T é uma estrutura da forma $F(\eta)$ que é um modelo de T, onde F é um funtor EM, ou *EM*-funtor. (Na prática, redutos de $F(\eta)$ também são conhecidos como modelos de Ehrenfeucht–Mostowski.) Como encontrar modelos de Ehrenfeucht–Mostowski de uma dada teoria de primeira ordem?

Fazemos isso em dois passos: primeiro skolemizamos, e depois usamos o teorema de Ramsey. O lema e o teorema a seguir dão os detalhes.

Lema 9.1.5 *Seja F um funtor EM e suponha que $\mathrm{Th}(F(\omega))$ seja uma teoria de Skolem. Então para toda fórmula de primeira ordem $\phi(\bar{x})$, ϕ ou $\neg\phi$ pertence a $\mathrm{Th}(F)$. Em particular todas as estruturas $F(\eta)$ são elementarmente equivalentes, e em cada estrutura $F(\eta)$, η é uma sequência de indiscerníveis.*

Demonstração. Uma teoria de Skolem é axiomatizada por um conjunto de sentenças $\forall_1$, e, módulo a teoria, toda fórmula é equivalente a uma fórmula livre-de-quantificador. Agora use o Lema 9.1.3 e o Teorema 9.1.1. $\square$

Teorema 9.1.6 (Teorema de Ehrenfeucht–Mostowski). *Seja L uma linguagem de primeira ordem e A uma L-estrutura tal que $\mathrm{Th}(A)$ é uma teoria de Skolem. Suponha que A contenha uma ordenação linear infinita η. (A relação de ordenação $<^\eta$ não precisa ter algo a ver com A.) Então existe um EM-funtor F em L cuja teoria contém $\mathrm{Th}(A, \eta)$.*

Demonstração. Seja $\bar{c}$ uma sequência $(c_i : i < \omega)$ de constantes distintas duas a duas que não pertencem a L, e escreva $L(\bar{c})$ para designar a linguagem obtida pela adição das constantes c_i a L. Seja T o seguinte conjunto de sentenças de $L(\bar{c})$:

(1.6) $\quad \phi(\bar{a}) \leftrightarrow \phi(\bar{b}) \qquad$ para cada fórmula $\psi(x_0, \ldots, x_{k-1})$ de primeira ordem de L, e para todas $\bar{a}, \bar{b} \in [\bar{c}]^k$;

(1.7) $\quad \phi(c_0, \ldots, c_{k-1}) \qquad$ para cada fórmula $\phi(x_0, \ldots, x_{k-1}) \in \mathrm{Th}(A, \eta)$.

Afirmamos que T tem um modelo.

A afirmação segue pelo teorema da compacidade se mostrarmos que todo subconjunto finito de T tem um modelo. Seja U um subconjunto finito de T. As fórmulas $\phi(\bar{x})$ em (1.6), (1.7) que ocorrem em U podem ser listadas $\phi_0, \ldots, \phi_{m-1}$ para algum m finito, e para algum k finito as novas constantes que ocorrem em U estão todas entre $c_0, \ldots, c_{k-1}$. Adicionando variáveis redundantes no final, podemos escrever cada uma das fórmulas ϕ_i como $\phi(x_0, \ldots, x_{k-1})$. Agora, se $\bar{a}, \bar{b} \in [\eta]^k$, escreva $\bar{a} \sim \bar{b}$ se

(1.8) $\qquad A \vDash \phi_j(\bar{a}) \Leftrightarrow A \vDash \phi_j(\bar{b}) \qquad$ para todo $j < m$.

Então $\sim$ é uma relação de equivalência sobre $[\eta]^k$ com um número finito de classes de equivalência. Logo, pelo teorema de Ramsey (Teorema 5.6.1) existe uma sequência crescente $\bar{e} = (e_j : j < 2k)$ em η tal que quaisquer duas k-uplas crescentes de $\bar{e}$ estão na mesma classe de equivalência de $\sim$. Interpretando cada c_j como e_j $(j < k)$, fazemos de A um modelo de U. (Escolhemos $\bar{e}$ de comprimento $2k$ para permitir espaço para quaisquer variáveis redundantes nas fórmulas ϕ_i.) A afirmação está demonstrada.

Agora suponha que B seja um modelo qualquer de T. Como a fórmula $x_0 \neq x_1$ pertence a $\mathrm{Th}(A, \eta)$, os elementos c_i^B são distintos dois a dois. Logo podemos identificar cada c_i^B com o número i, de modo que B contenha ω. Seja $B|L$ o L-reduto de B e suponha que C seja a subestrutura de $B|L$ gerada por ω. Por (1.7), $\mathrm{Th}(A, \eta) \subseteq \mathrm{Th}(B|L, \omega)$. Em particular $\mathrm{Th}(B|L)$ é uma teoria de Skolem, de modo que $C \preccurlyeq B|L$. Segue que $\mathrm{Th}(A, \eta) \subseteq \mathrm{Th}(C, \omega)$. Por (1.6), ω é uma sequência de indiscerníveis em C. O teorema segue pelo Teorema 9.1.4 e pelo Lema 9.1.5. $\square$

O Teorema 9.1.6 nos diz que toda teoria com modelos infinitos tem modelos de Ehrenfeucht–Mostowski com espinhas dorsais de quaisquer tipos de ordem que desejemos escolher – embora que possamos ter que skolemizar a teoria antes de construir os modelos.

Características dos modelos de Ehrenfeucht–Mostowski

Modelos de Ehrenfeucht–Mostowski de uma teoria T formam os modelos 'mais enxutos possíveis' de T – uma espécie de oposto aos modelos saturados. O resultado seguinte é uma forma de tornar isso preciso.

Teorema 9.1.7 *Seja L uma linguagem de primeira ordem, T uma teoria de Skolem em L e A um modelo de Ehrenfeucht–Mostowski de T.*

(a) *Para todo $n < \omega$, o número de tipos completos $\in S_n(T)$ que são realizados em A é no máximo $|L|$.*

(b) *Se a espinha dorsal de A é bem-ordenada e X é um conjunto de elementos de A, então o número de 1-tipos completos sobre X que são realizados em A é no máximo $|L| + |X|$.*

Demonstração. Seja F um funtor EM, e suponha que $A = F(\eta)$.

(a) Tomando um $n < \omega$ fixo, seja $\bar{a} = (a_0, \ldots, a_{n-1})$ uma n-upla de elementos de A. Como η gera A, para cada $i < n$ podemos escolher um termo $t_i(\bar{y}_i)$ de L e uma upla crescente $\bar{b}_i$ de elementos de η, tal que a_i é $t_i^A(\bar{b}_i)$. Adicionando variáveis redundantes aos termos t_i, podemos supor sem perda de generalidade que as uplas $\bar{b}_i$ são todas iguais; vamos escrever simplesmente $\bar{b}$.

Suponha agora que $\bar{b}'$ seja uma upla crescente de elementos de η, do mesmo comprimento que $\bar{b}$. Escreva $\bar{a}' = (a'_0, \ldots, a'_{n-1})$ para designar a n-upla onde cada a'_i é $t_i^A(\bar{b}')$. Seja $\phi(x_0, \ldots, x_{n-1})$ uma fórmula qualquer de L. Pela indiscernibilidade de η temos que

(1.9) $A \vDash \phi(t_0(\bar{b}), \ldots, t_{n-1}(\bar{b})) \Leftrightarrow A \vDash \phi(t_0(\bar{b}'), \ldots, t_{n-1}(\bar{b})).$

Logo $A \vDash \phi(\bar{a}) \Leftrightarrow A \vDash \phi(\bar{a}')$. Segue que o tipo completo de $\bar{a}$ é determinado uma vez que sabemos quem são os termos $t_0, \ldots, t_{n-1}$. Porém existem apenas $|L|$ maneiras de escolher esses termos.

(b) Assuma que η é um cardinal κ. Seja X um conjunto qualquer de elementos de $F(\kappa)$. Para cada elemento a de X podemos escolher uma representação da forma $t_a^{F(\kappa)}(\bar{b}_a)$ onde $t_a(\bar{x})$ é um termo de L e $\bar{b}_a$ é uma upla crescente de κ. Seja W o menor subconjunto de κ tal que toda $\bar{b}_a$ $(a \in X)$ pertence a W. Então $|W| \leqslant |X| + \omega$. Seja $s(\bar{y})$ um termo qualquer de L. Pela indiscernibilidade, para cada upla crescente $\bar{c}$ de κ o tipo do elemento $s^{F(\kappa)}(\bar{c})$ sobre X é completamente determinado pelas posições dos elementos de $\bar{c}$ com relação aos elementos de W em κ. Como κ é bem-ordenado, existem no máximo $|W| + \omega$ maneiras pelas quais $\bar{c}$ pode ser arranjada em relação a W. Logo os elementos $s^{F(\kappa)}(\bar{c})$ com $\bar{c}$ crescente em κ são responsáveis por no máximo $|W| + \omega$ tipos completos sobre X. Existem no máximo $|L|$ termos $s(\bar{y})$, perfazendo um total de $|W| + |L| = |X| + |L|$ tipos de elementos sobre X.

Exercícios para a seção 9.1

1. Dê um exemplo para mostrar que se F é um funtor EM e $f : \omega \to \omega$ uma função que preserva a ordem, $F(f) : F(\omega) \to F(\omega)$ não necessariamente preserva fórmulas $\forall_1$ de primeira ordem.

2. Mostre que se T é uma teoria de primeira ordem com modelos infinitos e G é um grupo de automorfismos de uma ordenação linear η, então existe um modelo A de T que contém η, tal que G é a restrição para η de um subgrupo de $\mathrm{Aut}(A)$. Em particular mostre que T tem um modelo no qual o grupo de automorfismos da ordenação $(\mathbb{Q}, <)$ dos racionais age fielmente.

3. Seja F um funtor EM na linguagem de primeira ordem L, com teoria com teoria skolemizada. Mostre que se η é uma ordenação linear infinita e X é um conjunto qualquer que seja definível em primeira ordem em $F(\eta)$ sem parâmetros, então X tem cardinalidade $|\eta|$ ou $\leqslant |L|$.

4. Sejam L e L^+ linguagens de primeira ordem com $L \subseteq L^+$, e suponha que todo símbolo em L^+ mas não em L seja um símbolo de relação. Seja F um funtor EM em L e T uma teoria $\forall_1$ em L^+ que é consistente com $\mathrm{Th}(F(\omega))$. Mostre que existe um funtor EM F^+ em L^+ tal que para cada ordenação linear η, $F^+(\eta)$ é um modelo de T e $F(\eta) = F^+(\eta)|L$.

5. Seja L uma linguagem de primeira ordem contendo um símbolo de relação 2-ária $<$, e A uma L-estrutura tal que $<^A$ ordena linearmente os elementos de A em tipo-ordem κ para algum cardinal infinito κ. Escrevendo η para designar a ordenação $(\mathrm{dom}\, A, <^A)$, mostre que $\mathrm{Th}(A, \eta)$ contém as seguintes fórmulas: (i) '$<$ ordena linearmente o universo' e $x_0 < x_1$; (ii) para cada termo $t(x_0, \ldots, x_{n-1})$ de L, a fórmula $t(x_0, \ldots, x_{n-1}) < x_n$; (iii) para cada termo $t(x_0, \ldots, x_{n-1})$ de L, a fórmula $t(x_0, \ldots, x_{n-1}) \leqslant x_i \to t(x_0, \ldots, x_{n-1}) = t(x_0, \ldots, x_i, x_n, x_{n+1}, \ldots x_{2n-i-2})$.

6. Seja L uma linguagem de primeira ordem contendo um símbolo de relação $<$, e F um funtor EM para L que contém todas as fórmulas (i)–(iii) do exercício anterior. Mostre que se λ é um cardinal infinito qualquer, então em $F(\lambda)$ não existem sequências $<$-descendentes de comprimento $|L|^+$, a espinha dorsal é cofinal e nenhum elemento α da espinha dorsal tem mais que $|\alpha| + |L|$ predecessores na $<$-ordenação.

9.2 Conjuntos minimais

Para o restante deste capítulo assumiremos que uma teoria completa T é dada, em uma linguagem de primeira ordem L. Estaremos interessados em construir modelos de T. Será útil tomar a perspectiva de Michelangelo e imaginar que estamos esculpindo nossos modelos dentro de um modelo grande M que já é dado. Para isso, suponha que M seja um modelo μ-grande de T, onde μ é algum cardinal infinito convenientemente grande. Existe tal modelo M pelo Teorema 8.2.1. Quando dissermos 'modelo' normalmente estaremos nos referindo a 'subestrutura elementar de M'. Se quiséssemos considerar um modelo B de T que não fosse elementarmente imersível em M, poderíamos calmamente usar novamente o Teorema 8.2.1 para substituir M por uma extensão elementar M' de M que fosse $|B|^+$-grande e portanto $|B|^+$-universal; B é elementarmente imersível em M' com certeza. Logo não existe perda real de generalidade em se trabalhar com um modelo μ-grande dessa maneira. Chamamos M simplesmente de **o modelo grande**.

Se A é um modelo, podemos pensar em A como um subconjunto do domínio de M; as relações e funções de A são simplesmente as restrições daquelas de M. Por conseguinte se $\phi(x)$ é uma fórmula de L, temos que $\phi(A) = A \cap \phi(M)$.

Como na seção 2.1 acima, dizemos que um conjunto definível X de elementos de A é **minimal** se X é infinito porém para toda fórmula $\phi(x)$ de L, possivelmente com parâmetros de A, um dos seguintes conjuntos é finito: $X \cap \phi(A)$ ou $X \backslash \phi(A)$. Dizemos que a própria estrutura A é uma **estrutura minimal** se $\mathrm{dom}(A)$ é um conjunto minimal.

Na seção 2.1 não tínhamos o aparato necessário para achar exemplos interessantes. Porém a eliminação de quantificadores da seção 2.7 põe vários deles em nossas mãos.

Exemplo 1: *Corpos algebricamente fechados*. Em um corpo algebricamente fechado A, toda fórmula $\phi(x)$ de L é equivalente a uma combinação booleana de equações polinomiais $p(x) = 0$, onde p tem coeficientes em A. (Veja o Teorema 2.7.3.) O conjunto de soluções de $p(x)$ é o A inteiro (quando p é o polinômio zero) ou um conjunto finito (caso contrário). Segue imediatamente que A é minimal.

Exemplo 2: *Espaços vetoriais*. Seja V um espaço vetorial infinito sobre um corpo K. Toda fórmula $\phi(x)$ de L é equivalente a uma combinação booleana de equações lineares $rx = a$ com r em K e a em V. (Veja Exercício 2.7.9 acima ou Exemplo 1 na seção 7.4.) O conjunto de vetores satisfazendo a equação $rx = a$ é a totalidade de V ou um conjunto unitário ou o conjunto vazio. Por conseguinte novamente A é minimal.

Exemplo 3: *Espaços afins*. Mais uma vez suponha que V seja um espaço vetorial infinito sobre um corpo finito K. Dessa vez colocamos uma estrutura diferente sobre V, para criar uma estrutura A. Os elementos de A são os vetores de V. Para cada elemento α do corpo introduzimos um símbolo de função 2-ária F_α com a seguinte interpretação:

(2.1) $F_\alpha(a,b) = \alpha a + (1 - \alpha)b.$

Introduzimos também um símbolo de função 3-ária G com a interpretação

(2.2) $G(a,b,c) = a - b + c.$

A assinatura de A consiste desses símbolos F_α $(\alpha \in K)$ e G. Em particular não existe símbolo para 0. Uma estrutura A formada dessa maneira é chamada de **espaço afim**. Suas subestruturas são as classes laterais (sob o grupo aditivo de V) dos subespaços de V; essas subestruturas são conhecidas como os **planos afins**. A estrutura A é certamente minimal, pois cada uma de suas relações definíveis já é uma relação definível no espaço vetorial V.

Dizemos que uma fórmula $\psi(x)$ de L, possivelmente com parâmetros na estrutura A, é **minimal** (para A) se $\psi(A)$ é minimal. Dizemos que ψ e $\psi(A)$ são **fortemente minimais** (para A) se para toda extensão elementar B de A, $\psi(B)$ é minimal em B. Em particular a própria estrutura A é **fortemente minimal** se toda extensão elementar de A é uma estrutura minimal. As classes de estruturas mencionadas nos Exemplos 1–3 acima são todas fechadas sob a operação de tomar extensões elementares, e portanto essas estruturas são todas fortemente minimais.

Fato 9.2.1.   *Se $\psi(x)$ é uma fórmula de L, então as seguintes condições são equivalentes*

(a) $\psi(A)$ *é fortemente minimal.*

(b) *Para toda estrutura B que é elementarmente equivalente a A, $\psi(B)$ é minimal em B.*

(c) $\psi(M)$ *é minimal em M.*

Demonstração.   (b) implica (a) pelas definições, e (a) implica (c) pois podemos considerar A como uma subestrutura elementar de M. Para completar o círculo basta mostrar que se M é ω-saturado e $\psi(M)$ é minimal em M, então $\psi(M)$ é fortemente minimal em M. (Sabemos que M é ω-saturado pois ele é grande.) Suponha que, ao contrário, B seja uma extensão elementar de M e que exista uma fórmula $\phi(x, \bar{b})$ com parâmetros $\bar{b}$ em B, tal que $\psi(B) \cap \phi(B,\bar{b})$ e $\psi(B) \backslash \phi(B,\bar{b})$ sejam ambos infinitos. (Nesse caso estamos temporariamente desprezando a hipótese de que todo modelo é uma subestrutura elementar de M.) Sejam $\bar{a}$ os parâmetros de ψ. Então, como M é ω-saturado, existe uma upla $\bar{c}$ em M tal que $(M,\bar{a},\bar{c}) \equiv (B,\bar{a},\bar{b})$. Isso implica que ambos $\psi(M) \cap \phi(M,\bar{c})$ e $\psi(M)\backslash\phi(M,\bar{c})$ são infinitos, contradizendo a hipótese de que $\psi(M)$ é minimal em M. $\square$

Digamos que uma fórmula ψ de L é **fortemente minimal para** uma teoria T em L se ψ define um conjunto fortemente minimal em todo modelo de T. Então $\psi(A)$ é fortemente minimal em A se e somente se ψ é fortemente minimal para $\mathrm{Th}(A)$. Por uma questão de estilo, pode ser útil omitir os parâmetros usados para definir um conjunto fortemente minimal, adicionando-os à linguagem como novas constantes. Deverei com frequência proceder dessa forma, sem avisar.

Dependência algébrica e conjuntos minimais

Na seção 5.3 nos deparamos com a noção de dependência algébrica. Essa noção é particularmente bem comportada em conjuntos minimais. Por exemplo, temos o seguinte resultado.

Lema 9.2.2. (Lema da troca). *Seja X um conjunto de elementos de A e Ω um conjunto minimal X-definível em A. Suponha que a seja um elemento de A e b seja um elemento de Ω. Se $a \in \mathrm{acl}(X \cup \{b\}) \backslash \mathrm{acl}(X)$, então $b \in \mathrm{acl}(X \cup \{a\})$.*

Demonstração. Negamos e procuramos chegar a uma contradição. Adicionando os elementos de X a L como parâmetros, podemos substituir X por $\varnothing$ no lema. Como $a \in \mathrm{acl}(b)$, existem uma fórmula $\phi(x, y)$ e um inteiro positivo n tais que

$$(2.3) \qquad A \vDash \phi(a, b) \wedge \exists_{=n} x\, \phi(x, b).$$

Daí, como Ω é minimal e $b \in \Omega \backslash \mathrm{acl}(a)$, existe um subconjunto finito Y de Ω tal que

$$(2.4) \qquad \text{para todo } b' \in \Omega \backslash Y,\ A \vDash \phi(a, b') \wedge \exists_{=n} x\, \phi(x, b').$$

Como $a \notin \mathrm{acl}(\varnothing)$, existe um conjunto infinito Z de elementos a' em A tal que

$$(2.5) \qquad \text{para todos exceto } |Y| \text{ elementos } b' \text{ de } \Omega,\ A \vDash \phi(a', b') \wedge \exists_{=n} x\, \phi(x, b').$$

Se $a_0, \ldots, a_n$ são elementos distintos de Z, então por (2.5) existe um elemento b' de Ω tal que $A \vDash \bigwedge_{i \leq n} \phi(a_i, b') \wedge \exists_{=n} x\, \phi(x, b')$; isso é uma contradição. $\qquad \square$

Juntamos esse resultado aos fatos que demonstramos sobre fecho algébrico na seção 5.3.

Teorema 9.2.3. *Seja Ω um conjunto minimal em A, e suponha que U seja um conjunto de elementos de A tal que Ω seja U-definível. Então para todos os subconjuntos X e Y de Ω temos que*

(2.6) $X \subseteq \mathrm{acl}(X)$,

(2.7) $X \subseteq \mathrm{acl}(Y) \Rightarrow \mathrm{acl}(X) \subseteq \mathrm{acl}(Y)$,

(2.8) $a \in \mathrm{acl}(X) \Rightarrow a \in \mathrm{acl}(Z)$ *para algum Z finito tal que $Z \subseteq X$,*

(2.9)   (Lei da troca) *Para qualquer conjunto $W \supseteq U$ de elementos de A,
e quaisquer dois elementos a, b de Ω, se a é algébrico sobre
$W \cup \{b\}$ mas não sobre W, então b é algébrico sobre $W \cup \{a\}$.*

Demonstração.   (2.6) e (2.7) estavam no Exercício 5.3.6, (2.8) é trivial e (2.9) vem
do Lema 9.2.2.   □

Juntas, essas quatro leis mostram que dependência algébrica em um conjunto minimal Ω comporta-se de modo muito semelhante a dependência linear em um espaço
vetorial. Por acaso, espaços vetoriais infinitos são um caso especial do Teorema 9.2.3,
pois em um espaço vetorial infinito o fecho algébrico de um conjunto X de vetores é
exatamente o subespaço gerado por X.

Isso nos permite cometer pirataria com a linguagem da álgebra linear, e roubar
termos como 'independente' e 'base' para uso em qualquer conjunto minimal Ω. Chamamos um subconjunto Y de Ω-**fechado** se ele contém todo elemento de Ω que seja
dependente dele; isso é o análogo de um subespaço. O próprio conjunto Ω é fechado.
Todo subconjunto Z de Ω pertence a um menor conjunto fechado, $\Omega \cap \mathrm{acl}(Z)$; chamamos esse conjunto de **fecho** de Z, e dizemos que Z **gera** esse conjunto. Se Y é
um conjunto fechado, então uma **base** de Y é um conjunto independente maximal de
elementos de Y. Os argumentos usuais sobre espaços vetoriais se transportam sem
absolutamente qualquer alteração, para dar origem aos seguintes fatos.

Teorema 9.2.4.   *Seja Ω um conjunto $\varnothing$-definível minimal em A.*
   (a) *Todo conjunto $X \subseteq \Omega$ contém um conjunto independente maximal W de elementos, e qualquer conjunto como esse W é uma base do fecho de X.*
   (b) *Um subconjunto W de um conjunto fechado X é uma base de X se e somente
se ele é minimal com a propriedade que $X \subseteq \mathrm{acl}(W)$.*
   (c) *Quaisquer duas bases de um conjunto fechado têm a mesma cardinalidade.*
   (d) *Se X e Y são conjuntos fechados com $X \subseteq Y$, então qualquer base de X
pode ser estendida a uma base de Y.*   □

A **dimensão** de um conjunto fechado X em Ω é definida como sendo a cardinalidade de qualquer base de X. Isso está bem definido devido ao item (c).

Exemplo 1 (*continuação*). Em um corpo algebricamente fechado, 'dependência' significa dependência algébrica. Uma base no nosso sentido é o mesmo que uma base de transcendência, e a dimensão é o grau de transcendência sobre o corpo primo.

Exemplo 3 (*continuação*). Em um espaço afim infinito os conjuntos fechados são os planos afins. **Advertência.** Geômetras contam a dimensão de um plano afim diferentemente do que fazemos. A dimensão que eles consideram, a **dimensão geométrica**, é um a menos que a nossa. Por exemplo, uma reta afim tem dimensão 2 para nós, porque são necessários dois pontos independentes para especificá-la. Mas os geômetras a atribuem a dimensão geométrica, porque retas em espaços vetoriais têm dimensão 1.

Automorfismos de conjuntos minimais

Suponhamos que A e B sejam L-estruturas – e recordemos que L é de primeira ordem em toda esta seção. Por uma **função elementar** entre A e B queremos dizer uma função $f : X \to \mathrm{dom}(B)$ onde $X \subseteq \mathrm{dom}(A)$, tal que para toda upla $\bar{a}$ de elementos de X e toda fórmula $\phi(\bar{x})$ de L, $A \vDash \phi(\bar{a})$ sse $B \vDash \phi(f\bar{a})$. (Isso inclui a upla vazia: uma função vazia de A para B é elementar se e somente se $A \equiv B$.) Uma **bijeção elementar** $f : X \to Y$ entre A e B é uma função elementar f entre A e B que é uma bijeção de X para Y.

Os próximos dois lemas mostram como se pode construir funções elementares entre conjuntos minimais.

Lema 9.2.5. *Seja $f : X \to Y$ uma bijeção elementar entre L-estruturas A, B. Então f pode ser estendida para uma bijeção elementar $g : \mathrm{acl}_A(X) \to \mathrm{acl}_B(Y)$.*

Demonstração. Pelo lema de Zorn, existe uma bijeção elementar maximal $f' : X' \to Y'$ com $X \subseteq X' \subseteq \mathrm{acl}_A(X)$ e que estende f. Como todo elemento de X' é algébrico sobre X, facilmente se verifica que $Y' \subseteq \mathrm{acl}_B(Y)$ também. Mostramos primeiramente que $X' = \mathrm{acl}_A(X)$.

Suponha que $X' \neq \mathrm{acl}_A(X)$, e seja a um elemento de $\mathrm{acl}_A(X) \backslash X'$. Como $c \in \mathrm{acl}_A(X')$, podemos escolher uma fórmula $\phi(x)$ com parâmetros em X' tal que $A \vDash \phi(a) \wedge \exists_{=n} x\, \phi(x)$ para algum n; escolhemos ϕ de modo que n seja tão pequeno quanto possível. Como f' é elementar, $B \vDash \exists_{=n} x\, \phi(x)$, logo podemos encontrar um elemento b em $\mathrm{acl}(Y')$ tal que $B \vDash \phi(b)$. Se $\bar{c}$ for uma upla qualquer de elementos em X' e $\psi(x, \bar{z})$ uma fórmula qualquer de L, afirmamos que

(2.10) $\qquad A \vDash \psi(a, \bar{c}) \Rightarrow B \vDash \psi(b, f'\bar{c}).$

Pois suponha que $A \vDash \psi(a, \bar{d})$. Então pela escolha de n como minimal, $A \vDash \forall x(\phi(x) \to \psi(x, \bar{c}))$, logo $B \vDash \forall x(\phi(x) \to \psi(x, f'\bar{c}))$ aplicando f', e portanto $B \vDash \psi(b, f'\bar{c})$

como desejávamos. A afirmação mostra que podemos estender f' levando a em b, contradizendo a maximalidade de X'.

Por conseguinte $X' = \mathrm{acl}_A(X)$, e portanto $\mathrm{acl}_A(X)$ é o domínio de f'. Devemos ainda mostrar que a imagem de f' contém $\mathrm{acl}_B(Y)$. Mas todo elemento de $\mathrm{acl}_B(Y)$ pertence a um conjunto finito de elementos satisfazendo alguma fórmula sobre Y, e o domínio de f' deve conter o mesmo número de elementos satisfazendo a fórmula correspondente sobre X.   □

Agora vamos supor que A contém um conjunto minimal Ω. Após adicionar parâmetros podemos assumir que Ω é $\varnothing$-definível, e portanto sem perda de generalidade podemos supor que $\Omega = P^A$ para algum símbolo de relação 1-ária $P(x)$ de L. Uma **sequência independente em Ω sobre** um conjunto de elementos X é uma sequência $(a_i : i < \gamma)$ de elementos distintos de Ω, tal que para cada $i < \gamma$, $a_i \notin \mathrm{acl}(X \cup \{a_j : j \neq i\})$. A sequência é simplesmente **independente** se ela é independente sobre o conjunto vazio.

Lema 9.2.6. *Suponha que A e B sejam L-estruturas elementarmente equivalentes, e que P^A, P^B sejam conjuntos minimais em A, B respectivamente. Sejam X, Y conjuntos de elementos de A, B respectivamente, e $f : X \to Y$ uma bijeção elementar. Suponha que $(a_i : i < \gamma)$ seja uma sequência independente em P^A sobre X, e $(b_i : i < \gamma)$ uma sequência independente em P^B sobre Y. Então f pode ser estendida para uma função elementar g que leva cada a_i a b_i.*

Demonstração. Escreva g_i para designar a extensão de f que leva a_j a b_j sempre que $j < i$. Mostramos por indução sobre i que cada função g_i é elementar. Primeiro, g_0 é f, que é elementar por hipótese. A seguir, se δ é um ordinal limite e g_i é elementar para cada $i < \delta$, então g_δ é elementar também, pois fórmulas de primeira ordem mencionam apenas um número finito de elementos.

Finalmente suponha que $i = k + 1$ e que g_k seja elementar. Seja $\phi(\bar{c}, \bar{d}, x)$ uma fórmula de L com $\bar{c}$ em X e $\bar{d}$ em $\{a_j : j < k\}$. Então um dos seguintes conjuntos é finito: $P^A \cap \phi(\bar{c}, \bar{d}, A)$ ou $P^A \backslash \phi(\bar{c}, \bar{d}, A)$. Mas a_k é independente de X e $\bar{d}$, portanto a_k satisfaz qualquer uma das duas seguintes fórmulas que obtenha um subconjunto infinito de P^A: $\phi(\bar{c}, \bar{d}, x)$, ou $\neg\phi(\bar{c}, \bar{d}, x)$. Se for $\phi(\bar{c}, \bar{d}, x)$, então como g_k é elementar, $\phi(g_k\bar{c}, g_k\bar{d}, B)$ também é infinito, e portanto $B \vDash \phi(g_k\bar{c}, g_k\bar{d}, g_i a_k)$. Isso mostra que g_i é elementar.   □

Esses dois lemas nos dão uma maneira de construir automorfismos de um conjunto minimal: escolhemos dois conjuntos independentes maximais, usamos o Lema 9.2.6 para encontrar uma bijeção elementar de um para o outro, e então cobrimos por inteiro o conjunto minimal por meio do Lema 9.2.5.

Logo o seguinte grande velho teorema de Steinitz é realmente um resultado na teoria dos modelos de estruturas minimais.

Corolário 9.2.7. *Sejam A e B corpos algebricamente fechados de mesma característica e de mesma cardinalidade incontável. Então A é isomorfo a B.*

Demonstração. Como eles têm a mesma característica, A e B satisfazem as mesmas sentenças livres-de-quantificador. Daí a eliminação de quantificadores nos diz que A e B são elementarmente equivalentes. Pelo Exemplo 1, A e B são estruturas minimais. Sejam X e Y bases de A e B respectivamente. Como a linguagem é contável, a cardinalidade de $\mathrm{acl}_A(X)$ é no máximo $|X| + \omega$; mas A é incontável e igual a $\mathrm{acl}_A(X)$, de modo que $|X| = \lambda$. Igualmente $|Y| = \lambda$. A função vazia entre A e B é elementar pois $A \equiv B$; logo pelo Lema 9.2.6 existe uma bijeção elementar de X para Y. Pelo Lema 9.2.5 essa função estende para uma função elementar de A para B, que é claramente um isomorfismo. $\qquad \square$

O Corolário 9.2.7 sugere – corretamente – que deveria existir alguma conexão estreita entre λ-categoricidade para cardinais incontáveis λ e conjuntos minimais. Mas o leitor deveria meditar sobre o seguinte exemplo antes de fazer qualquer conjectura precipitada.

Exemplo 4: Uma estrutura que é λ-categórica para todo cardinal infinito λ mas não é minimal. Seja κ um cardinal infinito e p um primo, e suponha que A seja o grupo abeliano $\bigoplus_{i < \kappa} \mathbb{Z}(p^2)b_i$, i.e. a soma direta de κ grupos cíclicos $\mathbb{Z}(p^2)b_i$ de ordem p^2. Então A carrega um conjunto minimal Ω, a saber o *socle* (o conjunto de elementos a tais que $pa = 0$). Não é difícil de ver que A é λ-categórico para todo λ infinito. (Consideramos o caso $\lambda = \omega$ no Exemplo 1 da seção 6.3.) Mas os elementos de A não são algébricos sobre Ω. Para ver isto, tome qualquer elemento c do *socle*, e suponha que α_c seja o automorfismo de A que leva b_0 a $b_0 + c$ e b_i $(i \neq 0)$ a b_i. Então α_c fixa o *socle* ponto-a-ponto, mas pode levar b_0 a um número infinito de elementos diferentes dependendo da escolha de c. O único outro conjunto $\varnothing$-definível minimal em A é o *socle* menos o 0.

Uma moral que podemos tirar desse exemplo é que ao invés de cortar um conjunto através de apenas uma fórmula (como fazemos na definição de conjuntos minimais), deveríamos considerar cortes repetidos por diferentes fórmulas. Esse pensamento leva diretamente à noção de posto de Morley, que consideraremos na próxima seção.

Exercícios para a seção 9.2

1. Mostre que um conjunto minimal permanece minimal se adicionarmos parâmetros; igualmente com 'fortemente minimal' no lugar de 'minimal'.

2. Dê um exemplo para mostrar que a noção de 'algébrico sobre' não precisa obedecer à lei da troca. Mais precisamente, encontre uma estrutura A com elementos a, b tal que a seja algébrico

sobre $\{b\}$ mas não sobre o conjunto vazio, ao mesmo tempo que b não seja algébrico sobre $\{a\}$.

O próximo exercício pode ser trabalhado enfadonhamente pelo método da eliminação de quantificadores, ou rapidamente pelo teste de Lindström (Teorema 7.3.4) e Teorema 7.4.1.
3. Seja G um grupo. Definimos um G-**conjunto** como sendo uma L-estrutura A da seguinte maneira. A assinatura é uma família de funções 1-árias $(F_g : g \in G)$; as leis $\forall x \, F_g F_h(x) = F_{gh}(x)$, $\forall x \, F_1(x) = x$ se verificam em A. Dizemos que A é um G-conjunto **fiel** se para todo $g \neq h$ em G e todos os elementos a, $F_g^A(a) \neq F_h^A(a)$. (a) Mostre que a classe de G-conjuntos fiéis é axiomatizável em primeira ordem, na verdade por sentenças $\forall_1$. (b) Mostre que se A for um G-conjunto fiel infinito, então A decompõe-se de uma maneira natural em um conjunto de componentes conexos, e cada componente é isomorfo a um grafo de Cayley do grupo G (veja Exercício 4.1.1 acima). (c) Deduza que todo G-conjunto fiel infinito é fortemente minimal, e que sua dimensão é o número de componentes.

4. Seja A uma L-estrutura, Ω um conjunto $\varnothing$-definível minimal em A, $(a_i : i < \gamma)$ uma sequência de elementos de Ω, X um conjunto de elementos de A e $\bar{b}$ uma sequência listando os elementos de X. Mostre que as seguintes condições são equivalentes: (a) $(a_i : i < \gamma)$ é independente sobre X; (b) para cada $i < \gamma$, $a_i \notin \mathrm{acl}(X \cup \{a_j : j < i\})$; (c) $a_i \neq a_j$ sempre que $i < j$, e $(a_i : i < \gamma)$ é um conjunto independente em $(A, \bar{b})$.

5. Suponha que $\phi(x)$ seja uma fórmula de L e que $\phi(A)$ seja um conjunto minimal em A com dimensão κ. Se $|L| \leqslant \lambda \leqslant \kappa$, mostre que A tem uma subestrutura elementar B na qual $\phi(B)$ tem dimensão λ.

6. Mostre que se $\psi(A)$ é um conjunto minimal em A, então $\psi(A)$ é fortemente minimal se e somente se A tem uma extensão elementar B na qual $\psi(B)$ é minimal e de dimensão infinita. Em particular, toda estrutura minimal de dimensão infinita é fortemente minimal.

7. Mostre que se A é uma L-estrutura e P^A é um conjunto minimal de cardinalidade incontável, então A é fortemente minimal. [Se L é contável, use o exercício anterior. Se L é incontável, aplique aquele exercício a cada sublinguagem contável.]

8. Mostre que a estrutura $(\omega, <)$ é minimal mas não fortemente minimal.

9. Seja A uma estrutura (Ω, E) onde E é uma relação de equivalência cujas classes de equivalência são todas finitas, e E tem apenas uma classe de cardinalidade n para cada inteiro positivo n. Mostre que A é minimal mas não fortemente minimal.

9.3 Estruturas totalmente transcendentes

Em toda esta seção, L é uma linguagem de primeira ordem, T é uma teoria completa em L com modelos infinitos, e M é um modelo grande de T, tal qual foi explicado no início da seção 9.2. 'Modelo' significará 'modelo de T', e as letras A, B etc. vão variar sobre modelos. A menos que digamos o contrário, todos os modelos A são assumidos como sendo subestruturas elementares de M. Identificamos A com dom(A) como um subconjunto de dom(M). Portanto se A e B forem modelos, '$A \subseteq B$' significará que A é uma subestrutura elementar de B (já que ambos são subestruturas elementares de M). 'Definível' significa 'definível em L com parâmetros de M'.

Estamos prestes a estabelecer uma teoria de dimensão para relações definíveis. A dimensão – ou, como diremos, o posto de Morley – de uma relação será uma medida do número de vezes que podemos subdividir a relação em peças definíveis não-vazias. Leitores com algum conhecimento de geometria algébrica talvez gostassem de saber que quando M é um corpo algebricamente fechado e a relação $X \subseteq M^n$ é um conjunto algébrico irredutível, então o posto de Morley de X vem a ser exatamente sua dimensão de Krull. Isso não é de forma alguma óbvio a partir da definição de posto de Morley, que é uma definição puramente teórica de modelos.

Para qualquer fórmula $\psi(\bar{x})$ de L com parâmetros no modelo grande M, o **posto de Morley** RM(ψ) da fórmula ψ é -1 ou um ordinal ou ∞, e é definido da seguinte maneira (onde $\bar{x}$ é uma n-upla de variáveis).

(3.1) RM(ψ) $\geqslant 0$ sse $\psi(M^n)$ não é vazio.

(3.2) RM(ψ) $\geqslant \alpha + 1$ sse existem fórmulas $\psi_i(\bar{x})$ ($i < \omega$)
de L com parâmetros em M,
tais que os conjuntos
$\psi(M^n) \cap \psi_i(M^n)$ ($i < \omega$) são
disjuntos dois-a-dois e
RM($\psi \wedge \psi_i$) $\geqslant \alpha$ para cada
$i < \omega$.

(3.3) RM(ψ) $\geqslant \delta$ (limite) sse para todo $\alpha < \delta$, RM(ψ) $\geqslant \alpha$.

Isso determina RM(ψ) univocamente, se considerarmos -1 como vindo antes de todos os ordinais e ∞ como vindo após todos os ordinais.

Lema 9.3.1. *Seja $\phi(\bar{x})$ uma fórmula de L com parâmetros de M. Então as seguintes condições são equivalentes.*

(a) RM(ϕ) $= \infty$.

(b) *Para toda sequência finita $\bar{s}$ de 0's e 1's, existe uma fórmula $\psi_{\bar{s}}(\bar{x})$ de L com parâmetros de M, tal que*

    (i)   *para cada $\bar{s}$, $M \vDash \exists \bar{x}\, \psi_{\bar{s}}(\bar{x})$,*

    (ii) *para cada $\bar{s}$, $M \vDash \forall \bar{x}(\psi_{\bar{s}^\frown 0} \to \psi_{\bar{s}}) \wedge \forall \bar{x}(\psi_{\bar{s}^\frown 1} \to \psi_{\bar{s}})$,*

    (iii) *para cada $\bar{s}$, $M \vDash \neg \exists \bar{x}(\psi_{\bar{s}^\frown 0} \wedge \psi_{\bar{s}^\frown 1})$,*

    (iv) $\psi_{\langle\rangle}$ *é ϕ.*

Isso pode ser ilustrado portanto:

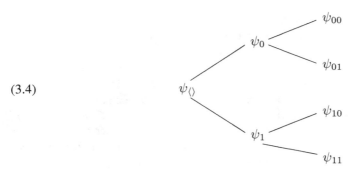

(3.4)

Demonstração. (a) $\Rightarrow$ (b). Existe um ordinal α tal que toda fórmula de L com parâmetros em M tem posto $< \alpha$ ou $= \infty$. Logo se $\psi_{\bar{s}}$ tiver sido escolhida e tiver posto ∞ devido a (3.2), existe um conjunto infinito de fórmulas $\psi_{\bar{s}^\frown i}(\bar{x})$ $(i < \omega)$ de L com parâmetros em M, tal que os conjuntos $\psi_{\bar{s}^\frown i}(M^n)$ são subconjuntos disjuntos dois-a-dois de $\psi_{\bar{s}}(M^n)$ e todos têm posto $\geqslant \alpha$, i.e. posto ∞. Obtemos a árvore em (b) descartando as fórmulas $\psi_{\bar{s}^\frown i}$ com $i \geqslant 2$.

(b) $\Rightarrow$ (a). Suponha que exista uma árvore de fórmulas tal qual em (b). Mostramos por indução sobre o ordinal β que toda fórmula $\psi_{\bar{s}}$ na árvore tem posto de Morley $\geqslant \beta$. Para $\beta = 0$ isso se verifica pelo item (i), e nos ordinais limite não há nada a demonstrar. Finalmente suponha que $\beta = \gamma + 1$. Escreva ϕ_i para designar a fórmula $\psi_{\bar{s}^\frown 0...01}$ com i 0' após $\bar{s}$. Pelos itens (ii) e (iii) os conjuntos $\phi_i(M^n)$ são subconjuntos disjuntos dois-a-dois de $\psi_{\bar{s}}(M^n)$, e pela hipótese da indução cada ϕ_i tem posto $\geqslant \gamma$: logo $\psi_{\bar{s}}$ tem posto $\geqslant \beta$. $\qquad\square$

O próximo lema reúne algumas propriedades fundamentais do posto de Morley.

Lema 9.3.2. *Suponha que $\phi(\bar{x})$, $\psi(\bar{x})$ são fórmulas de L com parâmetros em M, e que $\chi(\bar{x}, \bar{y})$ é uma fórmula de L sem parâmetros.*

(a) *Se $M \models \forall \bar{x}(\phi \rightarrow \psi)$ então $\mathrm{RM}(\phi) \leqslant \mathrm{RM}(\psi)$. Generalizando, se $\psi'(\bar{x})$ é uma fórmula de L com parâmetros em M, e existe uma fórmula de L com parâmetros em M que define uma função injetora de $\phi(M^n)$ para $\psi'(M^m)$ para algum $m < \omega$, então $\mathrm{RM}(\phi) \leqslant \mathrm{RM}(\psi')$.*

(b) $\mathrm{RM}(\phi \vee \psi) \, \max(\mathrm{RM}(\phi), \mathrm{RM}(\psi))$.

(c) *Se $(M, \bar{a}) \equiv (M, \bar{b})$ então $\mathrm{RM}(\chi(\bar{x}, \bar{a})) = \mathrm{RM}(\chi(\bar{x}, \bar{b}))$.*

(d) *Se A for uma subestrutura elementar ω-saturada de M, e RM_A for o posto de Morley calculado em A ao invés de M, então $\mathrm{RM}_A(\phi) = \mathrm{RM}(\phi)$ sempre que os parâmetros de ϕ pertençam a A.*

Demonstração. (a) Por indução sobre α, prove que se $\text{RM}(\phi) \geqslant \alpha$ então $\text{RM}(\psi) \geqslant \alpha$.

(b) Temos $\geqslant$ pelo item (a). Para a recíproca usamos indução sobre $\max(\text{RM}(\phi), \text{RM}(\psi))$. Suponha que $\text{RM}(\phi \vee \psi) = \alpha$ mas $\text{RM}(\phi)$, $\text{RM}(\psi)$ seja ambos $\leqslant \beta < \alpha$. Então (fazendo $n = $ comprimento de $\bar{x}$) existe um número infinito de subconjuntos definíveis disjuntos X_i $(i < \omega)$ de $(\phi \vee \psi)(M^n)$, cada um de posto de Morley $\geqslant \beta$. Como $\text{RM}(\phi) \leqslant \beta$, existe $k_\phi < \omega$ tal que $\text{RM}(X_i \cap \phi(M^n)) < \beta$ sempre que $i \geqslant k_\phi$, e igualmente existe $k_\psi < \omega$ tal que $\text{RM}(X_i \cap \psi(M^n)) < \beta$ sempre que $i \geqslant k_\phi$. Fazendo $k = \max(k_\phi, k_\psi)$, ambos $\text{RM}(X_k \cap \phi(M^n))$ e $\text{RM}(X_k \cap \psi(M^n))$ são $< \beta$ embora X_k tenha posto de Morley $\geqslant \beta$. Isso contradiz a hipótese da indução.

(c) Como M é grande, ele tem um automorfismo g que leva $\bar{a}$ em $\bar{b}$. Agora mostre por indução sobre α que para qualquer fórmula $\theta(\bar{x}, \bar{y})$ de L e qualquer upla $\bar{c}$ em M, $\text{RM}(\theta(\bar{x}, \bar{c})) \geqslant \alpha$ se e somente se $\text{RM}(\theta(\bar{x}, g\bar{c})) \geqslant \alpha$.

(d) A direção mais difícil é $\Rightarrow$. Procedemos por indução sobre α, e o caso não-trivial é aquele em que $\alpha = \beta + 1$. Suponha que $\text{RM}(\phi) \geqslant \alpha$. Então existem fórmulas $\phi_i(\bar{x}, \bar{b}_i)$ $(i < \omega)$ de posto de Morley $\geqslant \beta$, com parâmetros $\bar{b}_i$ em M, tais que $\phi_i(M^n, \bar{b}_i)$ são subconjuntos disjuntos dois-a-dois de $\phi(M^n)$. Se $\bar{a}$ são os parâmetros de ϕ, que por hipótese pertencem a A, então podemos usar a ω-saturação de A e indução sobre i para encontrar uplas $\bar{c}_i$ em A tais que

$$(3.5) \qquad (A, \bar{a}, \bar{c}_0, \dots, \bar{c}_i) = (M, \bar{a}, \bar{b}_0, \dots, \bar{b}_i).$$

Então pelo item (c) e pela hipótese da indução, as fórmulas $\phi_i(\bar{x}, \bar{c}_i)$ têm posto de Morley $\geqslant \beta$ e as relações $\phi_i(A^n, \bar{c}_i)$ são subconjuntos disjuntos dois-a-dois de $\phi(A^n)$. Daí, $\text{RM}_A(\phi) \geqslant \alpha$. $\qquad \square$

Esse lema nos dá espaço para a definição de nova notação. Primeiro, se $\phi(\bar{x})$ e $\psi(\bar{x})$ são equivalentes em M, então por (a) elas têm o mesmo posto de Morley. Portanto o posto de Morley na verdade diz respeito à relação definida ao invés da fórmula, e podemos escrever $\text{RM}(X)$ para designar $\text{RM}(\phi)$ quando $X = \phi(M^n)$.

Segundo, se M_1 e M_2 são dois modelos grandes da mesma teoria completa T, então pela amalgamação elementar (Teorema 5.3.1) e Corolário 8.2.2, ambos M_1 e M_2 podem ser elementarmente imersos em um terceiro modelo grande N de T. A parte (d) do lema nos diz que para qualquer fórmula ϕ de L, $\text{RM}(\phi)$ tem o mesmo valor sempre que for calculado em M_1, N ou M_2, já que cada uma dessas estruturas é ω-saturada.

Daí, podemos definir o **posto de Morley** de uma teoria completa T, $\text{RM}(T)$, como sendo o posto de Morley da fórmula $x = x$ em qualquer modelo ω-saturado de T. Dizemos que T é **totalmente transcendente** se $\text{RM}(T) < \infty$. E obviamente dizemos que T **tem posto de Morley finito** se $\text{RM}(T)$ é finito. Como T é completa, ela é determinada por qualquer um dos seus modelos, digamos A, e portanto podemos dizer que A **tem posto de Morley** α, ou é **totalmente transcendente**, quando o mesmo é verdadeiro sobre T. Não há necessidade que A seja ω-saturada nesse caso. Mas se não for, então devemos que passar para uma extensão elementar ω-saturada de A antes de tentar calcular o posto de Morley de quaisquer fórmulas.

Grau de Morley

O posto de Morley diz respeito à divisão em uma quantidade infinita de pedaços. Que tal dividir em uma quantidade finita de pedaços? Há duas coisas a dizer aqui. Primeiro, dividir em uma quantidade finita de pedaços *infinitamente frequentemente* é tão ruim quanto dividir em uma quantidade infinita de pedaços. O Lema 9.3.1 nos disse isso.

E, segundo, existe um limitante superior finito para o número de vezes em que podemos dividir uma fórmula de posto de Morley $\alpha < \infty$ em fórmulas de mesmo posto de Morley α. Mais precisamente, temos o seguinte:

Lema 9.3.3 *Seja $\phi(\bar{x})$ uma fórmula com parâmetros em M, de posto de Morley $\alpha < \infty$. Então existe um inteiro positivo máximo d tal que o conjunto $\phi(M^n)$ pode ser escrito como a união de conjuntos disjuntos $\phi_0(M^n), \ldots, \phi_{d-1}(M^n)$ todos de posto de Morley α. Esse inteiro d não é alterado se substituirmos M por qualquer subestrutura elementar ω-saturada de M contendo os parâmetros de ϕ.*

Demonstração. Suponha que não exista tal d. Então para todo inteiro positivo d, $\phi(M^n)$ pode ser escrito como a união de conjuntos disjuntos $\phi_{d,0}(M^n), \ldots,$ $\phi_{d,d-1}(M^n)$ de posto de Morley α, formando uma partição π_d de $\phi(M^n)$ em d conjuntos. Ajustaremos um pouco essas fórmulas, por indução sobre d, começando com $d = 1$. Para cada $i \leq d$, o conjunto $\phi_{d+1,i}(M^n)$ é particionado em d conjuntos $(\phi_{d+1,i} \wedge \phi_{d,j})(M^n)$ $(j < d)$, e pelo Lema 9.3.2(b), pelo menos uma desses conjuntos resultantes dessa partição tem posto de Morley α. Usando isso e o Lema 9.3.2(a), podemos reescrever as fórmulas $\phi_{d+1,j}$, ainda de posto de Morley α, de tal forma que a partição π_{d+1} refina a partição π_d.

Suponha que esse ajuste tenha sido feito para todo d. Pelo lema da árvore de König (Exercício 5.6.3) podemos escolher inteiros $d_0 < d_1 < \ldots$ e inteiros $i_0 <$ $i_1 < \ldots$ tais que, escrevendo ψ_m para designar ϕ_{d_m, i_m}, cada conjunto $\psi_{m+1}(M^n)$ é um subconjunto próprio de $\psi_m(M^n)$. Então os conjuntos $(\psi_m \wedge \neg \psi_{m+1})(M^n)$ são subconjuntos próprios de $\phi(M^n)$, todos de posto de Morley α, de modo que $\phi(M^n)$ tem posto de Morley $\geq \alpha + 1$; contradição. Isso demonstra a existência de d.

Suponha que A seja uma subestrutura elementar ω-saturada de M contendo os parâmetros $\bar{a}$ de ϕ. Pelo Lema 9.3.2(d), qualquer partição finita de $\phi(A^n)$ em conjuntos disjuntos dois-a-dois $\phi_i(A^n)$ $(i < d')$ de posto de Morley α estende-se para uma partição semelhante de $\phi(M^n)$; logo $d' \leq d$. Temos que mostrar que existe tal partição de $\phi(A^n)$ com $d' = d$. Por hipótese existem d subconjuntos disjuntos dois-a-dois $\psi_i(M^n, \bar{b}_i)$ $(i < d)$ de $\phi(M^n)$, cada um com posto de Morley α.

Como A é ω-saturada, existem $\bar{a}_0, \ldots, \bar{a}_{d-1}$ em A tais que $(A, \bar{a}_0, \ldots, \bar{a}_{d-1}) \equiv (M, \bar{a}, \bar{b}_0, \ldots, \bar{b}_{d-1})$. Logo, pelo Lema 9.3.2(c), os conjuntos $\psi_i(A^n, \bar{a}_i)$ são sub-conjuntos disjuntos dois-a-dois de $\phi(A^n)$ de posto de Morley α. $\square$

O inteiro positivo d do Lema 9.3.3 é chamado de **o grau de Morley** de ϕ (ou de $\phi(M^n)$). (Geômetras algébricos podem deduzir que quando M é um corpo algebricamente fechado e $\phi(M^n)$ é um conjunto algébrico de dimensão α, então seu grau de Morley é o número de componentes irredutíveis de dimensão α. Isso está correto.)

Já nos deparamos com os níveis mais inferiores da hierarquia de Morley numa roupagem diferente.

Teorema 9.3.4. *Seja X um conjunto não-vazio definível em M.*
(a) *X é finito se e somente se X tem posto de Morley 0.*
(b) *X é fortemente minimal se e somente se seu posto de Morley e seu grau de Morley são ambos iguais a 1. Em particular, uma estrutura fortemente minimal tem posto de Morley igual a 1.*

Demonstração. (a) Dizer que X tem posto de Morley 0 é dizer que X não contém uma quantidade infinita de subconjuntos não-vazios definíveis disjuntos dois-a-dois. Como conjuntos unitários são definíveis, isso é dizer que X é finito.

(b) Dizer que X tem posto e grau de Morley iguais a 1 é dizer que X ínfinito (por (a)), mas não existe conjunto definível Y tal que ambos $X \cap Y$ e $X \backslash Y$ sejam infinitos. Isso é a definição de minimalidade. Pelo Fato 9.2.1, conjuntos minimais em M são fortemente minimais. $\square$

De uma para diversas variáveis

O Lema 9.3.2(c) nos diz que se M é totalmente transcendente, então toda fórmula $\phi(x)$ com uma variável livre tem posto de Morley $< \infty$. E as fórmulas com diversas variáveis livres? O próximo lema responde a essa questão.

Lema 9.3.5. (Desigualdade de Erimbetov). *Seja $\phi(\bar{x}, \bar{y})$ uma fórmula de L com parâmetros em M. Sejam α e β ordinais tais que*
(a) $\mathrm{RM}(\exists \bar{y} \, \phi(\bar{x}, \bar{y})) = \alpha$,
(b) *para toda upla $\bar{a}$ em M, $\mathrm{RM}(\phi(\bar{a}, \bar{y})) \leqslant \beta$.*
Então $\mathrm{RM}(\phi(\bar{x}, \bar{y}))$ e $\mathrm{RM}(\exists \bar{x} \, \phi(\bar{x}, \bar{y}))$ são ambos $\leqslant \beta \cdot (\alpha + 1)$ quando $\beta \neq 0$, e $= \alpha$ quando $\beta = 0$.

Demonstração. Omito a demonstração para $\exists \bar{x} \, \phi(\bar{x}, \bar{y})$. Assumindo-a, demonstramos o resultado para $\phi(\bar{x}, \bar{y})$ da seguinte maneira. Seja $\chi(\bar{x}, \bar{y}, \bar{z})$ a fórmula $\phi(\bar{x}, \bar{y}) \wedge$

$\bar{x} = \bar{z}$. A desigualdade nos diz que se $\mathrm{RM}(\exists \bar{x}\bar{y}\,\chi(\bar{x}, \bar{y}, \bar{z})) = \alpha$ e para toda upla $\bar{a}$ em M, $\mathrm{RM}(\chi(\bar{x}, \bar{y}, \bar{a})) \leqslant \beta$, então

$$\mathrm{RM}(\exists \bar{z}\,\chi(\bar{x}, \bar{y}, \bar{z})) \leqslant \beta \cdot (\alpha + 1) \text{ (ou } = \alpha \text{ quando } \beta = 0).$$

Mas $\exists \bar{x}\bar{y}\,\chi(\bar{x}, \bar{y}, \bar{z})$ e $\exists \bar{z}\,\chi(\bar{x}, \bar{y}, \bar{z})$ são logicamente equivalentes a $\exists \bar{y}\,\phi(\bar{z}, \bar{y})$ e $\phi(\bar{x}, \bar{y})$ respectivamente, enquanto que $\chi(\bar{x}, \bar{y}, \bar{a})$ e $\phi(\bar{a}, \bar{y})$ têm o mesmo posto de Morley pelo Lema 9.3.2(a). □

Podemos aplicar esse lema a qualquer fórmula ϕ com mais de uma variável livre. dividindo as variáveis em dois grupos $\bar{x}$ e $\bar{y}$. As fórmulas $\exists \bar{y}\,\phi$ e $\phi(\bar{a}, \bar{y})$ ambas têm menos variáveis livres que ϕ. Logo por indução e aritmética simples temos as seguintes consequências úteis.

Lema 9.3.6. *Seja $\phi(\bar{x})$ uma fórmula qualquer de L com parâmetros em M.*
  (a) *Se M tem posto de Morley α e $\bar{x}$ tem comprimento n,
        então ϕ tem posto de Morley no máximo $(\alpha + 1)^n$.*
  (b) *Se M é totalmente transcendente então ϕ tem posto de Morley $< \infty$.*
  (c) *Se M tem posto de Morley finito, então ϕ também o tem.*

Advertência. Não faz sentido algum falar do posto de uma fórmula ϕ a menos que especifiquemos as variáveis de ϕ. Ao escrever $x = x$ como $\phi(x, y)$, adicionamos um grau de liberdade a mais e portanto aumentamos o posto de Morley.
  Um corolário adicional da desigualdade de Erimbetov vai nos ajudar na seção 9.5. Recordemos da seção 8.4 que uma fórmula $\phi(x)$ é de **um-cardinal** para a teoria T se em todo modelo A de T, $\phi(A)$ tem a mesma cardinalidade que A.

Corolário 9.3.7. *Suponha que a fórmula $\phi(x)$ de L seja de um-cardinal para T.*
  (a) *Se ϕ tem posto de Morley finito então T também o tem.*
  (b) *Se ϕ tem posto de Morley $< \infty$ então T também o tem.*

Demonstração. Demonstramos (a); a demonstração de (b) é muito semelhante.
  Como ϕ é uma fórmula de um-cardinal, o Teorema 8.4.2 nos diz que existe uma estratificação em camadas $\theta(x)$ por ϕ tal que $T \vdash \forall x\,\theta$. Referindo-se à fórmula (4.3) da seção 8.4, escreva $\theta_i(x, y_0, z_0, \dots, y_{i-1}, z_{i-1})$ para designar θ com as primeiras i linhas removidas. Daí θ_0 é a própria θ. Afirmamos que para todo $i \leqslant n$, existe $m_i < \omega$ tal que para todos $b_0, \dots, b_{i-1}$ em $\phi(M)$ e todos $c_0, \dots, c_{i-1}$ em M, o posto de Morley de $\theta_i(x, b_0, c_0, \dots, b_{i-1}, c_{i-1})$ é no máximo m_i.
  A afirmação é demonstrada por indução para baixo, i.e. de n para 0. A fórmula $\theta_n(x, b_0, \dots, c_{n-1})$ é simplesmente $x = c_0 \vee \dots \vee x = c_{n-1}$, que tem posto de Morley $\leqslant 0$. Assumindo que a afirmação se verifica para $i + 1$, consideramos a fórmula

$\psi(x, y_i, z_i)$, ou seja

(3.6) $(\exists z_i\, \eta_i(b_0, \ldots, c_{i-1}, y_i, z_i) \;\to\; \eta_i(b_0, \ldots, c_{i-1}, y_i, z_i))$
$\to \theta_{i+1}(x, b_0, \ldots, c_{i-1}, y_i, z_i),$

observando que $\theta_i(x, b_0, \ldots, c_{i-1})$ é $(\exists y_i \in \phi)\forall z_i\, \psi(x, y_i, z_i)$. Seja b um elemento qualquer de $\phi(M)$. Colocaremos um limitante no posto de Morley de $\forall z_i\, \psi(x, b, z_i)$. Tome um elemento qualquer c de M, tal que $M \vDash \eta_i(b_0, \ldots, c_{i-1}, b, c)$ se possível. Então $\psi(M, b, c)$ é $\theta_{i+1}(M, b_0, \ldots, c_{i-1}, b, c)$, que tem posto de Morley $\leqslant m_{i+1}$ pela hipótese da indução. Daí

(3.7) $\forall z_i\, \psi(x, b, z_i)$ tem posto de Morley $\leqslant m_{i+1}$.

Agora $\exists x(\forall z_i\, \psi(x, y, z_i) \wedge \phi(y))$ tem posto de Morley finito pois ϕ o tem. Disso e de (3.7) segue imediatamente pela desigualdade de Erimbetov (Lema 9.3.5) que existe um limitante superior finito uniforme sobre o posto de $\exists y(\forall z_i\, \psi(x, y, z_i) \wedge \phi(y))$, que é equivalente a $\theta_i(x, b_0, \ldots, c_{i-1})$. Isso demonstra a afirmação.

Pela afirmação, $\theta_0(x)$ tem posto de Morley finito. Mas, como $M \vDash \forall x\, \theta$, então θ_0 é equivalente a $x = x$. □

Tipos completos

Seja X um conjunto de elementos de M. A noção de um n-**tipo completo sobre** X **com respeito a** M foi definida na seção 5.2. Se $p(\bar{x})$ é um n-tipo completo sobre X com respeito a M, então toda fórmula $\phi(\bar{x})$ em p é uma fórmula de L com parâmetros em M, e de tal forma que tem posto de Morley (possivelmente ∞, mas definitivamente não -1). Definimos o **posto de Morley** de p, $\mathrm{RM}(p)$, como sendo o menor valor de $\mathrm{RM}(\phi)$ quando ϕ varia sobre as fórmulas em p.

Lema 9.3.8. *Seja $\Phi(\bar{x})$ um conjunto de fórmulas de L com parâmetros provenientes de um conjunto X de elementos de M.*

(a) Seja α um ordinal tal que para todo subconjunto finito Ψ de Φ, $\mathrm{RM}(\bigwedge \Psi) \geqslant \alpha$. Então existe um tipo completo $p(\bar{x})$ sobre X com respeito a M, que tem posto de Morley $\geqslant \alpha$ e contém Φ.

(b) Se Φ contém uma fórmula de posto de Morley α e grau de Morley d, então existem no máximo d tipos completos $p(\bar{x})$ sobre X que contêm Φ e têm posto de Morley α.

Demonstração. (a) Seja $\Phi(\bar{x})$ o conjunto de todas aquelas fórmulas $\phi(\bar{x})$ de L com parâmetros de X, com a propriedade de que para algum subconjunto finito Ψ de Φ, $\mathrm{RM}(\bigwedge \Psi \wedge \neg\phi) < \alpha$. Certamente toda fórmula de Φ pertence a Φ', pois contradições têm posto de Morley -1.

Afirmamos que para todo subconjunto finito Ψ' de Φ', $M \models \exists \bar{x} \bigwedge \Psi'$. Se ϕ pertence a Ψ', então existe um conjunto finito Ψ_ϕ em Φ tal que $\mathrm{RM}(\bigwedge \Psi_\phi \wedge \neg \phi) < \alpha$. Tomando Ψ como sendo a união dos conjuntos Ψ_ϕ com ϕ em Ψ', temos que $\mathrm{RM}(\bigwedge \Psi \wedge \neg \phi) < \alpha$ para cada ψ em Ψ', pelo Lema 9.3.2(a), e portanto $\mathrm{RM}(\bigwedge \Psi \wedge \neg \bigwedge \Psi') < \alpha$ pelo Lema 9.3.2(b). Mas $\mathrm{RM}(\bigwedge \Psi) \geqslant \alpha$, logo $\mathrm{RM}(\bigwedge \Psi \wedge \bigwedge \Psi') \geqslant \alpha$ pelo Lema 9.3.2(b) novamente, e portanto $\mathrm{RM}(\bigwedge \Psi') \geqslant \alpha \geqslant 0$. A afirmação está demonstrada.

Logo, pelo Teorema 5.2.1, Ψ' pode ser estendido para um tipo completo $p(\bar{x})$ sobre X com respeito a M. Esse tipo p contém Ψ. Se ϕ é uma fórmula de posto de Morley $< \alpha$ com parâmetros de X, então $\neg\phi$ pertence a Φ' e portanto a Ψ, de modo que ϕ não pertence a p (pois tipos são consistentes!). Por conseguinte p tem posto de Morley $\geqslant \alpha$.

(b) Suponha que Φ contenha a fórmula $\phi(\bar{x})$ de posto de Morley α e grau de Morley d. Se $p_0, \ldots, p_d$ são tipos completos distintos sobre X que contêm Φ e têm posto de Morley α, então existem fórmulas $\psi_0(\bar{x}), \ldots, \psi_d(\bar{x})$ em $p_0, \ldots, p_d$ respectivamente tais que para todo $i < j \leqslant d$, $\psi_i(M^n)$ é disjunto de $\psi_j(M^n)$. Então as fórmulas $\phi \wedge \psi_i$ definem conjuntos disjuntos dois-a-dois de posto de Morley α, de modo que ϕ tem grau de Morley no mínimo $d + 1$; contradição.   □

Note que pelo Exercício 5.2.1, se A for uma subestrutura elementar de M e X um subconjunto de A, então um tipo completo sobre X com respeito a M é a mesma coisa que um tipo completo sobre X com respeito a A. Como caso especial do Lema 9.3.8, suponha que A seja uma L-estrutura e X, Y conjuntos de elementos de A com $X \subseteq Y$. Então todo tipo completo $p(\bar{x})$ sobre X pode ser estendido para um tipo completo $q(\bar{x})$ sobre Y com o mesmo posto de Morley. Podemos assegurar que $\mathrm{RM}(q) \geqslant \mathrm{RM}(p)$ pelo lema, e que $\mathrm{RM}(q) \leqslant \mathrm{RM}(p)$ pois $p \subseteq q$.

Exemplo 1: *Os tipos regulares de conjuntos fortemente minimais.*   Seja A uma L-estrutura e $\phi(x)$ uma fórmula fortemente minimal de L. Pelo Teorema 9.3.4 e Lema 9.3.8 existe um tipo completo $p(x)$ sobre $\varnothing$ que contém a fórmula $\phi(x)$ e tem posto de Morley 1. Na verdade p é univocamente determinado: se $\psi(x)$ é uma fórmula qualquer de L, então exatamente um dos dois conjuntos é infinito: $(\phi \wedge \psi)(A)$, ou $(\phi \wedge \neg\psi)(A)$. Digamos que seja $\phi \wedge \psi$; então $\phi \wedge \neg\psi$ não pode pertencer a p, logo ψ deve estar em p. Por razões que dizem respeito à teoria da estabilidade, p é chamado do **tipo regular** do conjunto fortemente minimal $\phi(A)$.

Por exemplo se A é um corpo algebricamente fechado, então seu único tipo regular é o tipo sobre $\varnothing$ de um elemento transcendente.

Suponha que $p(\bar{x})$ seja um tipo completo sobre um conjunto X com respeito a uma L-estrutura A. Se p tem posto de Morley α, seu **grau de Morley** é o menor inteiro d tal que p contém uma fórmula $\phi(\bar{x})$ de posto de Morley α e grau de Morley d. O tipo p é o único tipo completo sobre X que tem posto α e contém ϕ. Pois suponha que $q(\bar{x})$ seja um outro tipo assim, e que $\psi(\bar{x})$ seja uma fórmula que pertence a p mas não a q. Então ambas $\phi \wedge \psi$ e $\phi \wedge \neg \psi$ têm posto de Morley α, e portanto ao menos uma delas deve ter grau de Morley mais baixo que ϕ, contradizendo a escolha de d. O grau de Morley de um tipo completo pode ser qualquer inteiro positivo; veja Exercício 6.

Claramente o tipo regular de um conjunto fortemente minimal tem grau de Morley 1.

Exercícios para a seção 9.3

1. Seja $\phi(\bar{x})$ uma fórmula de L com parâmetros em M. (a) Mostre que se $\bar{b}$ é uma sequência qualquer de elementos de M, e N é $(M, \bar{b})$, então ϕ tem o mesmo posto de Morley se calculado em N que o calculado em M. (Você pode assumir que N é grande, pois se M é λ-grande para algum λ maior que o comprimento de $\bar{b}$, então N também é λ-grande.) (b) Dê um exemplo para mostrar que se $L' \subseteq L$ e ϕ é uma fórmula de L', então o posto de Morley de ϕ calculado em $M|L'$ não precisa ser o mesmo que em M.

2. Escreva a demonstração completa do Lema 9.3.2(a,c).

3. Seja A uma L-estrutura e $\phi(\bar{x})$ uma fórmula de L com parâmetros $\bar{a}$ em A. Mostre que existe um conjunto T de sentenças de L com parâmetros $\bar{a}$, tal que as seguintes condições são equivalentes. (a) Existe um conjunto de fórmulas $\psi_{\bar{s}}(\bar{x})$ com parâmetros de alguma extensão elementar B de A, tal que as propriedades (i)–(iv) do Lema 9.3.1(b) se verificam com B no lugar de A. (b) A é um modelo de T. *Isso permite uma demonstração mais direta de que se A for totalmente transcendente, então o mesmo acontece com qualquer estrutura elementarmente equivalente a A.*

4. Seja K e L linguagens de primeira ordem, A uma K-estrutura e B uma L-estrutura. Suponha que B seja interpretável em A. Mostre que se A tem posto de Morley α, então o posto de Morley de B é no máximo $(\alpha + 1)^n$ para algum $n < \omega$. [Use o Corolário 9.3.6(a).]

5. Seja A uma L-estrutura, X um conjunto de elementos de A e $\bar{a}, \bar{b}$ uplas de elementos de A. Mostre que se $\mathrm{tp}_A(\bar{x}/X)$ tem posto de Morley α e $\bar{b}$ é algébrico sobre X e $\bar{a}$, então $\mathrm{tp}_A(\bar{b}/X)$ tem posto de Morley $\leqslant \alpha$.

6. Dê exemplos para mostrar que para todo inteiro positivo d existem uma estrutura A e um tipo completo $p(x)$ sobre $\varnothing$ com respeito a A, tais que p tem posto de Morley 1 e A tem posto de Morley d. [Relação de equivalência com d classes, todas infinitas.]

7. Seja $p(x)$ um tipo completo sobre um conjunto X com respeito à L-estrutura A. Suponha que $\phi(x)$ e $\psi(x)$ sejam fórmulas de L com parâmetros em X, e suponha que $\phi \in p$. Seja $\theta(x, y)$ a fórmula com parâmetros em X, que define em A uma bijeção de $\phi(A)$ para $\psi(A)$. Mostre que existe um tipo completo $q(y)$ sobre X, tal que para toda fórmula $\sigma(y)$ de L com parâmetros em X, $\sigma \in q$ se e somente se $\exists y(\theta(x, y) \wedge \sigma(y))$ pertence a p. Mostre que q tem o mesmo posto de Morley que p.

8. Seja G um grupo que é totalmente transcendente. Demonstre que: (a) não existem cadeias

infinitas estritamente decrescentes de subgrupos definíveis de G. [Considere classes laterais e use o Lema 9.3.1.] (b) Toda interseção de uma família de subgrupos definíveis de T é igual à interseção de uma subfamília finita.

9.4 Estabilidade

Saharon Shelah introduziu a distinção entre teorias estáveis e instáveis em 1969, como um suporte à contagem do número de modelos não-isomorfos de uma teoria em uma dada cardinalidade. Um ano mais tarde, mais ou menos, ele pôs seus olhos no *problema da classificação*. Grosso modo, esse problema é o de classificar todas as teorias completas de primeira ordem em dois tipos: aquelas em que existe uma boa teoria de estrutura para a classe de todos os modelos, e aquelas em que não existe. Depois de escrever um livro e mais ou menos cem artigos sobre o assunto, Shelah finalmente deu uma solução ao problema da classificação para o caso de linguagens contáveis em 1982. Sob qualquer padrão esse é um dos maiores feitos da lógica matemática desde Aristóteles.

Entretanto, esse não é o nosso tópico aqui. Quaisquer que sejam os interesses do próprio Shelah, os resultados da teoria da estabilidade (nas palavras do próprio Shelah) 'dão, e têm o objetivo de dar, instâncias para investigação detalhada com ferramentas consideráveis só para começar'. Esta seção é uma introdução àquelas ferramentas consideráveis.

Seja T uma teoria completa em uma linguagem de primeira ordem L. Então T é **instável** se existem uma fórmula $\phi(\bar{x}, \bar{y})$ de L e um modelo A de T contendo uplas de elementos $\bar{a}_i$ $(i < \omega)$ tais que

(4.1) para todo $i, j < \omega$, $A \vDash \phi(\bar{a}_i, \bar{a}_j) \Leftrightarrow i < j$.

T é **estável** se não for instável. Dizemos que uma estrutura A é **estável** ou **instável** conforme $\text{Th}(A)$ seja estável ou instável.

Da definição é imediato que toda estrutura finita é estável. *Para o restante desta seção assumimos que T é uma teoria completa de primeira ordem em uma linguagem L de primeira ordem, e todos os modelos de T são infinitos.*

Pela definição, qualquer estrutura que contenha um conjunto infinito linearmente ordenado por alguma fórmula é instável. Note que o conjunto propriamente dito não precisa ser definível, mas tem que haver uma fórmula de primeira ordem (possivelmente com parâmetros – veja Exercício 1) que o ordena.

Exemplo 1: *Álgebras booleanas infinitas*. Toda álgebra booleana infinita B contém um conjunto infinito de elementos que é linearmente ordenado pela ordenação da álgebra '$x < y$'. Logo $\text{Th}(B)$ é instável. Em geral o conjunto linearmente ordenado não será definível em primeira ordem.

Teorema 9.4.1. *Suponha que A seja estável.*
(a) *Se $\bar{a}$ é uma sequência de elementos de A, então $(A, \bar{a})$ é estável.*
(b) *Suponha que a estrutura B seja interpretável em A; então B é estável.*

Demonstração. (a) é trivial. Para o caso de (b), seja Γ uma interpretação da L-estrutura B na K-estrutura A com função de coordenadas f, e suponha que B seja instável. Então existem uma fórmula $\phi(\bar{x}, \bar{y})$ de L e uplas $\bar{b}_i$ $(i < \omega)$ em B tais que para todo $i, j < \omega$, $B \vDash \phi(\bar{b}_i, \bar{b}_j) \Leftrightarrow i < j$. Para cada i, escolha $\bar{a}_i$ em A tal que $f\bar{a}_i = f\bar{b}_i$. Então, pelo teorema da redução (Teorema 4.2.1), $A \vDash \phi_\Gamma(\bar{a}_i, \bar{a}_j) \Leftrightarrow i < j$, e portanto A é instável. $\square$

Em particular todo reduto de uma estrutura estável é estável. Pode valer a pena observar aqui que estabilidade é uma propriedade robusta de teorias – ela não é afetada pela mudança de linguagem. Contraste isso com a propriedade de eliminação de quantificadores, que vem e vai à medida que tomamos equivalentes definicionais.

Tamanhos dos espaços de Stone

Se M é um modelo grande de T (cf. o início das seções 9.2 e 9.3), então podemos assumir que um modelo A de T é uma subestrutura elementar de M. Logo o conjunto $S_n(X; A)$ de n-tipos completos sobre X com respeito a A coincide com $S_n(X; M)$ (pelo Exercício 5.2.1). Isso nos permite assumir que tipos completos são sempre com respeito a M, e portanto podemos simplificar a notação escrevendo $S_n(X; A)$ da forma $S_n(X)$. Igualmente escrevemos $\text{tp}(\bar{a}/X)$ para designar $\text{tp}_M(\bar{a}/X)$.

Para encontrar exemplos de teorias estáveis, vamos nos voltar para as cardinalidades dos espaços de tipos (veja seção 5.2 acima).

Seja λ um cardinal infinito. Dizemos que T é λ-**estável** se para todo modelo A de T e todo conjunto X de no máximo λ elementos de A, $|S_1(X)| \leqslant \lambda$. Dizemos que A é λ-**estável** se $\text{Th}(A)$ é λ-estável. Uma teoria ou estrutura que não é λ-estável é λ-**instável**.

Teorema 9.4.2. *As seguintes condições são equivalentes:*
(a) *T é estável;*
(b) *Para no mínimo um cardinal infinito λ, T é λ-estável.*

A demonstração de (a) $\Rightarrow$ (b) requer uma certa preparação, e vou adiá-la para o Teorema 9.4.14 adiante. A demonstração de (b) $\Rightarrow$ (a) também não é tão imediata. Ela precisa de dois lemas. Quando P e Q são ordenações lineares e $P \subseteq Q$, dizemos que P é **densa em** Q se para quaisquer dois elementos b, c de Q com $b < c$ existe um a em P tal que $b < a < c$.

Lema 9.4.3.   *Seja λ um cardinal infinito qualquer. Então existem ordenações lineares P e Q com $P \subseteq Q$, tal que $|P| \leqslant \lambda|Q|$ e P é densa em Q.*

Demonstração.   Seja μ o menor cardinal tal que $2^\mu > \lambda$; claramente $\mu \leqslant \lambda$. Considere o conjunto $^\mu 2$ de todas as sequências de 0's e 1's de comprimento μ; esse conjunto tem cardinalidade $2^\mu > \lambda$. Podemos ordenar linearmente $^\mu 2$ da seguinte forma:

$$(4.2) \qquad s \prec t \Leftrightarrow \text{existe } i < \mu \text{ tal que } s|i = t|i \text{ e } s(i) < t(i).$$

Seja X o conjunto de todas as sequências em $^\mu 2$ que contêm somente 1's a partir de um certo ponto em diante, e seja Q o conjunto linearmente ordenado de todas as sequências em $^\mu 2$ que não pertencem a X. Seja P o subconjunto de Q consistindo daquelas sequências que contêm somente 0's a partir de um certo ponto em diante. Pela escolha de μ, ambos X e P têm cardinalidade $\Sigma_{\kappa < \mu} 2^\kappa \leqslant \lambda$, e portanto Q tem cardinalidade $> \lambda$. Também se verifica facilmente que P é densa em Q. $\square$ Lema 9.4.3.

Agora demonstramos (a) $\Rightarrow$ (b) do teorema. Assuma que T seja instável, de modo que existem uma fórmula $\phi(\bar{x}, \bar{y})$ e um modelo de T tal qual em (4.1). Substituindo $\phi(\bar{x}, \bar{y})$ por $\phi(\bar{x}, \bar{y}) \wedge \neg\phi(\bar{y}, \bar{x})$ se necessário, podemos supor que ϕ define uma relação assimétrica sobre uplas em modelos de T. Sejam P e Q como no Lema 9.4.3. Tome uma nova upla de constantes $\bar{c}_i$, para cada $s \in P$, e considere a teoria

$$(4.3) \qquad\qquad U = T \cup \{\phi(\bar{c}_s, \bar{c}_t) : s \prec t \text{ em } P\}.$$

Pelo teorema da compacidade, U tem um modelo B; podemos escolher B como sendo de cardinalidade $\leqslant \lambda$. Faça $A = B|L$. Para cada elemento r de Q, considere o conjunto de fórmulas $\Phi_r(\bar{x}) = \{\phi(\bar{c}_s, \bar{x}) : s \prec r\} \cup \{\phi(\bar{x}, \bar{c}_t) : r \prec t\}$. Pelo Teorema 5.2.1, cada conjunto Φ_r é um tipo sobre dom(A) com respeito a A, e podemos estendê-lo para um tipo completo $p_r(\bar{x})$. Se $r \prec r'$ em Q, então pela propriedade de densidade existe s em P tal que $r \prec s \prec r'$, e segue que $p_r \neq p_{r'}$. Logo existem mais que λ tipos completos p_r com $r \in Q$.

Demonstramos que existem mais de λ n-tipos sobre dom(A), onde n é o comprimento de $\bar{x}$. Pelo Lema 9.4.4 isso mostra que T é λ-instável. Logo a direção (b) $\Rightarrow$ (a) do Teorema 9.4.2 está demonstrada. $\square$ Teorema 9.4.2.

Exemplo 2: *Álgebras de termos.*   Seja T a teoria completa de uma álgebra de termos de uma linguagem L. Então T é λ-estável sempre que $\lambda^{|L|} = \lambda$, e portanto T é estável. Para demonstrar isso, podemos supor que T tem modelos infinitos. Usamos a linguagem L_2 do Exemplo 1 na seção 2.6, e assumimos o resultado do Teorema 2.7.5. Por aquele teorema, se A é um modelo de T e $p(x)$ é um 1-tipo sobre dom(A) com respeito a A, então p é completamente determinado uma vez que sabemos quais fórmulas nos seguintes formatos ele contém: $\acute{E}_c(t(x)), \acute{E}_F(t(x)), s(x) = t(x), t(x) = a$, onde c, F são símbolos de constante e de função de L, a é um elemento de A e s, t são termos construídos a partir de símbolos de função F_i de L_2. Note que para cada $t(x)$, p contém no máximo uma fórmula $t(x) = a$ com a em A. Usando isso e um pouco de aritmética de cardinais, o número de tipos distintos p é no máximo $|A|^{|L|}$. Seja λ um cardinal qualquer tal que $\lambda^{|L|} = \lambda$ (por exemplo qualquer cardinal da forma $\mu^{|L|}$), e seja A um modelo qualquer de T de cardinalidade λ. Então existem no máximo $|A|$ 1-tipos completos sobre dom(A). Segue que T é estável.

Para teorias totalmente transcendentes T podemos demonstrar algo mais forte.

Teorema 9.4.5. *Seja T uma teoria completa de primeira ordem.*
(a) *Se T é totalmente transcendente, então T é estável; na verdade ela é λ-estável para todo $\lambda \geqslant |L|$.*
(b) *Reciprocamente, se T é ω-estável então T é totalmente transcendente.*

Demonstração. (a) Suponha que T deixe de ser λ-estável para algum $\lambda \geqslant |L|$. Então no modelo M existe um conjunto X de λ elementos tais que $|S_1(X)| > \lambda$. Escreva $L(X)$ para designar L com os elementos de X adicionados como parâmetros. Seja Ψ o conjunto de todas aquelas fórmulas $\psi(x)$ de $L(X)$ que pertencem a no mínimo λ^+ dos tipos em $S_1(X)$, e seja V o conjunto de todos os tipos em $S_1(X)$ que são subconjuntos de Ψ. Então V contém todos exceto no máximo λ dos tipos em $S_1(X)$. Logo toda fórmula em Ψ pertence a no mínimo λ^+ tipos $\in V$. Afirmamos que

(4.4)   se $\psi \in \Psi$ então existe χ tal que $\psi \vee \chi, \psi \wedge \neg\chi$ ambas pertencem a Ψ.

Pois suponha que p, q sejam dois tipos distintos $\in V$ que contêm ψ. Como eles são distintos, existe uma fórmula χ tal que $\psi \wedge \chi \in p$ e $\psi \wedge \neg\chi \in q$. Isso demonstra a afirmação.

Agora é imediato construir uma árvore de fórmulas como em (3.4) do Lema 9.3.1, começando com a fórmula $x = x$. Logo, por aquele lema, T não é totalmente transcendente.

(b) Suponha que T não seja totalmente transcendente. Então pelo Lema 9.3.1 existe uma árvore de fórmulas como em (3.4) da seção 9.3 acima (com $x = x$ como ϕ). Existe uma quantidade contável de fórmulas na árvore, portanto entre elas são usados um número contável de parâmetros do modelo grande M; seja X o conjunto desses parâmetros. Para cada ramo β da árvore, seja p_β um tipo completo sobre X que contém todas as fórmulas em β; existe tal tipo devido ao Teorema 5.2.1 e (i), (ii) do Lema 9.3.1. Pelo item (iii) daquele lema, os tipos p_β são todos distintos. Mas a árvore tem um número igual ao contínuo de ramos, de modo que T não é ω-estável.
□

Corolário 9.4.6. *Se T é uma teoria numa linguagem contável L, e é μ-categórica para algum cardinal incontável μ, então T é totalmente transcendente e λ-estável para todo $\lambda \geqslant \omega$.*

Demonstração. Pelo Teorema 3.1.2 podemos estender T para uma teoria de Skolem T^Σ em uma linguagem contável de primeira ordem L^Σ estendendo L. Pelo teorema de Ehrenfeucht–Mostowski (Teorema 9.1.6) existe um modelo de Ehrenfeucht–Mostowski B de T^Σ com espinha dorsal μ. Seja X um conjunto contável qualquer de elementos de B. Então, como μ é bem-ordenado, o Teorema 9.1.7(b) nos disse que no máximo um número contável de 1-tipos contáveis sobre X são realizados em B. Portanto o mesmo é verdadeiro para o reduto $A = B|L$. Segue que T é ω-estável. Pois suponha que não; seja Y um conjunto contável de elementos do modelo grande M tal que $S_1(X)$ seja incontável. Pelo teorema de Löwenheim–Skolem de-cima-para-baixo existe uma subestrutura elementar C de M com cardinalidade μ, que contém Y e elementos realizando um número incontável dos tipos em $S_1(X)$. Mas μ-categoricidade implica que C é isomorfa a A, e isso contradiz o que acabou de ser demonstrado sobre A. O restante segue pelo Teorema 9.4.5. □

Fórmulas estáveis

Para o restante desta seção estamos nos preparando para a demonstração de que uma teoria estável é λ-estável para algum λ. A demonstração é circular, e há alguns pontos interessantes no caminho. O primeiro passo é um pequeno ajuste de (4.1).

Seja T uma teoria completa em uma linguagem de primeira ordem L. Seja $\phi(\bar{x}, \bar{y})$ uma fórmula de L, com as variáveis livres divididas em dois grupos $\bar{x}, \bar{y}$. Uma n-**escada** para ϕ é uma sequência $(\bar{a}_0, \ldots, \bar{a}_{n-1}, \bar{b}_0, \ldots, \bar{b}_{n-1})$ de uplas em algum modelo A de T, tal que

(4.5)   para todo i, j, $A \vDash \phi(\bar{a}_i, \bar{b}_j) \Leftrightarrow i \leqslant j$.

Dizemos que ϕ é uma fórmula **estável** (para T, ou para A) se existe algum $n < \omega$ tal que nenhuma n-escada para ϕ existe; caso contrário ela é **instável**. O menor desses n é o **índice de escada** de $\phi(\bar{x}, \bar{y})$ (obviamente ele pode depender da maneira com que separamos as variáveis).

Lema 9.4.7. *A teoria T é instável se e somente se existe uma fórmula instável em L para T.*

Demonstração. Suponha inicialmente que T tenha uma fórmula instável $\phi(\bar{x}, \bar{y})$. Daí ϕ tem uma n-escada para cada $n < \omega$. Tomando novas uplas de constantes $\bar{a}_i, \bar{a}_i$ $(i < \omega)$, considere a teoria

(4.6) $T \cup \{\phi(\bar{a}_i, \bar{b}_j) : i \leqslant j < \omega\} \cup \{\neg\phi(\bar{a}_i, \bar{b}_j) : j < i < \omega\}$.

Cada subconjunto finito de (4.6) tem um modelo – tome uma n-escada para algum n suficientemente grande. Logo, pelo teorema da compacidade, existe um modelo A de T no qual existem uplas $\bar{a}_i, \bar{b}_j$ ($i < \omega$) obedecendo às condições em (4.5). Faça $\bar{c}_i = \bar{a}_i \bar{b}_i$ para cada $i < \omega$, e suponha que $\psi(\bar{x}\bar{x}', \bar{y}\bar{y}')$ seja a fórmula $\neg\phi(\bar{y}, \bar{x}')$. Então

(4.7) $A \vDash \psi(\bar{c}_i, \bar{c}_j) \Leftrightarrow A \vDash \neg\phi(\bar{a}_j, \bar{b}_i) \Leftrightarrow i < j$,

de modo que ψ ordena linearmente $(\bar{c}_i : i < \omega)$. Por conseguinte T é instável. A recíproca fica como exercício. $\square$

Exemplo 3: *Módulos*.   Mostramos que todo módulo é estável. Seja A um R-módulo e L a linguagem dos R-módulos à esquerda. Pelo Lema 9.4.7, o teorema de eliminação de quantificadores de Baur–Monk (Exercício 2.7.12) e um pouco de combinatória (veja Exercício 7 adiante), basta mostrar que se $\phi(\bar{x}, \bar{y})$ é uma fórmula p.p. de L então ϕ é estável. Na verdade demonstraremos algo mais forte: ϕ tem índice de escada $\leqslant 2$. Como $\phi(\bar{x}, \bar{y})$ expressa que algum conjunto finito de equações lineares em $\bar{x}, \bar{y}$ tem uma solução simultânea, podemos fazer a seguinte leitura de ϕ

(4.8)   existe $\bar{z}$ tal que $K\bar{x} + M\bar{y} + N\bar{z} = 0$,

onde K, M, N são matrizes sobre R, 0 é um vetor-coluna de zeros, e $\bar{x}, \bar{y}, \bar{z}$ são vetores-coluna.

    Suponha que $A \vDash \phi(\bar{a}_i, \bar{b}_j)$ sempre que $i \leqslant j < 2$. Então por (4.8) existem uplas $\bar{c}_{00}, \bar{c}_{01}, \bar{c}_{11}$ em A tais que

(4.9) $K\bar{a}_0 + M\bar{b}_0 + N\bar{c}_{00} = 0$,
(4.10) $K\bar{a}_0 + M\bar{b}_1 + N\bar{c}_{01} = 0$,
(4.11) $K\bar{a}_1 + M\bar{b}_1 + N\bar{c}_{11} = 0$.

Adicionando (4.9) a (4.11) e subtraindo (4.10), obtemos

(4.12) $K\bar{a}_1 + M\bar{b}_0 + N(\bar{c}_{00} - \bar{c}_{01} + \bar{c}_{11}) = 0$,

demonstrando que $A \vDash \phi(\bar{a}_1, \bar{a}_0)$.

    Usando o Lema 9.4.7 na outra direção, estabilidade implica uma condição de cadeia bem forte sobre grupos. Dizemos que uma estrutura A é **tipo-grupo** se algum reduto relativizado de A é um grupo; o reduto relativizado que temos em mente é chamado de **o grupo de** A. Por convenção um **grupo estável** é uma estrutura tipo-grupo estável.

Lema 9.4.8 (Lema de Baldwin–Saxl). *Seja L uma linguagem de primeira ordem e A uma L-estrutura que é um grupo estável; seja G o grupo de A. Seja $\phi(x, \bar{y})$ uma fórmula de L. Escreva $\mathbf{S}$ para designar o conjunto de todos os subconjuntos de $\mathrm{dom}(A)$ que são subgrupos de G da forma $\phi(A, \bar{b})$ com $\bar{b}$ em A; escreva $\bigcap \mathbf{S}$ para designar o conjunto de todas as interseções de grupos em $\mathbf{S}$.*

(a) *Existe um $n < \omega$ tal que todo grupo em $\bigcap \mathbf{S}$ pode ser escrito como a interseção de no máximo n grupos em $\mathbf{S}$.*

(b) *Existe um $m < \omega$ tal que nenhuma cadeia em $\bigcap \mathbf{S}$ (sob inclusão) tem comprimento $> m$.*

Demonstração.   Seja n o índice de escada de ϕ. Suponha que $n < k < \omega$ e que existam subgrupos $H_i = \phi(A, \bar{b}_i)$ $(i < k)$ tais que nenhum H_i contém a totalidade de $\bigcap_{j \neq i} H_j$. Para cada i escolha $h_i \in \bigcap_{i \neq j} H_j \backslash H_i$, e escreva $a_0 = 1, a_{i+1} = h_0 \cdot \ldots \cdot h_i$. Então $A \vDash \phi(a_i, \bar{b}_j) \Leftrightarrow i \leqslant j$. Isso contradiz a escolha de n. Segue que

(4.13)   toda interseção de um número finito de grupos em $\mathbf{S}$ já é
uma interseção de no máximo n deles.

Agora seja $\bigcap_f \mathbf{S}$ o conjunto de todas as interseções de um número finito de grupos em $\mathbf{S}$. Por (4.13) podemos escrever cada grupo em $\bigcap_f \mathbf{S}$ como um conjunto da forma $\psi(A, \bar{c})$ onde $\psi(x, \bar{y})$ é $\phi(x, \bar{y}_0) \wedge \ldots \wedge \phi(x, \bar{y}_{n-1})$. Como A é estável, ψ também tem um índice de escada; suponha que ele seja m. Suponha que exista uma cadeia estritamente ascendente de subgrupos de G,

(4.14) $\psi(A, \bar{c}_0) \subset \ldots \subset \psi(A, \bar{c}_m)$.

Suponha que a_0 pertença a $\psi(A, \bar{c}_0)$, e para cada inteiro positivo $i \leqslant m$ escolha $a_i \in \psi(G, \bar{c}_i) \backslash \psi(G, \bar{c}_{i-1})$. Então $A \vDash \psi(a_i, \bar{c}_j) \Leftrightarrow i \leqslant j$, contradizendo a escolha de m. Demonstramos que toda cadeia em $\bigcap_f \mathbf{S}$ tem comprimento no máximo m.

Mas agora segue que $\bigcap_f \mathbf{S} = \bigcap \mathbf{S}$. Pois do contrário poderíamos encontrar subgrupos $\phi(A, \bar{d}_i)$ $(i < \omega)$ tais que as interseções $\bigcap_{j < i} \phi(A, \bar{d}_j)$ formam uma sequência estritamente decrescente, contradizendo a condição de cadeia descendente sobre $\bigcap_f \mathbf{S}$. Ambos (a) e (b) seguem imediatamente. $\square$

O **centralizador** $C_G(X)$ de um conjunto de elementos X em G é o subgrupo de todos os elementos g de G que comutam com tudo em X. Então $C_G(X) = \bigcap_{g \in X} C_G(g)$, e $C_G(g) = \phi(A, g)$ onde $\phi(x, y)$ é a fórmula de L que expressa que $x \cdot y = y \cdot x$. Logo o lema de Baldwin–Saxl implica imediatamente que *um grupo estável satisfaz a condição de cadeia descendente sobre centralizadores.*

Definibilidade de tipos

Suponha que A seja uma L-estrutura estável, X seja um conjunto de elementos de A, e $\phi(y_0, \dots, y_{n-1})$ seja uma fórmula de L com parâmetros de A. Escrevemos $\phi(X^n)$ para designar o conjunto de todas as n-uplas $\bar{a}$ de elementos de X tais que $A \vDash \phi(\bar{a})$. Talvez ϕ tenha parâmetros fora de X. Mas de acordo com o próximo resultado, estabilidade nos permitirá definir $\phi(X^n)$ usando apenas parâmetros que vêm de X. Isso é um fato contra-intuitivo, e mostra o quão forte é a hipótese de estabilidade.

Teorema 9.4.9. *Seja A uma L-estrutura estável e $\phi(\bar{x}, \bar{y})$ uma fórmula estável para A, com $\bar{y} = (y_0, \dots, y_{n-1})$. Seja X um conjunto de elementos de A e $\bar{b}$ uma upla em A. Então existe uma fórmula $\chi(\bar{y})$ de L com parâmetros em X, tal que $\phi(\bar{b}, X^n) = \chi(X^n)$.*

Vamos interpretar esse resultado por um momento. Escreva $p(\bar{x})$ para designar o tipo $\mathrm{tp}_A(\bar{b}/X)$. Como $\phi(\bar{b}, X^n)$ depende apenas de ϕ e $p(\bar{x})$, e não da escolha particular da upla realizando p, podemos escrever a fórmula χ como $\mathrm{d}_p\phi(\bar{y})$. Então podemos refrasear a equação no final do teorema da seguinte maneira:

$$(4.15) \qquad \text{para toda } \bar{c} \text{ em } X, \phi(\bar{x}, \bar{c}) \in p \Leftrightarrow A \vDash \mathrm{d}_p\phi(\bar{c}).$$

A fórmula $\mathrm{d}_p\phi$ com a propriedade de (4.15) é chamada de uma ϕ-**definição** do tipo p.

A demonstração do teorema depende de alguns fatos combinatórios sobre escadas e árvores.

Escrevemos $^n2$ para designar o conjunto de sequências de comprimento n cujos termos são 0 ou 1, e $^{<n}2$ para designar $\bigcup_{j<n} {}^j2$. Escrevemos σ, τ para designar sequências: $\sigma|j$ é o segmento inicial de σ de comprimento j. Uma n-**árvore** para a fórmula $\phi(\bar{x}, \bar{y})$ é definida de modo que consiste de duas famílias de uplas, $(\bar{b}_\sigma : \sigma \in {}^n2)$ e $(\bar{c}_\tau : \tau \in {}^{<n}2)$ tal que para toda $\sigma \in {}^n2$ e todo $i < n$,

$$(4.16) \qquad M \vDash \phi(\bar{b}_\sigma, \bar{c}_{\sigma|i}) \Leftrightarrow \sigma(i) = 0.$$

As uplas $\bar{b}_\sigma$ são chamadas de **ramos** da n-árvore e as uplas $\bar{c}_\tau$ são chamadas de **nós**.

Dizemos que uma fórmula $\phi(\bar{x}, \bar{y})$ de L tem **índice de ramificação** $\geq n$, em símbolos $\mathrm{IR}(\phi) \leq n$, se existe uma n-árvore para ϕ. Isso define $\mathrm{IR}(\phi)$ de maneira unívoca como um número natural ou ∞. O enunciado '$\mathrm{IR}(\phi) \geq n$' pode ser escrito como uma sentença de L.

Lema 9.4.10. *Seja $\phi(\bar{x}, \bar{y})$ uma fórmula de L. Se ϕ tem índice de ramificação n, então ϕ tem índice de escada $< 2^{n+1}$. Se ϕ tem índice de escada n, então ϕ tem índice de ramificação $< 2^{n+2} - 2$.*

Demonstração.   Razões tipográficas nos forçam a escrever $\bar{b}[i]$ para designar $\bar{b}_i$. Para a primeira implicação é suficiente notar que se $\bar{b}[0], \ldots, \bar{b}[2^{n+1}-1], \bar{c}[0], \ldots, \bar{c}[2^{n+1}-1]$ formam uma 2^{n+1}-escada para ϕ, então elas podem ser transformadas em uma $(n+1)$-árvore tomando-se os $\bar{b}[i]$'s como ramos e os $\bar{c}[j]$'s como nós, renomeando da maneira óbvia.

Demonstramos a segunda implicação mostrando que se ϕ tem índice de ramificação no mínimo $2^{n+2} - 2$, então ϕ tem índice de escada no mínimo $n + 1$; para facilitar a leitura vamos agora dizer que se ϕ tem índice de ramificação no mínimo $2^{n+1} - 2$, então ϕ tem índice de escada no mínimo n.

Se H é uma $(n + 1)$-árvore para ϕ e $i = 0$ ou 1, escrevemos $H_{(i)}$ para designar a n-árvore cujos nós e ramos são os nós $\bar{c}[\tau]$ e ramos $\bar{b}[\sigma]$ de H tal que $\tau(0) = \sigma(0) = i$. Diremos que uma função $f : {}^{<n}2 \to {}^{<m}2$ é uma **função-árvore** se para quaisquer duas sequências σ, τ em ${}^{<n}2$, $f(\sigma)$ é uma extensão-ao-final de $f(\tau)$ precisamente quando σ é uma extensão-ao-final de τ. Se H é uma m-árvore e N é um conjunto de nós de H, dizemos que N **contém uma n-árvore** se existe uma função-árvore $f : {}^{<n}2 \to {}^{<m}2$ tal que para cada $\tau \in {}^{<n}2$, $\bar{c}[f(\tau)]$ pertence a N. Claramente isso implica que existe uma n-árvore J para ϕ cujos nós pertencem todos a N e cujos ramos são ramos de H; diremos também que N **contém a n-árvore** J.

Afirmamos o seguinte. Considere $n, k \geqslant 0$ e seja H uma $(n + k)$-árvore para ϕ. Se os nós de H forem particionados em dois conjuntos N, P então ou N contém uma n-árvore, ou P contém uma k-árvore.

A afirmação é demonstrada por indução sobre $n + k$. O caso $n = k = 0$ é trivial. Suponha que $n + k > 0$, e suponha que as uplas $\bar{c}[\tau]$ sejam os nós de H. Suponha que $\bar{c}[\langle\,\rangle] \in N$. (O argumento quando $\bar{c}[\langle\,\rangle] \in P$ é paralelo.) Para $i = 0, 1$ seja Z_i o conjunto de todos os nós de $H_{(i)}$. Pela hipótese da indução, se $i = 0$ ou 1 então ou $N \cap Z_i$ contém uma $(n - 1)$-árvore, ou $P \cap Z_i$ contém uma k-árvore. Se ao menos um de $P \cap Z_0$, $P \cap Z_1$ contém uma k-árvore, então P também contém. Se nenhum dos dois contém, então ambos $N \cap Z_0$ e $N \cap Z_1$ contêm $(n - 1)$-árvores, e portanto, como $\bar{c}[\langle\,\rangle] \in N$, N contém uma n-árvore. Isso demonstra a afirmação.

Para completar a demonstração do lema, assuma que ϕ tem índice de ramificação no mínimo $2^{n+1} - 2$. Mostraremos, por indução sobre $n - r$, que para $1 \leqslant r \leqslant n$ a seguinte situação S_r se verifica: existem

(4.17) $\bar{b}'[0], \bar{c}'[0], \ldots, \bar{b}'[q - 1], \bar{c}'[q - 1], H, \bar{b}'[q], \bar{c}'[q], \ldots,$
           $\bar{b}'[n - r - 1], \bar{c}'[n - r - 1]$

tais que

(4.18) H é uma $(2^{r+1} - 2)$-árvore para ϕ.

(4.19)   para todo $i, j < n - r$, $A \vDash \phi(\bar{b}[i], \bar{c}[j]) \Leftrightarrow i \leqslant j$,

(4.20)   se $\bar{c}$ é um nó de H então $A \vDash \phi(\bar{b}[i], \bar{c}) \Leftrightarrow i < q$,

(4.21)   se b é um ramo de H então $A \vDash \phi(\bar{b}, \bar{c}[j]) \Leftrightarrow j \geqslant q$.

O caso inicial S_n enuncia simplesmente que existe uma $(2^{n+1} - 2)$-árvore para ϕ, que assumimos por hipótese. O caso final S_1 implica que ϕ tem índice de escada no mínimo n da seguinte maneira. Como H é uma 2-árvore, ela tem um nó $\bar{c}$ e um ramo $\bar{b}$ tal que $M \vDash \phi(b, \bar{c})$. Ponha $\bar{b}, \bar{c}$ nessa ordem entre $\bar{c}'[q - 1]$ e $\bar{b}'[q]$ em (4.17); então as condições (4.19)–(4.21) mostram que a lista resultante de uplas dá origem a uma n-escada para ϕ.

Resta mostrar que se $r > 1$ e S_r se verifica, então o mesmo acontece com S_{r-1}. Assuma S_r e faça $h = 2^r - 2$. Por (4.18), H é uma $(2h + 2)$-árvore. Para cada ramo $\bar{b}$ de H, escreva $H(\bar{b})$ para designar o conjunto daqueles nós $\bar{c}$ de H tais que $A \vDash \phi(\bar{b}, \bar{c})$. Há dois casos.

Caso 1: existe um ramo $\bar{b}$ de H tal que $H(\bar{b})$ contém uma $(h + 1)$-árvore. Então existem um nó $\bar{c}$ em $H(\bar{b})$ e uma h-árvore H' para ϕ tais que S_{r-1} se verifica quando substituimos H em (4.17) por $\bar{b}, \bar{c}, H'$ nessa ordem.

Caso 2: para todo ramo $\bar{b}$ de H, $H(\bar{b})$ não contém qualquer $(h + 1)$-árvore. Então ponha $\bar{c}$ como o nó mais inferior $\bar{c}[\langle \rangle]$ de H, $\bar{b}$ como um ramo qualquer de $H_{(0)}$ e N como sendo o conjunto de todos os nós de $H_{(0)}$. A hipótese da indução nesse caso nos diz que $H(\bar{b}) \cap N$ não contém qualquer $(h+1)$-árvore. Logo, pela afirmação aplicada a $H_{(0)}$, o conjunto $N \backslash H(\bar{b})$ contém uma h-árvore H' para ϕ. Então S_{r-1} se verifica quando substituimos H em (4.17) por $H', \bar{b}, \bar{c}$ nessa ordem.

Logo em qualquer dos casos S_{r-1} se verifica. Isso completa a indução.

$\qquad\qquad\qquad\qquad\qquad\qquad\qquad\qquad\qquad\qquad\qquad\qquad$ $\square$ Lema 9.4.10.

Segue imediatamente que T é estável se e somente se toda fórmula $\phi(\bar{x}, \bar{y})$ de L tem índice de ramificação finito.

Seja $\phi(\bar{x}, \bar{y})$ uma fórmula de L e $\psi(\bar{x})$ uma fórmula de L com parâmetros de algum modelo A de T. Definimos o **índice de ramificação relativizado** $\mathrm{IR}(\phi, \psi)$ como sendo $\geqslant n$ sse existe uma n-árvore para ϕ cujos ramos todos satisfazem ψ. Por conseguite $\mathrm{IR}(\phi, \psi)$ é um número finito único ou é ∞. Claramente $\mathrm{IR}(\phi, \psi) \leqslant \mathrm{IR}(\phi)$, de modo que se ϕ é estável então $\mathrm{IR}(\phi, \psi)$ deve ser finito.

O enunciado '$\mathrm{IR}(\phi, \psi) \geqslant n$' pode ser escrito como uma sentença de L com parâmetros de A. Como as variáveis $\bar{x}$ não ocorrem livre nessa sentença, poderia ser confuso escrever o enunciado como '$\mathrm{IR}(\phi, \psi(\bar{x})) \geqslant n$'. Assim, quando é necessário mencionar as variáveis $\bar{x}$, substituo-as por '$-$', daí: '$\mathrm{IR}(\phi, \psi(-)) \geqslant n$'.

O lema a seguir é crucial para se demonstrar o Teorema 9.4.9.

Lema 9.4.11. *Se* IR(ϕ, ψ) *é um número finito, então para toda upla $\bar{c}$ de elementos de M, ou* IR$(\phi, \psi \wedge \phi(-, \bar{c})) < n$ *ou* IR$(\phi, \psi \wedge \neg\phi(-, \bar{c})) < n$.

Demonstração. Suponha que H_0 seja uma n-árvore para ϕ cujos ramos satisfazem $\psi(\bar{x}) \wedge \phi(\bar{x}, \bar{c})$, e H_1 seja uma n-árvore para ϕ cujos ramos satisfazem $\psi(\bar{x}) \wedge \neg\phi(\bar{x}, \bar{c})$. Então podemos formar uma $(n+1)$-árvore H para ϕ cujos ramos satisfazem $\psi(\bar{x})$, fazendo $H_{(0)} = H_0$, $H_{(1)} = H_1$ (na notação da demonstração do Lema 9.4.10), e tomando $\bar{c}$ como sendo o nó mais ao fundo. □

Suponha agora que X seja um conjunto de elementos de um modelo A de T, $p(\bar{x})$ um tipo completo sobre X, e $\phi(\bar{x}, \bar{y})$ uma fórmula de L com índice de ramificação finito. Então o menor valor de IR(ϕ, ψ), quando $\psi(\bar{x})$ varia sobre todas as fórmulas em p, é chamado de ϕ-**posto** de p.

Demonstração do Teorema 9.4.9. Seja $p(\bar{x})$ o tipo de $\bar{b}$ sobre X. Como ϕ é estável, o ϕ-posto de p deve ser algum número finito n. Escolha $\psi(\bar{x})$ em p de tal forma que IR$(\phi, \psi) = n$, e suponha que d$_p\phi(\bar{y})$ seja a fórmula 'IR$(\phi, \psi \wedge \phi(-, \bar{y})) \geqslant n$'.

Afirmamos que (4.15) se verifica. Da esquerda para a direita, suponha que $\phi(\bar{x}, \bar{c}) \in p$. Então $\psi(\bar{x}) \wedge \phi(\bar{x}, \bar{c}) \in p$ e portanto IR$(\phi, \psi \wedge \phi(-, \bar{c})) \geqslant n$, de modo que $A \vDash$ d$_p\phi(\bar{c})$. Na outra direção, suponha que $\phi(\bar{x}, \bar{c})$ não pertença a p. Então $\neg\phi(\bar{x}, \bar{c})$ pertence a p, e o mesmo argumento anterior mostra que IR$(\phi, \psi \wedge \neg\phi(\bar{x}, \bar{c})) \geqslant n$. Segue pelo Lema 9.4.11 que IR$(\phi, \psi \wedge \phi(\bar{x}, \bar{c})) < n$, de modo que $A \vDash \neg$d$_p\phi(\bar{c})$. □ Teorema 9.4.9

Seja $p(\bar{x})$ um tipo completo sobre um conjunto X de elementos de um modelo A de T. Por um **esquema de definição de** p queremos dizer uma função d que leva cada fórmula $\phi(\bar{x}, \bar{y})$ de L a uma ϕ-definição d$\phi(\bar{y})$ de p, onde quaisquer parâmetros em dϕ vêm de X. Um tipo é dito **definível** se ele tem um esquema de definição. O próximo resultado diz que *para teorias estáveis, todos os tipos completos são definíveis*.

Corolário 9.4.12 *Suponha que a teoria T seja estável. Seja A um modelo de T, X um conjunto de elementos de A e p um tipo sobre X. Então p é definível.*

Demonstração. Imediata do Teorema 9.4.9. □

O moral do próximo corolário é que se se está formando um amálgama herdeiro-coherdeiro de modelos de uma teoria estável, existe apenas uma maneira de fazê-lo. As fórmulas que se verificam entre os elementos das estruturas sendo amalgamadas são completamente determinadas pelos esquemas de definição dos tipos dessas uplas. Em um *slogan, para teorias estáveis, amálgamas herdeiro-coherdeiro são únicos*. A recíproca também se verifica, embora não a demonstremos: se T é uma teoria completa e amálgamas herdeiro-coherdeiro são únicos para T, então T é estável.

Corolário 9.4.13. *Assumindo que T seja estável, sejam A, B, C' e D modelos de T que formam um amálgama como em (3.3) da seção 5.3 acima. Seja $\bar{b}$ uma upla qualquer em B, suponha que o tipo $p(\bar{x})$ seja $\mathrm{tp}(\bar{b}/\mathrm{dom}\,A)$, e seja d um esquema de definição de p. Então d também é um esquema de definição de $\mathrm{tp}(\bar{b}/\mathrm{dom}\,C')$.*

Demonstração. Temos que mostrar que

(4.22)   para toda upla $\bar{c}$ em C', $D \vDash \phi(\bar{b}, \bar{c})$ se e somente se $C' \vDash \mathrm{d}\phi(\bar{c})$.

Seja $\bar{c}$ um contraexemplo. Então $D \vDash \phi(\bar{b}, \bar{c}) \leftrightarrow \neg \mathrm{d}\phi(\bar{c})$. Pela definição de amálgamas herdeiro-coherdeiro existe uma upla $\bar{a}$ em A tal que $B \vDash \phi(\bar{b}, \bar{a}) \leftrightarrow \neg \mathrm{d}\phi(\bar{a})$. Mas isso é impossível devido à escolha de d. $\square$

Para completar o círculo, mostramos que (a) $\Rightarrow$ (b) no Teorema 9.4.1. Na verdade mostramos um pouco mais.

Teorema 9.4.14. *Seja T uma teoria completa. As seguintes condições são equivalentes.*
(a) *T é estável.*
(b) *Todos os tipos são definíveis para T.*
(c) *Para todo cardinal λ tal que $\lambda = \lambda^{|L|}$, T é λ-estável.*

Demonstração. (a) $\Rightarrow$ (b) segue do Corolário 9.4.12, e demonstramos (c) $\Rightarrow$ (a) no início da seção. Resta (b) $\Rightarrow$ (c). Seja A um modelo de T e X um conjunto de no máximo λ elementos de A. Por (b), cada tipo p em $S_1(X)$ tem um esquema de definição d_p, e se $p \neq q$ então $\mathrm{d}_p \neq \mathrm{d}_q$. Logo basta contar o número de possíveis esquemas de definição. Escreva $L(X)$ para designar L com os elementos de X adicionados como parâmetros. Então $|L(X)| \leqslant \lambda$, e cada esquema de definição d_p é uma função de um conjunto de fórmulas de L para fórmulas de $L(X)$. Logo o número de esquemas é no máximo $\lambda^{|L|} = \lambda$. $\square$

Exercícios para a seção 9.4

1. Mostre que na definição de 'teoria instável' não faz diferença se permitirmos parâmetros na fórmula ϕ de (4.1).

2. Mostre que se $\mathbb{Q}$ e $\mathbb{R}$ são respectivamente o corpo dos números racionais e o corpo dos reais, então ambas as teorias $\mathrm{Th}(\mathbb{Q})$ e $\mathrm{Th}(\mathbb{R})$ são instáveis. [Para $\mathbb{Q}$, encontre um conjunto infinito de números que são linearmente ordenados pela relação '$y - x$ é uma soma não-nula de quatro quadrados'. O mesmo argumento funciona para qualquer corpo formalmente real.

Diz-se que uma fórmula $\phi(\bar{x}, \bar{y})$ *tem a* **propriedade da ordem estrita** *(para uma teoria completa* T*) se em todo modelo de* T*,* ϕ *define uma relação de ordenação parcial sobre o conjunto de todas as* n*-uplas, que contém cadeias finitas arbitrariamente longas.* T *tem a* **propriedade da ordem estrita** *se alguma fórmula tem a propriedade da ordem estrita para* T.

3. Mostre que toda teoria completa com a propriedade da ordem estrita é instável.

Diz-se que uma fórmula $\phi(\bar{x}, \bar{y})$ *tem a* **propriedade da independência** *(para uma teoria completa* T*) se em todo modelo* A *de* T *existe, para cada* $n < \omega$*, uma família de uplas* $\bar{b}_0, \ldots, \bar{b}_{n-1}$ *tais que para todo subconjunto* X *de* n *existe uma upla* $\bar{a}$ *em* A *para a qual* $A \vDash \phi(\bar{a}, \bar{b}_i) \Leftrightarrow i \in X$. T *tem a* **propriedade da independência** *se alguma fórmula tem a propriedade da independência para* T.

4. Mostre que toda teoria completa com a propriedade da independência é instável.

5. Dê exemplos de (a) uma teoria completa que tem a propriedade da ordem estrita mas não a propriedade da independência, (b) uma teoria completa que tem a propriedade da independência mas não a propriedade da ordem estrita. *Shelah mostra que uma teoria completa* T *é instável se e somente se ela tem a propriedade da ordem estrita ou a propriedade da independência.*

6. Mostre que se T é instável então ela tem uma fórmula instável.

7. Seja L uma linguagem de primeira ordem e T uma teoria completa em L. (a) Mostre que se $\phi(\bar{x}, \bar{y})$ é uma fórmula estável para T, então o mesmo acontece com $\neg\phi(\bar{x}, \bar{y})$. (b) Mostre que se $\phi(\bar{x}, \bar{y})$ e $\psi(\bar{x}, \bar{y})$ são fórmulas estáveis para T, então $(\phi \wedge \psi)(\bar{x}, \bar{y})$ também o é. [Use o teorema de Ramsey, formato finito, Corolário 5.6.2.]

8. Suponha que $\phi(\bar{x}, \bar{y})$ seja uma fórmula estável para T. (a) Mostre que se $\bar{y}'$ é uma upla de variáveis que inclui todas aquelas em $\bar{y}$, e $\psi(\bar{x}, \bar{y})$ é equivalente a $\phi(\bar{x}, \bar{y})$ módulo T, então ψ também é estável. (b) Mostre que se $\bar{x}'$ é $\bar{y}$ e $\bar{y}'$ é $\bar{x}$, e $\theta(\bar{x}', \bar{y}')$ é a fórmula $\phi(\bar{x}, \bar{y})$, então θ é estável.

9. Mostre que todo domínio integral estável é um corpo. [Se t é um elemento qualquer $\neq 0$, t^n divide t^{n+1} para cada n positivo; logo pela estabilidade existe um n tal que t^{n+1} divide t^n também.]

O próximo exercício mostra que teorias instáveis têm a propriedade da cobertura finita no sentido de Keisler; veja o Exercício 4.4.3.

10. Mostre que se T é uma teoria completa instável na linguagem de primeira ordem L, então existe uma fórmula $\phi(x, \bar{y})$ de L tal que para todo n finito arbitrariamente grande, T implica que existem $\bar{a}_0, \ldots, \bar{a}_{n-1}$ para as quais $\neg\exists x \bigwedge_{i<n} \phi(x, \bar{a}_i)$ se verifica, mas $\exists x \bigwedge_{i \in w} \phi(x, \bar{a}_i)$ se verifica para cada subconjunto próprio w de n.

11. Seja a L-estrutura A um modelo de uma teoria estável T, seja $p(\bar{x})$ um tipo completo sobre X com respeito a A, e seja $\phi(\bar{x}, \bar{y})$ uma fórmula de L. Defina o ϕ-**posto estrito** de $p(\bar{x})$ como sendo o valor mínimo de $\mathrm{IR}(\phi, \psi)$ quando $\psi(\bar{x})$ varia sobre todas as fórmulas de p que são conjunções de fórmulas da forma $\phi(\bar{x}, \bar{c})$ ou $\neg\phi(\bar{x}, \bar{c})$. Demonstre o Teorema 9.4.9 usando

o ϕ-posto estrito no lugar do ϕ-posto.

9.5 Teorema de Morley

Em toda esta seção, L será uma linguagem contável de primeira ordem e T uma teoria completa em L com modelos infinitos. Demonstraremos:

Teorema 9.5.1 (*Teorema de Morley*). *Suponha que T seja κ-categórica para algum cardinal incontável κ. Então T é λ-categórica para todo cardinal incontável λ.*

O *gâmbito de abertura* realiza-se da seguinte forma. Se T é categórica na cardinalidade κ, então não existe tipo que seja realizado em alguns modelos de cardinalidade κ e omitido em outros. Isso sugere que todos os modelos de cardinalidade κ são saturados, e portanto que não existem muitos tipos. Mas então não deveriam haver muitos tipos realizados em qualquer que seja o modelo de T. Esse rascunho é um sumário bem fiel do primeiro lema abaixo, exceto que temos que substituir 'tipo' pela noção mais sofisticada 'tipo sobre um conjunto de elementos'.

A demonstração do primeiro lema usa modelos de Ehrenfeucht-Mostowski; eles não são necessários em qualquer outra parte da demonstração do teorema de Morley. Por essa razão alguns leitores podem preferir aceitar o lema na base da confiança.

Lema 9.5.2. *T é totalmente transcendente, e portanto λ-estável para todo $\lambda \geqslant 0$.*

Demonstração. Isso foi o Corolário 9.4.6. □

Parafraseando o Lema 9.5.2: Seja A um modelo de T e X um conjunto de elementos de A. Então o número de n-tipos completos sobre X, para qualquer n finito, é no máximo $|X| + \omega$; em particular ele é exatamente $|X|$ se X é infinito.

O *corpo da demonstração* gira em torno da seguinte idéia. Gostaríamos de demonstrar que todo modelo incontável de T é saturado. Isso estabeleceria o teorema de Morley pelo Teorema 8.1.8. Mas requer de nós que mostremos que todo tipo possível deve ser realizado em todo modelo incontável de T. (Aqui e daqui por diante, 'tipo' significa 'tipo completo'.) Como poderíamos mostrar isso?

Corpos algebricamente fechados dão uma dica. Suponha que tenhamos um corpo algebricamente fechado A de cardinalidade incontável, e um subcorpo B de cardinalidade menor que A. Então observamos duas coisas. Primeiro, todo tipo algébrico sobre B deve ser realizado em A, para que A seja algebricamente fechado. Segundo, o único 1-tipo não-algébrico sobre B deve ser realizado também em A, pois A tem cardinalidade maior que o fecho algébrico de B. Conjecturamos que o caso geral caminhará nos mesmos moldes que esse. E assim o fará.

Para o restante da demonstração é útil trabalhar dentro de um modelo grande M de T, tal qual nas três seções anteriores. Desse ponto em diante, todos os 'elementos' pertencem a M, e 'modelos' serão sempre subestruturas elementares de M. Se X é um conjunto qualquer de elementos, escrevemos $L(X)$ para designar a linguagem L com os elementos de X adicionados como parâmetros (nomeando a si próprios a menos que digamos o contrário). Logo um 'tipo sobre X' será um tipo completo na linguagem $L(X)$ com respeito à estrutura M.

Um tipo $p(\bar{x})$ sobre um conjunto de elementos de X é dito **principal** se existe uma fórmula $\phi(\bar{x}) \in p$ tal que p consiste exatamente daquelas fórmulas $\psi(\bar{x})$ de $L(X)$ tais que

(5.1) $M \vDash \forall \bar{x} (\phi \to \psi).$

Chamamos tal fórmula ϕ de um **suporte** de p, e de uma **fórmula completa** sobre X. Note que $M \vDash \exists \bar{x} \phi$, pois do contrário (5.1) se verifica para toda fórmula ψ incluindo as negações de fórmulas em p.

Modelos primos

Se p é um tipo principal sobre X, e B é um modelo contendo X, então p deve ser realizado em B. Pois se ϕ é um suporte de p, então $M \vDash \exists \bar{x} \phi$, e portanto $B \vDash \exists \bar{x} \phi$ pois B é uma subestrutura elementar de A. Logo B contém uma upla $\bar{b}$ tal que $B \vDash \phi(\bar{b})$ e portanto $M \vDash \phi(\bar{b})$ também. Mas então $M \vDash \psi(\bar{b})$ para toda fórmula ψ em p, e por conseguinte $\bar{b}$ realiza p.

Para teorias totalmente transcendentes a recíproca é verdadeira também: se X é um conjunto qualquer de elementos, então existe um modelo B que contém X e no qual toda upla realiza um tipo principal sobre X. Os próximos dois lemas são dedicados a demonstrar isso.

Antes de nos lançarmos a esses lemas, note que uma teoria totalmente transcendente tem apenas um número contável de tipos sobre o conjunto vazio, e portanto pelo Teorema 6.2.2 ela tem um modelo primo A_0, i.e. um modelo elementarmente imersível em todo modelo. Também pelo Teorema 6.2.2, toda upla nesse modelo primo é atômica, i.e. realiza um tipo principal sobre o conjunto vazio. Daqui por diante fixaremos um modelo primo A_0. Note que todo modelo B de T é isomorfo a uma extensão elementar de A_0. Pelo fato de que A_0 é primo, existe uma imersão elementar $f : A_0 \to B$, e como M é grande, f se estende para um automorfismo g de M. Então $g^{-1}(B)$ é isomorfo a B e é uma extensão elementar de A_0.

Lema 9.5.3. *Seja M um modelo da teoria totalmente transcendente T, X um conjunto de elementos de M e $\theta(\bar{x})$ uma fórmula de $L(X)$ tal que $M \vDash \exists \bar{x} \theta$. Então existe uma fórmula completa $\phi(\bar{x})$ sobre X tal que $M \vDash \exists \bar{x} \phi \land \forall \bar{x}(\phi \to \theta)$.*

Demonstração. Suponha que não; então em particular a própria θ não é completa, e portanto existem fórmulas $\theta_0(\bar{x})$, $\theta_1(\bar{x})$ de $L(X)$ tais que

(5.2) $$M \vDash \exists \bar{x} \theta_0 \wedge \exists \bar{x} \theta_1,$$

(5.3) $$M \vDash \forall \bar{x}(\theta_0 \to \theta) \wedge \forall \bar{x}(\theta_1 \to \theta)$$

mas

(5.4) $$M \vDash \neg \exists \bar{x}(\theta_0 \wedge \theta_1).$$

Igualmente θ_0 não é uma fórmula completa, e portanto existem fórmulas θ_{00}, θ_{01} de $L(X)$ tais que . . . . Dessa maneira construímos uma árvore como no Lema 9.3.1, que contradiz a suposição de que T seja totalmente transcendente. $\square$

Suponha agora que X seja um conjunto de elementos. Por uma **sequência de construção** sobre X (de comprimento α, para algum ordinal α) queremos dizer uma sequência $(a_i : i < \alpha)$ onde cada elemento a_i realiza um tipo principal sobre $X \cup \{a_j : j < i\}$.

Lema 9.5.4. *Assumindo que M seja totalmente transcendente, seja μ um cardinal infinito e X um conjunto de no máximo μ elementos. Então existe uma sequência de construção $(a_i : i < \alpha)$ sobre X tal que o conjunto de elementos $\{a_i : i < \mu\}$ inclui X e forma um modelo. Mais ainda, se A é um modelo qualquer construído dessa maneira, então para todo modelo B contendo X, existe uma imersão elementar $f : A \to B$ que á identidade sobre X.*

Demonstração. Primeiro construimos A. Pelo critério de Tarski para subestruturas elementares (veja Exercício 2.5.1), basta assegurar que se $i < \mu$ e $\theta(x)$ for uma fórmula qualquer de $L(X \cup \{a_j : j < i\})$ tal que $M \vDash \exists x \theta$, então existe $k < \mu$ tal que $M \vDash \theta(a_k)$. Uma maneira de se chegar nisso é listar como $\theta_i(\bar{y}, x)$ $(i < \mu)$ todas as fórmulas de $L(X)$ nas quais $\bar{y}$ seja uma upla de variáveis distintas na sequência $(y_i : i < \mu)$ de variáveis distintas, de tal modo que cada fórmula θ_i contenha como variáveis livres, além da variável x, apenas variáveis y_j com $j < i$. Isso certamente pode ser feito, permitindo que fórmulas ocorram mais que uma vez se necessário. Agora suponha que já tenhamos construído a sequência $\bar{a} = (a_j : j < i)$. Colocando a_j no lugar de y_j em θ_i, suponha que $M \vDash \neg \exists x \, \theta_i(\bar{a}, x)$; então escolha a_i arbitrariamente. Mas se $M \vDash \exists x \, \theta_i(\bar{a}, x)$, então use o lema anterior para encontrar uma fórmula completa $\phi(x)$ sobre $X \cup \{a_j : j < i\}$ tal que $M \vDash \forall x(\phi(x) \to \theta_i(\bar{a}, x))$, e escolha a_i de modo que satisfaça ϕ.

Após μ passos, o conjunto $A = \{a_i : i < \mu\}$ conterá X porque as fórmulas $c = x$

$(c \in X)$ aparecerão cada uma como alguma θ_i. Logo pelo critério de Tarski, A é um modelo contendo X.

Suponha que B seja também um modelo contendo X; seja $\bar{c}$ uma sequência listando os elementos de X. Então podemos indutivamente escolher elementos b_i $(i < \mu)$ de B de maneira que se $\bar{a} = (a_j : j < \mu)$ e $\bar{b} = (b_j : j < \mu)$ então $(A, \bar{c}, \bar{b}|i)$ para cada $i \leqslant \mu$. Quando $i = 0$ isso diz que $(A, \bar{c}) \equiv (B, \bar{c})$, que se verifica porque ambos A e B são subestruturas elementares de M contendo X. Quando i é um ordinal limite não há nada a demonstrar, pois uma fórmula de primeira ordem contém apenas um número finito de constantes. Finalmente quando $i = j + 1$, escolhemos a_j para realizar um tipo principal em $(A, \bar{c}, \bar{a}|j)$, digamos com suporte $\phi(\bar{c}, \bar{a}|j, x)$, e portanto agora podemos escolher b_j para satisfazer $\phi(\bar{c}, \bar{b}|j, x)$ em B. No final dessa construção, $(A, \bar{c}, \bar{a}) \equiv (B, \bar{c}, \bar{b})$, de modo que pelo lema do diagrama elementar (Lema 2.5.3) existe uma imersão elementar de A em B que é a identidade sobre X.   □

Se A é um modelo contendo um conjunto de elementos X, e para todo modelo B contendo X existe uma imersão elementar $f : A \to B$ que é a identidade sobre X, então dizemos que A é **primo sobre** X. Logo mostramos que para todo conjunto X de elementos, existe um modelo primo sobre X. ADVERTÊNCIA: não mostramos ainda que o modelo primo sobre X é determinado a menos de isomorfismo por X. Mais adiante demonstraremos isso em um caso especial (veja Lema 9.5.11 adiante).

O próximo lema é necessário por razões técnicas.

Lema 9.5.5. *Suponha que X seja uma conjunto de elementos de M e $(a_i :< \alpha)$ seja uma sequência de construção sobre X. Então todo elemento a_i na sequência realiza um tipo principal sobre X.*

Demonstração. Cada elemento a_i realiza um tipo principal p_i sobre $X \cup \{a_j : j < i\}$; como p_i é principal, ele tem um suporte $\psi_i(\bar{a}_i, x)$ onde ψ_i é uma fórmula de $L(X)$ e $\bar{a}_i$ é uma upla de elementos de $\{a_j : j < i\}$. Escolhendo uma upla dessa $\bar{a}_i$, seja $F(i)$ um subconjunto finito de i tal que cada elemento em $\bar{a}_i$ seja a_j para algum $j \in F(i)$.

Agora considere um $i < \alpha$ fixo. Como α é bem-ordenado, existe um conjunto finito $W \subseteq i \cup \{i\}$ tal que $i \in W$ e para todo $j \in W$, $F(j) \subseteq W$. (Caso contrário uma aplicação do lema da árvore de König, Exercício 5.6.3, encontraria uma sequência descendente infinita em i.) Para economizar índices, vamos supor em nome da simplicidade que i é finito e $W = i \cup \{i\}$. Adicionando variáveis redundantes se necessário, cada fórmula ψ_j $(j \leqslant i)$ pode ser escrita na forma $\psi_j(w_0, \ldots, w_{j-1}, x)$. Escreva $\chi(w_0, \ldots, w_i)$ para designar a fórmula

(5.5) $\displaystyle\bigwedge_{j \leqslant i} \psi_j(w_0, \ldots, w_{j-1}, w_j).$

Então $M \vDash \chi(a_0, \ldots, a_i)$. Mais ainda, se $M \vDash (b_0, \ldots, b_i)$ e $\bar{c}$ for uma sequência listando os elementos de X, então por indução sobre $j \leqslant i$ podemos mostrar que

$$(5.6) \qquad (M, \bar{c}, a_0, \ldots, a_j) \equiv (M, \bar{c}, b_0, \ldots, b_j).$$

Segue que se $M \vDash \exists w_0 \ldots w_{i-1} \chi(w_0, \ldots, w_{i-1}, b)$ então b realiza o mesmo tipo que a_i sobre X. Logo a fórmula $\exists w_0 \ldots w_{i-1} \chi(w_0, \ldots, w_{i-1}, x)$ é um suporte do tipo de a_i sobre X, como desejávamos. $\qquad\qquad\square$

A fórmula fortemente minimal

Em um corpo algebricamente fechado, o modelo primo sobre um conjunto X é precisamente o conjunto de elementos que são algébricos sobre X. Assim capturamos e generalizamos uma maneira pela qual tipos *têm* que ser realizados. Vamos nos voltar para uma segunda maneira, a saber o tipo não-algébrico único. A palavra 'único' merece atenção nesse caso: um passo crucial na demonstração do teorema de Steinitz é a observação que se F é um subcorpo algebricamente fechado de um corpo K, então todos os elementos de K que não pertencem a F têm o mesmo polinômio mínimo sobre F.

Tomaremos emprestado da seção 9.2 a noção de fórmula fortemente minimal. Uma fórmula $\phi(x)$, possivelmente co parâmetros de M, é dita **fortemente minimal** se $\phi(M)$ é infinito mas para toda fórmula $\psi(x)$ com parâmetros de M, pelo menos um dos seguintes conjuntos é finito: $(\phi \wedge \psi)(M)$ e $(\phi \wedge \neg\psi)(M)$. (Por que isso define 'fortemente minimal' ao invés de apenas 'minimal'? Resposta: porque o modelo grande M é ω-saturado; cf. Fato 9.2.1.) Como mostramos no Teorema 9.2.3, todo conjunto fortemente minimal carrega noções de subconjunto fechado, subconjunto independente, base, dimensão como na álgebra linear.

Lema 9.5.6. *Se T é totalmente transcendente, então existe uma fórmula fortemente minimal.*

Demonstração. Suponha que não. Como M é certamente infinito, existe uma fórmula $\phi_{\langle\rangle}$ que é satisfeita por um número infinito de elementos. Se $\phi_{\langle\rangle}$ não é fortemente minimal, então podemos encontrar uma outra fórmula $\psi(x)$ tal que

$$(5.7) \qquad \phi_{\langle\rangle}(M) \cap \psi(M), \quad \phi_{\langle\rangle}(M) \backslash \psi(M)$$

são ambos infinitos. Fazendo $\phi_0 = \phi_{\langle\rangle} \wedge \psi$ e $\phi_1 = \phi_{\langle\rangle} \wedge \neg\psi$, e repetindo o mesmo argumento com cada uma (ϕ_0 e ϕ_1), podemos novamente construir uma árvore como no Lema 9.3.1; novamente isso contradiz a suposição de que T é totalmente transcendente.   □

Há um problema aqui, que não temos controle sobre de onde os parâmetros em ϕ provêm, e portanto ϕ pode ser inútil para analisar modelos que não contêm esses parâmetros. Daí a importância do próximo lema.

Lema 9.5.7. *Suponha que em T, infinitude seja definível. (Isso significa que: para toda fórmula $\psi(\bar{x}, y)$ de L existe uma fórmula $\theta_\psi(\bar{x})$ de L tal que para todas as uplas $\bar{a}$, $M \vDash \theta_\psi(\bar{a})$ se e somente se $\psi(\bar{a}, M)$ é infinito.) Se T é totalmente transcendente, então a fórmula minimal ϕ no lema anterior pode ser escolhida de tal forma que seus parâmetros estejam no modelo primo A_0.*

Demonstração. Faça a demonstração do lema anterior, porém considerando apenas fórmulas cujos parâmetros vêm de A_0. Isso permite encontrar uma fórmula $\phi(\bar{b}, x)$ tal que $\phi(\bar{b}, A_0)$ é infinito mas não pode ser dividido em duas partes infinitas por qualquer que seja a fórmula de $L(A_0)$. Afirmamos que na verdade $\phi(\bar{b}, x)$ é fortemente minimal. Equivalentemente, afirmamos que se $\psi(\bar{c}, x)$ for uma fórmula qualquer com parâmetros $\bar{c}$ de M, e escrevermos $\phi_0(\bar{b}, \bar{c}, x)$ para designar $\phi(\bar{b}, x) \wedge \psi(\bar{c}, x)$ e $\phi_1(\bar{b}, \bar{c}, x)$ para designar $\phi(\bar{b}, x) \wedge \neg\psi(\bar{c}, x)$, então no mínimo um dos seguintes conjuntos

(5.8) $\phi_i(\bar{b}, \bar{c}, M) \; (i = 0, 1)$

é finito. Pois se não for, então

(5.9) $M \vDash \exists \bar{z}(\theta_{\phi_0}(\bar{b}, \bar{z}) \wedge \theta_{\phi_1}(\bar{b}, \bar{z})).$

Como A_0 é uma subestrutura elementar de M, segue que existe $\bar{d}$ que já está em A_0 tal que $\phi_i(\bar{b}, \bar{d}, M) \; (i = 0, 1)$ são ambos infinitos, contradizendo a escolha de ϕ. □

Mas sabemos do Corolário 8.5.9 que se T é λ-categórica para algum λ incontável, então T não tem a propriedade da envoltória finita, e portanto infinitude é definível em T. A demonstração de que a propriedade da envoltória finita falha em T parece precisar de ultraprodutos. É possível mostrar que infinitude é definível em T sem usar ultraprodutos, mas é preciso trabalhar mais duro – veja a demonstração do Teorema 9.5.12 adiante.

Nossa fórmula fortemente minimal ϕ não é necessariamente completa sobre A_0. Mas quase é: ela pega o tipo de um novo elemento sobre um modelo, no seguinte sentido.

Lema 9.5.8. *Seja $\phi(x)$ uma fórmula fortemente minimal com parâmetros de A_0. Suponha que A seja um modelo contendo A_0. Então existe um tipo (completo) $p_A(x)$ sobre A, tal que se b for um elemento qualquer de M, então b realiza p_A se e somente se b é um elemento que satisfaz ϕ mas não pertence a A.*

Demonstração. Seja $\psi(x)$ uma fórmula qualquer de $L(A)$. Então exatamente um dos dois conjuntos seguintes é infinito: $\phi(M) \cap \psi(M)$ ou $\phi(M) \backslash \psi(M)$. Suponha que seja o primeiro. Então para algum número natural n, existem exatamente n elementos de A que satisfazem $\phi \wedge \neg\psi$. Como podemos escrever esse fato sob forma de uma sentença de $L(A)$, existem também n elementos de M que satisfazem $\phi \wedge \neg\psi$, e esses devem ser os mesmos n elementos. Logo qualquer elemento b que não esteja em A mas satisfaça ϕ deve satisfazer $\phi \wedge \psi$. Igualmente se $\phi(M) \backslash \psi(M)$ for infinito, então b satisfaz $\phi \wedge \neg\psi$. Daí para toda fórmula $\psi(x)$ de $L(A)$, exatamente uma das seguintes fórmulas encontra um subconjunto infinito de $\phi(A)$: ψ ou $\neg\psi$; definimos p_A como constituído das fórmulas de $L(A)$ que pegam um subconjunto infinito de $\phi(A)$.

Nossa construção de p_A mostra por que todo elemento b que satisfaz ϕ mas não pertence a A deve realizar p_A. A recíproca é fácil, pois p_A deve conter ϕ e todas as fórmulas $x \neq a$ com $a \in A$. □

Na terminologia de Exemplo 1 na seção 9.3, p_A é o tipo regular do conjunto fortemente minimal $\phi(A)$. Podemos definir um tipo p_M sobre M da mesma maneira. Então cada tipo p_A é a restrição de p_M ao conjunto de fórmulas de $L(A)$. (Tipos sobre o modelo grande M são às vezes chamados de **tipos globais**.)

Fórmulas de um-cardinal

Queremos mostrar que toda extensão elementar própria de um modelo $A \supseteq A_0$ tem que conter um elemento realizando p_A. Isso deverá generalizar o fato de que todo corpo algebricamente fechado estendendo um corpo algebricamente fechado F tem que conter um elemento transcendente sobre F.

Colocando de uma outra maneira, queremos mostrar que é impossível encontrar modelos A, B de T tais que B seja uma extensão elementar de A mas $\phi(A) = \phi(B)$, onde ϕ é nossa fórmula fortemente minimal. Na linguagem da seção 8.4, objetivamos mostrar que ϕ é de um-cardinal – o que quer dizer que $|\phi(A)| = |A|$ para qualquer modelo A contendo os parâmetros de ϕ.

Se por acaso sabemos que T é ω_1-categórica, então o teorema de dois-cardinais de Vaught (Teorema 8.4.1, com $x = x$ no lugar de $\psi(x)$) já nos diz que ϕ é de um-cardinal. (Isso é porque existe claramente um modelo A de T com $|A| = |\phi(A)| = \omega_1$, que não pode ser isomorfo ao modelo da parte (a) do teorema de Vaught.) Logo se estamos interessados apenas em mostrar que ω_1-categórica implica em λ-categórica para todo λ incontável, podemos pular diretamente para o Lema 9.5.11 adiante.

Do contrário precisamos recorrer a um pouco de teoria da estabilidade, recordando do Teorema 9.4.5 que nossa teoria ω-estável T é estável. Essa é a parte mais sutil da demonstração. No fundo, é um resultado de omissão de tipos para teorias ω-estáveis.

Lema 9.5.9. *Assuma que T seja estável. Seja $\phi(x)$ uma fórmula qualquer de L com parâmetros. Seja A um modelo contendo os parâmetros de ϕ. Suponha que B e C sejam modelos que contêm o modelo A, e D seja o modelo primo sobre $B \cup C$. Suponha também que*
(a) D seja um amálgama herdeiro-coherdeiro de B e C sobre A, e
(b) $\phi(B) = \phi(A) = \phi(C)$.
Então $\phi(D) = \phi(A)$.

Demonstração. Consideramos um elemento qualquer d de $\phi(D)$; o objetivo é mostrar que ele pertence a A. Como D é primo sobre $B \cup C$, o Lema 9.5.5 nos fornece uma fórmula completa sobre $B \cup C$,

$$(5.10) \qquad\qquad \psi(\bar{b}, \bar{c}, x)$$

com ψ em L, $\bar{b}$ em B e $\bar{c}$ em C, que suporta o tipo de d sobre $B \cup C$. Seja d a definição do tipo de $\bar{b}$ sobre A; existe tal definição pelo Corolário 9.4.12.

Afirmamos que se $\chi(\bar{x}, \bar{y})$ é uma fórmula qualquer de $L(A)$ e $\bar{e}$ é uma upla qualquer em $C \cup \{d\}$, então

$$(5.11) \qquad\qquad M \vDash \chi(\bar{b}, \bar{e}) \Leftrightarrow M \vDash d\chi(\bar{e}).$$

Pois, suponha que não; digamos que temos

$$(5.12) \qquad\qquad M \vDash \neg(\chi(\bar{b}, \bar{c}', d) \leftrightarrow d\chi(\bar{c}', d)).$$

Então

$$(5.13) \qquad\qquad M \vDash \exists z(\phi(z) \wedge \neg(\chi(\bar{b}, \bar{c}', z) \leftrightarrow d\chi(\bar{c}', z))).$$

Mas B e C são herdeiro-coherdeiro sobre A, e portanto existe $\bar{c}''$ em A tal que

$$(5.14) \qquad\qquad B \vDash \exists z(\phi(z) \wedge \neg(\chi(\bar{b}, \bar{c}'', z) \leftrightarrow d\chi(\bar{c}'', z))).$$

Então o elemento z pode ser encontrado em B; mas $\phi(B) = \phi(A)$, de modo que ele pode ser encontrado em A. Suponha que ele seja $d' \in A$. Então

$$(5.15) \qquad\qquad M \vDash \phi(d') \wedge \neg(\chi(\bar{b}, \bar{c}'', d') \leftrightarrow d\chi(\bar{c}'', d')).$$

O segundo operando da conjunção contradiz o fato de que d define o tipo de $\bar{b}$ sobre A. A afirmação está demonstrada.

Agora aplicamos a afirmação à fórmula (5.10). Inferimos que

(5.16) $M \vDash \mathrm{d}\psi(\bar{c}, d)$.

Daí $C \vDash \exists z \mathrm{d}\psi(\bar{c}, z)$. Escolha d'' em C de modo que $M \vDash \mathrm{d}\psi(\bar{c}, d'')$ e portanto $M \vDash \psi(\bar{b}, \bar{c}, d'')$ pela afirmação novamente. Então $M \vDash \phi(d'')$ pois $\psi(\bar{b}, \bar{c}, x)$ suporta o tipo de d sobre A. Como d'' pertence a C, isso implica que d'' é um elemento de A, e portanto

(5.17) $M \vDash \forall z(\psi(\bar{b}, \bar{c}, z) \to z = d'')$

pela escolha de $\psi(\bar{b}, \bar{c}, z)$ como sendo completo sobre $B \cup C$. Demonstramos que $d \in A$.   □

Corolário 9.5.10. *Suponha que T seja κ-categórica para algum κ incontável. Seja $\phi(x)$ uma fórmula de L com parâmetros, tal que $\phi(M)$ seja infinito. Então ϕ é de um-cardinal.*

Demonstração. Suponha que não. Então existem modelos $B_0 \subseteq B_1$ com $B_0 \neq B_1$ mas $\phi(B_0) = \phi(B_1)$. Use o teorema da relativização (Teorema 4.2.1) como na demonstração do teorema de dois-cardinais de Vaught (Teorema 8.4.1) para fazer com que B_0 e B_1 sejam contáveis.

Agora, usando o Lema 6.4.3, escolha uma função elementar f e uma extensão B_2' de B_1 tal que f seja a identidade sobre B_0 e B_2' seja um amálgama herdeiro-coherdeiro de B_1 e $f(B_1)$ sobre B_0. Seja $B_2 \subseteq B_2'$ o modelo primo sobre $B_1 \cup f(B_1)$. Então pelo lema que acaba de ser demonstrado, $\phi(B_2) = \phi(B_0)$. Mais ainda, B_2 é uma extensão própria de B_1, pois amálgamas herdeiro-coherdeiro de modelos são sempre fortes (veja a observação após o Teorema 5.3.3).

Podemos repetir essa construção, usando B_2 no lugar de B_1, para obter uma extensão elementar própria B_3 de B_2 com $\phi(B_3) = \phi(B_0)$. Se α é um ordinal qualquer, podemos iterar a construção α vezes, tomando uniões de cadeias elementares (cf. o Teorema 2.5.2) em ordinais limite. Isso nos dá em particular um modelo B de cardinalidade κ com $\phi(B)$ contável, pois $\phi(B) = \phi(B_0)$. Porém, usando compacidade é fácil encontrar um modelo C de cardinalidade κ no qual $\phi(C)$ é incontável; isso contradiz a suposição de que T é κ-categórica.   □

Demonstração do teorema de Morley

Agora vamos juntar várias peças mostrando que todo modelo de T pode ser construído primeiro tomando alguns elementos que satisfazem a fórmula fortemente minimal ϕ, e então formando um modelo primo sobre esses elementos. Isso generaliza o fato de que todo corpo algebricamente fechado pode ser construído primeiro tomando uma base de transcendência e então formando seu fecho algébrico.

Lema 9.5.11. *Suponha que T seja κ-categórica para algum cardinal incontável κ, e seja $\phi(x)$ uma fórmula fortemente minimal com parâmetros de A_0. Então todo modelo $A \supseteq A_0$ é o único modelo primo sobre $\phi(A)$ (a menos de isomorfismo sobre $\phi(A)$). Em particular $|A| = |\phi(A)|$.*

Demonstração.   Seja B um modelo primo qualquer sobre $\phi(A)$. Então existe uma função elementar $f : B \to A$ que é a identidade sobre $\phi(A)$. Fazendo $C = f(B)$, temos uma subestrutura elementar C de A, e em particular $\phi(C) \subseteq \phi(A)$. Mais ainda, se $a \in \phi(A)$ então $a \in \phi(B)$ e portanto $a = f(a) \in \phi(C)$. Mas ϕ é de um-cardinal, de modo que podemos deduzir que $C = A$ e f é sobrejetora. Por conseguinte f é um isomorfismo de B para A que é a identidade sobre $\phi(A)$.

Verificamos as cardinalidades. Faça $|\phi(A)| = \lambda$. Então claramente $\lambda \leqslant |A|$. Na outra direção, como $\phi(A)$ é infinito e a linguagem é contável, o teorema de Löwenheim–Skolem de-cima-para-baixo (Corolário 3.1.4) nos dá um modelo D que contém $\phi(A)$ e tem cardinalidade λ. Como A é primo sobre $\phi(A)$, existe uma imersão elementar de A em D e portanto $|A| \leqslant \lambda$.   □

O *passo final* da demonstração é tirar a conclusão, usando fatos que demonstramos anteriormente sobre fórmulas fortemente minimais. Sejam A e B modelos de T com a mesma cardinalidade incontável λ; temos que mostrar que A e B são isomorfos. Pelas observações feitas antes do Lema 9.5.3, podemos assumir que ambos A e B contêm A_0. Então $\phi(A)$ e $\phi(B)$ ambos têm cardinalidade λ devido ao último lema. Agora recordamos que conhecemos os conjuntos fortemente minimais. Escolhe em $\phi(A)$ um conjunto independente maximal I, e em $\phi(B)$ um conjunto independente maximal J. Como todo elemento de $\phi(A)$ é algébrico sobre I e a linguagem é contável, I também tem cardinalidade λ, e igualmente J.

Seja g uma bijeção de I para J. Então pelo Lema 9.2.6 (com X e Y vazios), g é uma função elementar. Logo, pelo Lema 9.2.5, g se estende para uma função elementar h de $\phi(A)$ para $\phi(B)$ (pois esses conjuntos estão contidos nos fechos algébricos de I, J respectivamente). Como M é saturado, h pode ser estendida para um automorfismo f de M. Então $f(A)$ e B são dois modelos com $f(A) \subseteq B$ e $\phi(f(A)) = \phi(B)$. Logo, pelo último lema, $f(A)$ e B são isomorfos. Como A é isomorfo a $f(A)$, isso demonstra o teorema de Morley.   □

Final

Vamos encerrar juntando algumas partes soltas. Se T é uma teoria completa, então uma **extensão de T por parâmetros** é uma teoria T' da forma $\text{Th}(A, \bar{a})$ onde A é um modelo de T e $\bar{a}$ é uma upla de elementos de A. Dizemos que T' é de **dois-cardinais** se existe uma fórmula $\phi(x)$ na linguagem de T tal que em algum modelo A de T', $|\phi(A)|$ é infinito mas não é não é igual a $|A|$. (Isso está de acordo com a definição na seção 8.4, se observarmos que T' é uma teoria completa.)

Teorema 9.5.12. *Seja T uma teoria completa em uma linguagem contável de primeira ordem L, e suponha que T tenha modelos infinitos. Então as seguintes condições são equivalentes:*

(a) *T é incontavelmente categórica.*

(b) *T é totalmente transcendente, e nenhuma extensão de T por parâmetros é de dois-cardinais.*

Mais ainda, se T tem uma fórmula fortemente minimal de um-cardinal em L, então (a) *e* (b) *se verificam.*

Demonstração. (a) $\Rightarrow$ (b): (a) implica que T é totalmente transcendente pelo Lema 9.5.2; o mesmo acontece com o restante do item (b) pelo Corolário 9.5.10.

(b) $\Rightarrow$ (a): Assuma (b). Como T é totalmente transcendente, T tem um modelo A_0. Também pelo Lema 9.5.6 existe uma fórmula fortemente minimal $\phi(x)$; pelo Lema 9.5.7 essa fórmula pode ser escolhida de modo que seus parâmetros venham de A_0, desde que infinitude seja definível em T.

Mostramos que infinitude é definível em T. Para isso vamos nos reportar ao Teorema 8.4.2. Seja $\phi(x, \bar{y})$ uma fórmula de L, $\bar{c}$ uma upla de novas constantes e L' a linguagem obtida pela adição de $\bar{c}$ a L. Seja U a teoria consistindo das sentenças de L' da forma $\neg \forall x \theta$ onde $\theta(x)$ é uma estratificação em camadas por $\phi(x, \bar{c})$. Afirmamos que a seguinte teoria não tem modelos:

(5.18) $$U \cup T \cup \{\exists_{\leqslant n} x \phi(x, \bar{c}) : n < \omega\}.$$

Pois se A for um modelo de (5.18), podemos considerar A como uma subestrutura elementar do modelo grande M na qual alguma upla $\bar{a}$ interpreta as constantes $\bar{c}$. Suponha que T' seja $\text{Th}(M, \bar{a})$, de modo que T' se constitui de uma extensão de T por parâmetros. Como $\phi(M, \bar{a})$ é infinito mas não é de dois-cardinais, temos que $(x = x) \leqslant \phi(x, \bar{c})$ na notação do Teorema 8.4.2. Logo, por aquele teorema, existe uma estratificação em camadas $\theta(x)$ por $\phi(x, \bar{c})$ tal que $M \models \forall x \theta$. Isso contradiz a suposição de que A, e por conseguinte $(M, \bar{a})$, é um modelo de U. A afirmação está demonstrada.

Logo, por compacidade, existem uma conjunção $\chi(\bar{c})$ de um número finito de sentenças em U, e um $n < \omega$, tais que

(5.19) $$T \vdash \forall \bar{y} (\exists_{\geqslant n} x \phi(x, \bar{y}) \rightarrow \neg\chi(\bar{y})).$$

Pelo Teorema 8.4.2, se $\neg\chi(\bar{b})$ se verifica em um modelo A de T então $|\phi(A, \bar{b})| = |A|$. Logo para qualquer upla $\bar{b}$ em qualquer modelo A de T, a cardinalidade de $\phi(A, \bar{b})$ é infinita ou $< n$. Isso mostra que infinitude é definível em T.

Deste ponto em diante, a demonstração de que T é λ-categórica para todo λ incontável prossegue como antes.

Finalmente quando existe uma fórmula fortemente minimal de um-cardinal em L, o Corolário 9.3.7 implica que alguma extensão de T por parâmetros é totalmente transcendente, e portanto o mesmo acontece com T. O restante do argumento é igual a (b) $\Rightarrow$ (a), observando que a única razão pela qual precisamos que infinitude fosse definível foi para garantir que os parâmetros da fórmula fortemente minimal estivessem no modelo primo – o que é trivialmente verdadeiro quando ϕ está em L.   □

Leitura adicional

O artigo que nos deu o Teorema de Morley é uma jóia da literatura em lógica. Quase toda linha no artigo contém uma idéia nova sobre a qual mais tarde os estudiosos da teoria dos modelos trabalharam no ambiente mais geral da teoria da estabilidade; e ainda assim é lindamente legível:

> Morley, M. Categoricity in power. *Transactions of American Mathematical Society* **114** (1965), pp. 514–538.

Shelah desenvolveu os *insights* de Morley, e adicionou os seus próprios. Seu relato dos principais achados é o Monte Everest da teoria dos modelos:

> Shelah, S. *Classification theory*, revised edition. Amsterdam: North-Holland, 1990.

A maioria dos leitores serão gratos em dispor de um relato mais acessível. Existem agora vários, e dois que podem ser altamente recomendados são:

> Lascar, D. *Stability in model theory*. Harlow: Longman Scientific & Technical, 1987.

> Buechler, S. *Essential stability theory*. Perspectives in Mathematical Logic. Berlin: Springer-Verlag 1996.

Os próximos dois livros são mais avançados, pelo menos no sentido de que eles discutem a mais recente teoria da estabilidade 'geométrica'. Essa poderosa teoria, criada por Boris Zil'ber e desenvolvida sobretudo por Ehud Hrushovski, tem permanecido no centro das atenções desde o início dos anos 1980's.

Pillay, A. *Geometric stability theory*, Oxford University Press 1996.

Zilber, B. *Uncountably categorical theories.* Providence RI: American Mathematical Society 1993.

Glossário de traduções

Tradução	Termo original em inglês
afim	affine
amálgama	amalgam
amalgamação	amalgamation
assinatura	signature
categoricidade contável	countable categoricity
classe PE (classe pseudo-elementar)	PC class (pseudo-elementary class)
compacidade	compactness
companheiras de modelos	model companions
consistência conjunta	joint consistency
desaninhada	unnested
elemento fundo	bottom element
envoltória de Skolem	Skolem hull
envoltória de Kaiser	Kaiser hull
equivalência vai-e-vem	back-and-forth equivalence
espaço afim	affine space
estratificações em camadas	layerings
existencialmente fechado (e.f.)	existentially closed (e.c.)
extensão-por-extremidade	end-extension
forçação modelo-teórica	model-theoretic forcing
função	map
grafo aleatório	random graph
herdeiro-coerdeiro	heir-coheir
idade de uma estrutura	age of a structure
vai-e-vem equivalente	back-and-forth equivalent
imersão	embedding
imersão-por-extremidade	end-embedding
livre-de-quantificador	quantifier-free
minimal	minimal
modelo atômico	atomic model
modelo-completude	model-completeness
modelo-completação	model-completion
modelo primo	prime model
omissão de tipos	ommitting types
sem torsão	torsion-free

Tradução	Termo original em inglês
ordenações	orderings
planos afins	affine flats
posto	rank
princípio da casa-de-pombos	pigeonhole principle
propriedade da envoltória finita	finite cover property
propriedade da imersão conjunta	joint embedding property
propriedades forçáveis	enforceable properties
propriedade hereditária	hereditary property
quantificador limitados	bounded quantifier
quantificador-eliminável	quantifier-eliminable
representação linear n-dimensional fiel	faithful n-dimensional linear representatio
sistema de vai-e-vem graduado	graded back-and-forth system
Löwenheim–Skolem de-baixo-para-cima	upward Löwenheim–Skolem
Löwenheim–Skolem de-cima-para-baixo	downward Löwenheim–Skolem
socle	socle
tipo de isomorfismo	isomorphism type
tipo-ordem	order-type
tipo suportado	supported type
tipo não-suportado	unsupported type

Índice Remissivo